普通高等教育系列教材

U0891749

土木工程制图与CAD

TUMU GONGCHENG ZHITU YU CAD

冯小平　王俭　郭全花　主编

人民交通出版社股份有限公司

北　京

内 容 提 要

本书以高等学校《土木工程制图教学基础要求》和《工程制图》课程大纲为主要依据，采用最新的国家标准，在《画法几何》的基础上编写完成。

本书的编写力求将现代计算机图形学与传统制图紧密结合，把其课程内容体系划分成土木工程制图基础、计算机绘图基础、专业制图三个模块。重视建筑制图的基础理论，同时重视 CAD 软件的应用，在每一个知识点的教学过程中，都有机地融合了 CAD 软件的学习和应用。

本书主要内容包括：建筑制图基本知识、建筑形体、建筑施工图、计算机绘图基础（包括系统环境设置、绘图辅助工具、二维绘图命令、图形编辑、创建图块和图案填充、文字与表格、尺寸标注等内容）、绘制建筑施工图、结构施工图和建筑设备施工图。为巩固所学的知识，每章有一定量的习题和上机练习题，供读者练习。

本书可以作为高等学校土木建筑类土木工程专业及其他相关专业的工程制图课程教材，还可供从事土木工程设计、施工的专业技术人员参考。

图书在版编目(CIP)数据

土木工程制图与 CAD/冯小平等主编．—北京：人民交通出版社，2011.7

ISBN 978-7-114-08837-7

Ⅰ.①土… Ⅱ.①冯… Ⅲ.①土木工程—建筑制图 Ⅳ.①TU204

中国版本图书馆 CIP 数据核字(2010)第 001155 号

书　　名：土木工程制图与 CAD
著 作 者：冯小平　王　俭　郭全花
责任编辑：王　霞(wx@ccpress.com.cn)
出版发行：人民交通出版社股份有限公司
地　　址：(100011)北京市朝阳区安定门外外馆斜街 3 号
网　　址：http://www.ccpcl.com.cn
销售电话：(010)59757973
总 经 销：人民交通出版社股份有限公司发行部
经　　销：各地新华书店
印　　刷：北京交通印务有限公司
开　　本：787×1092　1/16
印　　张：16.75
插　　页：1
字　　数：414 千
版　　次：2011 年 7 月　第 1 版
印　　次：2022 年 1 月　第 7 次印刷
书　　号：ISBN 978-7-114-08837-7
定　　价：34.00 元
(如有印刷、装订质量问题的图书由本公司负责调换)

前　言

土木工程制图与 CAD 是土木类本科生的一门必修技术基础课，它不仅理论严谨、与工程联系紧密，同时也是一门实践性很强的课程。其目的是培养学生阅读和绘制建筑工程图的能力。目前，计算机技术的应用已越来越广泛，尤其在工程设计领域的应用愈发普及。我国建筑业计算机应用与发展十分迅速，几乎所有设计、施工与管理部门都大量使用计算机进行计算、绘图与管理。因此，高等院校培养的未来从事工程设计、施工与管理的学生必须掌握计算机应用方面的知识。

本书的编写力求将计算机图形学与传统建筑制图紧密结合，把其内容体系划分为土木工程制图基础、计算机绘图基础、专业制图三个模块。重视土木工程制图的基础理论，同时重视 CAD 软件的应用，在每一个知识点的教学过程中，都有机地融合了 CAD 知识的学习和应用。

全书共 7 章。第 1 章至第 3 章主要介绍建筑制图、建筑形体和建筑施工图的基本知识。第 4 章介绍 AutoCAD 基本操作，包括系统环境设置、绘图辅助工具、二维绘图命令、图形编辑、创建图块和图案填充、文字与表格、尺寸标注等内容。第 5 章通过工程实例介绍应用 AutoCAD 绘制建筑施工图的方法和步骤，包括建筑样板文件的制作，建筑平面图、建筑立面图、建筑剖面图、建筑详图绘制方法和技巧等内容。第 6 章介绍建筑结构施工图和 AutoCAD 绘制图建筑结构施工图的方法。第 7 章介绍建筑设备施工图。

为巩固所学知识，掌握建筑制图和绘图技能，每章后有适量的习题和上机练习题，帮助读者巩固学习的内容，以检验自己的学习效果。

参加本书编写工作的人员有：江南大学冯小平（第 2、3、5 章）、北方工业大学张敬宗（第 4 章）、江南大学王俭（第 6 章）。在本书编写的过程中，参考了部分国内同类教材，少量专业图取自网易行业门户网站 http://www.co188.com，在此特向有关作者表示感谢。此外，本书的编写得到了江南大学教学研究项目基金的资助。

由于作者水平有限，书中难免会有疏漏和错误，恳请广大读者提出宝贵意见。

编　者

2011 年 3 月

目　　录

第 1 章　建筑制图基本知识

1.1　建筑制图基本规定

图样是工程界的技术语言，为了使房屋建筑制图规格基本统一，保证制图质量，提高制图效率，便于工程建设及技术交流，绘制工程图样必须遵守统一的规定，这个在全国范围内统一的规定就是制图国家标准，简称“国标”。

制图国家标准是一项所有工程人员在设计、施工、管理中必须严格执行的国家条例。由国家质量监督检验检疫总局、原建设部联合发布的有关建筑制图的 6 种国家标准为：《房屋建筑制图统一标准》（GB/T 50001—2010）、《总图制图标准》（GB/T 50103—2010）、《建筑制图标准》（GB/T 50104—2010）和《建筑结构制图标准》（GB/T 50105—2010）、《建筑给水排水制图标准》（GB/T 50106—2010）和《暖通空调制图标准》（GB/T 50114—2010）。下面介绍上述标准中的部分相关内容。

1.1.1　图纸幅面

1. 图幅与图框

图纸幅面简称图幅，是指图纸本身的大小规格。为了使图纸整齐，便于保管和装订，在国标中规定了图幅尺寸。常见的图幅有 A0、A1、A2、A3、A4，详见表 1-1。

图幅及图框尺寸(mm)　　表 1-1

尺寸代号 \ 图幅代号	A0	A1	A2	A3	A4
$b \times l$	841×1189	594×841	420×594	297×420	210×297
c	10			5	
a	25				

由表 1-1 可以看出，A1 图幅是 A0 图幅的对裁，A2 图幅是 A1 图幅的对裁，其余类推。表中代号意义如图 1-1 所示。

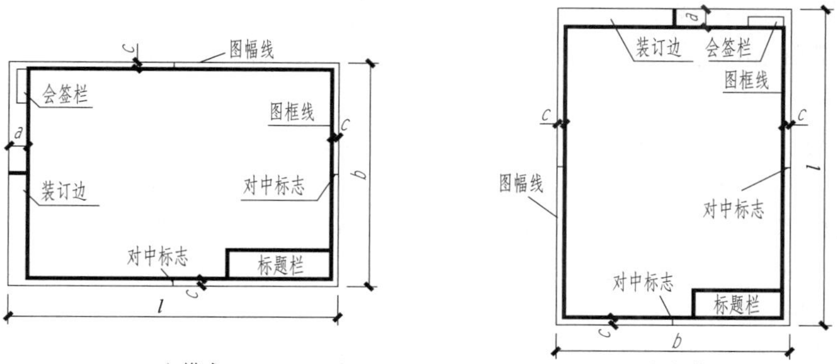

a）横式　　b）竖式

图 1-1　图纸的幅面和图框格式

图纸的使用方式有两种：横式和竖式。一般 A0～A3 图幅宜横式使用，如图 1-1a）所示，必要时也可竖式使用。A4 图幅多数竖式使用，如图 1-1b）所示。

根据实际需要，图纸幅面的长边可适当加长，但加长的尺寸应符合国标的规定，详见表 1-2。图纸短边不得加长。

图纸长边加长尺寸（mm） 表 1-2

幅面代号	长边尺寸	长边加长后尺寸
A0	1189	1486、1635、1783、1932、2080、2230、2378
A1	841	1051、1261、1471、1682、1892、2102
A2	594	743、891、1041、1189、1338、1486、1635、1783、1932、2080
A3	420	630、841、1051、1261、1471、1682、1892

图纸上必须用粗实线画出图框，图框是图纸所提供绘图范围的边线。

2. 标题栏与会签栏

标题栏位于图框的右下角，用来填写工程名称、设计单位、图名、图纸编号等内容，其尺寸和分区格式见《房屋建筑制图统一标准》（GB/T 50001—2010）。

结合学习期间的实际情况，制图作业的标题栏建议采用如图 1-2 所示的格式。

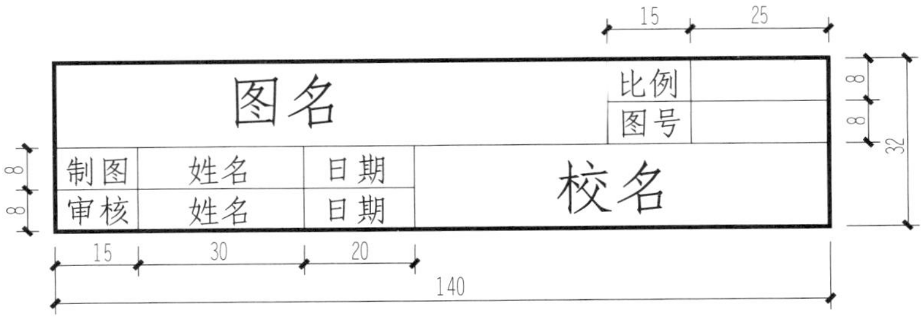

图 1-2 标题栏

会签栏是为各工种负责人签字用的表格，放在图纸左上角的图框线外，不需会签的图纸，可不设会签栏。

1.1.2 图线

画在图上的线条统称图线。工程图中每条图线都有其特定的作用和含义，绘图时必须按照制图标准的规定，正确使用不同的线型和线宽。

建筑工程图的图线线型有实线、虚线、单点长画线、双点长画线、折断线、波浪线等。每种线型（除折断线、波浪线外）又有粗、中、细三种线宽。粗细不同，其用途也不同。表 1-3 列出了工程图样中常用线型的名称和适用范围。每个图样应根据其复杂程度及比例，选用适当的线宽，比例较大的图样选用较宽的图线。粗线的宽度 b 可在 2.0mm、1.4mm、1.0mm、0.7mm、0.5mm、0.35mm 中选用。当粗线的宽度 b 确定后，中线及细线的宽度也就随之确定。例如，如果粗线宽度 b 选 1.0mm，则中线的宽度为 0.5b，即 0.5mm；细线的宽度为 0.25b，即 0.25mm。每一组粗、中、细线的宽度，如 1.0mm、0.5mm、0.25mm 称为线宽组。

绘图线时应注意：

（1）同一张图纸内，相同比例的各个图样，应采用相同的线宽组。

（2）虚线、单点长画线或双点长画线的线段长度和间隔宜各自相等。如图 1-3 所示。

线　型　　表 1-3

名称		线　型	线宽	一 般 用 途
实线	粗		b	主要可见轮廓线
	中		$0.5b$	可见轮廓线、尺寸起止符号等
	细		$0.25b$	可见轮廓线、图例线
虚线	粗		b	见各有关专业制图标准
	中		$0.5b$	不可见轮廓线
	细		$0.25b$	不可见轮廓线、图例线等
单点长画线	粗		b	见各有关专业制图标准
	中		$0.5b$	见各有关专业制图标准
	细		$0.25b$	中心线、对称线等
双点长画线	粗		b	见各有关专业制图标准
	中		$0.5b$	见各有关专业制图标准
	细		$0.25b$	假想轮廓线、成形前原始轮廓线
折断线			$0.25b$	断开界线
波浪线			$0.25b$	断开界线

图 1-3　图线的画法

(3)单点长画线或双点长画线的两端，不应是点，且应超出轮廓线 2～5mm。

(4)虚线与虚线交接、点画线与点画线交接、虚线或点画线与其他图线交接时，均应交于线段处。当虚线为实线的延长线时，则应留一间隔。它们的正确画法和错误画法如图 1-4 所示。

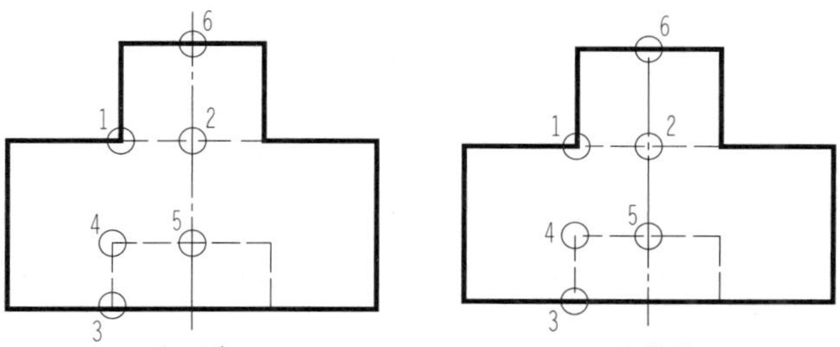

a）正确　　b）错误

图 1-4　图线的交接

(5)图线不得与文字、数字或符号重叠、相交。不可避免时，应首先保证文字等的清晰。

(6)相互平行的图线，其间隙不宜小于其中的粗线宽度，且不宜小于 0.7mm。

(7)单点长画线或双点长画线，当在较小图形中绘制有困难时，可用实线代替。

目前的计算机辅助设计绘图系统，一般会提供多种线型供用户选择。因此，在绘制图形时，应注意为图线选择合适的线型及线宽，对于除实线外的其他线型，注意调整线型比例，以显示合适形状。

1.1.3　字体

图样上除了有表达形体形状的图形外，还要用文字和数字说明形体的大小、技术要求等内容。书写字体必须做到：字体端正、排列整齐、笔画清晰、间隔均匀。

1. 字体高度

字体的高度（用 h 表示），其公称尺寸系列为：1.8mm，2.5mm，3.5mm，5mm，7mm，10mm，14mm，20mm。如果要书写更大的字，其字体高度应按$\sqrt{2}$的比率递增。字体高度代表字体的号数，如 7 号字即字高为 7mm。

2. 汉字

汉字应写成长仿宋体，并应采用国家正式公布的简化字。汉字的高度 h 应不小于 3.5mm，其字宽一般为 $h/\sqrt{2}$。汉字的宽度与高度的关系，应符合表 1-4 的规定。

长仿宋字高宽关系（mm）　　表 1-4

字高	20	14	10	7	5	3.5
字宽	14	10	7	5	3.5	2.5

书写长仿宋体的要点为：横平竖直、起落分明、结构匀称、笔锋满格。长仿宋体示例如图 1-5 所示。

10号字

字体工整 笔画清楚 间隔均匀 排列整齐

7号字

横平竖直 注意起落 结构均匀 填满方格

5号字

技术制图机械电子汽车航空船舶 土木建筑矿山井坑港口纺织服装

图 1-5　长仿宋字示例

3. 字母与数字

拉丁字母、阿拉伯数字与罗马数字可根据需要写成斜体字或直体字，斜体字字头与水平线向右倾斜 75°，字高 h 应不小于 2.5mm，如图 1-6 所示。

目前的计算机辅助设计绘图系统，已经能够生成并输出各种字体和各种大小的文字，而且快捷正确，整齐美观，可以节省大量手工写字的时间。

1.1.4　比例

图样的比例，为图形与实物相对应的线性尺寸之比。宜注写在图名的右侧，字的基准线应取平，比例的字高，应比图名的字高小一或两号；图名下画一条粗实线，其长度与图名文字所占长短相当，比例下不画线，如图 1-7 所示。当同一张图纸上的各图只选用一种比例时，也可把比例统一注写在标题栏内。

图 1-6　字母及数字示例

图 1-7　比例的注写

绘图时所用的比例，应根据图样的用途与被绘制对象的复杂程度，选用表 1-5 中的比例。

常 用 比 例　　表 1-5

图　　名	比　　例
建筑物或构筑物的平面图、立面图、剖面图	1∶50、1∶100、1∶200
建筑物或构筑物的局部放大图	1∶10、1∶20、1∶50
配件及构件详图	1∶1、1∶2、1∶5、1∶10、1∶20、1∶50

一般情况下，一个图样应选用一种比例。根据专业制图的需要，同一图样也可选用两种比例。

1.1.5　尺寸标注

在建筑工程图中，图样除了画出建筑物及其各部分的形状外，还必须准确、详尽、清晰地标注尺寸，以确定其大小，作为施工时的依据。

图样上的尺寸由尺寸界线、尺寸线、尺寸起止符号和尺寸数字组成，如图 1-8 所示。

1. 尺寸界线

表示尺寸的范围。用细实线绘制，一般应与被注长度方向垂直，其一端应离开图样轮廓线不小于 2mm，另一端宜超出尺寸线 2～3mm。必要时，图样轮廓线、中心线及轴线都允许用作尺寸界线。

2. 尺寸线

表示尺寸的方向。尺寸线必须用细实线单独绘制，不能用其他图线代替，也不能画在其他图线的延长线上；标注线性尺寸时，尺寸线必须与所注的尺寸方向平行，且与图形最外轮廓距离不小于 10mm；当有几条相互平行的尺寸线时，大尺寸要标注在小尺寸的外面，避免尺寸线与尺寸界线相交；在圆或圆弧上标注直径尺寸时，尺寸线一般应通过圆心或其直径的延长线；尺寸线不宜超出尺寸界线。

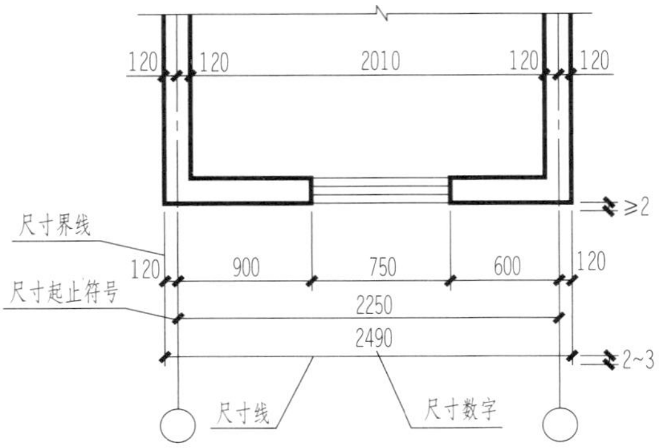

图 1-8　尺寸的组成

3. 尺寸起止符号

表示尺寸的起止位置。用中实线绘制，其长度宜为 2～3mm，其倾斜方向应与尺寸界线顺时针成 45°角。在轴测图中标注尺寸时，其起止符号宜用小圆点。

在标注半径、直径、角度与弧长等尺寸时，尺寸起止符号宜用箭头而不用 45°短斜线表示，如图 1-9 所示。图中“R”表示半径，“ϕ”表示直径。角度数字一律水平书写。标注球的半径或者直径时，应在尺寸数字前加注“SR”或“$S\phi$”。

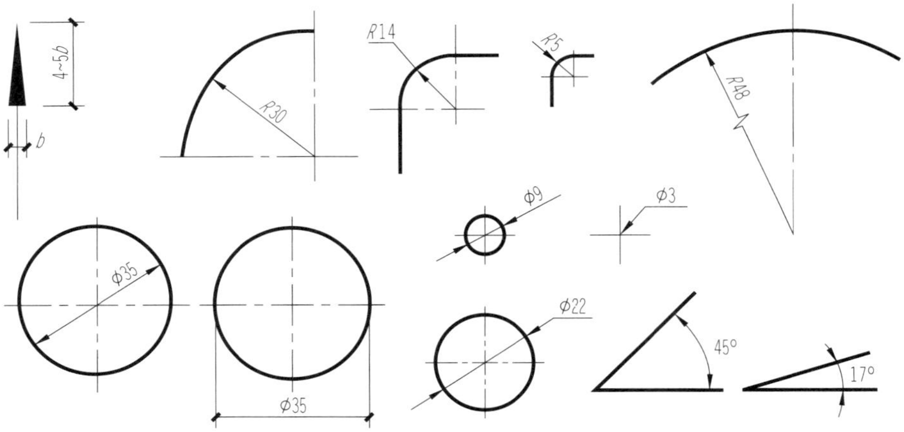

图 1-9　箭头的画法及半径、直径、角度的标注

4. 尺寸数字

表示线段长度的真实大小，与绘图所用的比例无关。尺寸数字一律用阿拉伯数字书写。国标规定，图样上标注的尺寸，除标高及总平面图以米(m)为单位外，其余均以毫米(mm)为单位，图上尺寸数字后都不再注写单位。图样中的尺寸，应以所注尺寸数字为准，不得从图上直接量取。

线性尺寸的数字一般注在尺寸线的中部。水平方向的尺寸，尺寸数字要写在尺寸线上 1mm 处，字头朝上；垂直方向的尺寸，尺寸数字要写在尺寸线的左侧，字头朝左；倾斜方向的尺寸，尺寸数字字头要保持朝上的趋势，如图 1-10a）所示。应避免在图中所示 30°范围内标注尺寸，当实在无法避免时，可按图 1-10b）的形式书写。当尺寸界线间隔较小时，尺寸数字可注在尺寸界线外侧，或上下错开，或用引线引出再标注，如图 1-10c）所示。

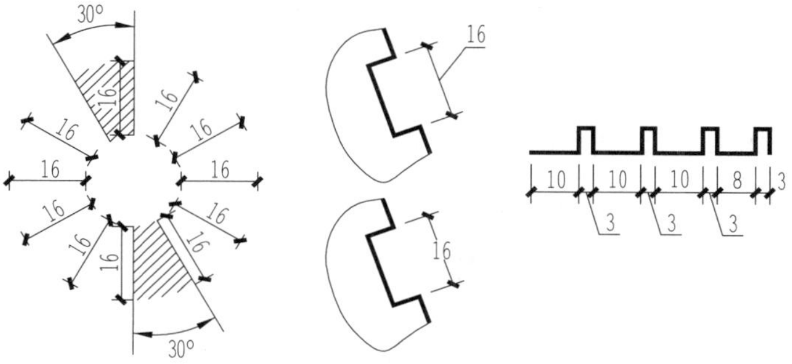

a）　　b）　　c）

图 1-10　尺寸的书写形式

标注尺寸时应注意的一些问题，如表 1-6 所示。

尺 寸 的 标 注　　表 1-6

说　明	正　确	错　误	说　明	正　确	错　误
尺寸数字写在尺寸线的中间，水平方向的尺寸从左向右写在尺寸线的上方；竖直方向的尺寸从下向上写在尺寸线的左方	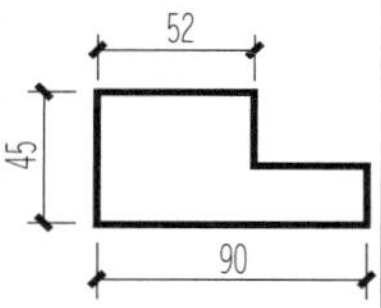	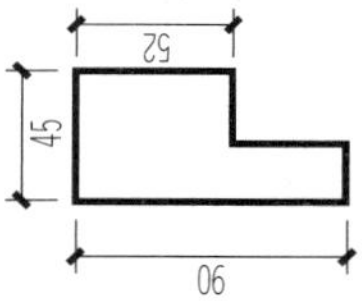	同一张图纸内的尺寸数字应大小一致	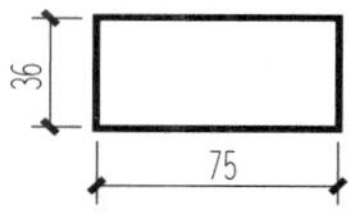	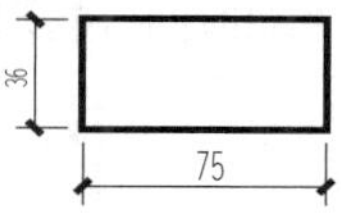
尺寸界线不能作为尺寸线	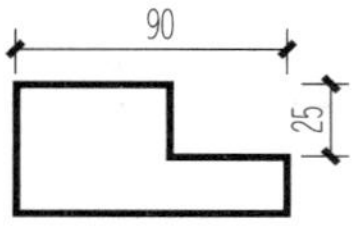	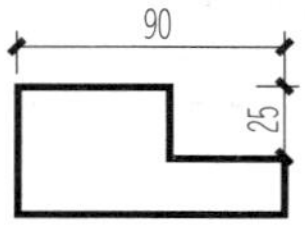	在断面图中书写数字时，数字处应留空不画断面线	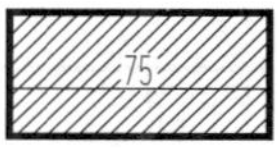	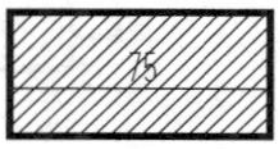
小的尺寸在内，大尺寸在外	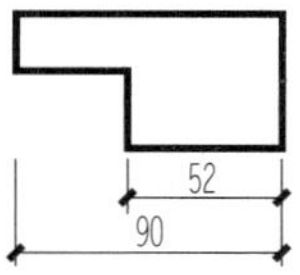	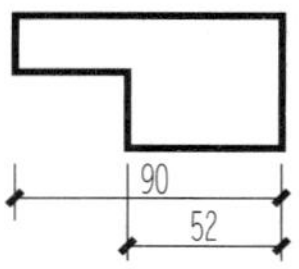	轮廓线、中心线可以作为尺寸界线，但不能用作尺寸线	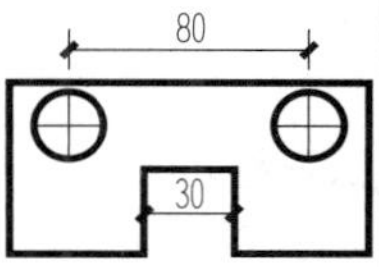	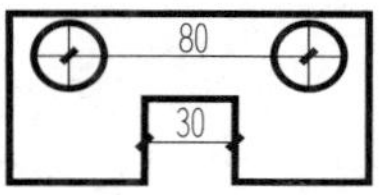

目前的计算机辅助设计绘图系统，包含各种尺寸标注形式，并且可以灵活设置适合于国标的标注样式，使尺寸标注快捷方便，整齐美观。

1.2　绘图工具和仪器的使用方法

正确使用制图工具和仪器，是确保绘图质量、提高绘图速度的重要因素。因此，必须养成正确使用、维护绘图工具和仪器的良好习惯。

1.2.1　图板、丁字尺和三角板

图板用于铺贴图纸，要求其表面平坦光洁，图板的左边用作丁字尺的导边，所以必须平直。图纸用胶带纸固定在图板上，一般在图板的左下方，如图 1-11 所示。

丁字尺主要用来画水平线，由尺头和尺身组成，尺身带有刻度，便于画线时直接度量。画图时，用左手握住尺头，使其紧靠图板左侧的导边，利用尺身工作边由左向右画水平线。由上往下移动丁字尺，可画出一组水平线，如图 1-12 所示。

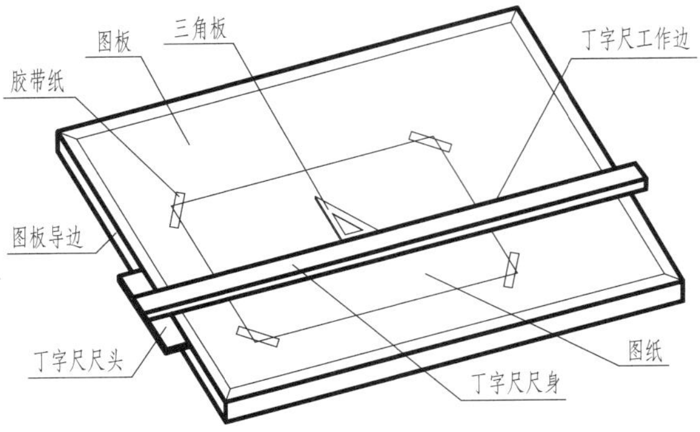

图 1-11　图板、丁字尺、三角板与图纸

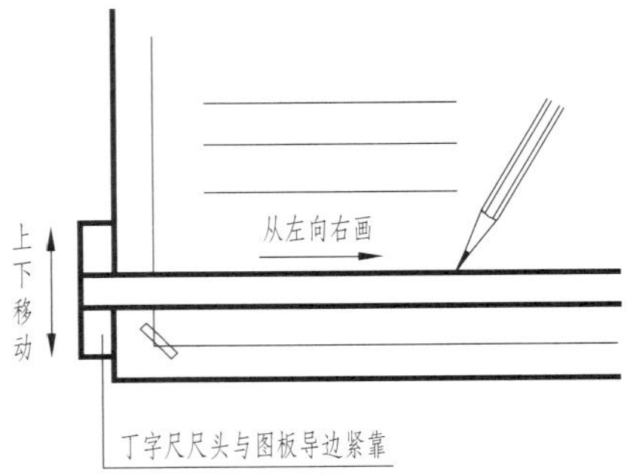

图 1-12　用丁字尺画水平线

三角板两块为一副，除直接用来画直线外，也可配合丁字尺画铅垂线和与水平线成 15°、30°、45°、60°、75°的倾斜线，如图 1-13 所示。两块三角板相互配合还可画出已知直线的平行线和垂直线，如图 1-14 所示。

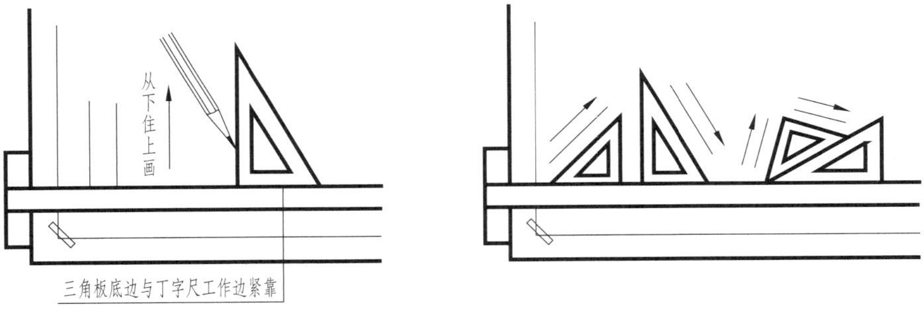

a）画铅垂线　　b）画15° 整倍数的倾斜线

图 1-13　丁字尺与三角板配合画铅垂线和倾斜线

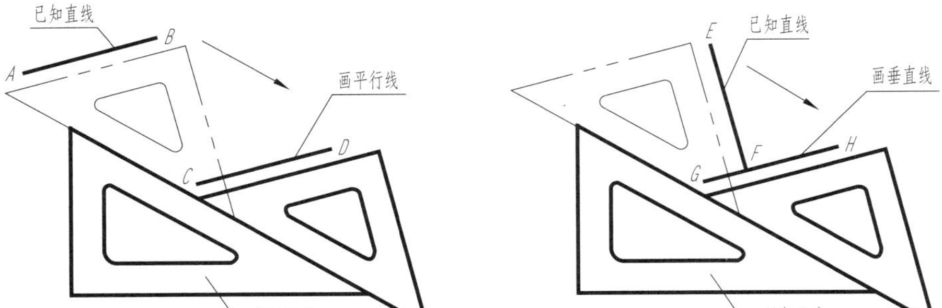

a）画平行线　　b）画垂直线

图 1-14　用一副三角板画已知直线的平行线和垂直线

1.2.2 绘图铅笔

绘图铅笔按笔芯的软硬有 B、HB、H 等多种标号，B 前面的数值越大，表示铅芯越软；H 前面的数值越大，表示铅芯越硬；HB 表示铅芯软硬适中。B 型铅笔画粗实线，HB 型铅笔写字及画箭头，H 型铅笔画细线和打底稿。铅笔尖端根据作图线型不同可削成锥状和铲状。图 1-15为铅笔的削法，锥状铅芯用作打底稿、写字，铲状铅芯用作加深。圆规用铅芯的削法如图1-16所示，楔形铅芯用于画细线，正四棱柱形铅芯用作画粗线。画相同线宽的图线，圆规铅芯的硬度要比铅笔芯的硬度软一号。如画粗直线用 B 型铅笔，画粗圆弧则要用 2B 铅芯的圆规。

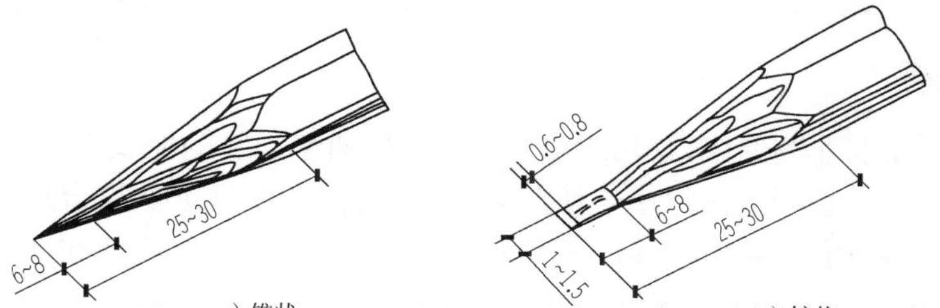

a）锥状　　　　b）铲状

图 1-15　铅笔削法

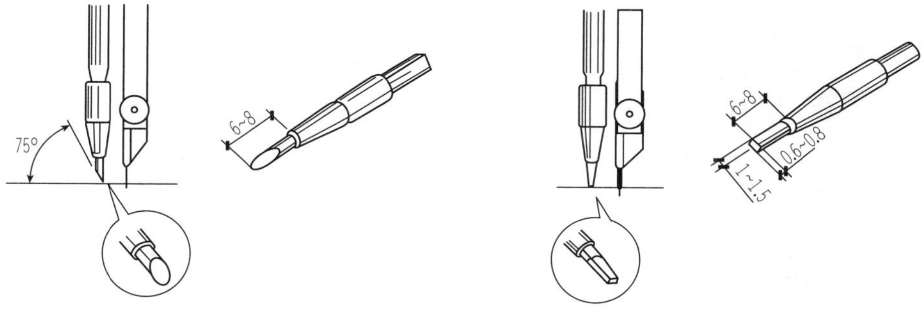

a）楔形　　　　b）正四棱柱状

图 1-16　圆规用铅芯削法

1.2.3 圆规和分规

圆规用来画圆和圆弧，大圆规可接换不同的插脚、加长杆，以满足不同的作图要求。

在使用前，应先调整针脚，使针尖略长于铅芯尖。画圆或画弧时，将带台阶的一端针尖扎入圆心处纸面，铅芯接触纸面，并将圆规向前进方向稍微倾斜，按顺时针方向一次画成，注意用力要均匀，如图 1-17 所示。根据不同的直径，尽量使钢针和铅芯同时垂直于纸面，若需

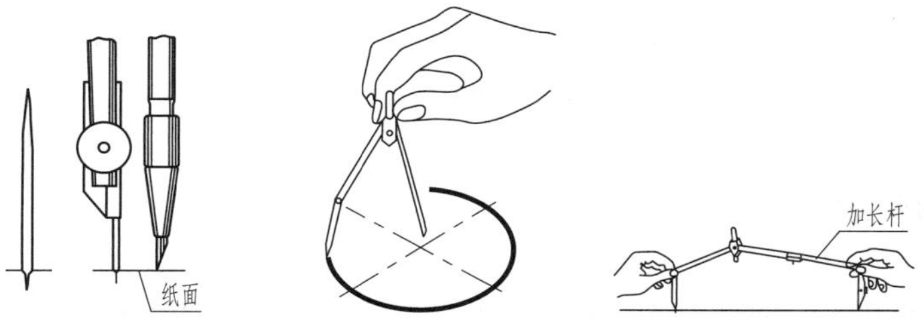

图 1-17　圆规的使用方法

画较大圆或圆弧时，可接加长杆。画小圆可用弹簧圆规。若用钢针接腿替换铅芯插腿时，圆规可作分规用。

分规主要用来量取线段长度或等分已知线段。为了准确地度量尺寸，分规的两针尖应平齐。从比例尺上量取长度时，针尖不要正对尺面，应使针尖与尺面保持倾斜。用分规等分线段时，将分规的两针尖调整到所需距离，然后用右手拇指、食指捏住分规手柄，使分规两针尖沿线段交替作为圆心旋转前进，如图 1-18 所示。分规等分线段通常用试分法。

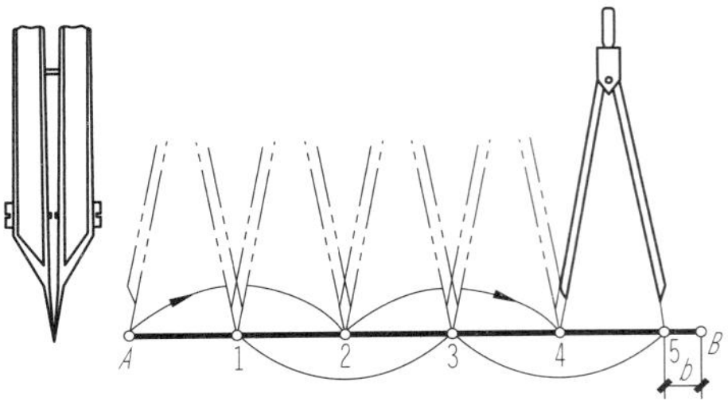

图 1-18　分规的使用方法

1.2.4　曲线板

曲线板用于绘制非圆曲线，其轮廓线由多段不同曲率半径的曲线组成。作图时，先用细线徒手把曲线上的一系列点按顺序连接起来，然后选择曲线板上曲率合适的部分与徒手连接的曲线贴合，分段描绘，每次连接应至少通过曲线上三个点，并注意在两段连接处要有一小段重复，以保证所连曲线光滑过渡，如图 1-19 所示。

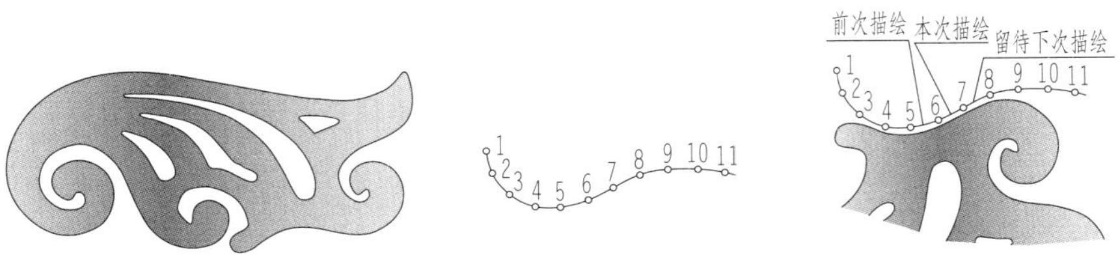

a）曲线板　　b）徒手连曲线　　c）用曲线板分段描绘

图 1-19　曲线板的使用方法

1.2.5　其他制图工具

除上述常用的绘图工具外，还有比例尺、擦图片、胶带纸、毛刷、橡皮、小刀等绘图工具。

比例尺是刻有不同比例的直尺，其比例分别刻在三个侧面上，可放大或缩小尺寸，如图 1-20a）所示。比例尺用于直接在图上度量尺寸或用分规从比例尺上量取尺寸。

利用擦图片上各种形式的镂孔，可擦去多余的线条，以保持图面清洁，如图 1-20b）所示。

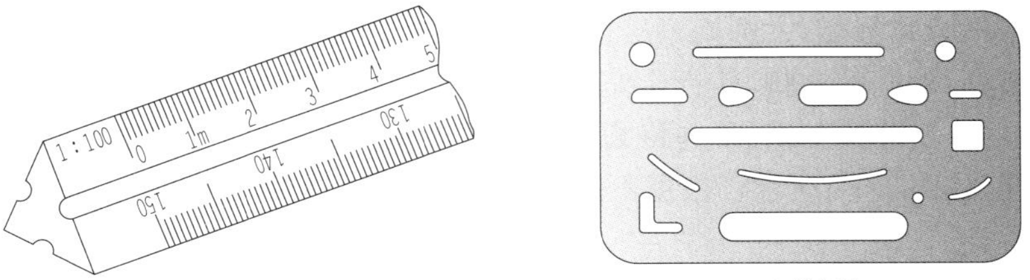

a）比例尺　　b）擦图片

图 1-20　比例尺和擦图片

1.3　几何作图

形体的轮廓形状是多种多样的，但基本上都是由直线、圆和其他一些曲线所组成的平面几何图形。因此应掌握一些基本的几何作图方法。

1.3.1 等分已知直线段

以五等分已知线段 AB 为例,作图步骤如图 1-21 所示。

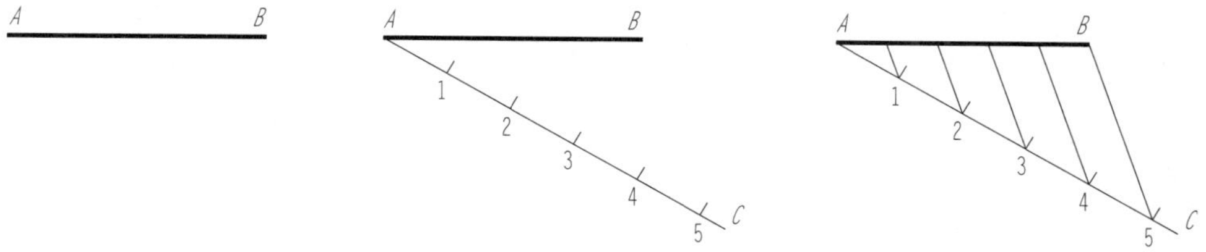

a）已知直线段AB

b）过点A任作一直线AC，用分规或直尺在AC上从点A起截取任意长度的五等分，得1、2、3、4、5点

c）连接$5B$，然后过1、2、3、4点作$5B$的平行线与AB相交，即可将AB五等分

图 1-21　等分已知线段

以上作图方法适用于任意等分已知线段。

1.3.2 正多边形的画法

1. 正六边形的画法

(1)作已知圆的内接正六边形

已知正六边形外接圆半径 R,作正六边形。作图方法有两种,如图 1-22 所示。

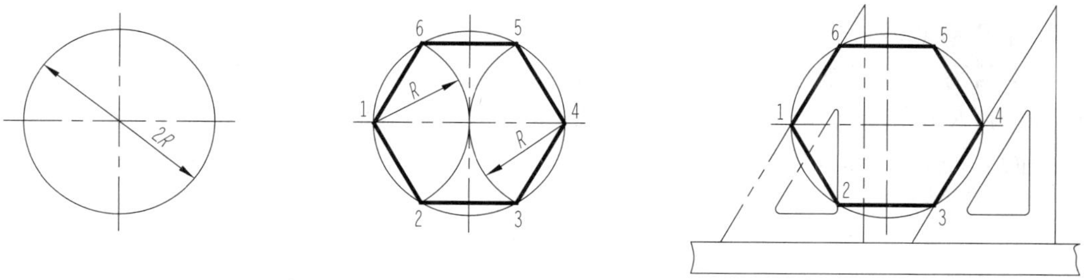

a）画正六边形外接圆

b）在圆上以半径R画弧六等分圆周，依次连接圆上六个分点1、2、3、4、5、6即为正六边形

c）用丁字尺与30°（60°）三角板配合，也可作出正六边形

图 1-22　作圆的内接正六边形

(2)作已知圆的外切正六边形

已知正六边形内切圆半径 R_1,作正六边形。作图方法如图 1-23 所示。

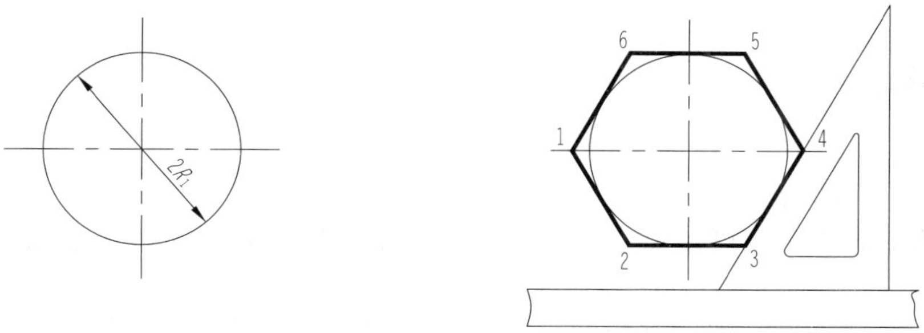

a）画正六边形内切圆

b）利用丁字尺与30°（60°）三角板配合，作圆的切线，即可画出正六边形

图 1-23　作圆的外切正六边形

2. 正五边形的画法

已知正五边形外接圆直径，作正五边形。作图步骤如图 1-24 所示。

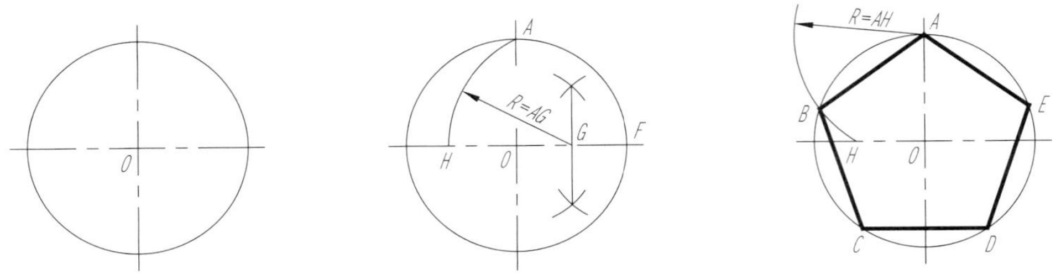

a）画正五边形外接圆O　　b）作半径OF的等分点G，以G为圆心，AG为半径作圆弧，交直径于点H　　c）以AH为半径，把圆周五等分。连接各等分点A、B、C、D、E、A得正五边形

图 1-24　作圆的内接正五边形

1.3.3　圆弧连接的画法

在制图中，用已知半径的圆弧（称连接圆弧）光滑连接（相切）已知线段（直线或圆弧），称为圆弧连接。为了保证相切，必须准确地作出连接圆弧的圆心和切点。

圆弧连接的作图步骤为：①求出连接圆弧的圆心；②定出切点的位置；③准确画出连接圆弧。

1. 圆弧与直线连接

作半径为 R 的圆弧与已知直线 AB 相切，如图 1-25a）所示。圆弧圆心 O 的轨迹是距离直线 AB 为 R 的两条平行线。如果选择以圆心为 O 的圆弧作为连接圆弧，则过 O 作直线 AB 的垂线，垂足 T 即为连接点（切点）。

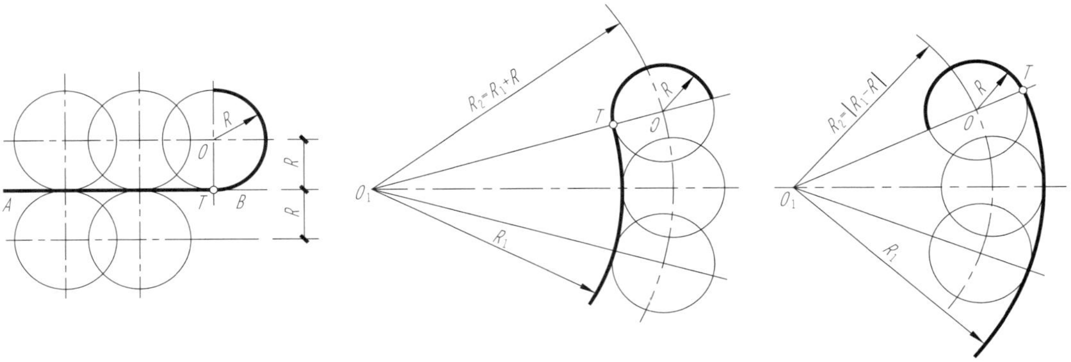

a）圆弧与直线连接　　b）圆弧与圆弧外切连接　　c）圆弧与圆弧内切连接

图 1-25　圆弧连接的作图原理

2. 圆弧与圆弧连接

作半径为 R 的圆弧与已知圆弧（圆心为 O_1、半径为 R_1）相切。连接圆弧圆心 O 的轨迹是已知圆弧的同心圆，此同心圆的半径 R_2 视相切情况（外切或内切）而定。当两圆弧外切时，轨迹圆的半径为两圆弧半径之和 $R_2=R_1+R$，如图 1-25b）所示；当两圆弧内切时，轨迹圆的半径为两圆弧半径之差 $R_2=|R_1-R|$，如图 1-25c）所示。如果选择 O 为连接圆弧的圆心，两圆心的连线 O_1O 与已知圆弧的交点 T 即为连接点（切点）。

实际作图时，根据连接的两条已知线段(直线或圆弧)，作出两条轨迹线的交点即为连接圆弧的圆心，然后确定切点，完成圆弧连接。

【例 1-1】 求作图 1-26a)所示圆弧连接。

分析：

图上有两个连接圆弧，一个($R10$)连接两条直线；另一个($R8$)连接直线和圆弧(外切)。

作图：如图 1-26b)所示。

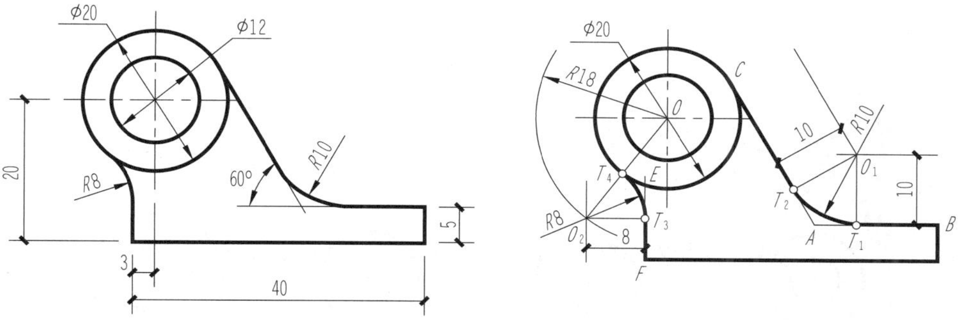

a）已知　　　　b）作圆弧连接

图 1-26　圆弧连接示例(一)

(1)求两连接圆弧的圆心 O_1、O_2

分别作与已知直线 AB、AC 相距为 10mm 的平行线，其交点 O_1 为连接圆弧($R10$)的圆心；作与已知直线 EF 相距为 8mm 的平行线，再以 O 为圆心，$R(10+8)=R18$ 为半径画圆弧，此弧与平行线的交点 O_2 为连接圆弧($R8$)的圆心。

(2)求连接点(切点)

自 O_1 分别向 AB 及 AC 作垂线，得垂足 T_1、T_2，即为连接点(切点)；自 O_2 向 EF 作垂线，得连接点(切点)T_3；连接 O 与 O_2，与已知圆弧($\phi 20$)相交于 T_4，即为连接点(切点)。

(3)画连接圆弧

以 O_1 为圆心，$R10$ 为半径，自点 T_1 至 T_2 画圆弧；以 O_2 为圆心，$R8$ 为半径，自点 T_4 至 T_3 画圆弧，即完成作图。

【例 1-2】 求作图 1-27a)所示的圆弧连接。

分析：

图中有两个连接圆弧，一个($R18$)外切连接两圆弧；另一个($R40$)内切连接两圆弧。

作图：如图 1-27b)、c)所示。

(1)求两连接圆弧的圆心 O_3、O_4

分别以 O_1、O_2 为圆心，$R(8+18)=R26$、$R(11+18)=R29$ 为半径画弧，得交点 O_3；以 $R(40-8)=R32$、$R(40-11)=R29$ 为半径画弧，得交点 O_4。O_3、O_4 即为连接圆弧的圆心。

(2)求连接点(切点)

作两圆心连线 O_1O_3、O_2O_3 以及 O_4O_1、O_4O_2 的延长线，与已知圆弧($\phi 16$、$\phi 22$)分别交于点 T_1、T_2 以及 T_3、T_4，即为连接点(切点)。

(3)画连接圆弧

以 O_3 为圆心，$R18$ 为半径，自点 T_2 至 T_1 画圆弧；以 O_4 为圆心，$R40$ 为半径，自点 T_4 至 T_3 画圆弧，即完成作图。

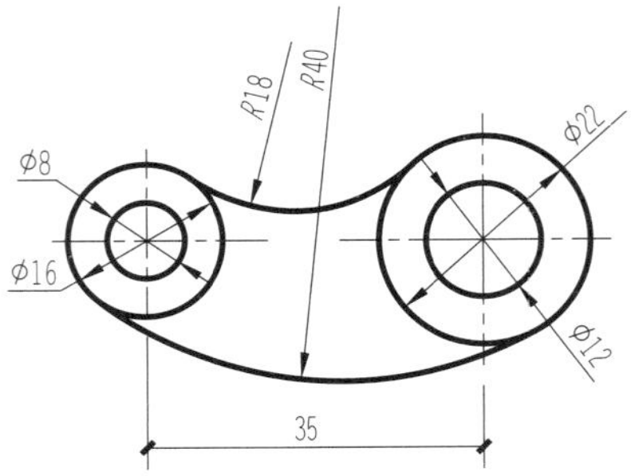

a）已知

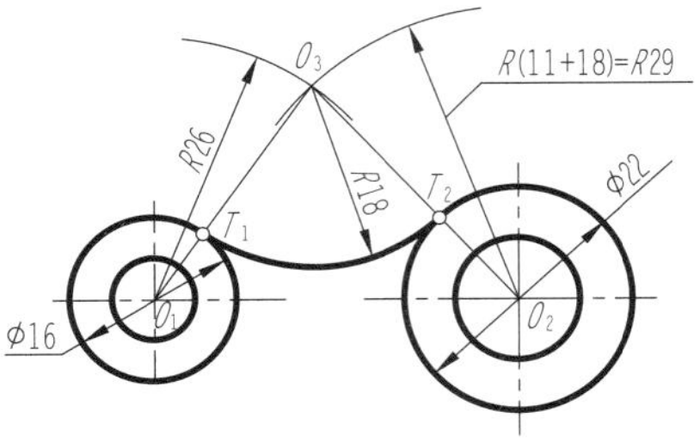

b）作R18圆弧

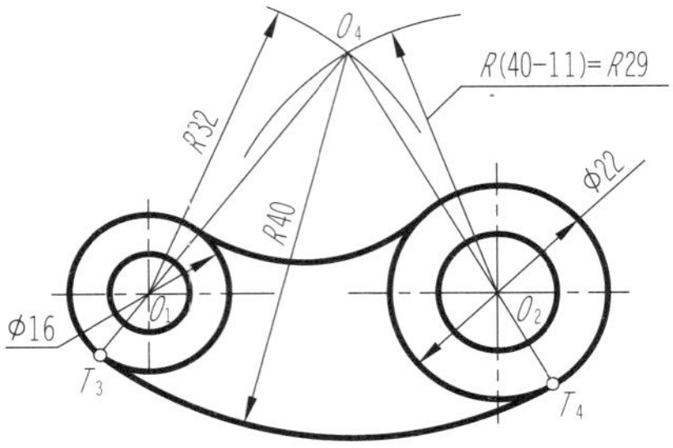

c）作R40圆弧

图 1-27　圆弧连接示例(二)

1.3.4　椭圆的画法

已知椭圆的长轴为 AB，短轴为 CD，常用作椭圆的方法如图 1-28 所示。图 1-28a)为四心法(近似画法)，图 1-28b)为同心圆法。

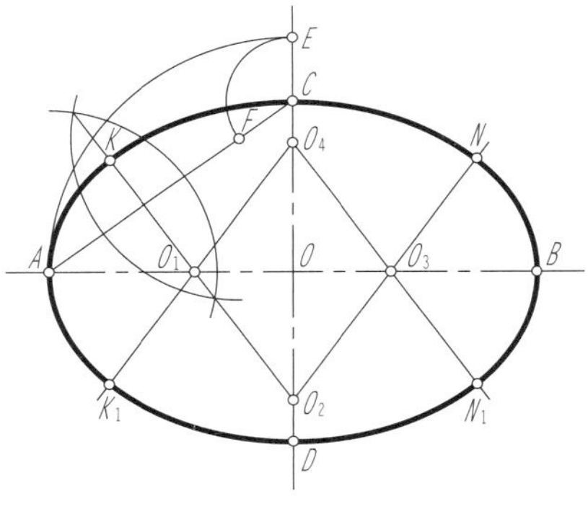

a）四心法

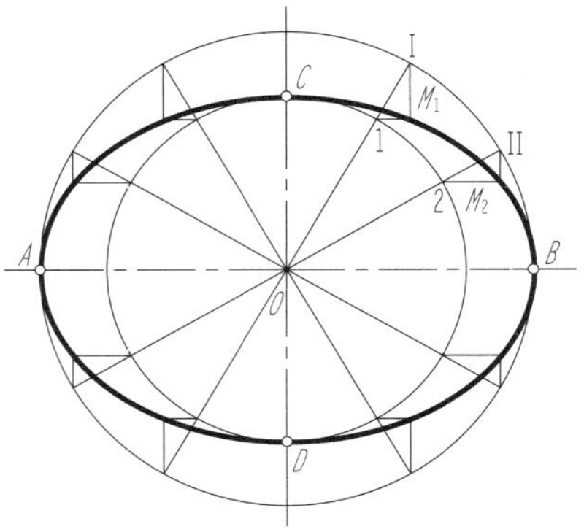

b）同心圆法

图 1-28　椭圆的画法

1. 四心法

(1)连接 A、C，以 O 为圆心、OA 为半径画弧，与 CD 的延长线交于点 E；以 C 为圆心、CE 为半径画弧，与 AC 交于点 F。

(2)作线段 AF 的垂直平分线，与长短轴分别交于点 O_1、O_2，再作对称点 O_3、O_4。O_1、O_2、O_3、O_4 即为四段圆弧的圆心。

(3)分别作圆心连线 O_1O_4、O_2O_3、O_3O_4 并延长。

(4)分别以 O_1、O_3 为圆心，O_1A 或 O_3B 为半径画小圆弧 K_1AK 和 NBN_1，分别以 O_2、O_4 为圆心，O_2C 或 O_4D 为半径画大圆弧 KCN 和 N_1DK_1（切点 K、K_1、N_1、N 分别位于相应的圆心连线上），即完成近似椭圆的作图。

2. 同心圆法

分别以 AB、CD 为直径作两同心圆，过中心 O 作一系列直径与两圆相交，过大圆上各交点Ⅰ、Ⅱ……引垂线，过小圆上各交点 1、2……作水平线，并与相应的垂线交于 M_1、M_2……各点，光滑连接以上各点即完成椭圆的作图。

本章小结

本章学习了建筑制图国家标准中有关制图的一些基本规定，介绍了绘图仪器的使用和几何作图方法，为后续章节绘制工程图打下基础。

本章的重点是建筑制图标准中有关图纸幅面、图线、字体、比例及尺寸标注的规定。

几何作图中圆弧连接的画法是难点。

在今后的学习中注意培养认真、细致的工作作风，使所绘图样图面整洁，作图准确，图线分明，字体工整，符合国家制图标准规定。

习题

一、选择题

1. 国家标准中优先采用的图纸基本幅面有（　　）。

A. 3 种　　B. 4 种　　C. 5 种　　D. 6 种

2. A0 图纸幅面是 A4 图纸幅面的（　　）。

A. 4 倍　　B. 8 倍　　C. 16 倍　　D. 32 倍

3. 必要时允许使用规定的加长幅面，加长幅面的尺寸是（　　）。

A. 按基本幅面长边的整数倍增加而得

B. 按基本幅面短边的任意倍数增加而得

C. 按基本幅面短边的 2 倍增加而得

D. 按基本幅面短边的整数倍增加而得

4. 国家标准中规定标题栏正常情况下应画在图纸的（　　）。

A. 左上角　　B. 右上角　　C. 左下角　　D. 右下角

5. 用下列比例分别画同一个机件，所绘图形最大的比例是（　　）。

A. 1∶1　　B. 1∶5　　C. 5∶1　　D. 2∶1

6. 图线有粗线、中粗线、细线之分，它们的宽度比例为（　　）。

A. 1∶2∶4　　B. 4∶2∶1　　C. 2∶4∶1　　D. 2∶1∶4

7. 在工程制图中，依实际需要采用（　　）。

A. 粗、中两种线型　　B. 粗、细两种线型

C. 中、细两种线型　　D. 粗、中、细三种线型

8. 在尺寸标注中，尺寸线为（　　）。

A. 粗实线　　B. 点画线　　C. 细实线　　D. 任意线

9. 一个完整的尺寸所包含的基本要素是(　　)。

A. 尺寸界线、尺寸线和箭头

B. 尺寸界线、尺寸数字和箭头

C. 尺寸界线、尺寸线尺寸起止符号和尺寸数字

D. 尺寸线、箭头和尺寸数字

10. 图形上标注的尺寸数字表示(　　)。

A. 画图的尺寸

B. 机件的实际尺寸

C. 随比例变化的尺寸

D. 图线的长度尺寸

二、填空题

1. 工程中图幅的尺寸有____________种。

2. 图纸的使用方式有两种:即____________和____________。

3. 对于建筑工程图,多用缩小的比例绘制在图纸上,无论图的比例大小如何,在图中都必须标注物体的____________尺寸。

4. 建筑工程图的图线线型中的粗、中、细线的比例为____________。

5. 在建筑工程图中,图样上标注的尺寸由____________、____________、____________和____________组成。

三、几何作图

1. 字体练习。

建	筑	制	图	民	用	房	屋	东	西	南	北	中	承	重	墙
设	计	说	明	基	础	梁	柱	挡	板	楼	梯	平	立	剖	面
结	构	门	窗	阳	台	雨	篷	勒	脚	坡	洞	沟	槽	材	料
钢	筋	混	凝	土	砂	石	灰	浆	砖	檐	框	架	顶	棚	散

比	例	尺	长	宽	高	厚	度	标	注	形	状	大	小	体	积	轴	线	台	阶	电
前	后	左	右	上	下	室	内	外	地	坪	素	土	夯	实	踏	步	安	全	栏	杆
沙	水	泥	盖	卫	生	设	备	厅	贴	面	预	隔	热	城	市	管	理	施	工	砌

ABCDEFGHIJKLMNOPQRSTUVWXYZ

ABCDEFGHIJKLMNOPQRSTUVWXYZ

abcdefghijklmnopqrstuvwxyz

1234567890 φ *1234567890*

2. 试用 A3 幅面，1∶1 比例，铅笔绘制所给图样（图 1-29），要求线型粗细分明，交接正确。图名：线型练习。

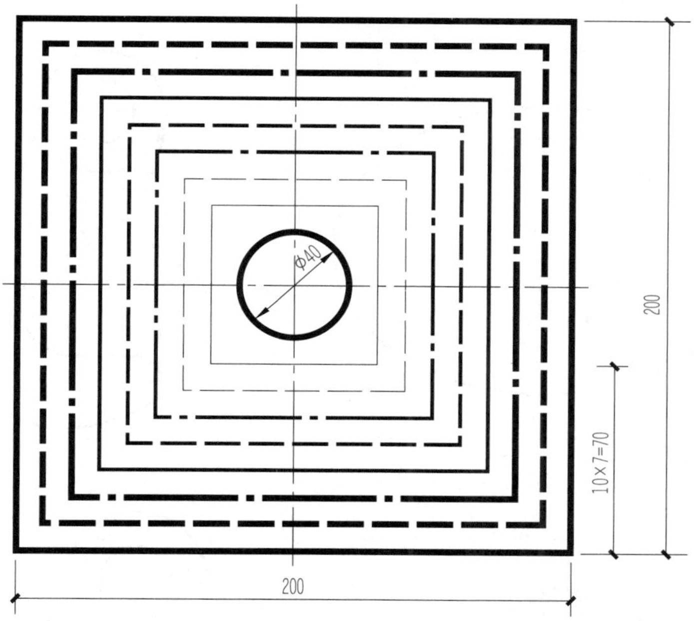

图 1-29

3. 按给定的比例抄绘图 1-30 中的图形，并标注尺寸。

(1)1∶2　　(2)1∶1　　(3)1∶1　　(4)1∶2

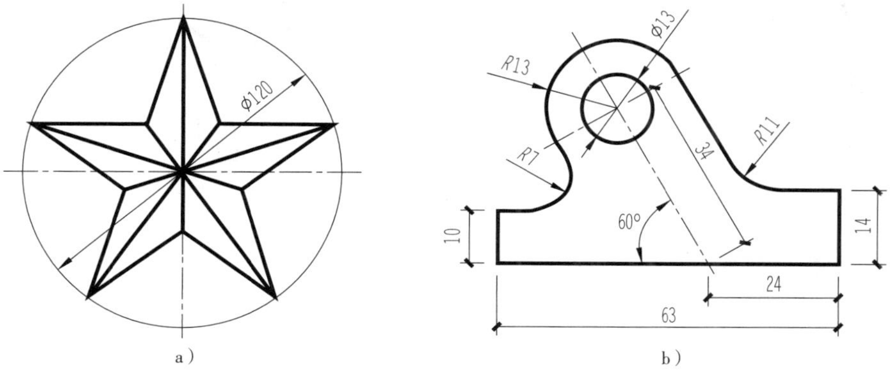

a)　　b)

图 1-30

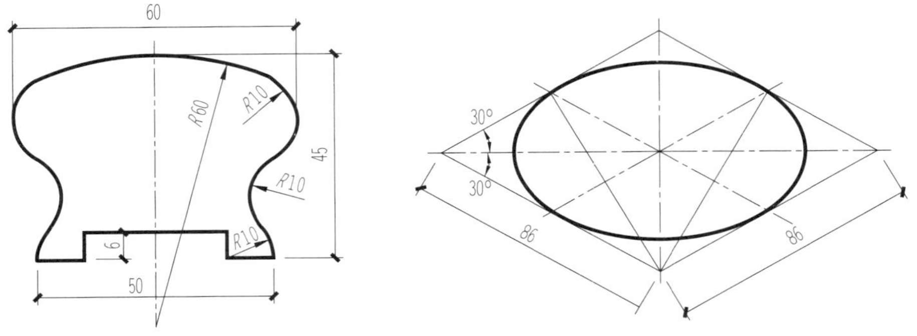

图　1-30

4. 试用 A3 幅面，1∶1 比例，绘制如图 1-31 所示的仪器图，要求连接光滑，交接正确，线型粗细分明。图名：几何作图。

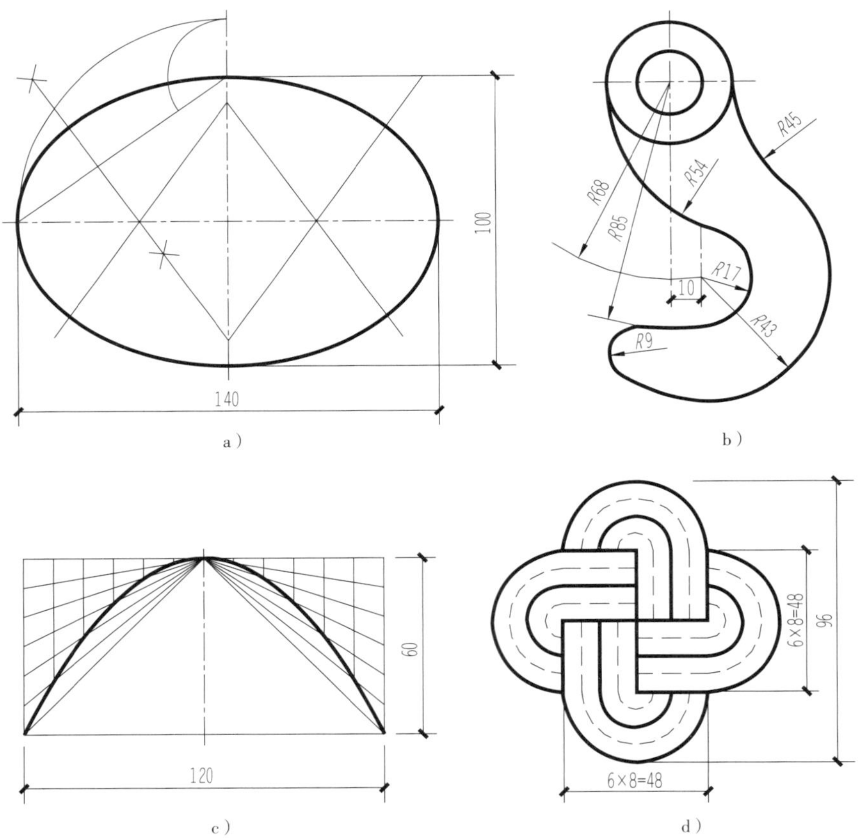

图　1-31

第 2 章　建 筑 形 体

2.1　建筑形体的基本表达方法

2.1.1　多面正投影图

当物体的形状和结构比较复杂时，仅用三面投影图表达是难以满足要求的，为此，在制图标准中规定了多种表达方法，绘图时可根据工程形体的形状特征选用。对于建筑形体往往要同时采用几种方法，才能将其内外结构表达清楚。

从图 2-1 中我们可以看出，将物体放在六个相互垂直的平面中，将从前向后、从上向下、从左向右、从后向前、从下向上、从右向左六个方向看到画在平面图纸上的六个基本投影图，得到物体的平面投影图。

用正投影法绘制的物体的图形称为视图。对于形状简单的物体，一般用三个视图就可以表达清楚，而对于复杂的房屋建筑，各个方向的外形变化较大时，往往采用三个以上的视图才能完整表达其形状结构。如图 2-1 所示的房屋形体，可由不同方向投射，从而得到有五个视图的多面正投影图。

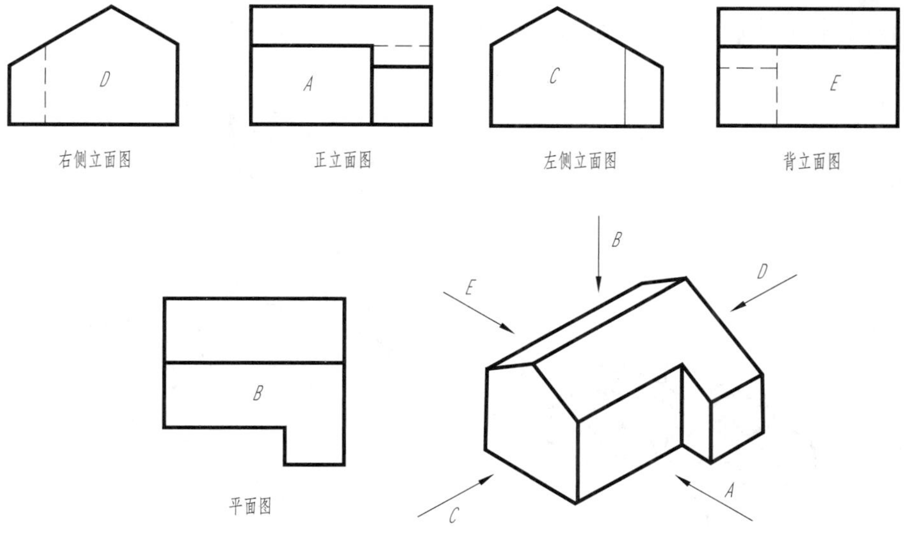

图 2-1　房屋形体正投影图

绘制建筑房屋的视图，从前方投射的 A 向视图为正立面图，应尽量反映出物体的主要特征，从上方投射的 B 向视图为平面图，从左方投射的 C 向视图为左侧立面图，从右方投射的 D 向视图为右侧立面图，从后方投射的 E 向视图为背立面图。

2.1.2 镜像投影图

镜像投影是物体在镜面中的反射图形的正投影，该镜面应平行于相应的投影面，如图 2-2所示。用镜像投影法绘制的平面图应在图名后注写“镜像”二字，以便读图时识别，如图 2-2b)所示。

镜像投影图可用于表示某些工程的构造，在装饰工程中应用较多，如吊顶平面图，是将地面看做一面镜子，得到吊顶的镜像平面图。

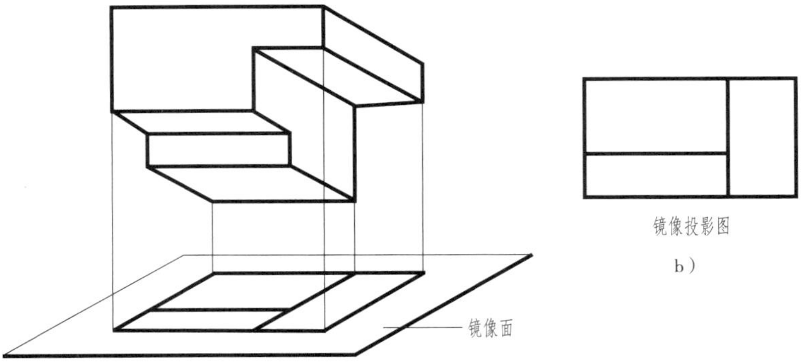

a） b）

图 2-2 镜像投影图

2.2 建筑形体的画法

绘制建筑形体视图时，需要进行形体分析，选择视图，确定形体的安放位置，选择视图数量，画投影视图，标注尺寸等。现以图 2-3 所示肋式杯形基础为例，说明画建筑形体投影图的步骤。

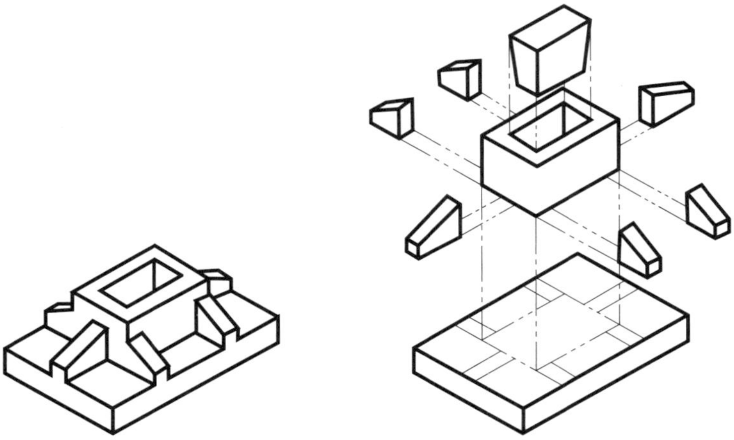

a）立面图 b）形体分析

图 2-3 肋式杯形基础

1. 形体的分析

对建筑形体进行形体分析，是将一个复杂的建筑形体分解为若干个基本形体，并分析它们之间的结合关系。图 2-3 的肋式杯形基础的形体，可以看成由四棱柱底板、中间四棱柱（其中挖去一楔形块）和 6 块梯形肋板叠加组成。

2. 选择视图，并确定形体的安放位置

工程上通常采用三投影面体系来表达物体的形状，V 面投影称为正视图，H 面投影叫俯视图，W 面投影叫侧视图。根据基础在房屋中的位置，形体应平放，使 H 面平行于底板底面，V 面平行于形体的正面。

3. 确定投影数量

投影数量确定的原则是用最少数量的投影把形体表达完整、清楚。本例选择三视图。

4. 画投影图

（1）画图之前，要根据物体的形状特点，选择恰当的比例和图幅。

（2）在画图时，应首先用中心线、对称线或基线，在图幅内定好各视图的位置。如图 2-4a）所示。

（3）画投影底稿。逐个画出各基本形体的视图。对每一形体宜从反映形状特征的视图开始，先主后次，先大后小，用细线顺序画出。如画图 2-4 所示的基础时，应先画底板，如图 2-4a）所示；然后画中间四棱柱（其中挖去一楔形块），如图 2-4b）所示；最后画 6 块梯形肋板，如图 2-4c）所示。

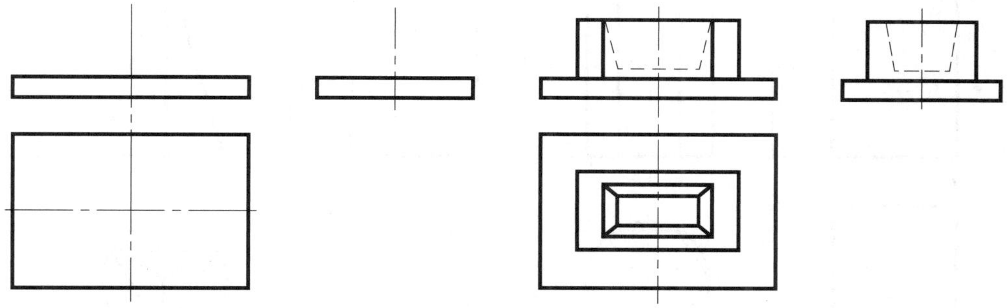

a）　　b）

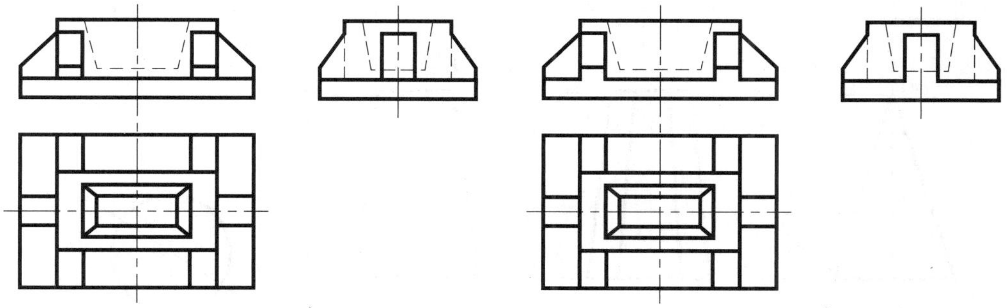

c）　　d）

图 2-4　肋式杯形基础绘图步骤

（4）检查、描深。底稿画完后，须仔细检查所画各基本形状的视图是否正确，是否有多线或漏线的现象。经检查无误后，擦去多余作图线，描深。

以上画图步骤应以画图方便、准确为原则，根据物体的形状特点，上述步骤可灵活运用。

5. 标注尺寸

下文详述，此处略。

6. 读图复核

复核有无错漏和多余的线条，并借以提高读图能力。首先应用形体分析法逐个检查每一基本形体的投影是否完整，相对位置是否正确。然后根据所画的投影图想象建筑形体的空间形体，看与原给出的形体是否相符。

最后填写标题栏内各项内容，完成全图。

2.3 建筑形体的尺寸标注

建筑形体的投影图，虽然已经清楚地表达形体的形状和各部分间的相互关系，但还必须注上足够的尺寸，才能明确形体的实际大小和各部分的相对位置。

锥、柱、圆球、圆环等基本几何体的尺寸是组合体尺寸的重要组成部分。因此，要标注组合体的尺寸，必须首先掌握基本几何体的尺寸注法。基本几何体的尺寸注法都已定型，一般情况下不允许多注，也不可随意改变注法。基本形体的尺寸标注如图 2-5 所示。

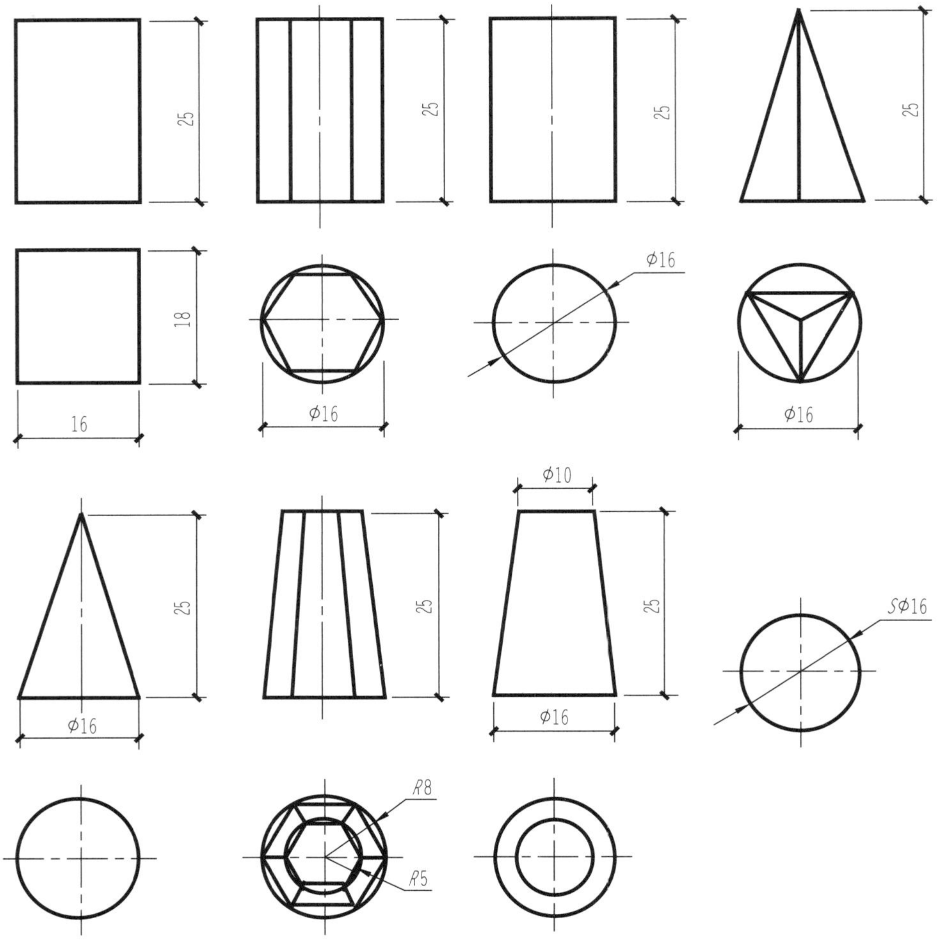

图 2-5 基本形体的尺寸标注

2.3.1 标注尺寸的基本要求

(1)正确——尺寸数值正确没有错误;尺寸注法正确,符合制图国标规定。

(2)完全——尺寸必须注全,不能遗漏或重复。

(3)清晰——尺寸布置整齐清晰,便于读图。

(4)合理——所注尺寸既能保证设计要求,又能满足加工、装配、测量等生产工艺的要求。

2.3.2 尺寸的种类

在建筑形体的投影图中,应标注的尺寸有三种,即定形尺寸、定位尺寸和总尺寸。在进行尺寸标注时,首先要进行形体分析,然后进行建筑形体的标注。下面以图 2-6 为例,介绍建筑形体标注的方法和步骤。

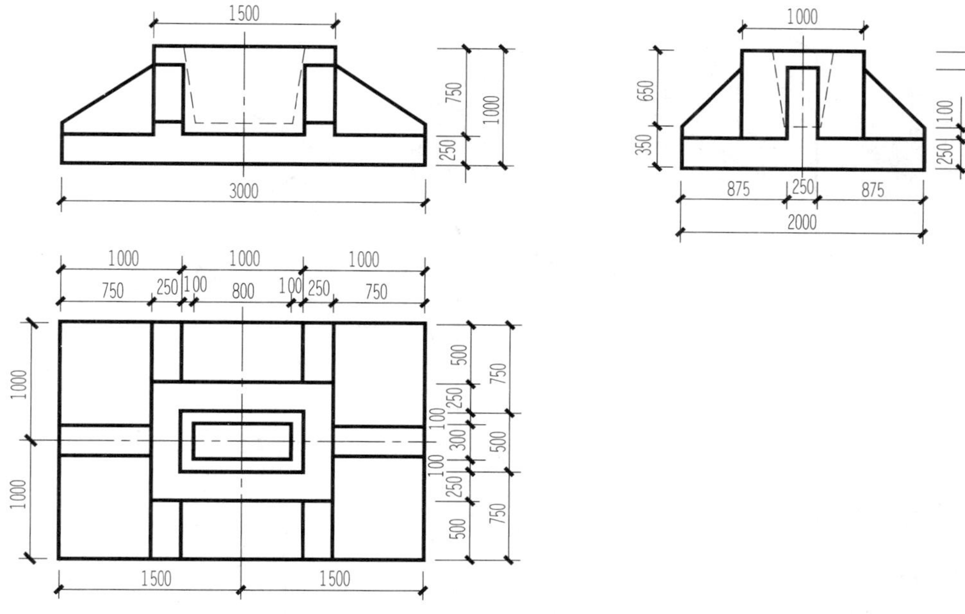

图 2-6 梯形肋板尺寸标注

(1)定形尺寸:是确定组成建筑形体的各基本形体大小的尺寸。如图 2-6 中底板的长、宽、高分别是 3000mm、2000mm、250mm;中间四棱柱的长、宽、高分别是 1500mm、1000mm、750mm;梯形肋板的上底宽 100mm、下底宽 500mm、高 750mm 均属于定形尺寸。

(2)定位尺寸:是确定各基本形体在建筑形体中的相对位置的尺寸。为测量放线,需要标注基础长度和宽度中心线上的定位尺寸 1500、1500、1000、1000;此外,还需标注四棱柱和梯形肋板的定位尺寸。如图 2-6 所示。

(3)总尺寸:是确定形体外形总长、总宽、总高的尺寸。如图 2-6 所示的总长 3000mm、总宽 2000mm、总高 1000mm 是总尺寸。

2.4 建筑形体剖面图

当物体的内部结构复杂或被遮挡的部分较多时,视图上会出现较多的虚线,使图面虚、实线交错而混淆不清。为解决这一问题，工程上常采用剖切的方法，即假想用剖切面剖开物体，将处在观察者和剖切面之间的部分移去，而将其余部分向投影面投射，所得的图形称为剖面图。

2.4.1 剖面图的形成

假想用剖切面在形体的适当部位将其剖开，移去剖切面与观察者之间的部分形体，将剩余的部分投射到投影面上，这样得到的投影图称为剖面图。如图 2-7 所示，假想用一个平行于 V 面的剖切面 P 剖切此基础，移去下半部分，将上半部分向 V 面投影，得到如图 2-8 所示的剖面图。为了在剖面图上表示出建筑内部形状，在剖面图上应画出建筑材料的符号。

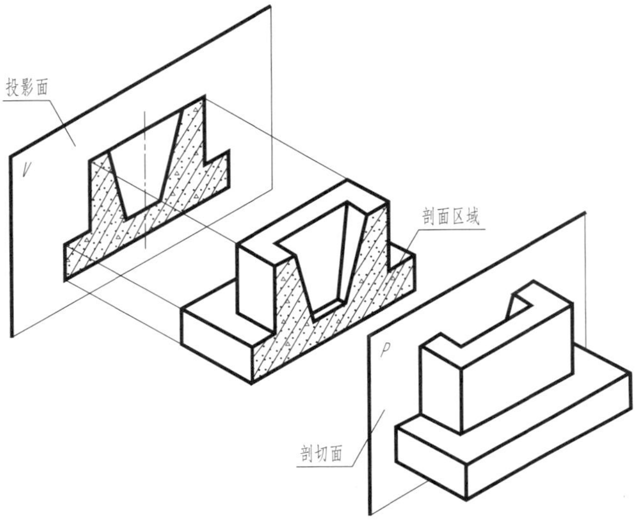

图 2-7　剖面图的形成

2.4.2 剖面图的种类

1. 全剖面图

全剖面图是用一个剖切平面把物体整个切开后所画出的剖面图。它多用于在某个方向上视图形状不对称或外形对称但形状却较简单的物体，如图 2-8 所示的 1-1 剖面图。

2. 半剖面图

当形体对称时，可以对称中心线为界，一半画成剖面图，另一半画成外形视图。这样组合而成的图形称为半剖面图，如图 2-9 所示的 2-2 剖面图。

画半剖面时有以下几点需要注意：

(1)在半剖面图中，规定使用建筑形体的对称线（细点画线）作为剖面图和视图的分界线。

(2)在半剖面图中，半个剖面通常画在垂直对称线的右方或水平对称线的下方。

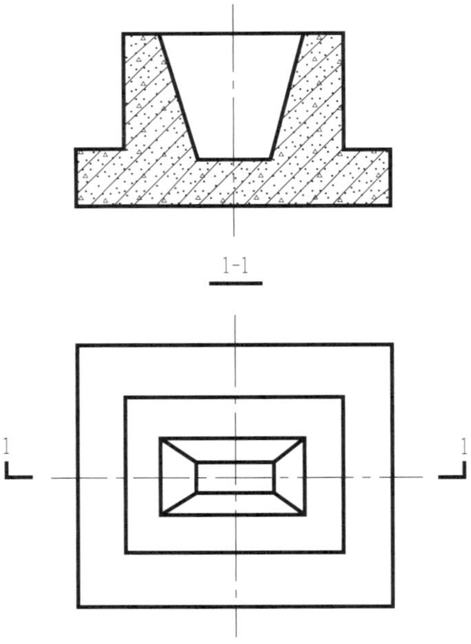

图 2-8　全剖面图

(3)由于剖面图一侧的图形已经将形体内部的现状表达清楚，因此在视图一侧不必再画表达内部形状的虚线。

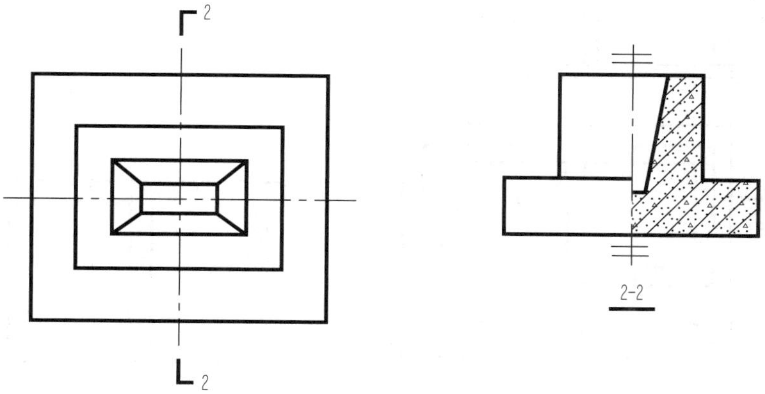

图 2-9　半剖面图

3. 局部剖面图

当建筑形体的外形比较复杂，完全剖开后就无法表示清楚它的外形时，可以保留原投影图的大部分，而只将局部地方画成剖面图。如图 2-10 所示，在不影响外形表达的情况下，将杯形基础水平投影的一个角落画成剖面图，表示基础内部钢筋的配置情况。这种剖面图，称为局部剖面图。需要注意的是，投影图与局部剖面图之间，要用徒手画的波浪线分界。

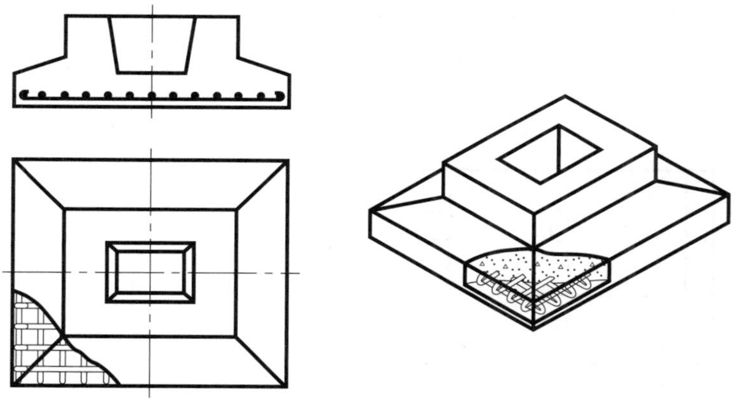

图 2-10　局部剖面图

4. 阶梯剖面图

如果要表示形体不同位置的内部构造，可采用两个(或两个以上)互相平行的剖切平面剖切形体，得到的剖面图称为阶梯剖面图。如图 2-11 所示的房屋，如果只用一个平行于 V 面的剖切平面，就不能同时剖开左墙的窗和右墙的窗，这时可将剖切平面转折一次，即使一个平面剖开左墙的窗，另一个与其平行的平面剖开右墙的窗，这样就满足了要求。所得的剖面图，称为阶梯剖面图，如图 2-11 所示的 2-2 剖面图。

阶梯剖必须标注剖切位置线、投射方向线和剖切编号。由于剖切是假想的，在作阶梯剖时不应画出两剖切面转折处的交线，并且要避免剖切面在图形轮廓线上转折，如图 2-11 所示。

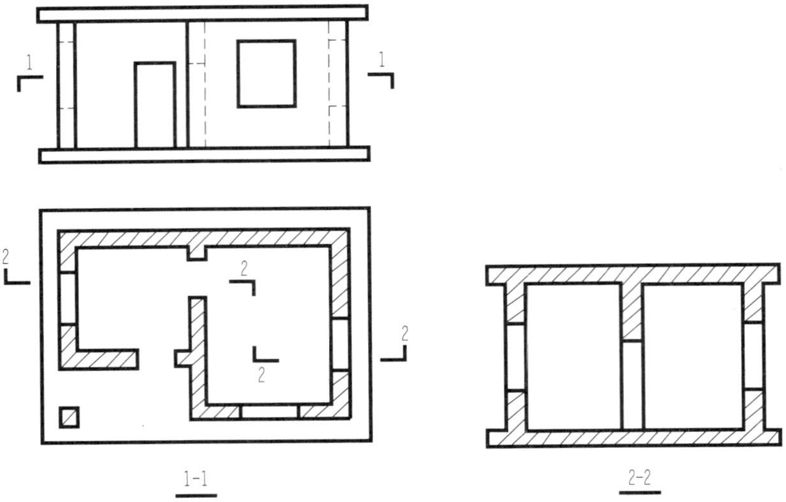

图 2-11　阶梯剖面图

5.旋转剖面图

采用两个或两个以上的相交平面将形体剖切后，将倾斜于投影面的断面及相关部分形体绕剖切面的交线旋转到与基本投影面平行后进行投影，所得到的剖面图称为旋转剖面图。图 2-12 所示的过滤池形体的 V 面投影，是用两个相交的铅垂剖切平面，沿 1-1 位置将池壁上不同形状的孔洞剖开，然后使其中半个剖面图形，绕两剖切平面的交线，旋转到另外半个剖面图形的平面(一般平行于基本投影面)上，然后一齐向所平行的基本投影面投影，所得的投影称为旋转剖面。对称形体的旋转剖面，实际上是一个由两个不同位置的半剖面并成的全剖面。

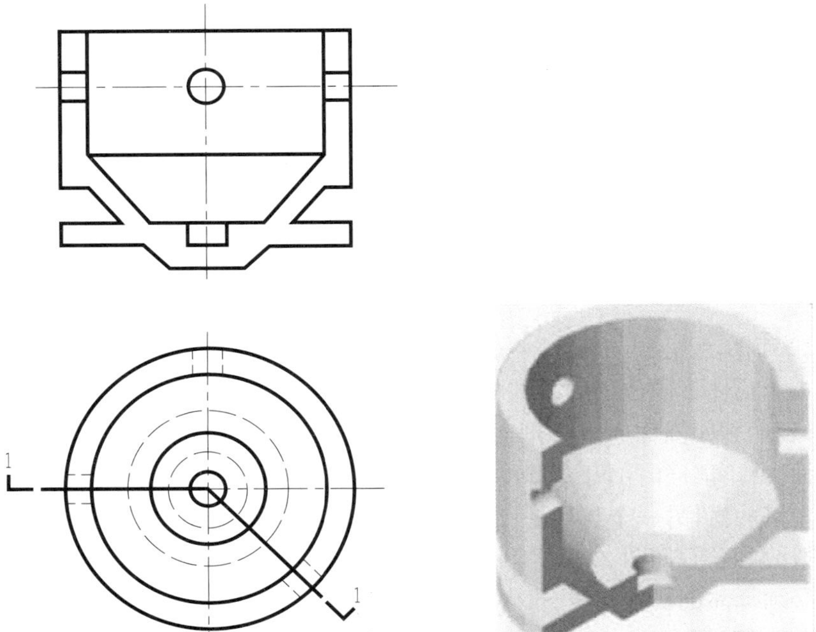

图 2-12　旋转剖面图

2.4.3 剖面图的标注

为了读图方便，需要用剖面的剖切符号把所画的剖面图的剖切位置和剖视方向在投影图上表示出来，同时，还要给每一个剖面图加上编号，以免产生混乱。对剖面图的标注方法有如下规定：

（1）剖切位置线表示剖切平面的剖切位置。它实质上就是剖切平面的积聚投影。规定用两小段粗实线（长度为 6～10mm）表示剖切位置线，并且其不宜与图面上的图线相接触（图 2-13）。

（2）剖切后的剖视方向用垂直于剖切位置线的短粗线（长度为 4～6 mm）来表示，如画在剖切位置线的左边表示向左边投影（图 2-13）。

（3）剖切符号的编号，宜采用阿拉伯数字，按顺序由左至右、由下至上连续编排，并注写在剖视方向线的端部。如剖切位置线需转折时，在转折处如与其他图线发生混淆，应在转角的外侧加注与该符号相同的编号，如图 2-13 中的 3-3 所示。

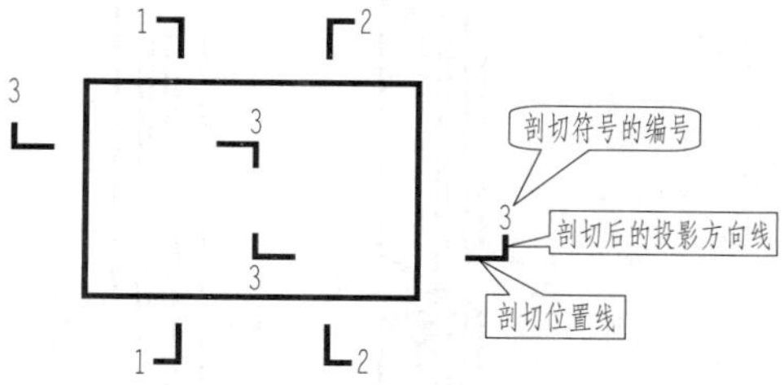

图 2-13 剖面图的标注

（4）剖面图如与被剖切图样不在一张图纸内，可在剖切位置线的另一侧注明其所在图纸的图纸号，如在图 2-13 中的 3-3 剖切位置线下侧注写“建施—5”，即表示 3-3 剖面图画在“建施”第 5 号图纸上。

（5）对习惯使用的剖面符号（如画房屋平面图时，通过门、窗洞的剖切符号）以及通过构件对称平面的剖切符号，可以不在图上作任何标注。

（6）在剖面图的下方或一侧，写上与该图相对应的剖切符号的编号，作为该图的图名，如“1-1”、“2-2”等，并应在图名下方画上一条等长的粗实线。

2.5 断面图

2.5.1 基本概念

假想用一个平行于某投影面的剖切平面剖开形体，仅将截得的图形向与之平行的投影面投射，所得的图形称为断面图。断面图只画形体被剖开后断面的投影，而剖面图要画出形体被剖开后整个余下部分的投影。剖面图是被剖开的形体的投影，是体的投影，而断面图只是一个截口的投影，是面的投影。剖面图与断面图的区别在于：

（1）断面图只画出形体被剖开后断面的投影，而剖面图要画出形体被剖开后整个余下部分的投影。如图 2-14 所示除了画出牛腿剖切到的矩形断面外，还画出牛腿余下部分的投影（1-1 剖面图和 2-2 剖面图）。

（2）剖面图是被剖开的形体的投影，是体的投影，而断面图只是一个截口的投影，是面的投影。被剖开的形体必有一个截口，所以剖面图必然包含断面图在内，而断面图虽属于剖面图中的一部分，但一般单独画出。

（3）剖切符号的标注不同。断面图的剖切符号只画出剖切位置线，不画剖视方向线，而用编号的注写位置来表示剖视方向。编号写在剖切位置线下侧,表示向下投影。注写在左侧,表示向左投影。

(4)剖面图中的剖切平面可转折,断面图中的剖切平面则不转折。

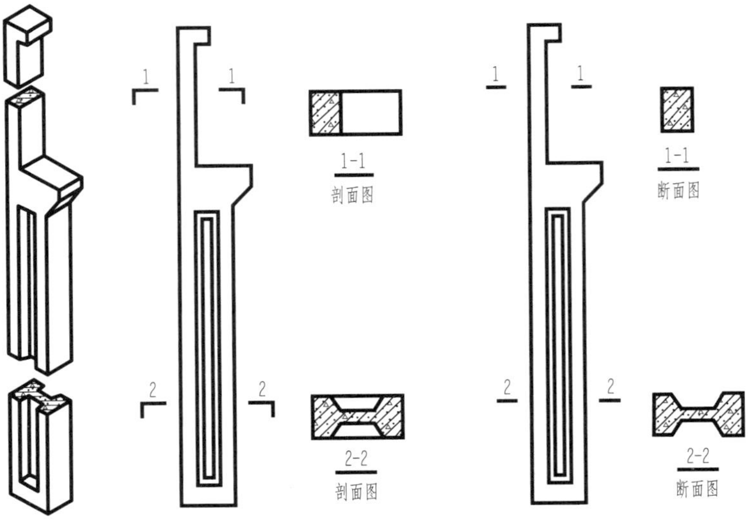

图 2-14　断面图与剖面图的区别

2.5.2　断面图的画法

1.移出断面图

画在视图外的断面图称为移出断面图。如图 2-15a)所示,杆件的断面图可绘制在靠近杆件的一侧或端部处并按顺序依次排列。对于较长的构件,也可以将构件断开把断面图画在中间,如图 2-15b)所示。

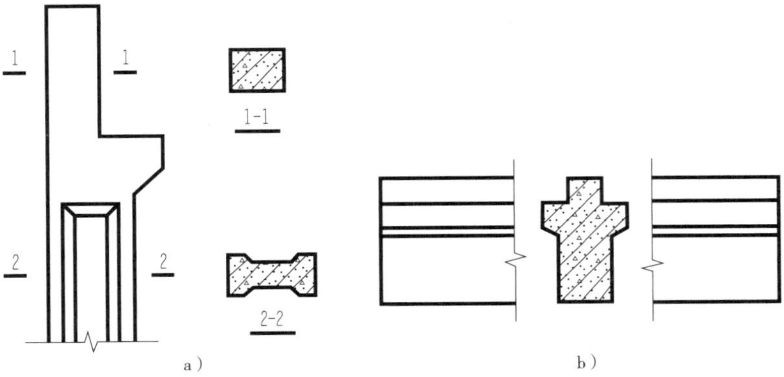

图 2-15　移出断面图的画法

2.重合断面图

画在视图内的断面图称为重合断面图。如图 2-16a)所示,钢筋混凝土楼板和梁的平面图中用重合断面的方式画出板、梁的断面图,并将断面涂黑。有时为了表示墙面上凹凸的装饰构造,也可以采用这种形式的断面图,如图 2-16b)所示,断面的轮廓线用粗实线画出,并在断面轮廓线内沿轮廓线的边缘画 45°细斜线。

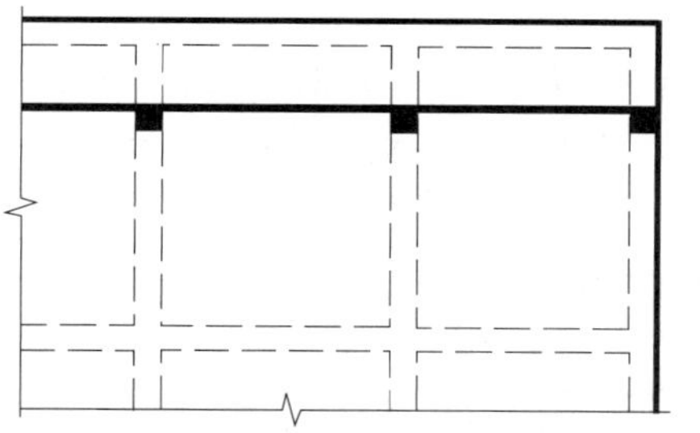

a）梁板结构断面图

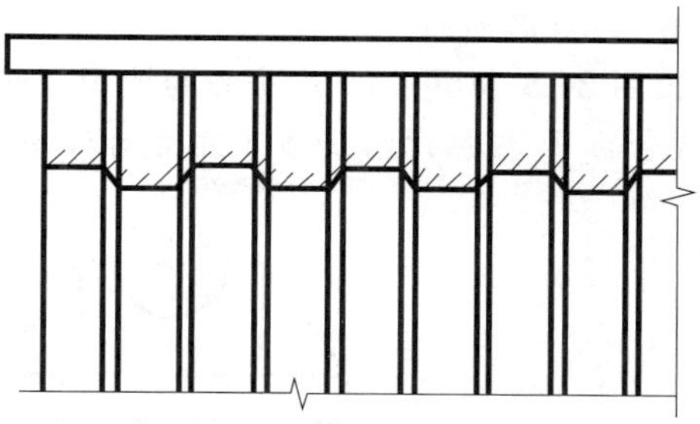

b）墙上装饰线断面图

图 2-16　重合断面图的画法

2.6　建筑形体的读图方法

画图是把空间的组合体用正投影法表示在平面上，而读图是画图的逆过程，根据已画出的视图，运用投影规律，想象出组合体的空间形状。画图是读图的基础，读图既能提高空间想象能力，又能提高投影的分析能力。

对于初学者来说，读图比较困难，但是只要综合运用所学的投影知识，掌握读图要领和方法，多读图、多想象，不断积累，就能不断提高读图的能力。

2.6.1　读图的要点

读图的要点主要有：

★ 要从反映形体特征的视图入手，把几个视图联系起来看。

★ 要认真分析视图中的相邻线框，识别形体和形体表面间的相互位置。

★ 要把想象中的形体与给定视图反复对照。

2.6.2　读图的基本方法

读图的基本方法是以形体分析法为主，线面分析法为辅，根据形体的视图，逐个识别出各个形体，进而确定形体的组合形式和各形体间邻接表面的相互位置。

所谓形体分析法读图，即在读图时，根据该组合体的特点，把表达形状特征明显的视图（一般是主视图）划分为若干封闭线框，再利用投影规律联系其他视图，想象出各部分形状，同时分析各组成部分的相对位置，最后综合起来，想象出形体的整体形状。形体分析读图的方法与步骤：

分线框，对投影，定形体→综合起来想整体

确定了各线框所表示的基本形体后，再分析各基本形体的相对位置，就可以想象出形体的整体形状。分析各基本形体的相对位置时，应注意形体上下、左右、前后的位置关系在视图中的反映。

【例 2-1】　分析如图 2-17 所示的组合体的投影图。

【例 2-2】　试根据建筑形体的 V、W 投影（图 2-18），补绘 H 投影。

解：先要确定该建筑形体的形状，才能补作 H 投影。读图步骤如下：

（1）形体分析

根据图 2-18 所示房屋外形的 V、W 投影的轮廓线分析，可以假设这个房屋是一个两坡顶的厂房，其投影如图 2-19 所示。

比较图 2-18 和图 2-19 厂房的两坡顶屋面可看出，前者的 V 投影比后者多了三个小方块线框，前者的 W 投影比后者多了左右对称的两个平行四边形线框，需作进一步分析。

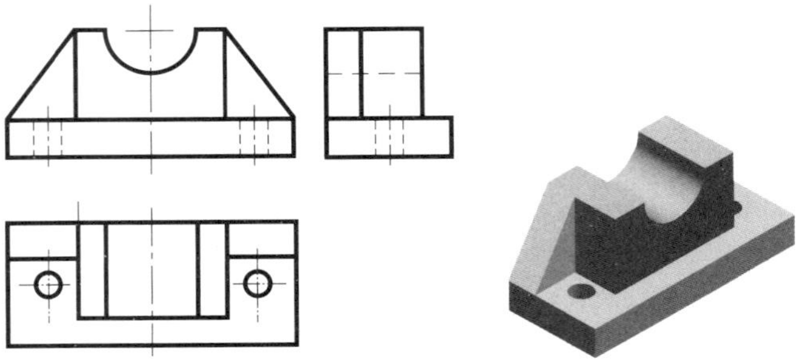

a）组合体的三面投影

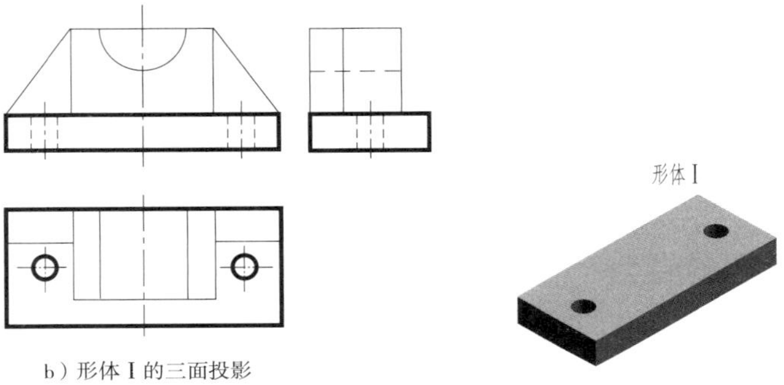

b）形体Ⅰ的三面投影

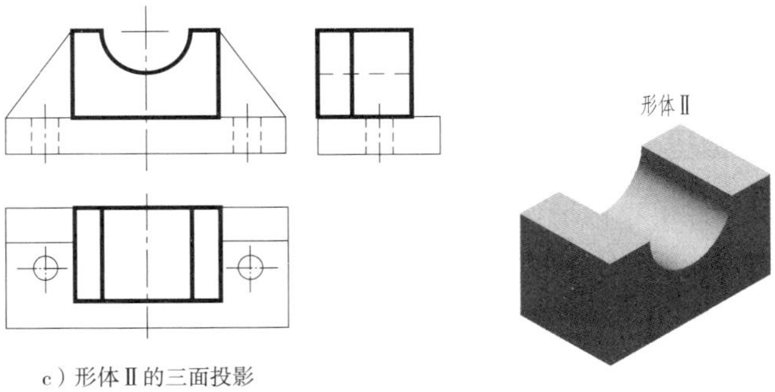

c）形体Ⅱ的三面投影

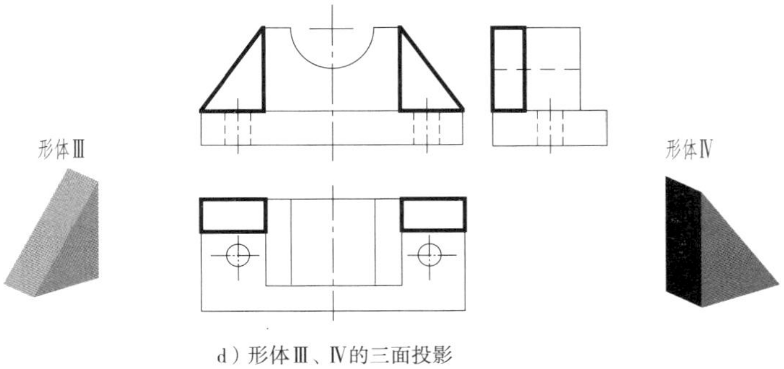

d）形体Ⅲ、Ⅳ的三面投影

图 2-17　组合体中的基本形体投影

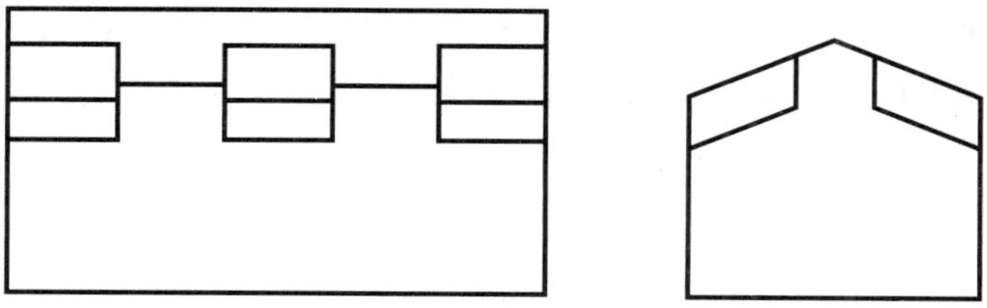

图 2-18　建筑形体的 V、W 投影

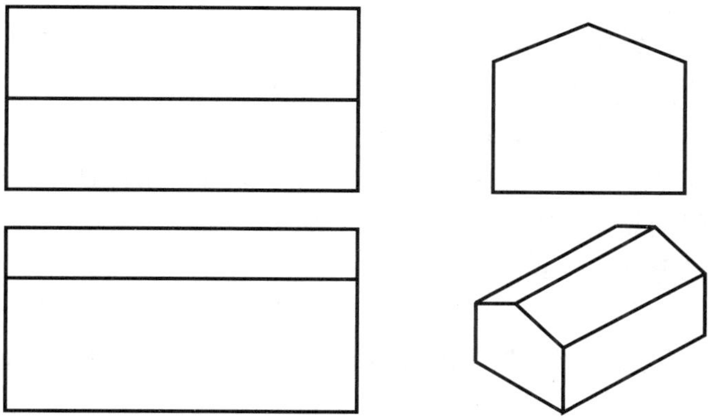

图 2-19　建筑形体的投影

(2)线面分析

先分析图 2-20a)中 V 投影左边一个小方块。如图 2-20d)所示，这小方块内又分成两个线框，上面一个线框 r'，根据“高平齐”的投影关系，对应 W 投影上一条竖直线 r''，可知这是一个正平面 R。小方块内下面一个线框 q'，对应 W 投影上一条斜线 q''，可知这是一个侧垂面 Q。小方块线框右边的竖直线 p'，与 W 投影上的平行四边形 p''对应，可知这是一个侧平面 P。

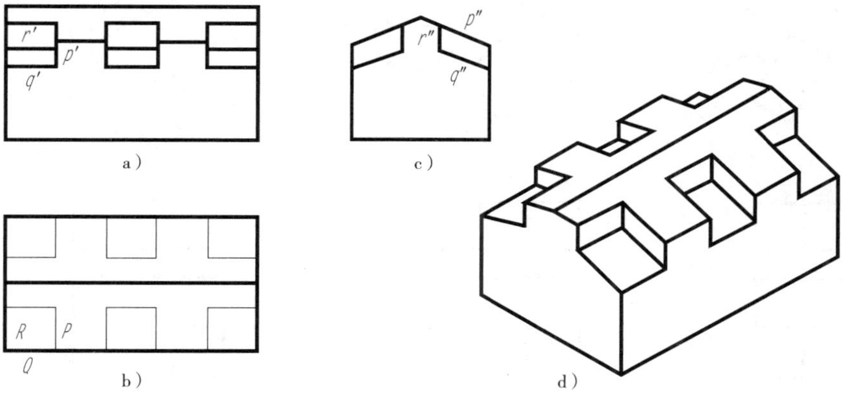

图 2-20　建筑形体投影的线面分析

由上述分析可知，V 投影上的小方块线框和 W 投影上相对应的平行四边形线框，是在两坡屋面上用一个正平面 R、一个侧垂面 Q 和一个侧平面 P 切去了一个小四棱柱所产生的截交线的投影。经过六处同样切割之后，两坡顶屋面就形成了具有六个纵横天窗的屋面，如图 2-20b)所示。

(3)补绘 H 投影

根据两投影补绘第三投影是检查读图效果和帮助深入读图的一种方法。本例的 V、W

投影虽然已完全确定了厂房的形状，但仍要补绘它的 H 投影，目的就在于此。根据“长对正、宽相等”的投影关系，在两坡顶房屋的 H 投影上画出截交线的 H 投影，如图 2-20c)所示。

习题

一、简述题

1. 标注尺寸时，绘制尺寸起止符号有何要求？
2. 图名有何作用？在注写图名时应注意哪些问题？
3. 剖面图和断面图的主要区别是什么？两者又有何区别？
4. 什么是剖切符号？标注剖切符号时应注意哪些规定？
5. 简化画法意义何在？常用的简化画法有几种？其使用条件是什么？
6. 说明尺寸界线的规定画法。
7. 选择主视图的原则有哪些？

二、绘图题

1. 看懂图 2-21 中的立体图，找出相应的投影图，标出号码，并画出三视图。

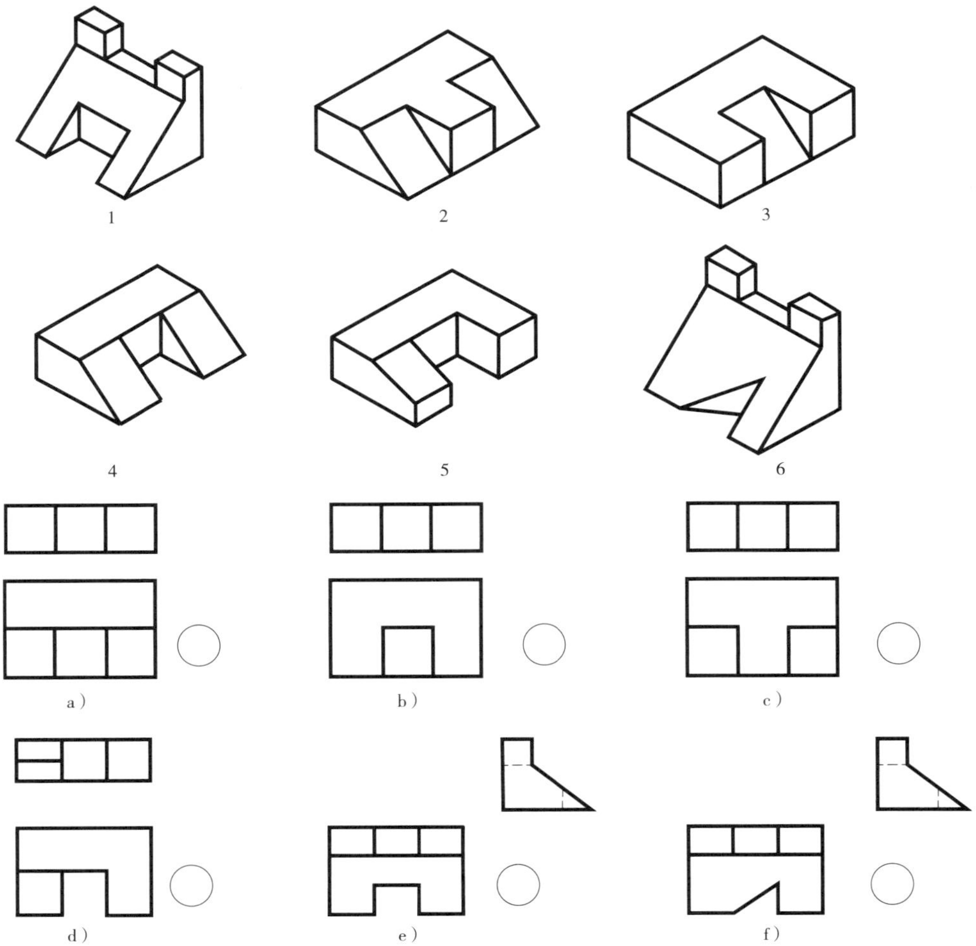

图 2-21

2. 根据图 2-22 中组合体的两投影画出第三投影。

（1）

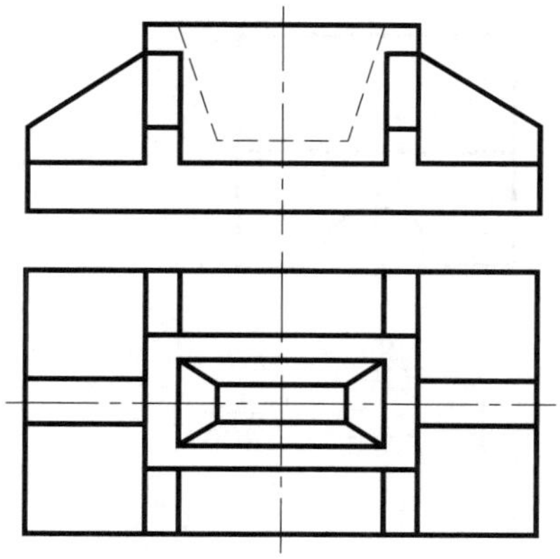

a）

（2）

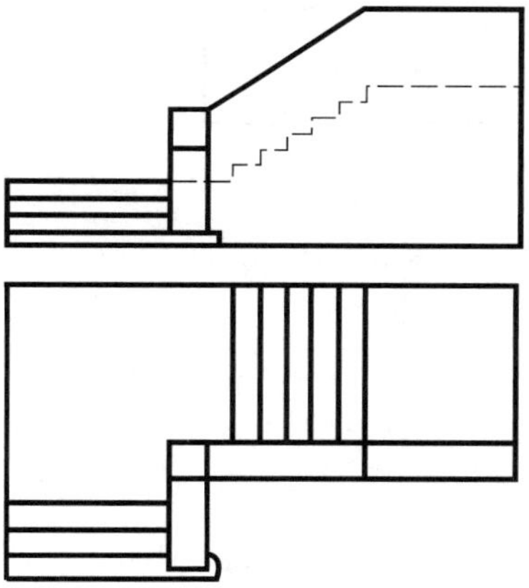

b）

（3）

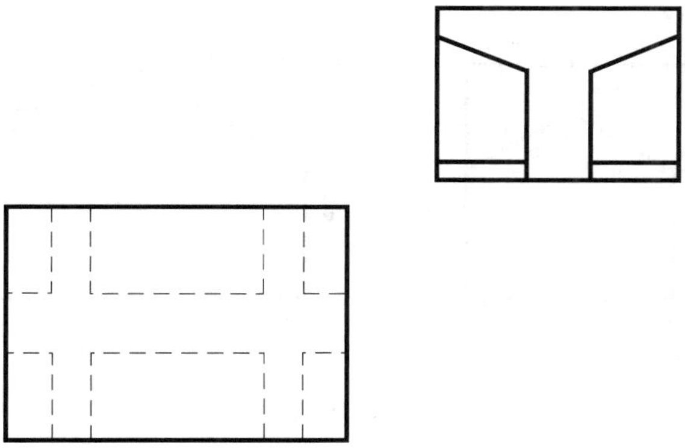

c）

图 2-22

3. 构型设计：已知形体的正面投影（图 2-23），试设计形式多样的组合形体，画出左视图和俯视图。

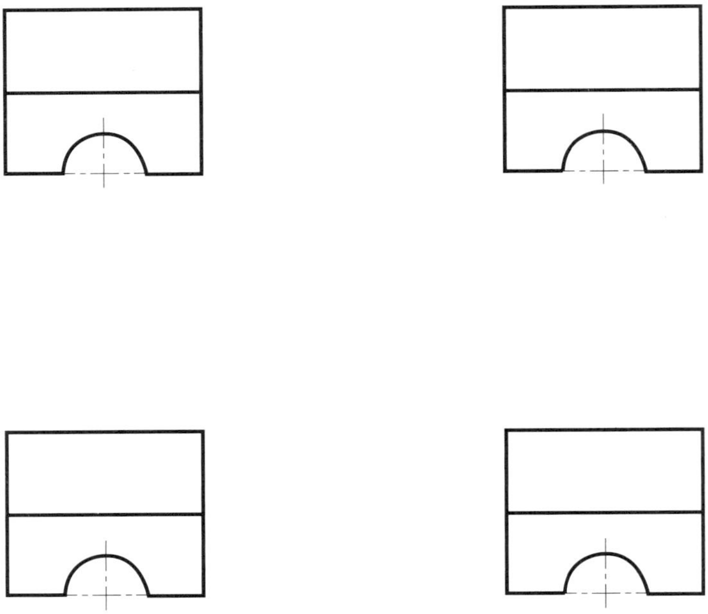

图 2-23

4. 已知房屋的正立面图和左侧立面图（图 2-24），补画右侧立面图、背立面图、屋顶平面图。

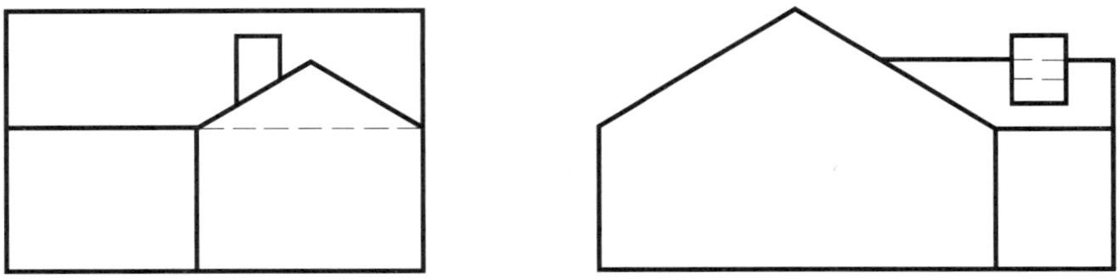

正立面图 1∶100　　左侧立面图 1∶100

图 2-24

5. 作图 2-25 的 1-1 剖面图。

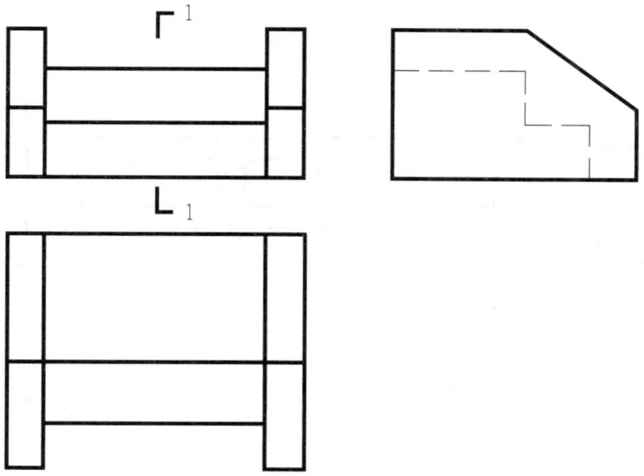

图 2-25

6. 补绘建筑形体(图 2-26)的 2-2、3-3 剖面图。

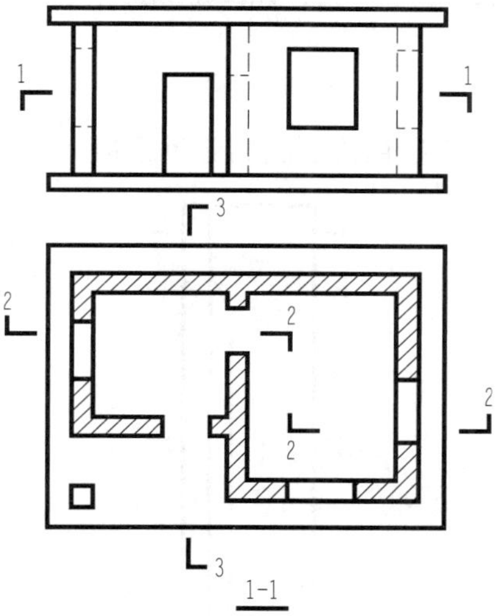

图 2-26

7. 画出图 2-27 的 1-1 断面图、2-2 剖面图。

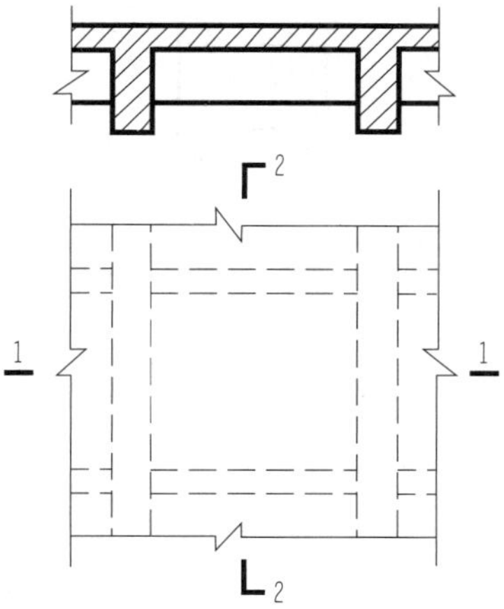

图 2-27

8. 绘制柱子(图 2-28)的 1-1、2-2、3-3 断面图。

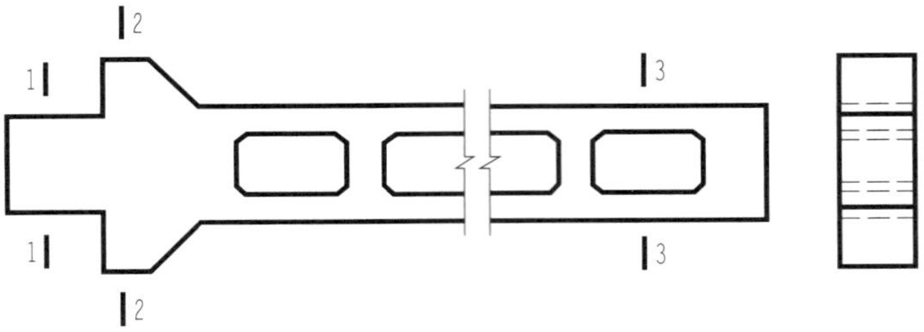

图 2-28

9. 作檩条(图 2-29)的 1-1、2-2 断面图。

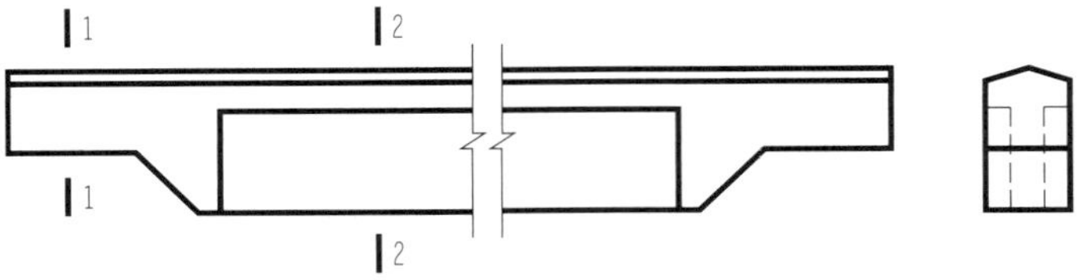

图 2-29

10. 作梁(图 2-30)的 1-1、2-2 断面图(材料:钢筋混凝土)。

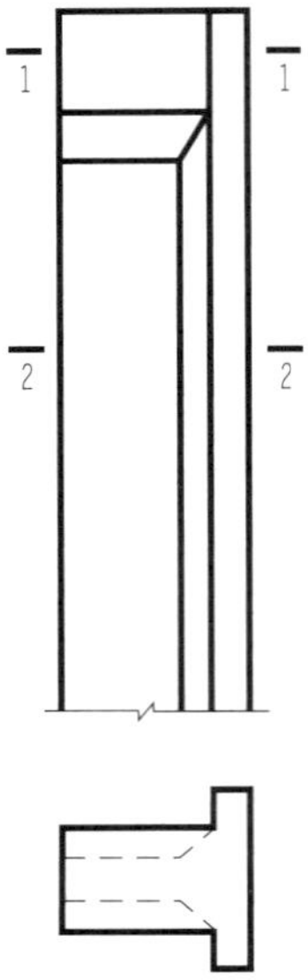

图 2-30

第3章　建筑施工图

3.1　概述

将一幢拟建房屋的内外形状和大小以及各部分的结构、构造和设备等内容按照国家《建筑制图标准》(GB/T 50104—2010)的规定，用正投影方法画出的图样，称为房屋建筑图，房屋建筑图是指导建筑施工用的一套图纸，我们把它称为施工图。图3-1是房屋的构造图。建筑施工图是作为施工放线、砌筑基础及墙身、铺设楼板、楼梯、屋顶、安装门窗、室内外装饰以及编制预算和施工组织等的依据。

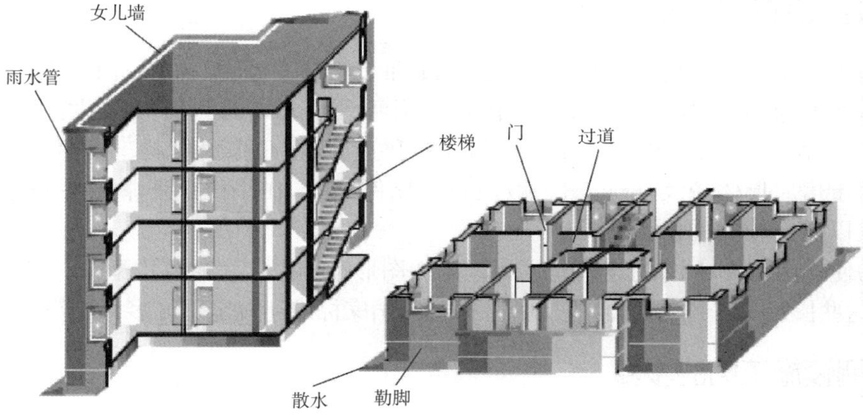

图3-1　房屋的构造图

3.1.1　房屋施工图的组成与分类

1. 房屋的组成

各种不同功能的房屋建筑，一般都是由基础、墙(柱)、楼(地)面、楼梯、屋顶、门、窗等基本部分所组成，另外还有阳台、雨篷、台阶、窗台、雨水管、散水以及其他一些构配件和设施。

基础位于墙或柱的最下部，是房屋与地基接触的部分。基础承受建筑物的全部荷载，并把全部荷载传递给地基。墙是建筑物的承重构件和围护构件。作为承重构件，墙承受着建筑物由屋顶或楼板层传来的荷载，并将这些荷载再传给基础；作为围护构件，外墙起着抵御自然界各种因素对室内的侵袭作用，内墙起着分隔空间、组成房间、隔声、遮挡视线以及保证室内环境舒适的作用。柱是框架或排架结构的主要承重构件，和承重墙一样承受楼板层、屋顶以及吊车梁传来的荷载，它必须具有足够的强度和刚度。楼板层是水平方向的承重构件，并用来分隔楼层之间的空间，它承受人和家具设备产生的荷载，并将这些荷载传递给墙或梁，楼板层应有足够的强度和刚度，有良好的隔声、防火、防水、防潮等能力。楼梯是房屋的垂直交通设施，供人们上下楼层使用。楼梯应有足够的通行能力，应做到坚固和安全。屋顶是房屋顶部的围护构件，抵抗风、雨、雪的侵袭和太阳辐射热的影响；屋顶又是房屋的承重构件，承受风、雪和施工期间的各种荷载等。屋顶应坚固耐久，具有防水、保温、隔热等性能。门的主要功能是通行和通风。窗的主要功能是采光和通风。

2. 房屋施工图的分类

房屋施工图按其专业不同可分为：

(1)建筑施工图(简称"建施"图)。它主要表达房屋的外观形状、房屋内的各空间的布置、房屋的装修、构造做法和所用材料等。一般包括施工总说明、总平面图、门窗表、建筑平面图、建筑立面图、建筑剖面图和建筑详图等。

(2)结构施工图(简称"结施"图)。主要表示房屋承重结构的类型和承重构件的种类、大小、数量、布置以及详细的构造做法等。一般包括结构设计说明、结构布置平面图、各种构件的构造做法等内容。

(3)设备施工图(简称"设施"图)。主要表示房屋的给排水、采暖、通风、空调、供电照明、燃气等设备的布置和安装要求。一般包括平面布置图、系统图和安装详图等。

3.1.2 建筑施工图的图示特点

(1)施工图主要用正投影法绘制，一般在 H 面上绘制平面图，在 V 面上绘制正立面图和背立面图，在 W 面上绘制侧立面和剖面图。在图幅大小允许时，可将平面图、立面图、剖面图按投影关系画在同一张图纸上，如图幅过小，可分别画在几张图纸上。

(2)由于房屋形体较大，施工图一般用较小比例绘制，在小比例图中无法表达清楚的构造，需要配以比例较大的详图来表达。

(3)为使作图简便，国家标准规定了一系列的图形符号来代表建筑构配件、卫生设备、建筑材料等。这些图形符号称为"图例"。为读图方便，国家标准还规定了许多标注符号。

3.1.3 阅读施工图的步骤

(1)掌握作正投影图的原理和形体的各种表达方法。

(2)熟识施工图中常用图例、符号、线型尺寸和比例的意义。

(3)注意观察了解房屋的组成和各种构造的基本情况。一套建筑施工图图纸，有几张到几百张，读图时首先根据图纸目录检查和了解这套图纸有多少类别，每类有几张。按"建施"、"结施"、"设施"的顺序通读一遍，然后按专业工种的不同要求有重点地深入阅读。

3.2 建筑总平面图

3.2.1 建筑总平面图的生成

将拟建工程四周一定范围内的新建、拟建、原有和拆除的建筑物、构筑物连同其周围的地形、地物状况，用水平投影方法和相应的图例所画出的图样，即为总平面图(总平面布置图)。它能反映出上述建筑物的平面形状、位置、朝向和与周围环境的关系，因此成为新建施工的重要依据。

总平面图是正投影在水平投影面上产生的图像，它指人们从上面俯瞰建筑物或景象所获得的视图。建筑总平面图用以描述地面上的建筑物或建筑群在周围环境中的位置和方向。

3.2.2 总平面图的一般内容

(1)图名、比例。

(2)应用“总图”图例来表明新建区、扩建区或改建区的总体布置、道路、绿化、围墙等。

(3)确定新建或扩建工程的具体位置,一般根据原有房屋或道路来定位,并以米为单位标注定位尺寸。新建成的建筑物和构筑物以及较大的公共建筑或厂房,往往用坐标来确定每一座建筑物及道路的转折关系位置;地形起伏较大的地区,还应画出地形等高线。

(4)等高线表示自然的地形。

(5)场地的地貌:比如树木、道路和河道等。

(6)新建房屋底层室内地面和室外整平地面的绝对标高。

(7)风向频率玫瑰图及指北针,有时也可以只画单独的指北针。

3.2.3 总平面图的画法特点

1. 比例和图例

总平面图以较小的比例绘制,一般采用 1∶500、1∶1000、1∶2000。总平面图上标注的尺寸,一律以米为单位。

总平面图上需要表示出已建或新建建筑物、构筑物、道路、绿化、围墙等内容,并采用图例符号来表示,《总图制图标准》(GB/T 50103—2010)列出了总平面图中常见的图例,如表 3-1 所示。若所用的图例在标准中没有规定,则必须在图中另加说明。

总平面图中常见的图例 表 3-1

名　　称	图　　例	说　　明
新建建筑物		1. 用粗实线表示,可以不画出出入口; 2. 可在右上角以点数或数字(高层宜用数字)表示层数
原有建筑物	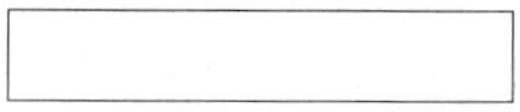	用细实线表示
计划扩建的预留地或建筑物		用虚线表示
拆除的建筑物	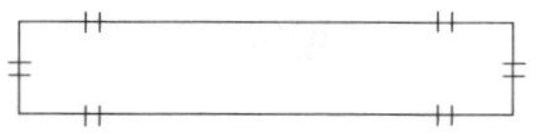	
围墙及大门	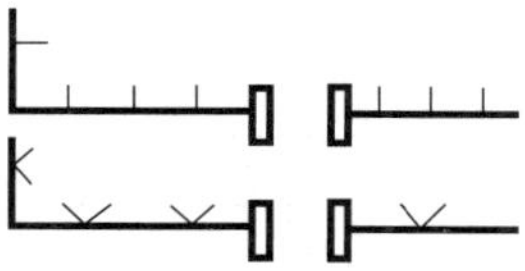	上图表示砖块、混凝土或金属材料砌筑的围墙; 下图表示镀锌铁丝网、篱笆等围墙,仅表示围墙时可以不画大门
坐标	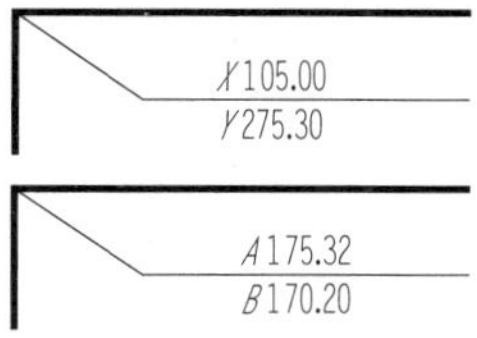	上图表示测量坐标; 下图表示施工坐标

续上表

名　　称	图　　例	说　　明
护坡	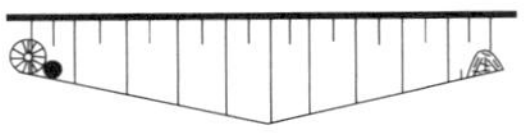	
原有的道路		
计划扩建的道路		
新建的道路	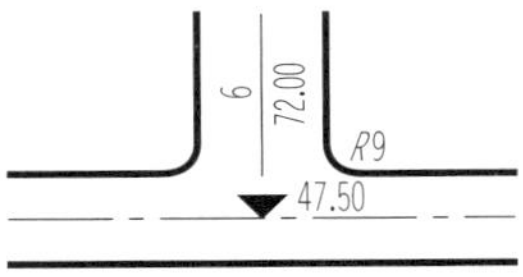	“R9”表示道路的转弯半径，“47.50”表示路面中心标高，“6”表示纵向坡度为 6%，“72.00”表示变坡点间距离
拆除的道路	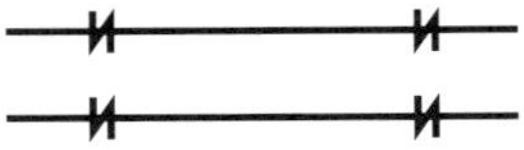	
挡土墙		被挡的土体在“突出”的一侧
桥梁	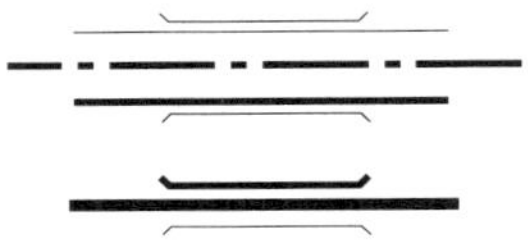	上图表示公路桥； 下图表示铁路桥

2. 标高

总平面图所注数值均为绝对标高。我国是以青岛市附近黄海海平面作为绝对标高的零点。

在总平面图上的房屋平面图中需要标注出底层室内的绝对标高。从室内底层地面和等高线的标高，可以了解该地的地势高低、雨水排除方向，并可计算填挖土方的数量。总平面图中标高的数值，以米为单位，一般注至小数点后两位。标高符号形式和标高符号画法如表 3-2 所示。

标高符号形式和标高符号画法　　表 3-2

名　　称	图　　例	画　法　说　明
总平面图上室外标高符号		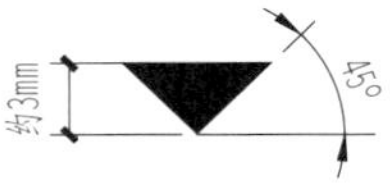
平面图上楼地面标高符号		
立面图和剖面图上的标高符号	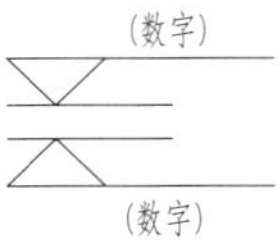	当右边标注时
	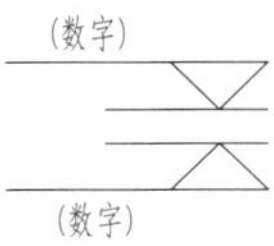	当左边标注时

3. 定位

确定已建或新建建筑物、构筑物在总平面图中的位置需要采用坐标网,坐标网分为测量坐标网和建筑坐标网,以细实线表示。

测量坐标网是采用与地图相同的比例,以十字交叉线形成网格,坐标代号以“X,Y”表示,X 表示南北方向的轴线,Y 表示东西方向的轴线。对于一个建筑物的定位应表明两个墙角的坐标。

建筑坐标定位是将新建房屋所在地区具有明显标志的地物定为“0”点,以水平方向为 A 轴,垂直方向为 B 轴,按照 100m×100m 或 50m×50m 绘制坐标网格。绘图比例与地形图相同,以建筑物的墙角距“0”点的距离确定建筑物的位置。

4. 尺寸标注

在总平面图上,应标注出新建房屋的总长、总宽的尺寸和新建房屋之间、新建房屋与原建筑物之间以及道路、绿化等之间的距离。尺寸以米为单位,标注到小数点后两位。

5. 指北针和风玫瑰图

在占地较小的总平面图中,房屋的朝向由指北针来表示。如图 3-2a)所示。圆使用细实线绘制,其直径为 24mm,指针尾部的宽度为 3mm,指针头部应标注“北”或“N”。

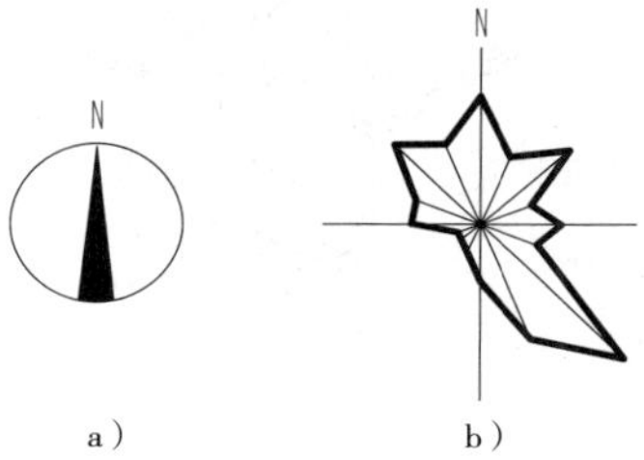

图 3-2 指北针和风玫瑰图

风玫瑰图是将东南西北划分为 16 个方位,根据多年的气象资料统计计算出 12 个月或夏季三个月内各个方位的刮风次数与刮风总次数之比,定出每个方位的长度,连接各点得到一个多边形,其中粗线表示全年的风向,虚线表示夏季风向,风向由每个方位吹向中心,风向频率最大的方位为该地区的主导风向。

6. 房屋的层数

总平面图上,当新建房屋的层数不多时,可使用小黑点表示层数,一个小黑点表示一层,通常标注在房屋轮廓的右上角。当新建房屋的层数较多时,宜在房屋轮廓的右上角使用数字表示层数。同一张图上,宜采用同一种方法表示。

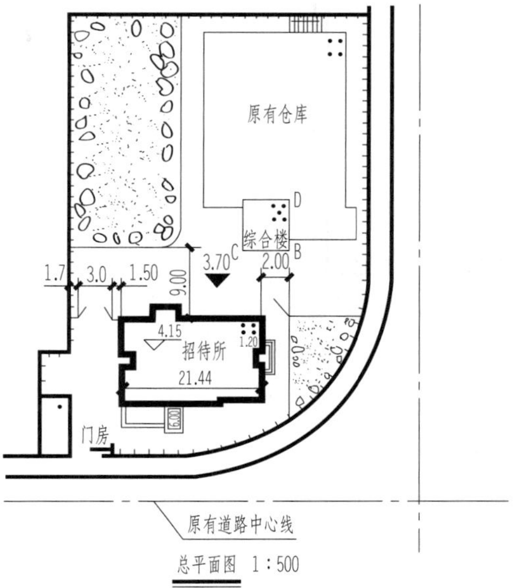

图 3-3 建筑总平面图

3.2.4 总平面图的阅读

由图 3-3 中的表达内容可以看出,该总平面图的绘制比例为 1 : 500。小区内的建筑由招待所、综合楼、仓库和门房组成。原有建筑为仓库,层数为四层、综合楼是五层。新建建筑为四层的招待所,室内标高为 4. 15m,图中涂黑的三角形表示室外标高为 3. 70m。图中还画出了绿化图例。由风玫瑰图可看出此处夏季以东南风为主,其余季节以西北风为主。

3.3 建筑平面图

3.3.1 建筑平面图的形成

建筑平面图实际上是房屋的水平剖视图(除屋顶平面图外),是用一假想水平面经门窗洞口处将房屋剖开,移去切平面以上的部分,对切平面以下的部分用正投影法得到的投影图,简称为平面图,如图3-4所示。它用以表达建筑物的平面形状、大小和房间的布置,以及墙、柱、门窗等构配件的位置、尺寸、材料和做法等。

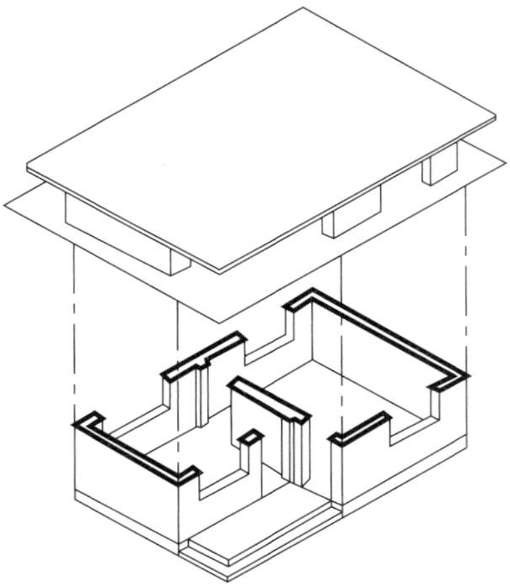

图 3-4 平面图的形成

一般情况下,房屋有几层,就应绘制出几个平面图,并在图的下方正中位置标注相应的图名,如“底层平面图”、“二层平面图”、“屋顶平面图”等,如图 3-5 所示。当房屋中间若干层的平面布局、构造完全相同或仅有局部不同时,可用一个平面图表示,称为标准层平面图,对于局部的不同之处,可另绘局部平面图。建筑平面图是施工过程中房屋的定位放线、砌墙、设备安装、装修以及编制预算、备料等的重要依据。

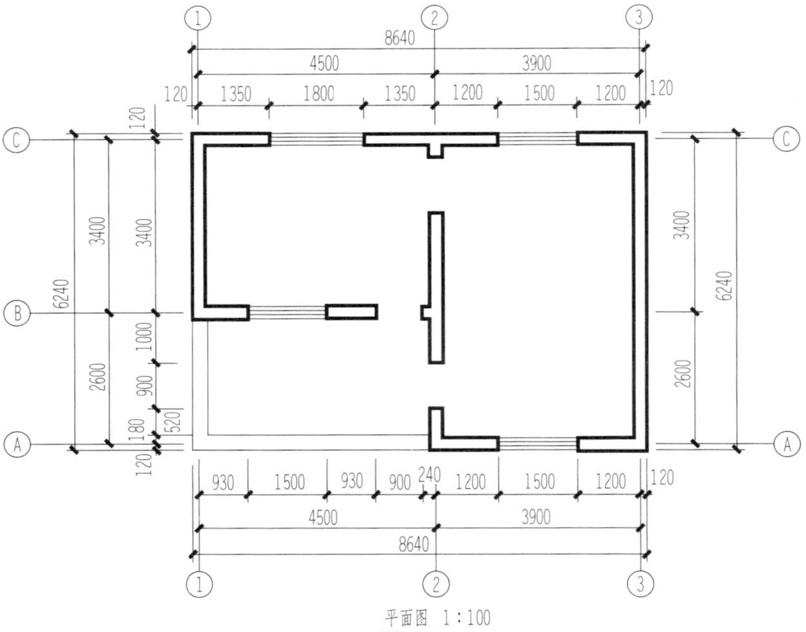

图 3-5 平面图

3.3.2 建筑平面图的图示内容

建筑平面图内应包括剖切面和投影方向可见的建筑构造、构配件以及必要的尺寸、标高等。

★ 图名、比例。平面图常用的比例为 1∶50、1∶100、1∶200。

★ 纵横定位轴线及其编号。

★ 各房屋的组合、分隔和名称，墙、柱的断面形状及尺寸等。

★ 门、窗的布置及其型号。

★ 楼梯梯段的形状、走向和级数。

★ 其他构件如台阶、花台、阳台、雨篷等的位置、形状和尺寸，以及厨房、厕所、盥洗间等的固定设施的布置。

★ 平面图中应标注的尺寸和标高。

★ 详图索引符号。

★ 底层平面图中应表明剖面图的剖切位置、剖视方向及编号，以及表示房屋朝向的指北针。

★ 屋顶平面图中应表示出屋顶形状、屋面排水情况及屋面以上的构筑物或其他设施，如天沟、女儿墙、屋面坡度及方向、楼梯间、水箱间、天窗、上人孔、消防梯等。

3.3.3 绘制平面图的画法特点及要求

1. 比例

建筑物是庞大且复杂的形体，绘图时必须采用各种不同的比例。绘制平面图常用 1∶50、1∶100、1∶200 的比例，实际工程中常用 1∶100 的比例。

2. 定位轴线及其编号

定位轴线是施工定位、放线的重要依据。凡是承重墙、柱子等主要承重构件都应画出轴线来确定其位置。定位轴线采用细点画线表示，并予以编号。轴线的端部画细实线的圆，直径为 8～10mm。平面图上定位轴线的编号宜标注在图的下方与左侧，横向编号采用阿拉伯数字①、②、③……顺序编号，从左至右顺序编写，竖向编号采用大写拉丁字母 A、B、C……自下而上顺序编写。大写拉丁字母中的 I、O、Z 不得作为轴线编号，以免与数字混淆。如字母数量不够时，可使用双字母或单字母加数字注脚，如 AA、BA……或 A1、B1……，如图 3-6 所示。

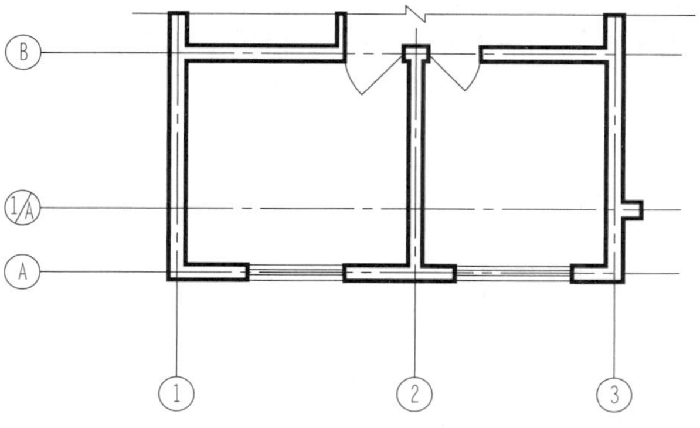

图 3-6　定位轴线及其编号

对于次要构件的位置，可使用附加定位轴线表示。附加定位轴线用分数标注。分母表示前一个轴线的编号，分子表示附加定位轴线编号。如图 3-7a) 所示的附加定位轴线编号分别表示③轴线后的第一根轴线，Ⓒ轴之后的第 1 根附加轴线。①轴和Ⓐ轴之前的附加定位轴线分别用 01 和 0A 表示。如图 3-7b)所示的附加定位轴线编号分别表示①轴线前的第一根轴线,Ⓐ轴之前的第 1 根附加轴线。

3. 图线

建筑平面图中的图线应粗细有别,层次分明。被剖切到的墙、柱的断面轮廓线用粗实线(b)绘制,门的开启线用中实线(0.5b)绘制,其余可见轮廓线用细实线(0.35b)绘制,尺寸线、标高符号、定位轴线的圆圈、轴线等用细实线和细点画线绘制,如图 3-8 所示。其中,b 的大小可根据不同情况选取适当的线宽组,如表 3-3 所示。

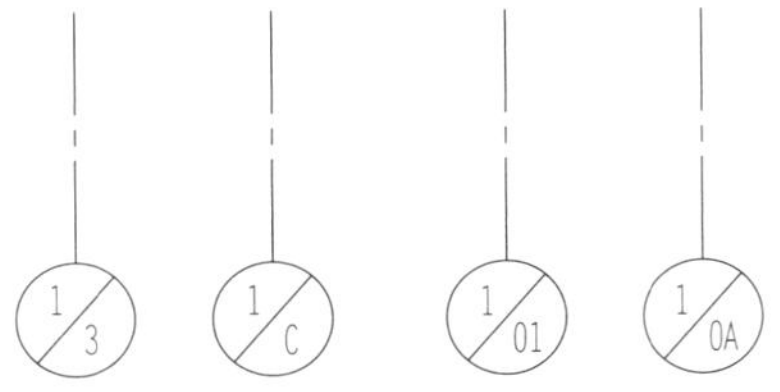

a)　　b)

图 3-7　附加轴线

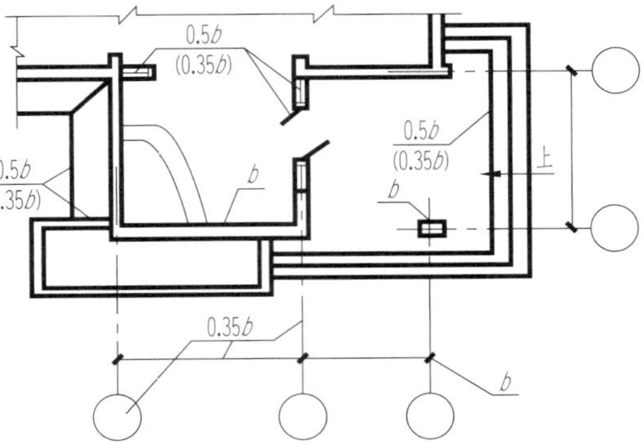

图 3-8　建筑平面图中的图线

线宽比和线宽对照表　　表 3-3

线宽比	线宽组(mm)					
b	2.0	1.4	1.0	0.7	0.5	0.35
0.5b	1.0	0.7	0.5	0.35	0.25	0.18
0.35b	0.7	0.5	0.35	0.25	0.18	

4. 图例

由于平面图一般采用 1∶50、1∶100、1∶200 的比例绘制,所有门、窗等应采用国标规定的图例来绘制,而相应的具体构造用较大比例的详图表达。常用构造及配件图例可参阅相关的国家标准或建筑制图书籍。部分建筑构造及配件图例如表 3-4 所示。

建筑构造及配件图例　　表 3-4

名　称	图　例	名　称	图　例
单扇门	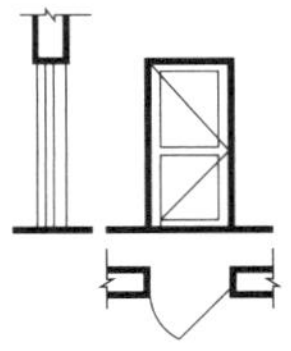	窗	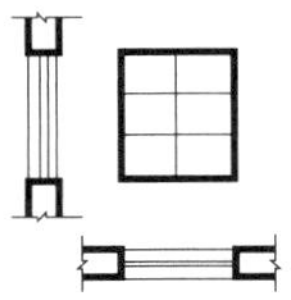
双扇门	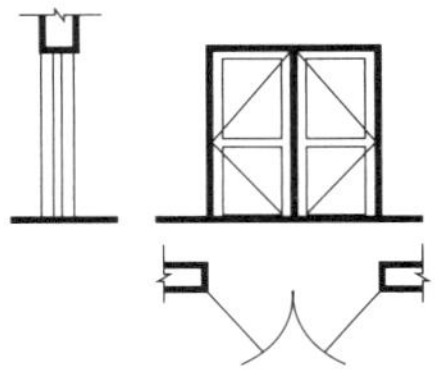	单层外开平开窗	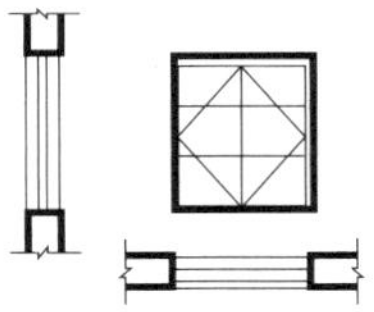

续上表

名　　称	图　　例	名　　称	图　　例
推拉门	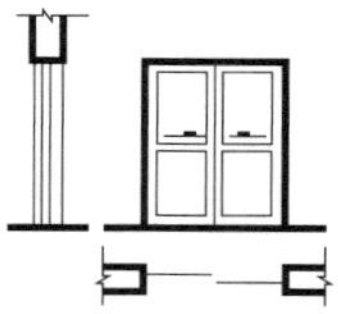	双层内外开平开窗	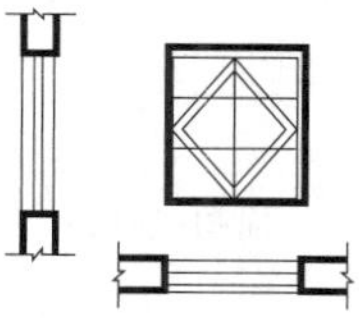
空门洞	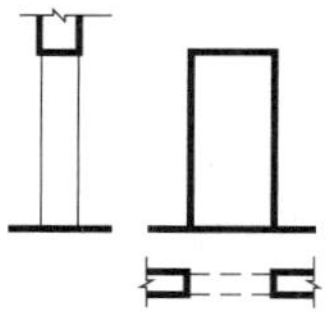	固定窗	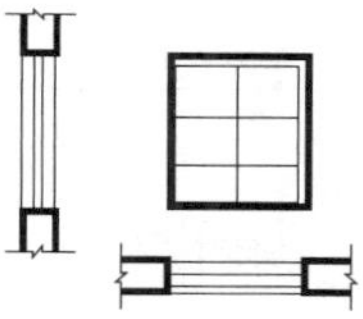
单扇双面弹簧门	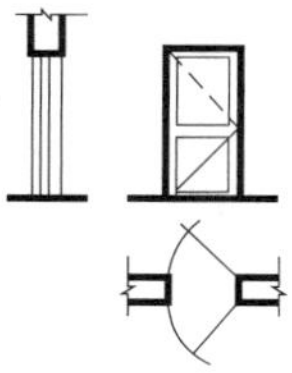	单层外开上悬窗	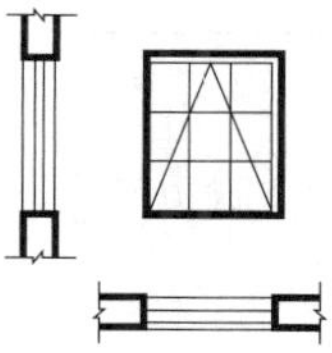
双扇双面弹簧门	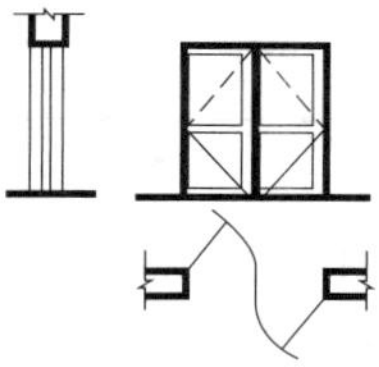	单层中悬窗	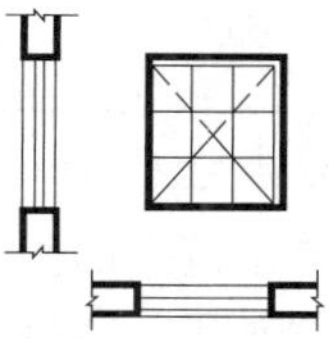
卷门	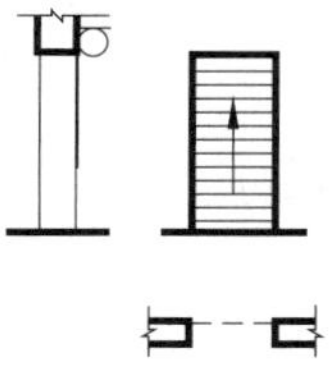	百叶窗	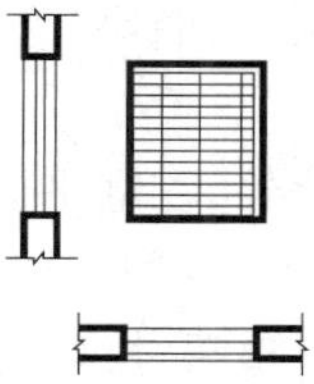
楼梯平面图(底层)	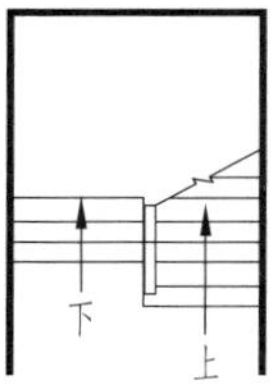 底层	左右推拉窗	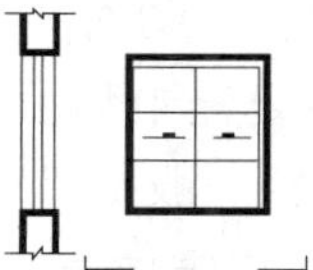
楼梯平面图(中间层)	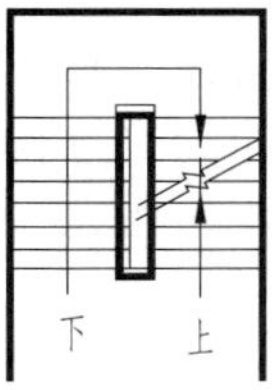 中间层	上推窗	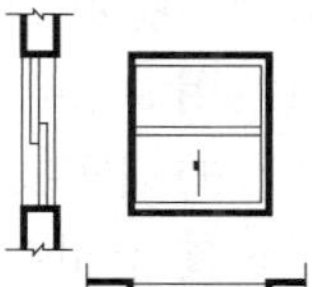

续上表

名　　称	图　　例	名　　称	图　　例
楼梯平面图（顶层）	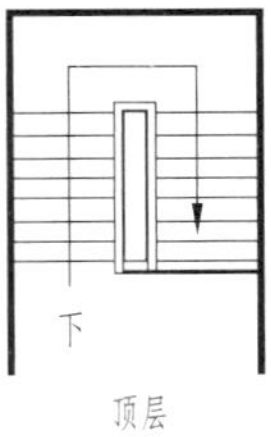	高窗	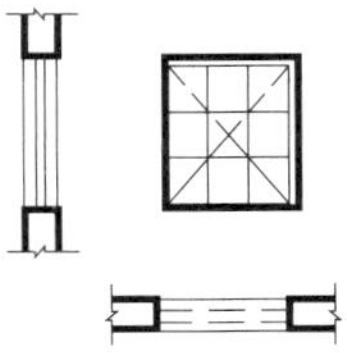
烟道	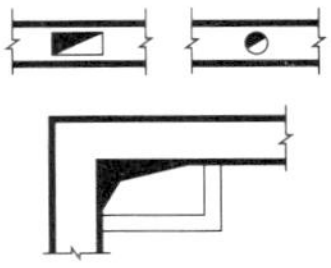	水池	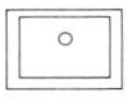
通风道	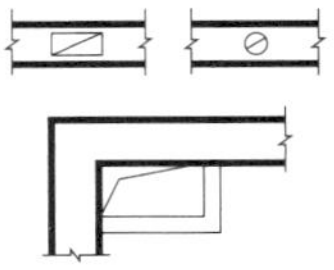	座便器	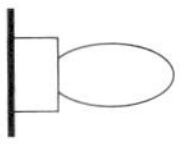
坑槽		孔洞	

5. 尺寸标注

在建筑平面图中，所有外墙一般应标注三道尺寸，最外面一道是外包尺寸，表明建筑物的总长度和总宽度。中间一道是轴线尺寸，表明房间开间和进深的尺寸，最里面一道是表示门窗洞口、墙垛、墙厚等详细尺寸。内墙必须注明与轴线的关系，并标明墙厚、门窗洞口的尺寸等。

此外，首层平面图上还要标明室外台阶、散水等尺寸。各层平面图还应标明墙上留洞的位置、大小、洞底标高。

三道尺寸线之间应留有适当的距离（一般为 7～10mm），第三道尺寸线应离图形最外轮廓线 10～15mm，以便注写数字。

为了说明室内门窗洞口、墙厚、固定设备（如厕所、盥洗室、工作台、隔板等）的大小和位置，以及室内楼地面的标高，在平面图上需要标注内部尺寸。在平面图上标注的室内楼地面的标高，一般是以室内地坪±0.000 的相对标高标注。

6. 门窗编号

为了区分门窗的类型和便于统计，应对不同大小、形式、材质的门窗进行编号。通常门用 M 表示，窗用 C 表示，将编号写成“M1”、“M2”、“M3”和“C1”、“C2”、“C3”……同一编号表示同一类型的门或窗。当门窗采用标准图集时，应注写标准图集上的编号和图号。

门线用 90°或 45°的中实线绘制，表示门的开启方向。开启弧线用细实线绘制。窗线用两条平行的细实线表示窗框和窗扇，另外还有两条窗台投影线，共有 4 条线。

7. 详图索引符号

一般在屋顶平面图附近配以檐口、女儿墙、泛水、雨水口等构造详图，以配合平面图的识读。凡需绘制详图的部位，均应画上详图索引符号。详图符号的圆圈应画成直径 14mm 的粗实线圆。索引符号的圆和水平直径均以细实线绘制，圆的直径一般为 10mm。

3.3.4 建筑平面图的阅读

图 3-9 为某居住小区一新建住宅的底层平面图，从该图上可看到该住宅为一梯两户，两户布局相同。从其内外墙所编定位轴线看，横墙轴线编号为 1～7，纵墙轴线编号为 A～D。

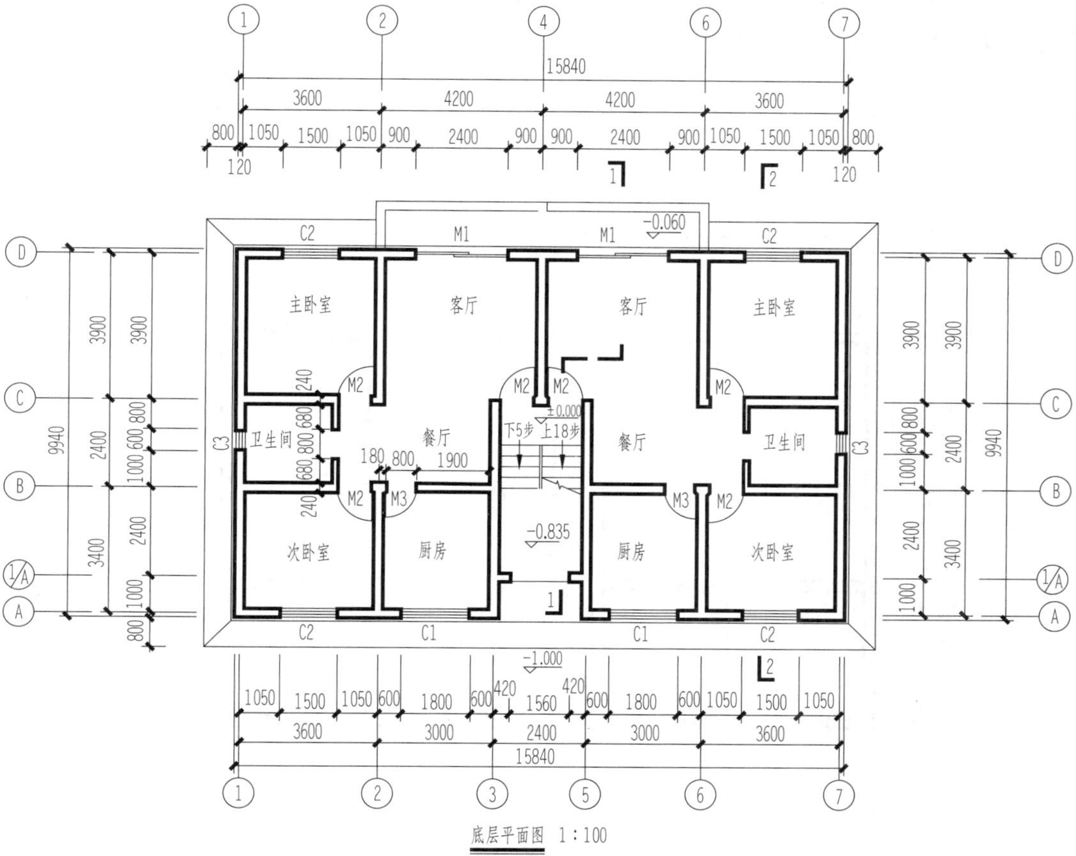

图 3-9 建筑底层平面图

住宅内房间布局为“三排式”，A、B 轴线间的房间为厨房和次卧室，B、C 轴线间的房间为饭厅和卫生间，C、D 轴线间的房间为客厅和主卧室。客厅外设有阳台。

房屋外标有三道尺寸，最外一道为总尺寸，即住宅总长 15840mm、总宽 9940mm；第二道尺寸为轴线尺寸，即主卧室开间为 3600mm，客厅开间为 4200mm，其进深均为 3900mm；次卧室开间为 3600mm，厨房开间为 3000mm，其进深均为 3400mm；卫生间长 2400mm，饭厅及过道长 4140mm，宽均为 2400mm；楼梯间开间为 2400mm。最里边一道尺寸为外墙上所开门、窗洞口的尺寸；另外还有散水尺寸。此外，室内也标注了纵、横各一道尺寸（为清楚起见，将纵、横尺寸分别标注在两户内），它将室外无法标出的壁橱、卫生间门、客厅和卧室门、室内隔墙及墙垛等的尺寸都标注出了。

由于是底层平面，故室内主要用房地坪标高为±0.000；卫生间和阳台标高为－0.060；房屋室内外高差为－1.000，由于有此高差，底层楼梯间内设有 5 步台阶；楼梯为双跑平行楼梯，每层为 18 步。

住宅内还标出了不同的门窗类型，客厅阳台门为 M1，入户门、卧室门为 M2，厨房门为 M3，厨房窗为 C1，卧室窗为 C2，卫生间窗为 C3，对这些不同类型的门、窗，另列表说明。

图 3-10 为标准层平面图，因为二、三层完全相同，故将它们合为一张图来表示。为了表示出该图代表的层数，仅在标注标高时，将其各层标高标出，如楼梯中间平台处标高为 (6.000) 3.000；楼层标高为 (4.500) 1.500。括号内标高为该图所代表的其他层的标高。另外还可看到，它除楼梯与底层不同和不画出散水与勒脚外，其余均与底层相同。

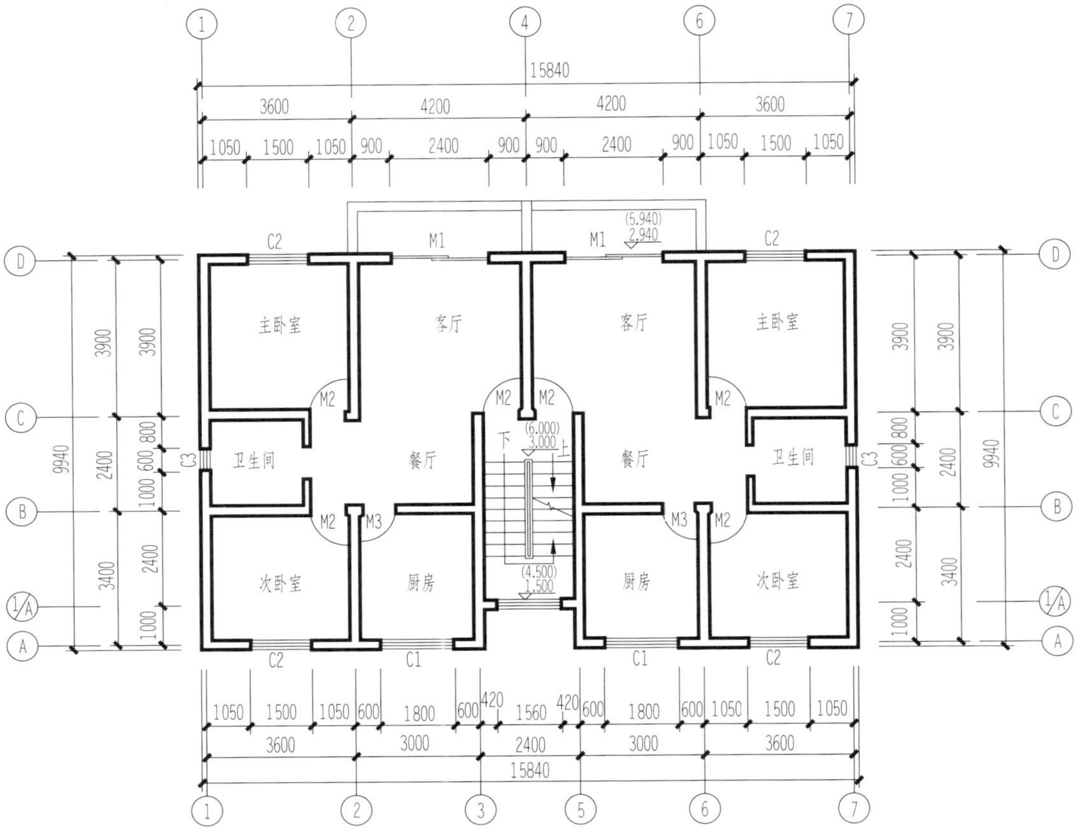

标准层平面图 1:100

图 3-10 标准层平面图

3.4 建筑立面图

3.4.1 建筑立面图的形成

建筑立面图是在与房屋立面相平行的投影面上所作的正投影图，简称立面图。它主要反映房屋的外貌、立面装修及做法。如图 3-11 所示。

立面图反映了房屋的外貌特征，通常将反映房屋主要出入口或较显著地反映房屋特征的立面图，称为正立面图，以此为准，其余外墙面的投影分别称为背立面图、左侧立面图、右侧立面图；也可用房屋外墙面的朝向来命名，如东立面图、西立面图、南立面图、北立面图等；

还可用轴线来表示房屋的各外墙立面，国标规定：有定位轴线的建筑物，宜根据两端定位轴线号编注立面图名称，如①～④立面图，④～⑨立面图等，如图 3-12 所示。

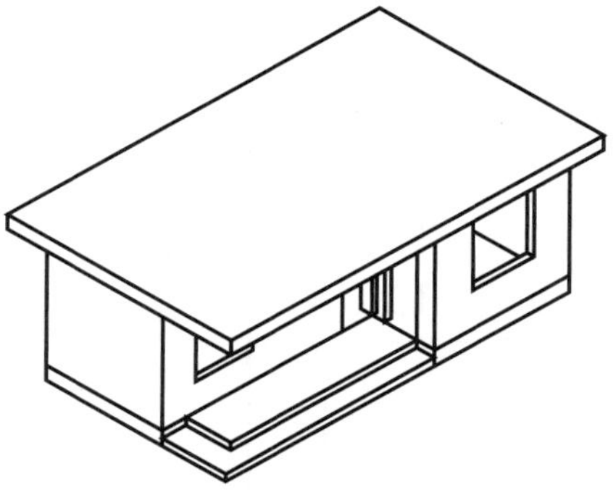

图 3-11　立面图的形成

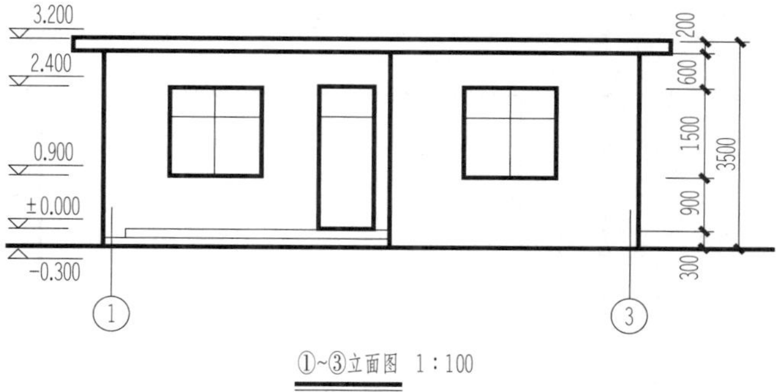

图 3-12　立面图

在房屋立面图的表示中，应视房屋不同的平面形状以及外墙上具体表示的不同内容，用不同的方法来进行表示，如平面形状曲折的建筑物，可绘制展开立面图；圆形或多边形平面的建筑物，可分段展开绘制立面图，但均应在图名后加注“展开”二字。在房屋立面图上，相同的门窗、阳台、外檐装修、构造做法等可在局部重点表示，绘出其完整图形，其余部分只画轮廓线；对较简单的对称式建筑物，在不影响构造处理和施工的情况下，立面图可绘制一半，并在对称轴线处画对称符号。

3.4.2　立面图的内容和作用

立面图主要表达房屋的外部造型及外墙面上所看见的各构配件的位置和形式，有的还表达了外墙面的装饰材料和做法。例如房屋的外轮廓形状，房屋的层数及组合形体建筑各部分体量的大小，外墙面上所看见的门、窗、阳台、雨篷、窗台、遮阳、雨水管、墙垛等的位置、形状、尺寸和标高。

建筑立面图与平面图一样，也是建筑施工图的主要基本图样之一，它在高度方向上反映了建筑的外貌与装修做法。立面图是设计师表达立面设计效果的重要图纸，是指导施工图的基本依据。在绘制建筑立面图之前，应首先了解立面图的内容、图示方法，这样才能将设计意图和设计内容准确地表达出来。

3.4.3　绘制建筑立面图的有关规定

1. 图名和比例

房屋有多个立面，通常把反映房屋的主要出入口及反映房屋外貌主要特征的立面图称为正立面图，其余的立面图相应地称为背立面图和侧立面图。有时也可按房屋的朝向来为立面图命名，如南立面图、北立面图、东立面图和西立面图等。有定位轴线的建筑物，一般宜根据立面图两端的轴线编号来为立面图命名，如①～⑦立面图，如图 3-13 所示。立面图常用的比例为 1∶50、1∶100、1∶200，通常采用与平面图相同的比例。

2. 图线

为了使房屋组成部分在立面图中重点突出、层次分明，应采用不同的线型。立面图的外轮廓线通常用粗实线表示；地坪线用特粗实线（粗实线的 1.4 倍）；门窗洞口、檐口、阳台、台阶、窗台、雨篷、屋顶等明显凹凸部分，用中粗实线表示；门窗扇、阳台栏杆、雨水管、装饰线条、墙面分隔线和引出线，用细实线表示。

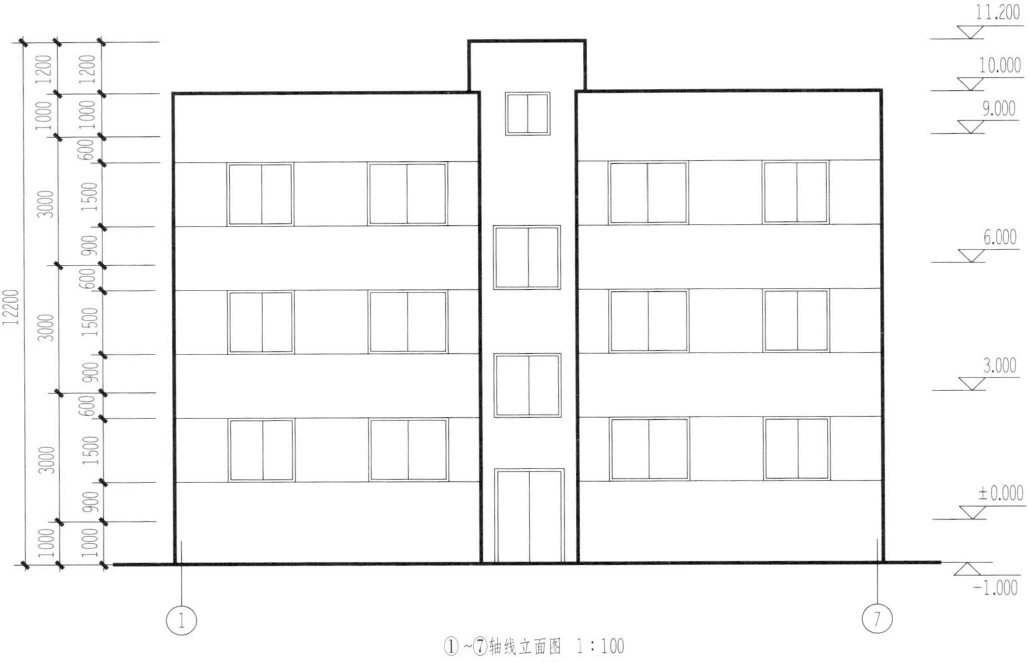

图 3-13　某住宅建筑正立面图

3. 图例

由于立面图的比例较小，如门窗扇、檐口构造、阳台栏杆和墙面复杂的装修等细部，一般用图例表示。它们的构造和做法，另用详图或文字说明。因此，习惯上对这些细部只分别画出一到两个作为代表，其他只画出轮廓线。若房屋左右对称，正立面图和背立面图也可各画一半，然后将它们单独布置或合并成一张图。合并时，应在图的中间画一垂直的对称符号作为分界线。从图中门窗的图例及其编号，可了解到门窗的类型、数量及其位置。国标所规定的各种常用门窗图例，如表 3-4 所示（包括门窗的立面和剖面图例）。门窗立面图例上的斜线及平面图上的弧线，表示门窗扇开关方向（一般在设计图上不需表示）。实线表示外开，虚线表示内开。

4. 尺寸标注

（1）垂直方向尺寸。在立面图的竖直方向上，一般需要标注三道尺寸。最里面一道为细部尺寸，对室内外高差、阳台、门窗洞口、墙、檐口、墙顶等细部尺寸进行标注；第二道为层高尺寸；最外侧一道为总高尺寸。

（2）水平方向尺寸。立面图水平方向一般不标注尺寸。

（3）标高。还应标注室内外地坪、台阶顶面、窗洞上下口、雨篷下口、层高、屋顶等处的标高。

（4）其他标注。立面图上需标注出房屋左右两端墙的定位轴线和编号；在图的下方应标注出图名和图例；在立面图上适当的位置用文字标注出装饰材料。

3.4.4 建筑立面图的图示内容

★ 建筑立面图内应包括投影方向可见的建筑外轮廓线和建筑构造、构配件、墙面做法以及必要的尺寸和标高等。

★ 图名、比例。

★ 立面图两端的定位轴线及其编号。

★ 房屋在室外地坪线以上的全貌。门、窗的形状和位置及其开启方向，其他构配件（如台阶、花台、雨篷、阳台、屋顶、檐口、雨水管等）的形式和位置。

★ 用图例、文字或列表说明外墙面、阳台、雨篷、窗台、勒脚和墙面分格线等的装饰材料、色彩和做法。

★ 外墙各主要部位的标高，如室外地面、台阶、阳台、窗台、门窗顶、雨篷、檐口、屋顶等处完成面的标高，以及必须标注的局部尺寸。

★ 详图索引符号。

3.5 建筑剖面图

3.5.1 建筑剖面图的形成

建筑剖面图是房屋的垂直剖面图。假想用一垂直于外墙轴线的铅垂剖切平面将房屋剖开，移去剖切平面与观察者之间的部分，把留下的部分投影到与剖切平面平行的投影面上，所得到的正投影图称为建筑剖面图，简称剖面图，如图 3-14、图 3-15 所示。

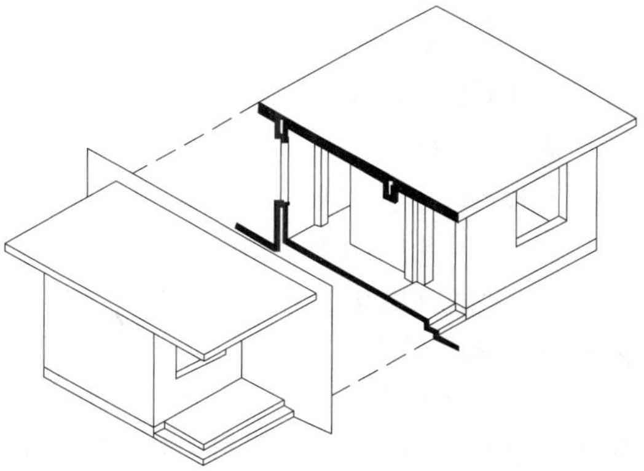

图 3-14　建筑剖面图的形成

建筑剖面图主要表示房屋内部的结构形式和构造方式、分层情况、各部位的联系及其高度、材料、做法等。在施工过程中，建筑剖面图是进行分层、砌筑内墙、铺设楼板、屋面板和楼梯以及内部装修等工作的依据。建筑剖面图与建筑平面图、建筑立面图相互配合，表示房屋全局，是施工图中最基本的图样。

剖面图的数量应根据房屋的复杂程度和施工中的实际需要而定。剖面图的剖切位置，应根据图样的用途或设计深度，在平面图上选

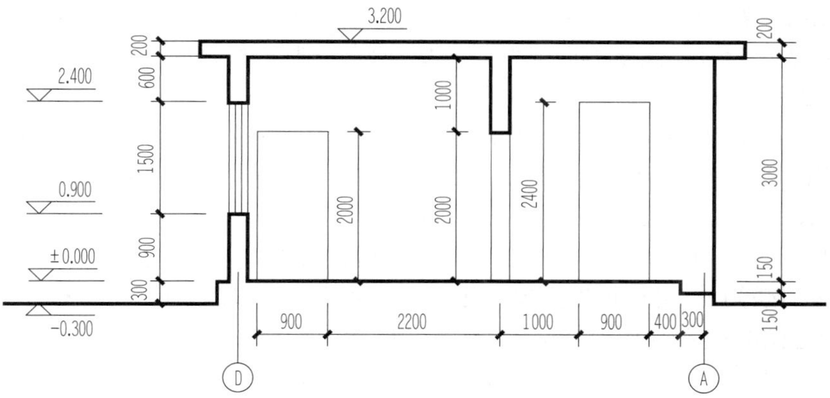

图 3-15　建筑剖面图

择能反映房屋全貌、构造特征，以及有代表性或有变化的部位剖切；还可以选择在内部结构和构造比较复杂的部位剖切，如门窗洞、楼梯等处。剖面图的图名应与平面图上所标注的剖切符号编号一致，如1-1剖面图、2-2剖面图等。1-1剖面图的剖切位置一般是通过房屋的主要出入口、门厅和楼梯等部位，也是房屋内部结构和构造比较复杂以及变化较多的部位。剖面图中的建筑材料图例、装修层、楼地面面层线的表示原则及方法与平面图一致。

3.5.2 绘制剖面图的有关规定

1. 图名、比例

剖面图的图名必须与底层平面图的剖切编号一致，如1-1剖面图、2-2剖面图。剖面图的比例一般与平面图、立面图一致，常用比例为1∶50、1∶100、1∶200等。为了将图示内容表达得更清楚，也可采用较大的比例。

2. 剖切平面的位置和剖视方向

剖面图的剖切位置，是用剖切符号标注在±0.000标高的平面图上。如图3-18所示的1-1剖面图是图3-9所示底层平面图中1-1剖切位置的剖面图。一般剖切位置是在平面图上选择能反映房屋全貌、构造特征以及有代表性的部位进行剖切，例如让剖切平面通过楼梯间、门窗洞口、构造较复杂的部位，当一个剖切平面不能满足要求时，可采用多个剖切平面或阶梯剖面。剖面图的剖视方向由平面图中剖视符号来表示，其视图方向宜向左或向上。

3. 定位轴线

在剖面图中应画出两端墙或柱的定位轴线及其编号，以明确剖切位置和剖视方向，以便与平面图相对应。

4. 图线

(1)室内外地坪用特粗线(1.4b)绘制。

(2)剖切到的构配件，如内外墙、各层楼面、屋顶、门窗、梁、楼梯梯段与楼梯平台、雨篷、阳台等用粗线绘制。

(3)未剖切到的可见构配件，如看到的墙面及其轮廓、梁、柱、阳台、雨篷、门、窗、踢脚、台阶、雨水管，以及看到的楼梯段和各种装饰等，用中粗线绘制。

5. 尺寸标注

(1)竖直方向尺寸。在剖面图的竖直方向上，一般需要标注三道尺寸。最里面一道为细部尺寸，主要标注门窗洞口、墙、阳台等细部构造的高度尺寸；第二道为层高尺寸，主要标注楼地面之间的高度尺寸；最外一道为总高尺寸，标注从室外地坪到屋顶的距离。

(2)水平方向尺寸。水平方向通常需要标注剖切到墙、柱之间的轴线、编号和间距及剖面图两端墙或柱之间的总尺寸。

(3)标高。在剖面图中需要标注标高的部位有：室内外各部分的地面、楼面、楼梯休息平台面、阳台面、屋顶檐口顶面、某些梁的底面、雨篷底面、楼梯平台梁的底面等。注意标高的高度位置有建筑高度和结构高度之分。

(4)其他标注。剖面图上需标注剖切到墙、柱之间的轴线和编号；在剖面图的下方应标注出图名和图例；另外，可以根据需要对建筑物的某些细部构造如墙身、楼梯、门窗、楼屋面、卫生间等构造做法在需画详图的地点标注详图的索引符号。

6. 索引符号

为方便施工时查阅图样，在图样中的某一局部或构件如需另见详图时，常用索引符号注明画出详图的位置、编号及详图所在的图纸编号。

索引符号是用一引出线指出要画详图的地方，在线的另一端画一细实线圆，其直径为10mm。引出线应对准圆心，圆内过圆心画一水平线，上半圆中用阿拉伯数字注明该详图的编号，下半圆中用阿拉伯数字注明该详图所在图纸的编号，如图 3-16 所示。若详图与被索引样图在同一张图纸内，则在下半圆中画一条水平细实线；若详图采用标准图，应在索引符号水平直径的延长线上加注该标准图册的编号。

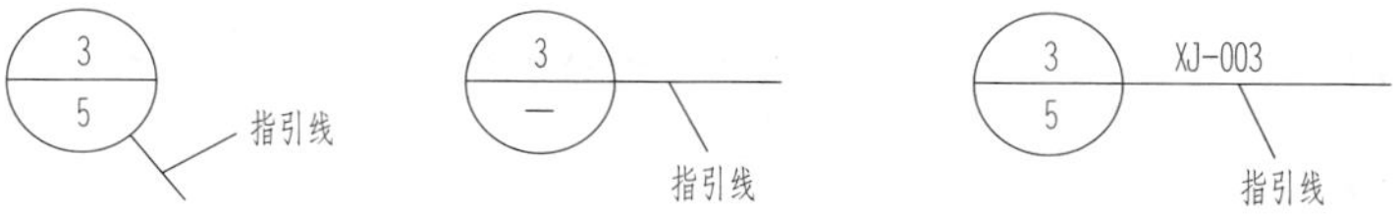

图 3-16　索引符号

当索引符号用于索引剖面详图时，应在被剖切的部位绘制剖切位置线。引出线所在一侧应为剖视方向，如图 3-17 所示。

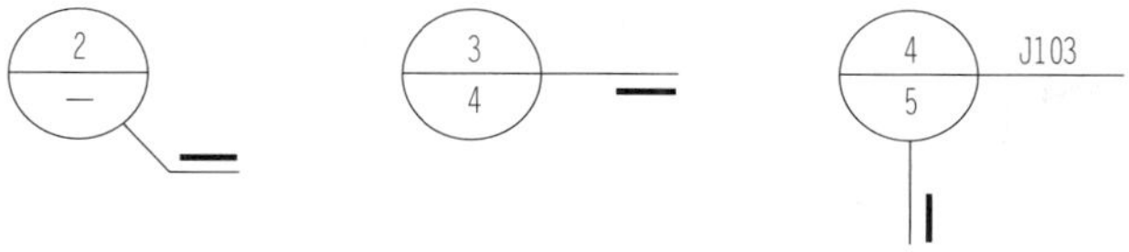

图 3-17　索引符号

3.5.3　剖面图的图示内容

★ 图名、比例。

★ 剖切到的墙、柱及其定位轴线。

★ 剖切到的构配件，如室内外地面、各层楼面、屋顶、内外墙及其门、窗、梁、楼梯梯段与楼梯平台、雨篷、阳台等。一般不画出地面以下的基础。

★ 未剖切到的可见构配件，如看到的墙面及其轮廓、梁、柱、阳台、雨篷、门、窗、踢脚、台阶、雨水管，以及看到的楼梯梯段和各种装饰等。

★ 竖直方向的尺寸和标高：尺寸主要标注室内外各部分的高度尺寸，包括室外地坪至房屋最高点的总高度、各层层高、门窗洞口高度及其他必要的尺寸。标高主要标注室内外地面、各层楼面、地下层地面与楼梯休息平台、阳台、檐口或女儿墙顶面、高出屋面的水箱顶面、烟囱顶面、楼梯间顶面、电梯间顶面等处的标高。

★ 楼地面、屋顶的构造、材料与做法：可用引出线说明，引出线指向所说明的部位，并按其构造的层次顺序，逐层加以文字说明；也可另画剖面节点详图或在施工说明中注明，或注明套用标准图或通用图(须注明所套用图集的名称及图号)。在 1∶100 的剖面图中也只示意性地表示其厚度。

★ 详图索引符号。

3.5.4　剖面图的阅读

如图 3-18 所示为某住宅的 1-1 剖面图，该图的剖切位置及投视方向在住宅的底层平面图上注出，见图 3-9。为将房屋内部的入户门及阳台门的高度表示出来，特采用了阶梯剖。剖切平面剖到了房屋梯间的入口、窗洞口、每层上行的第一个梯段及平台、入户门、客厅、阳台门及阳台;看到了没剖到的梯段、室内台阶及剖视方向的门、窗、墙、阳台、女儿墙、雨水管等。

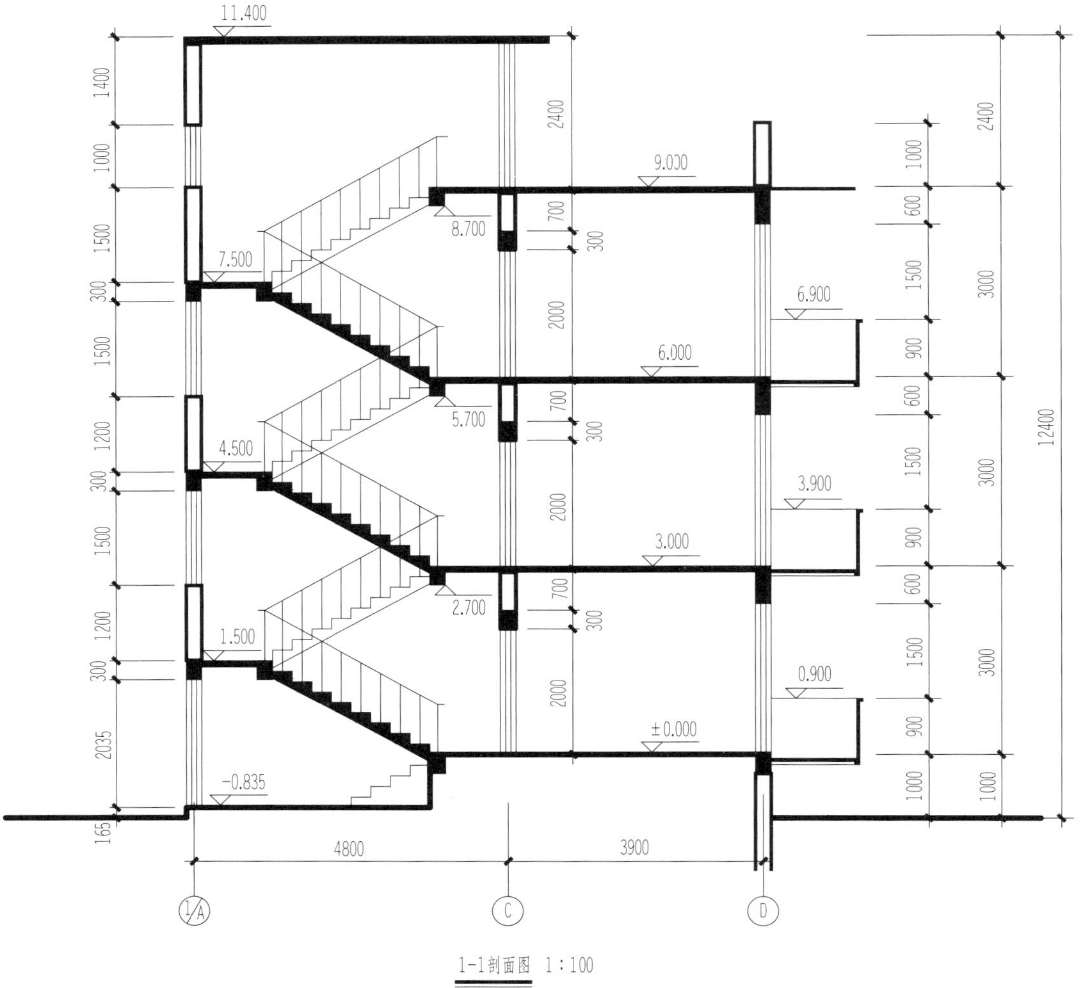

图 3-18　1-1 剖面图

从剖面图上看到,该住宅为三层,楼梯间上屋顶,屋顶为平屋顶,楼梯为双跑楼梯,栏杆为金属栏杆,梯间窗洞安装玻璃窗。

由于图的比例较小,故对剖到的钢筋混凝土构件如楼梯、楼板、平台梁、过梁、阳台等均涂黑表示;剖到的砖墙轮廓线用粗实线表示;其余看到的部分用细实线表示。

图上横竖向、室内外都标有尺寸,由于房屋左右两边外墙不一样,故两边都标注尺寸,竖向室外右边标了三道尺寸,最里边一道为细部尺寸,标出了外墙上室内外高差、阳台、阳台门及竖向墙段的尺寸:室内外高差为 1000mm、阳台内高 900mm、阳台门高 2400mm、竖向墙段高 600mm、女儿墙高 1000mm;第二道为层高尺寸,均为 3000mm;第三道为总高尺寸 12400mm。室外左边标出了梯间外墙的门、窗洞口和窗上、下墙的高度尺寸,由于其层高和总高与右边一样,故第二、第三两道尺寸均予省去。室内标出了其他图上无法表示的入户门、楼梯扶手等高度尺寸,还标出了阳台与室内的高差。

室内外均标出了标高，首先室外标出了其地坪、外墙上门窗洞的上下口及屋顶的标高，然后标出了阳台上表面、雨篷下表面的标高；其次室内标出了每层的标高，还标出了楼梯间地坪、中间平台及每层平台梁下底的标高。

水平方向上标出了两道尺寸，里边一道为剖到的墙的轴线尺寸，外边一道为它们的总尺寸。另外，还标出了轴线及编号、图名和比例。

图 3-19 为某住宅的 2-2 剖面图，它剖到了住宅的主、次卧室及卫生间前室和壁柜，看到了卫生间的门。由于两边外墙布局相同，故只在一边标注尺寸。所注尺寸、标高及图示方法均与图 3-18 相同，故在此不再赘述。

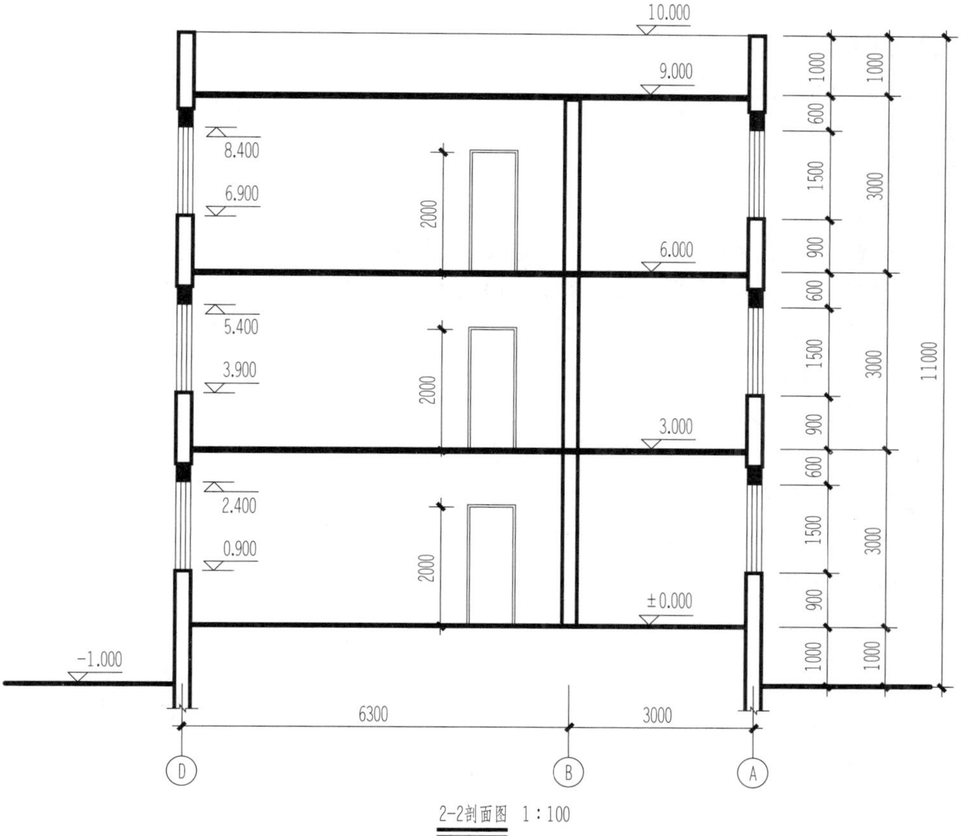

图 3-19　2-2 剖面图

3.6　绘制建筑详图

对于一个建筑物来说，由于建筑平、立、剖面图图样的比例较小，建筑物的某些细部及其构配件详细的构造和尺寸无法表示清楚，不能满足施工要求。所以，在一套施工图中，除了有全局性的基本图样外，还必须有许多比例较大的图样，对建筑物细部的形状、大小、材料和做法加以补充说明，这些图样称为建筑详图。建筑详图是建筑细部施工图，它是建筑平、立、剖面图的补充，是建筑施工的重要依据之一。

建筑详图包括的主要图样有：墙身剖面图、楼梯详图、门窗详图及厨房、浴室、卫生间详图等。

建筑详图主要表示建筑构配件(如门、窗、楼梯、阳台和各种装饰等)的详细构造及直接关系;表示建筑细部及剖面节点(如檐口、窗台、阴沟、楼梯、扶手、踏步、楼地面、屋面等)的形式、层次、做法、用料、规格及详细尺寸;表示施工要求和制作方法。

3.6.1 绘制详图的若干规定

1. 比例

常用比例为 1∶1、1∶2、1∶5、1∶10、1∶20、1∶50。

2. 图线

与建筑平面图和剖面图相同。

3. 详图索引标志及详图标志

(1)索引符号

具体画法如图 3-16 和图 3-17 所示。

(2)详图符号

表示详图的位置和编号,用一粗实线圆绘制,直径为 14mm。详图与被索引的图样同在一张图纸内时,应在符号内用阿拉伯数字注明详图符号。如不在同一张图纸内,可用细实线在符号内画一水平直径,在上半圆中注明详图编号,在下半圆中注明被索引图纸号,如图3-20所示。

图 3-20　详图符号

4. 引出线

在图中需画详图的地点标注索引符号时是以引出线进行连接的,如图 3-21 所示。国标规定:引出线应以细实线绘制,宜采用水平方向的直线或与水平方向成 30°、45°、60°、90°的折线。索引详图的引出线应对准索引符号的圆心。文字说明宜注写在引出线的上方或横线的端部,如图 3-21 所示。

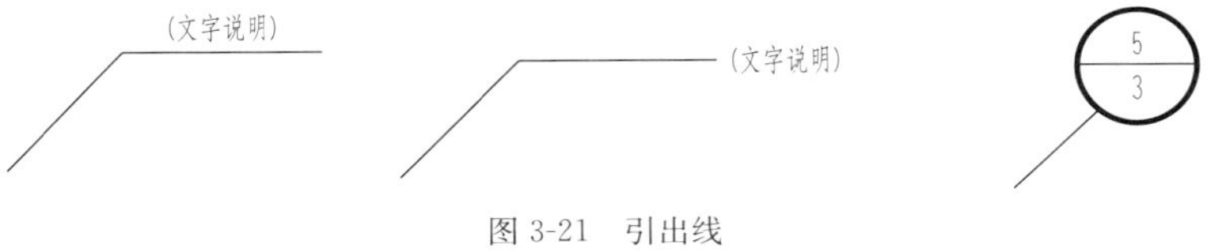

图 3-21　引出线

3.6.2 楼梯详图

楼梯是多层房屋建筑中上下交通的主要设施。在多层建筑中,通常采用现浇钢筋混凝土楼梯。楼梯通常由楼梯段、楼梯梁、楼梯平台、楼梯栏杆和扶手组成。

★ 楼梯详图一般分建筑详图和结构详图,并分别绘制,分别编入建筑施工图和结构施工图中。

★ 楼梯详图主要表示楼梯形式、楼梯间各部位的尺寸及装修做法,为楼梯施工制作提供依据。

★ 楼梯详图一般由楼梯平面图、剖面图和节点详图组成。

1. 楼梯平面图

楼梯平面图是距每层楼地面 1m 以上(尽量剖到楼梯间的门窗)沿水平方向剖开,向下投影所得到的水平剖面图。各层被剖到的楼梯段用 45°折断线表示。

楼梯平面图一般应分层绘制。对于三层以上的建筑物，当中间各层楼梯完全相同时，可用一个图样表示，同时标出中间各层楼面的标高。

(1)楼梯底层平面图

如图 3-22 所示的为某建筑楼梯底层平面图，图中有一个被剖切的梯段及栏板，画出了储藏室及三级步级。标出了楼梯间的轴线、开间和进深尺寸、楼地面标高。其中“11×260=2860”尺寸表示该梯段有 11 个踏面，每个踏面宽 260mm，梯段长 2860mm。

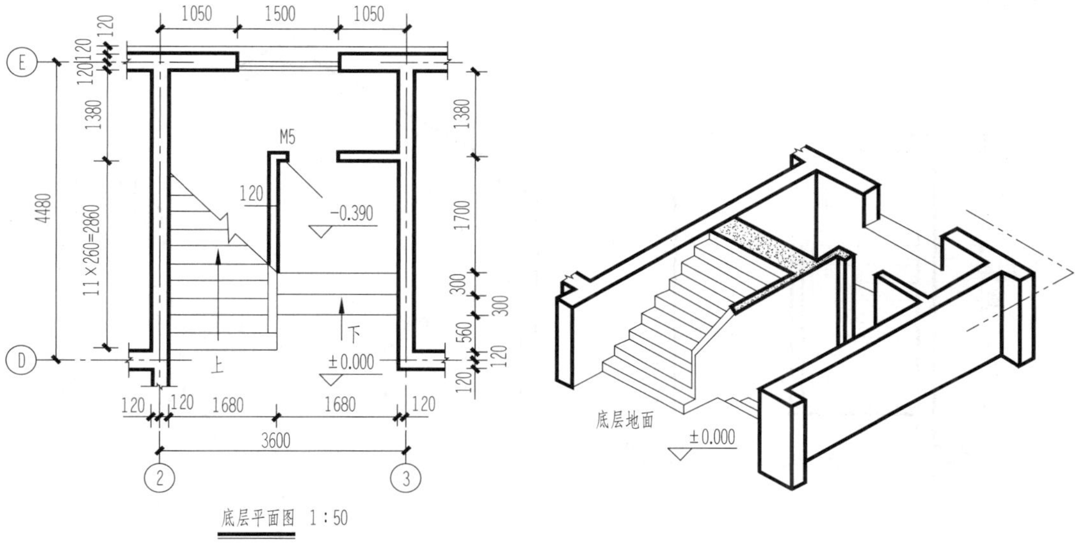

图 3-22　楼梯底层平面图

(2)楼梯二层(或中间层)平面图

如图 3-23 所示的为某建筑楼梯二层平面图，图中有两个被剖切的梯段及栏板，注有“上20”字箭头的一端，表示从该梯段往上走 20 步级可到达第三层楼面。另一梯段注有“下 20”，

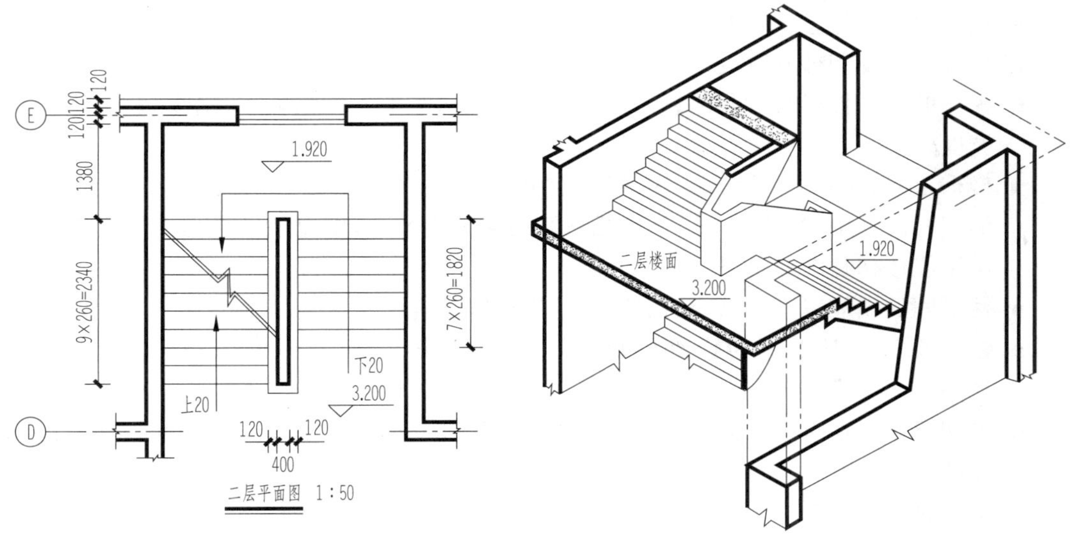

图 3-23　楼梯二层平面图

表示往下走 20 步级可到达底层地面。图中标出了楼面及休息平台标高、楼梯踏面及步级尺寸、栏板尺寸等。

(3)楼梯顶层平面图

如图 3-24 所示的为某建筑楼梯顶层平面图，由于剖切平面在安全栏板上方，在图中画有两段完整的梯段和楼梯平台，在梯口处只有一个注写“下”字的长箭头。图上所画的每一分格表示梯段的一级踏面。因梯段最高一级踏面与平台面或楼面重合，因此图中画出的踏面数比步级数少一格。往下走的第一梯段共有 10 级，但在图中只画 9 格，梯段长度为 9×260mm＝2340mm。

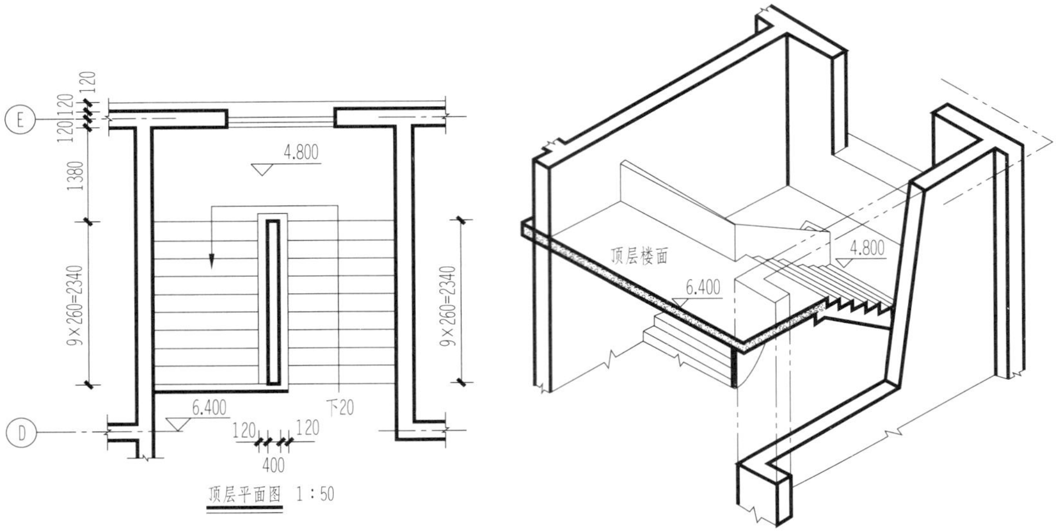

图 3-24　楼梯顶层平面图

2. 楼梯平面图标注的内容

★ 图名和比例。通常楼梯平面图的比例为 1：50，以便识读。

★ 楼梯间开间和进深、轴线编号和尺寸。

★ 楼层地面和休息平台的标高。

★ 楼梯段宽度和梯井宽度。

★ 梯段的水平投影长度和休息平台宽度。梯段的水平投影长度＝(踏步数－1)×踏步宽度。

★ 楼梯走向。在楼梯段中部，用带箭头的细实线表示楼梯走向，并标注有“上”或“下”的字样。其中，“上”或“下”均是相对该层楼地面而言，即以该层楼地面为起点，表示出某段楼梯是上还是下。

★ 楼梯间的墙体厚度，门、窗、构造柱、垃圾道等位置。

★ 索引符号。对于更为详细的做法，如踏步、扶手等，采用索引符号表示另绘有详图。

★ 剖切符号。在首层平面图用剖切符号表示楼梯剖面图的剖切位置、投影方向及剖面图的编号。

3. 楼梯剖面图

(1)楼梯剖面图的形成

用一假想铅垂面，将某一跑楼梯和门窗洞垂直剖开，向未剖到的另一跑楼梯方向投影，所得到的垂直剖面图即为楼梯剖面图，如图 3-25 所示。剖切面所在的位置表示在楼梯首层平面图上。

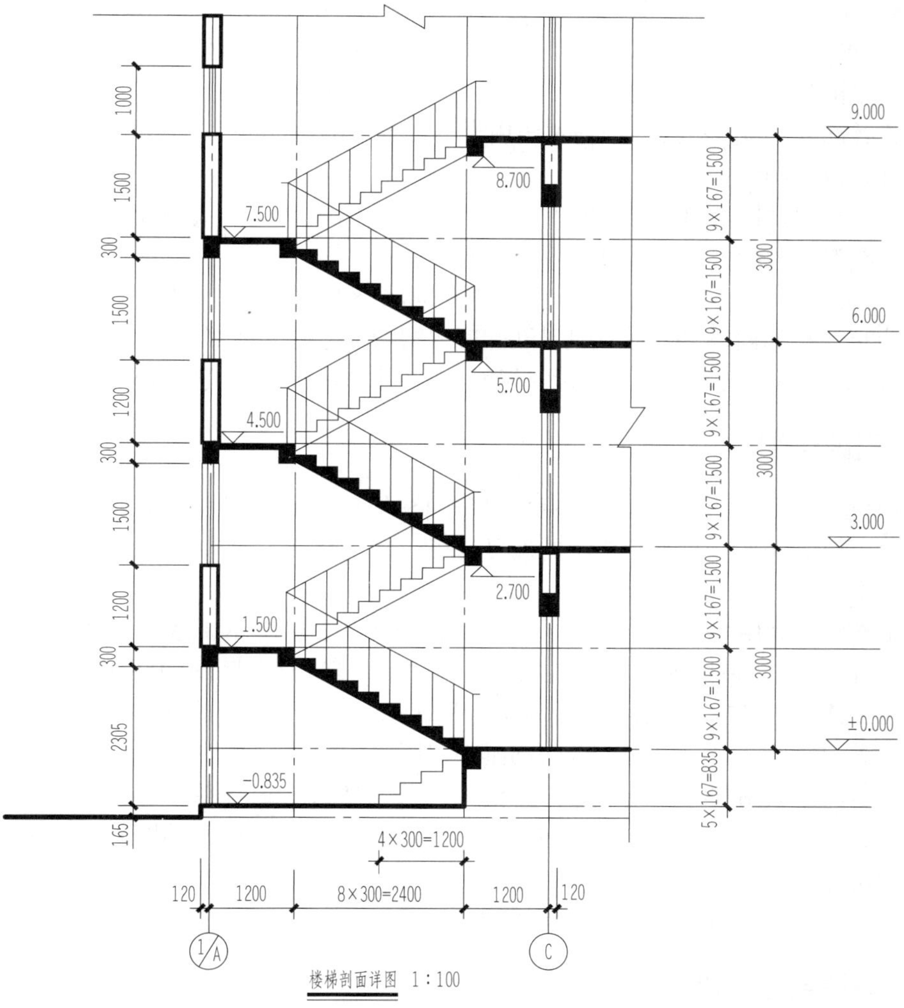

图 3-25 楼梯剖面详图

楼梯剖面图主要表达楼梯的形式、结构类型、梯段的形状、踏步与栏杆扶手的形式和高度以及各构配件之间的连接等构造做法。

楼梯剖面图是建筑剖面图中楼梯部分的局部放大图。其剖切位置和投影方向通常是剖切平面通过上行的第一个梯段和门窗洞将楼梯剖开向另一未剖切到的梯段方向投影所得到的剖面图。

(2)楼梯剖面图的图示内容

楼梯剖面图重点表示楼梯间的竖向关系，具体内容如下：

★ 图名和比例。楼梯剖面图的图名与楼梯平面图中的剖切编号相同，比例与楼梯平面图的比例相一致。

★ 轴线编号与进深尺寸。楼梯剖面图的轴线编号和进深尺寸与楼梯平面图中的编号相同、尺寸相同。

★ 楼梯的结构类型和形式。

★ 其他细部的构造做法。建筑物的层数、楼梯段数及每层楼梯踏步个数和踏步高度；室内地面、各层楼面、休息平台的位置、标高和细部尺寸；楼梯间的门窗、窗下墙、过梁、圈梁及细部尺寸；楼梯段、休息平台及平台梁之间的相互关系；投影后所看到的构件轮廓线，如门窗、垃圾道等。

★ 索引符号。节点更为详细的做法用索引符号标出，表示另绘有详图。

(3)楼梯剖面图的标注

①竖直方向尺寸。在楼梯剖面图的竖直方向上，标注墙段、门窗洞口的尺寸和标高；标注出的各层梯段的高度尺寸与平面详图相同。

②水平方向尺寸。水平方向应标注出楼梯间墙身的轴线编号、梯段的水平长度和轴线尺寸，还应标注出如雨篷、梯段的错步长度、底层的局部台阶等细部尺寸。

③标高。在楼梯剖面图中需要标注楼面、楼梯休息平台面、休息平台梁下口的标高。

3.6.3 门窗详图

门窗详图一般有预先绘制好的各种不同规格的标准图供设计者选用。因此，在施工图中，只要说明该详图所在标准图集中的编号，就不必另画详图；如果没有标准图集时，就一定要画出详图。

门窗详图一般用立面图、节点详图、断面图以及文字说明来表示。按规定，在节点详图和断面图中，门窗的断面一般应加上材料图例。门窗立面图的图示内容如下：

★ 门窗详图中，应有门、窗的立面图，并用细斜线画出门窗扇的开启方向。斜线为实线时表示向外开，斜线为虚线时表示向装门窗扇铰链的一侧开启。

★ 门窗的立面图与标注的尺寸。立面图尺寸一般有三道：第一道为窗洞口尺寸；第二道为窗框外包尺寸；第三道为窗扇、窗框尺寸。洞口尺寸应与建筑平、剖面图上所注的尺寸一致。

★ 立面图上的线型，除轮廓线用粗实线外，其余用细实线。如图 3-26 所示。

3.6.4 外墙剖面节点详图

外墙剖面节点详图是用来表达房屋的屋顶层、檐口、楼(地)面层的构造、尺寸、用料及其与墙身等其他构件的关系，根据实际规范需要，可分别绘制节点详图，如图 3-27 所示。外墙剖面节点详图的内容如下：

★ 檐口节点详图，表明了女儿墙(亦称包檐)外排水檐口的构造和屋顶层的做法及其分层情况的说明。

★ 窗顶节点详图，表明了窗顶钢筋混凝土过梁、圈梁和楼面层的做法及其分层情况的说明。

★ 窗台节点详图，表明了窗台的做法。

★ 勒脚、散水节点详图，表明了勒脚、散水的做法，以及室内地面层和踢脚的做法。

★ 内外墙各部分墙面粉刷的用料、做法和颜色及楼面层、屋顶层的用料做法，在施工总说明中已注明，详图中只须标明面层的用料颜色。

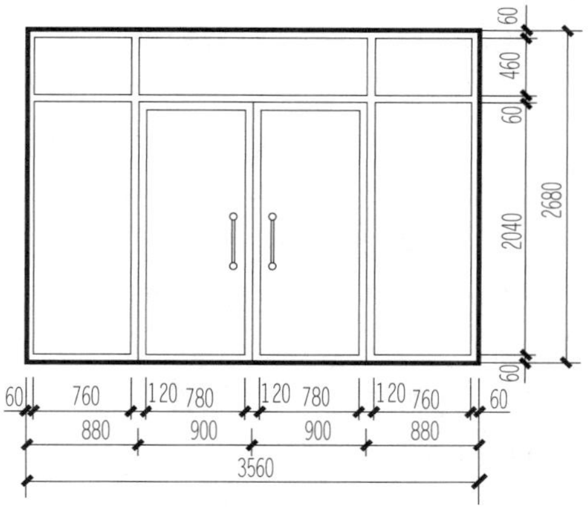

图 3-26　立面窗

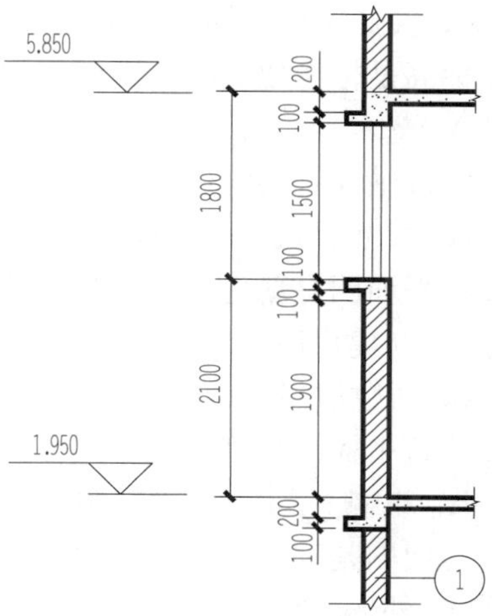

图 3-27　外墙节点详图

复习思考题

1. 试述总平面图的图示内容和一般要求。

2. 建筑平面图是如何形成的？应包括哪些内容？

3. 建筑平面图中的图线和尺寸标注有什么要求？

4. 建筑立面图是如何形成的？有什么作用？应表示哪些内容？

5. 建筑立面图中的标高是绝对标高还是相对标高？房屋的哪些部位需要进行标高标注？

6. 建筑剖面图是如何形成的？有什么作用？应表示哪些内容？

7. 建筑详图包括的主要图样有哪些？

8. 建筑详图主要表示建筑哪方面的内容？

9. 楼梯平面图需要表示哪些内容？

10. 楼梯的基本组成是什么？楼梯详图包括哪几种基本图样？

习题

一、选择题

1. 房屋建筑图是用来(　　)。

A. 指导房屋施工　B. 执行建筑制图标准　C. 检查房屋　D. 验收房屋

2. 绘制和阅读房屋建筑施工图时(　　)。

A. 符合正投影原理

B. 遵守《建筑制图标准》

C. 符合透视图原理

D. 符合正投影原理和遵守《建筑制图标准》

3. 在房屋图中粗实线表示(　　)。

A. 看不见的轮廓线　　　　B. 中心线和轴线

C. 次要建筑结构的轮廓线　　D. 主要建筑结构的轮廓线

4. 标高是标注建筑物高度的一种尺寸形式，其单位为(　　)。

A. 毫米　　B. 厘米　　C. 米　　D. 米和毫米

5. 定位轴线是确定(　　)。

A. 尺寸界线　　B. 索引符号　　C. 中心线　　D. 墙和柱等的位置

6. 总平面图是新建房屋在基底范围内的总体布置图，它表明的内容之一有(　　)。

A. 新建房屋的结构　　B. 新建房屋的施工

C. 新建房屋的设备　　D. 新建房屋的平面形状和层数

7. 建筑平面图是将房屋从门窗洞口处水平剖切后(　　)。

A. 正视　　B. 俯视　　C. 左视　　D. 仰视

8. 立面图是房屋在与外墙面平行的投影面上的投影，它主要表示(　　)。

A. 外形　　B. 内部结构　　C. 平面形状　　D. 局部结构

9. 建筑剖面图是将建筑物用(　　)。

A. 水平面剖切　　B. 垂直面剖切

C. 平行面剖切　　D. 平行投影面的竖直面剖切

10. 建筑详图是建筑细部的施工图，也称(　　)。

A. 平面图　　B. 立面图　　C. 剖面图　　D. 节点图

二、填空题

1. 一套房屋施工图是由建筑、结构、设备(给水排水，采暖通风，电气)等专业共同配合协调，在技术设计的基础上绘制而成的。房屋施工图分为________________施工图，________________施工图和________________施工图。

2. 建筑总平面图中标注的尺寸是以________为单位的，一般标注到小数点后________位；其他建筑图样(平面图、立面图和剖面图)中所标注的尺寸则以________为单位；标高都是以________为单位。

3. 建筑平面图(除屋顶平面图之外)实际上是剖切位置位于____________处的水平剖视图。它主要表示建筑物________________________等情况。一般来说，四层房屋应分别画出________建筑平面图。当四层房屋的二、三层平面图布置完全相同时可以只画出一层平面图，该平面图称为________________平面图。

4. 平面图中外墙尺寸一般标注三道，里面一道标注墙段及门窗洞口尺寸，称为________；中间一道标注房间的________、________尺寸，称为________尺寸；外边一道标注建筑的总长、总宽，称为总尺寸。

5. 详图索引标志中水平直径线及符号圆圈均为细实线绘制，圆的直径为____________，水平直径线将圆分为上下两半，上方注写____________，下方注写____________，如详图绘在本张图纸上，则在____________画一段细实线即可。

6. 详图的位置和编号，应以详图符号(详图标志)表示。详图符号应以____________线绘制，直径为____________。

7. 楼梯间详图包括________________图、________________图和________________等详图。主要表示楼梯的类型、结构形式、构造和装修等。

8. 建筑立面图是平行于建筑物各个立面(外墙面)的正投影图。它是表示建筑物的________和表明外墙面________的图样。

9. 一般房屋有四个立面，通常把反映房屋主要出入口的立面图称为________图，其背后的立面图称为________图，两侧的立面图称为________图。也可以按房屋立面的朝向来定位立面图的名称，如________立面图，或用立面图两端________标注立面图的名称。

10. 立面图的比例一般与平面图相同，常采用____________的比例绘制。

11. 建筑剖面图是建筑物的垂直剖面图，它是表示建筑物内部垂直方向的________等情况的图样。剖面图的剖切位置一般选择在________的部位。表示剖面图剖切位置的剖切线及其编号应表示在________层平面图中。

12. 建筑剖面图一般与建筑平、立面图一样，采用________的比例绘制。当剖面图比较复杂时，也可采用较大的比例，如 1：50。

13. 建筑剖面图一般应标出剖切到部分的________尺寸和________。外墙的竖直尺寸一般标注三道尺寸：最外侧的第三道尺寸为室外地坪以上的____________尺寸；第二道尺寸为________尺寸；第一道尺寸为门窗洞及洞间墙的________尺寸。

14. 在某一张建筑施工图中，有详图符号 $\frac{2}{3}$（圆圈），则被索引的图纸编号为________。

三、识图题：阅读总平面图 3-28，完成问题

1. 建筑总平面图的常用比例为________，它主要表示____________________等内容。

2. 建筑物层数在总平面图中，一般标注在建筑物的________位置，该总平面图中新建建筑为________层，图中虚线框表示____________建筑，带"×"细线框表示________建筑。新建建筑的东侧为____________路。

3. 新建建筑室内绝对标高为____________，室外绝对标高为____________。

4. 图中左上角带数字的曲线为____________，它主要用来表示____________。

5. 由图中风玫瑰图可知，该地区常年风向主要是________________风。

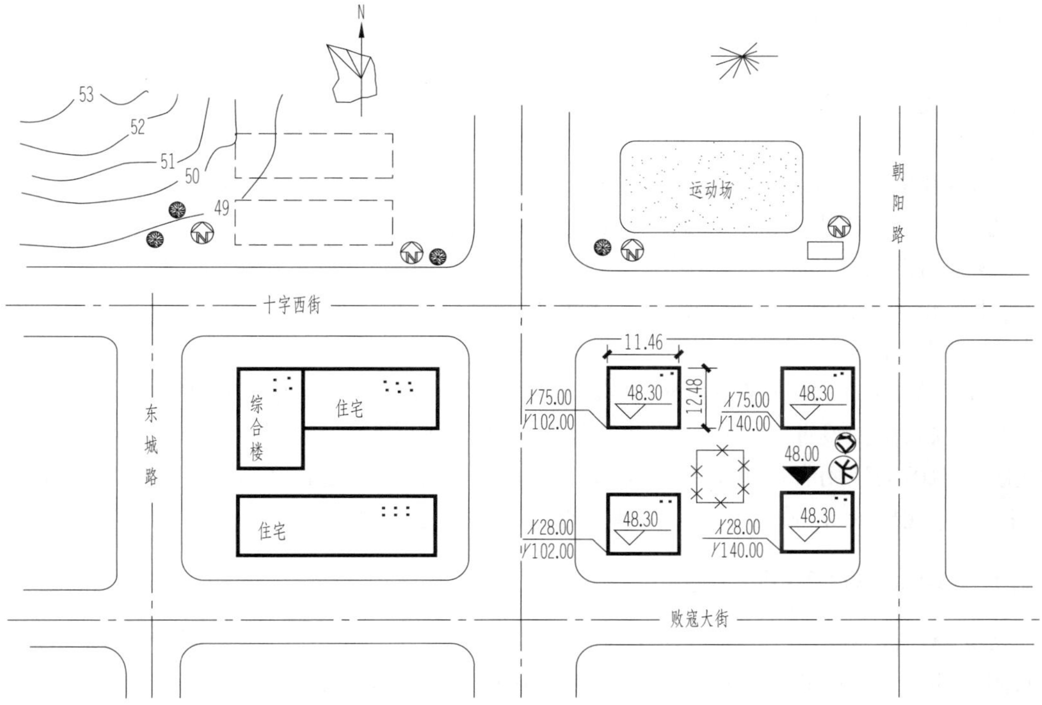

图 3-28 ××住宅小区建筑总平面图

第 4 章 计算机绘图基础

本章简要介绍 CAD 技术发展，建筑工程 CAD 的应用特点，AutoCAD 的发展和基本功能，AutoCAD2009 简体中文版的启动、界面组成、退出及常用功能键等内容。

4.1 CAD 技术简介

计算机辅助设计(Computer Aided Design，简称 CAD)是一种把计算机技术应用于工程领域及产品设计中的新兴交叉技术。其定义为：CAD 是计算机系统在工程和产品设计的整个过程中，为设计人员提供各种有效工具和手段，加快设计过程，优化设计结果，从而达到最佳设计效果的一种技术。

CAD 包含的内容很多，例如概念设计、工程绘图、三维设计、优化设计、有限元分析、数控加工、计算机仿真及产品数据管理等。在工程设计中，许多繁重的工作，如复杂的数学与力学计算、多种方案的综合分析与比较、工程图的绘制及生产信息的整理等，均可借助计算机来完成。设计人员则可对处理的中间结果作出判断和修改，以便更有效地完成设计工作。一个好的 CAD 系统既要有利用计算机进行高速分析计算的能力，又要能充分发挥人的创造性作用，还要能找到人与计算机的最佳结合点。

4.2 AutoCAD 2009 简介

目前，在国内外工程上应用较为广泛的绘图软件是 AutoCAD，它是美国 Autodesk 公司开发的一个交互式图形软件系统。该系统自 1982 年问世以来，版本几经更新，功能不断增强，已成为目前最流行的图形软件之一，在机械、建筑、电子、石油、化工、冶金、地质、航空、纺织、商业等领域中得到了广泛的应用。本教材主要介绍该公司于 2009 年最新推出的 AutoCAD2009 的使用。

AutoCAD 2009 扩展了 AutoCAD 以前版本的优势和特点，并且在用户界面、性能、操作、用户定制、协同设计、图形管理、产品数据管理等方面进一步加强。AutoCAD 2009 简体中文版为中国的使用者提供了更高效、更直观的设计环境，并定制了与我国国标相符的样板图、字体、标注样式等，使得设计人员能更加得心应手地应用此软件。

4.2.1 AutoCAD 2009 的启动

启动 AutoCAD2009 主要可使用以下两种方法：一是通过双击桌面快捷图标来启动；二是通过 Windows 的【开始】/【程序】/【Autodesk】/【AutoCAD 2009-Simplified Chinese】/【AutoCAD 2009】来启动。

4.2.2 AutoCAD 2009 的工作界面

启动 AutoCAD2009 后将进入到如图 4-1 所示的工作界面。AutoCAD2009 的工作界面主要由标题栏、菜单浏览栏、工具栏、绘图区、命令提示区、状态栏等部分组成。

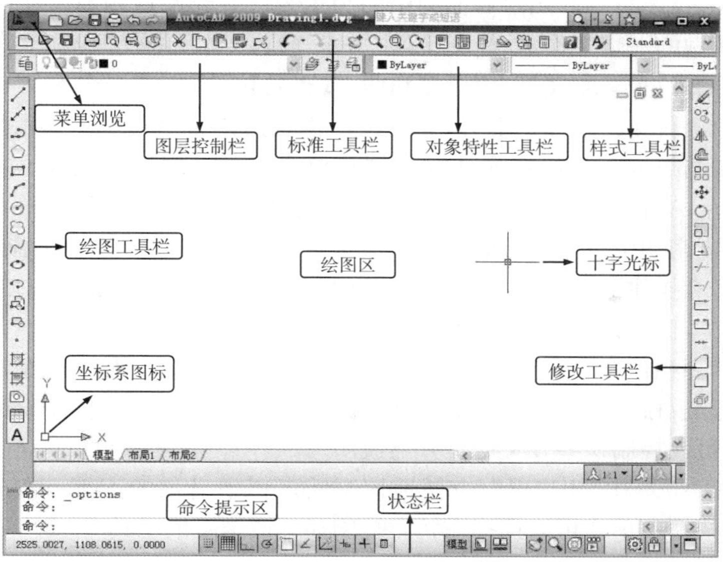

图 4-1 AutoCAD2009 工作界面

标题栏　AutoCAD2009 工作界面的顶部是标题栏，它显示应用程序的名称及当前图形的文件名称。

菜单栏　标题栏下面是下拉菜单栏，AutoCAD 默认有 12 个菜单项。下拉菜单用于发出命令或打开对话框。下拉菜单可以通过鼠标点取或通过 Alt+热键字母打开。

工具栏　工具栏实际上是以按钮的形式列出的各种操作命令的集合。对于大部分的命令，用户除了可以通过菜单执行以外，还可以通过工具栏执行。与执行菜单中的命令相比，工具栏具有更直接、更快捷的优点。有些按钮图标的右下角有一个黑色小三角，表示该按钮下面含有隐藏按钮。

当用户要执行某一按钮命令时，只需单击该按钮即可；对于含有隐藏按钮的按钮，则需要在相应的按钮上按住鼠标不放，这时会自动弹出隐藏的按钮，拖动鼠标到所需的按钮上再释放即可执行该按钮命令。

熟练使用工具按钮可以极大地提高用户的工作效率。AutoCAD2009 提供了很多工具栏，默认显示的工具栏一般有【标准】、【图层】、【对象特性】、【绘图】、【修改】等常用工具栏。

【标准】包含了 AutoCAD2009 的一些标准功能，其中一些是 Windows 用户非常熟悉的功能，如【新建】、【打开】、【保存】、【打印】、【剪切】、【复制】、【粘贴】等，其余的如【平移】、【缩放】、【对象特性】、【设计中心】等则是 AutoCAD 命令。

【图层】及【对象特性】工具栏位于【标准】工具栏下面。它包含命令按钮和下拉式列表，用于图层的设置与管理以及提供对象的图层、线型、线宽、颜色等信息。

在 AutoCAD2009 绘图区两侧，缺省有【绘图】工具栏和【修改】工具栏，包含了 AutoCAD2009 最常用的绘图命令和图形编辑命令。

用户可以根据需要，单击下拉菜单【视图】/【工具栏】，在弹出的对话框中调出其他工具栏至屏幕上；也可以在任意一个工具按钮上右击，在弹出的快捷菜单中选择打开或关闭指定的工具栏。一般只需打开与当前操作有关的几个工具栏即可，要关闭某一工具栏，只需单击该工具栏右上角的⊠号。另外，AutoCAD 界面中的工具栏均大小可变，并可用鼠标拖动至屏幕任何位置。

绘图区　AutoCAD2009 用户界面的中间为绘图区。绘图区内有一个十字光标及坐标系图标。用户所做的一切工作（如绘图、标注尺寸、输入文本和插入图像等）均在绘图区内进行。绘图区底部有三个标签：【模型】标签和两个【布局】标签。

命令行　命令行在绘图区的下方，它是用户输入操作命令及显示提示信息的窗口。在命令行输入命令与点取工具按钮或选择下拉菜单命令具有同样的结果。在输入操作命令后，命令行将显示 AutoCAD 的信息和一些提示，以利于用户正确操作。因此在命令输入和执行期间，用户应密切留意命令行的内容。这是用户与 AutoCAD 相互交流的地方。

命令行的所有操作命令及提示信息由 AutoCAD 文本窗口提供，可以单击下拉菜单【视图】/【显示】/【文本窗口】或按下 F2 快捷键来打开文本窗口。

状态栏　状态栏位于 AutoCAD2009 用户界面的最下面。它显示当前光标的坐标值以及捕捉、栅格、正交、极轴、对象捕捉、对象追踪、DYN（动态输入）、线宽、作图空间等信息。单击相应的按钮，可以控制这些开关的打开与关闭。

在 AutoCAD2009 中，用户可以方便地控制状态栏中显示的工具。在状态栏的空白处右击，在弹出的快捷菜单中可以选择在状态栏中显示或隐藏的工具。

4.3　认识 AutoCAD 坐标系

4.3.1　AutoCAD 的坐标系

1. 世界坐标系（WCS）

世界坐标系简称 WCS（World Coordinate System），它是在进入 AutoCAD 时由系统自动建立，且原点位置和坐标轴方向固定的一种整体坐标系。世界坐标系是唯一的，用户不能自行建立，也不能对其原点位置和坐标方向进行修改。因此，世界坐标系为图形操作提供了一个固定的参考基准。

WCS 是一种直角坐标系，其原点位于屏幕左下角，X 轴正向为屏幕的水平向右方向，Y 轴正向为垂直向上方向。它一般显示在屏幕的左下角。如果在三维空间作图，WCS 还有一个 Z 轴，其正向为垂直屏幕方向向外（指向用户）。

2. 用户坐标系

AutoCAD 系统使用的世界坐标系是固定的，但用户根据使用的需要，可以在世界坐标系内定义一个用户使用起来更为方便的坐标系，即用户坐标系（简称 UCS）。用户坐标系原点可以定义在世界坐标系中的任意位置，它的坐标轴与世界坐标系可以成任意角度。用户坐标系是一种局部坐标系，AutoCAD 系统可设置多个用户坐标系。

4.3.2　坐标系中坐标的表达形式

1. 直角坐标

直角坐标包括 X、Y、Z 三个坐标值。在平面作图时，Z 坐标值缺省为零，可不予输入，因

此只需输入 X、Y 两个坐标值。要注意的是，坐标值之间必须用逗号“,”隔开，即在 AutoCAD 的坐标系中，用直角坐标的方式输入坐标的表达形式为：X,Y。

2. 极坐标

极坐标包括距离和角度两个坐标值，其中距离值在前，角度值在后，两个坐标值之间用小于号“<”隔开，角度以当前坐标系的 X 轴正向为度量基准，逆时针为正，顺时针为负。因此，在 AutoCAD 的坐标系中，用极坐标的方式输入坐标的表达形式为：

$$\rho<\theta$$

其中 ρ 为所输入坐标点与当前坐标原点之间的距离，θ 为所输入坐标点与当前原点的连线与 X 轴正向的夹角。

4.3.3 绝对坐标和相对坐标

1. 绝对坐标

绝对坐标定位是指相对于当前坐标系的定位方法。被参考的坐标系可以是世界坐标系，也可以是用户坐标系。坐标类型可以是直角坐标，也可以是极坐标等。

注意：在当前坐标系为用户坐标系时，绝对坐标的原点应为用户坐标系的原点，而不是世界坐标系的原点。

2. 相对坐标

相对坐标定位是指相对于一个已知点的定位方法。实际作图时，用户知道更多的是点与点之间的相对位置，而并不是点的绝对位置，所以相对坐标定位用得更频繁。进行相对坐标定位时，系统自动以最后产生的点作为基准，但该基准只能用一次，即输入新的点后，系统又会自动以新的点作为基准。

为区别于绝对坐标，相对坐标前需加上符号“@”。相对坐标也分直角坐标和极坐标两种形式，两者同样分别用逗号和小于号隔开。

4.3.4 AutoCAD 中坐标点的输入

1. 坐标点的输入格式

在世界坐标系或用户坐标系中，可以以直角坐标或极坐标的形式，分别采用绝对坐标或相对坐标的输入方法，向系统输入坐标，其输入格式如表 4-1 所示。

AutoCAD 坐标点的输入格式 表 4-1

坐标系	坐标表达方式	坐标输入方法	坐标输入格式
世界坐标系(WCS) 用户坐标系(UCS)	直角坐标	绝对坐标	X,Y
		相对坐标	$@X,Y$
	极坐标	绝对坐标	$\rho<\theta$
		相对坐标	$@\rho<\theta$

2. 坐标的显示控制

坐标显示的作用是追踪作图时的光标位置。坐标显示位于屏幕底部状态栏的左端。坐标显示是一组被逗号隔开的数字，第一个数字是 X 轴坐标值，第二个数字是 Y 轴坐标值，第三个数字是 Z 轴坐标值。在缺省方式下，坐标显示读出的是光标的位置。

在绘图窗口中移动光标的十字指针时，状态栏上将动态显示当前指针的坐标。在中文版 AutoCAD 2009 中，坐标显示取决于所选择的模式和程序中运行的命令，共有以下三种。

★ 关：显示上一个拾取点的绝对坐标。此时，指针坐标不能动态更新，只有在拾取一个新点时，显示才会更新。但是，从键盘输入一个新点坐标时，不会改变该显示方式。

★ 绝对：显示光标的绝对坐标，该值是动态更新的，默认情况下，该显示方式是打开的。

★ 相对：显示一个相对极坐标。当选择该方式时，如果当前处在拾取点状态，系统将显示光标所在位置相对于上一个点的距离和角度。当离开拾取点状态时，系统将恢复到"绝对"模式。

在实际绘图过程中，用户可以根据需要，随时按下 F6、Ctrl+D 键或单击状态栏的坐标显示区域，在这三种方式间切换。

4.3.5 AutoCAD 点的输入方法

用 AutoCAD 2009 绘图时，可以采用以下几种方式来输入点：

(1)用鼠标在屏幕上移至相应位置后取点。

(2)通过键盘输入点的坐标来确定点。

(3)在指定的方向上通过给定距离来确定点。

(4)用目标捕捉方式获取特殊点，用户可以在绘图工作屏幕上捕捉屏幕上的点。

(5)利用极坐标跟踪功能确定点。

4.4 系统环境设置

设计工程师在正式绘制图形之前，总要进行一些准备工作，例如图纸大小的选择、图形单位的选用等。使用 AutoCAD 2009 进行设计绘图时，同样要进行这些绘图环境的设置。

在不同的绘图操作中，通常会对某些绘图环境进行不同的设置，如改变绘图区域的背景色等，这些是通过系统设置来实现的。

选择【工具】|【选项】命令或在命令行上输入 Options 命令，弹出如图 4-2 所示的"选项"对话框，从中设置系统环境。

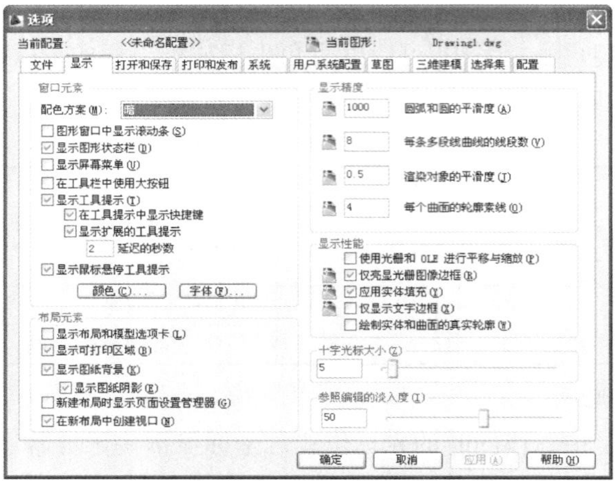

图 4-2 "选项"对话框

一般情况下，用户无需更改系统的默认设置，下面仅就可能用到的选项卡进行介绍。

★【显示】选项卡：在该选项卡的【窗口元素】选项区中，可以单击【颜色】按钮改变 Auto-

CAD 工作界面各部分颜色。在【显示精度】选项区中，可以控制绘制对象的显示效果。

★【打开和保存】选项卡：在该选项卡的【文件安全措施】选项区中，可以设置文件是否自动保存以及自动保存的时间间隔。

★【系统】选项卡：在该选项卡的【基本选项】选项区中，可以设置 AutoCAD 的启动方式，有两种选择，分别为显示“启动”对话框和不显示“启动”对话框。

★【用户系统配置】选项卡：此选项卡可以根据需要对【自定义右键单击】、【字段】、【隐藏线设置】、【线宽设置】、【坐标数据输入的优先级】以及【编辑比例缩放列表】等选项进行设置。

4.4.1 图形单位

设置图形单位主要是设置长度和角度的类型、精度以及角度的起始方向。一般都是设置好图形单位后再绘制图形，绘图时的比例一般为 1∶1，这样不仅操作简单，而且结果准确。

选择【格式】|【单位】命令，弹出如图 4-3 所示的“图形单位”对话框，在该对话框中进行以下内容的设置。

1. 长度

【长度】选项区用于设置图形的长度单位类型和精度。从【类型】下拉列表框中可以选择“分数”、“工程”等 5 个长度单位类型选项；从【精度】下拉列表框中可以选择合适的长度单位精度，即小数的位数，最大精确到小数点后 8 位。

> 注意：图形单位并不等同于后文将要介绍的标注单位，用户可以将图形单位和标注单位设置为相同的类型和精度，也可以为标注设置不同的单位类型和精度。

2. 角度

【角度】选项区用于设置图形的角度单位类型和精度。从【角度】下拉列表框中可以选择“百分度”、“弧度”等 5 个角度单位类型选项；从【精度】下拉列表框中可以选择合适的角度单位精度；【顺时针】复选框用来指定角度的正方向。

3. 角度方向

单击【图形单位】对话框中的【方向】按钮，弹出“方向控制”对话框，用来确定角度的基准方向，如图 4-4 所示。在该对话框中，可以选择东、北、西、南方向为角度的零度方向，也可以选择【其他】选项，在文本框中直接输入零度方向与 X 轴正方向的夹角，或者单击带有箭头的按钮从绘图区拾取两点来确定零度方向。

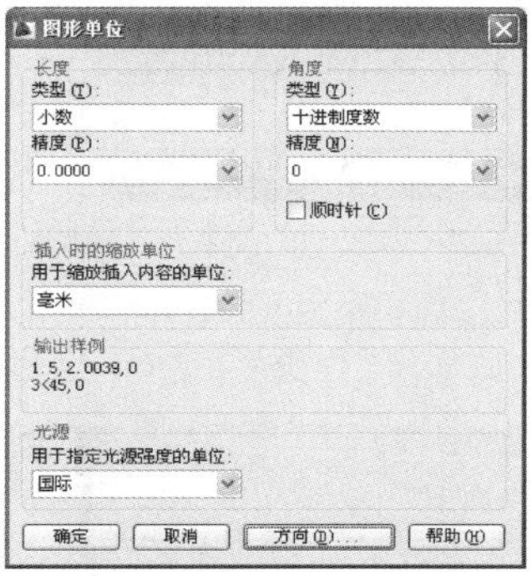

图 4-3 “图形单位”对话框

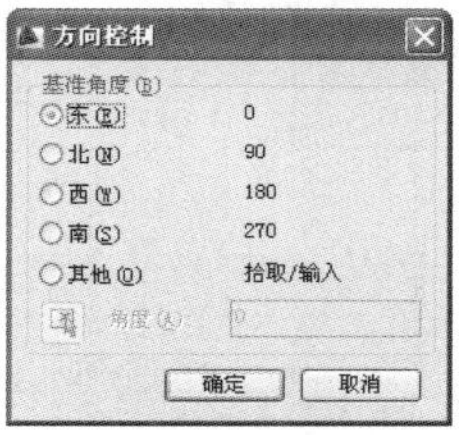

图 4-4 “方向控制”对话框

4.4.2 图形界限

图形界限是设置在绘图空间中的一个想象的矩形绘图区域。当图形界限边界检验功能处于打开状态时，一旦绘制的某个图形超出绘图界限，将提示用户绘制的图形超出了图形界限，并且不予响应。

1. 命令格式

选择【格式】|【图形界限】命令，系统提示如下：

命令：Limits

重新设置模型空间界限：

指定左下角点或［开(ON)/关(OFF)］<0.0000,0.0000>：

在该提示下，用户可以设置图形界限的左下角位置，系统继续提示：

指定右上角点 <420.0000,297.0000>：

此时确定图形界限的右上角位置即可。

2. 操作说明

★ 执行 ON 选项，系统打开边界检验功能，这时用户只能在指定的绘图范围内绘图。

★ 执行 OFF 选项，系统关闭边界检验功能，用户所绘图形不再受图形界限的限制。

注意：图形界限的设置和屏幕显示无关，只是对栅格的可见区域有影响。

4.4.3 图层设置与管理

用户可以根据需要定义若干图层，可以把 AutoCAD 系统中的图层想象成若干张透明纸，在不同的纸上绘制不同的实体，然后再将这些透明纸重叠起来，就得到最后的图形。重叠后的图形即为一张既相互联系又彼此独立的复合图，在这张图中既可以取出其中一层单独操作，也可以对其全体进行统一操作。因此用户可以根据图层对图形几何对象、文字、标注等进行归类处理。充分有效地使用图层功能，能够降低图形编辑的难度，同时也能提高绘图的准确性。

如果以默认的设置开始一个新的图形，AutoCAD 只定义一个图层：0 层。要使用多个图层，首先需要创建图层，此外还需对图层进行管理。

选择【格式】|【图层】命令，或者单击【对象特性】工具栏的【图层】按钮，弹出如图 4-5 所示的“图层特性管理器”对话框，从中进行图层的设置和管理。

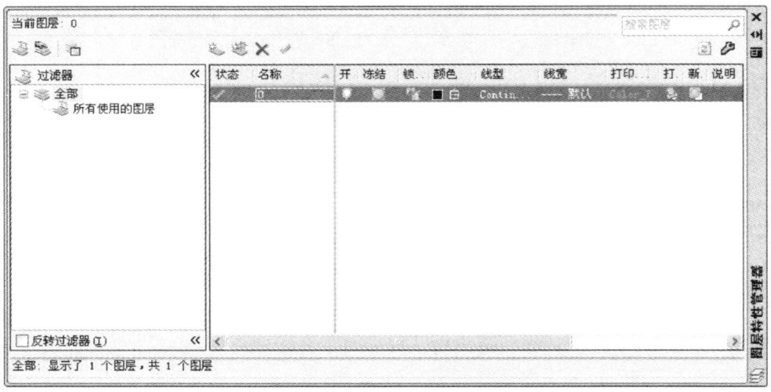

图 4-5 “图层特性管理器”对话框和新建图层

1. 创建图层

默认情况下，AutoCAD 只有一个图层即 0 层，用户要组织自己的图形，需要先创建新图层。单击“图层特性管理器”对话框顶端的【新建】按钮，可创建一个新图层。新图层在未进行设置之前，各参数均使用默认值，其中颜色为白色，线型为 Continuous，不冻结，使用默认的线宽和打印样式，如图 4-5 所示。

2. 删除图层

对于已有的图层，如果不需要，可以将其删除。在“图层特性管理器”对话框的图层列表框中选择要删除的图层，然后单击对话框顶端的【删除】按钮即可。

注意：要删除的图层必须是空层，即该图层上没有图形对象。此外，0 图层、当前图层和依赖外部参照的图层都不能删除。否则，AutoCAD 会拒绝删除，并给出警告信息。

3. 设置当前图层

设置当前图层是将某一图层设置为当前的绘图层，在其后绘制的新图形都将绘制在该图层上。在“图层特性管理器”对话框的图层列表框中选择要设置为当前的图层，然后单击对话框顶端的【当前】按钮即可。

设置当前图层的另一个简便方法是通过【图层】工具栏的【图层】下拉列表框来实现，如图 4-6 所示。该下拉列表框列出了当前图形的所有图层，包括各个图层的状态，把要设置为当前的图层选中即可。

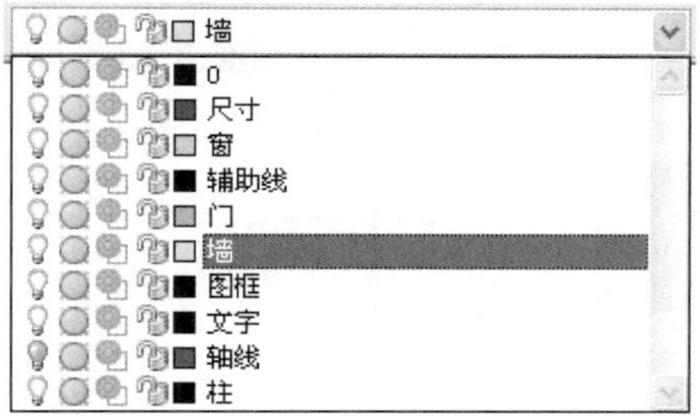

图 4-6 “图层”下拉列表框

4. 图层特性

每个图层都有一些基本特性，如名称、开关状态、冻结状态、锁定状态、颜色等，可以通过图 4-5 所示的“图层特性管理器”设置这些特性。

★【名称】是图层的唯一标识，即图层的名字。默认情况下，图层的名称按图层 1、图层 2、图层 3 等的编号依次递增。用户可以根据需要为图层创建一个能够表达其用途的名称。

★【开关状态】在“图层特性管理器”对话框中，单击“开”列中对应的小灯泡图标，可以打开或关闭图层。打开状态下，灯泡的颜色为黄色，该图层上的图形可以在显示器上显示，也可以在输出设备上打印；在关闭状态下，灯泡的颜色为灰色，该图层上的图形不能显示，也不能打印输出。在关闭当前图层时，系统将显示一个消息话框，警告正在关闭当前层。

★【冻结或解冻状态】是指图层处于冻结或解冻状态。如果图层被冻结，则该图层上的图形对象不能被显示出来，也不能打印输出，而且不参加图形之间的操作；被解冻的图层则刚好相反。在“图层特性管理器”对话框中，若图层为冻结状态，则【在所有视口冻结】一列对应的是雪花图标；若是太阳图标，则表示该图层没有被冻结。单击这些图标可实现图层冻结与解冻的切换。

注意：从可见性来看，冻结的图层与关闭的图层是相同的，但冻结的图层对象不参加处理过程中的运算，关闭的图层则要参加运算。所以，在复杂的图形中冻结不需要的图层可以加快系统重新生成图形时的速度，但是不能冻结当前层。

★【锁定状态】是指图层处于锁定或解锁状态。锁定状态并不影响该图层上图形对象的显示，但用户不能编辑锁定图层上的对象。如果锁定的是当前图层，仍可在该层上绘图。在“图层特性管理器”对话框中，若图层为锁定状态，则【锁定】一列对应的是关闭图标；若是打开图标，则表示该图层没有被锁定。单击这些图标可实现图层锁定与解锁的切换。

★【颜色】在“图层特性管理器”对话框中，【颜色】一列对应的各小方图标的颜色反映该图层的颜色。如果要改变某一图层的颜色，单击对应的图标，AutoCAD 弹出如图 4-7 所示的【选择颜色】对话框，从中选择即可。

★【线型】在“图层特性管理器”对话框中，【线型】一列显示各图层的线型名称。如果要改变某一图层的线型，单击该图层的线型名称，AutoCAD 弹出如图 4-8 所示的“线型管理器”对话框，从中选择所需线型即可。如果没有需要的线型，单击该对话框的【加载】按钮，加载线型。

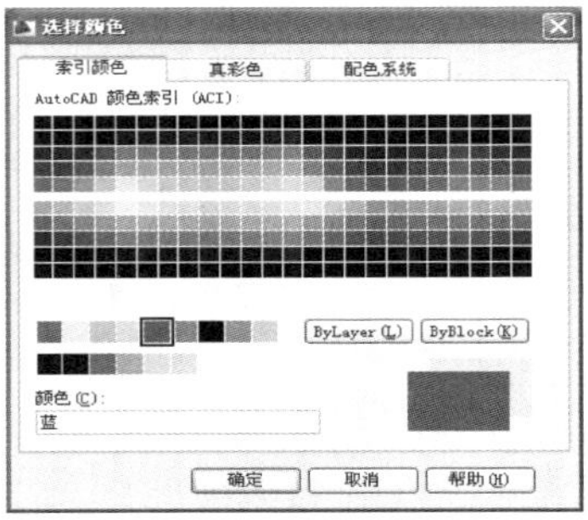

图 4-7 “选择颜色”对话框

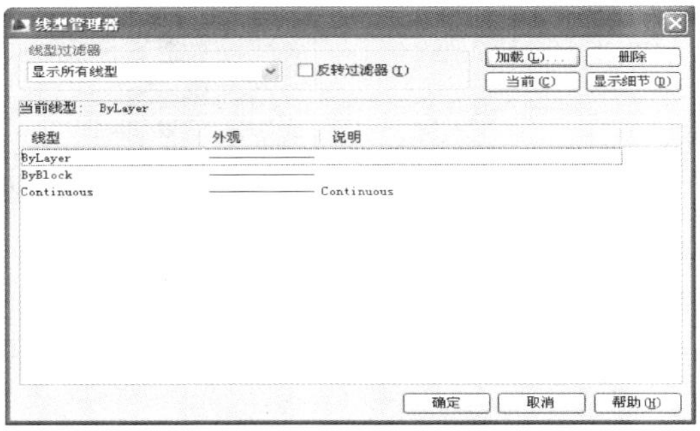

图 4-8 “线型管理器”对话框

★【线宽】在“图层特性管理器”对话框中，【线宽】一列显示各图层的线宽值。如果要改变某一图层的线宽，单击该图层的线宽名称，AutoCAD 弹出如图 4-9 所示的“线宽”对话框，从中选择适当的线宽值。

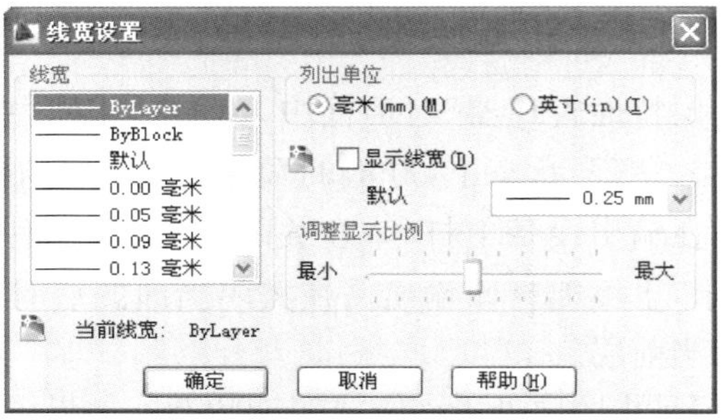

图 4-9 “线宽设置”对话框

注意：图层设置的线宽特性是否显示在屏幕上，可由用户自行选择。选择【格式】|【线宽】命令，弹出如图 4-9所示的“线宽设置”对话框，其中的【显示线宽】复选框用于设置是否按照实际线宽显示图形。

4.4.4 设置对象的颜色、线型和线宽

对于图层可以设定一种颜色、线型和线宽。同样，也可以给图形中的对象设置颜色、线型和线宽。

1. 设置对象的颜色

选择【格式】|【颜色】命令，弹出如图 4-10 所示的“选择颜色”对话框，从中进行颜色的设置。

对于颜色的选择有三种响应方式。

★ ByLayer(随层)：输入对象的颜色与所在层的颜色一致。由于层的颜色是唯一的，在此层上对象的颜色随层而确定，保证同一层上的对象颜色相同。

★ ByBlock(随块)：此时颜色为白色(White)，用这样的对象作为块的一部分插入到其他图中，保证插入后的颜色与当前颜色一致。

★ 某一具体颜色：新定义对象的颜色是独立于对象所在层的颜色，除非再定义其他颜色或定义 ByLayer，后续绘制对象颜色始终为定义的具体颜色。

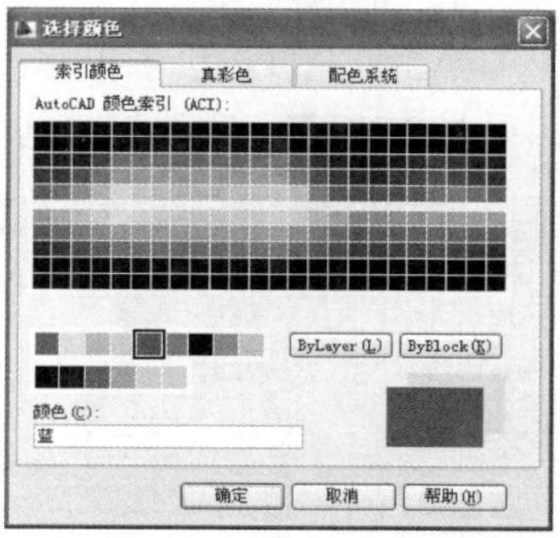

图 4-10 “选择颜色”对话框

注意：【颜色】命令与【图层】命令中的【颜色】选项有本质的不同，【颜色】命令是控制对象颜色的命令，相当于定义了后续所画对象所用笔的颜色，【图层】命令中【颜色】选项是控制层的颜色，这颜色相当于在笔与纸间的誊印纸的颜色，当【颜色】命令定义了 ByLayer(随层)响应后，则笔的颜色与誊印纸的颜色相一致。

2. 设置对象的线型

【线型】命令用于设置一种线型，并将其赋予后面所绘制的对象。选择【格式】|【线型】命令，弹出如图 4-11 所示的“线型管理器”对话框，可以从线型列表中选择所需线型。单击【当前】按钮，则选中的线型名称出现在“当前线型：”后，成为当前线型，所有新绘制的图线都用这种线型。

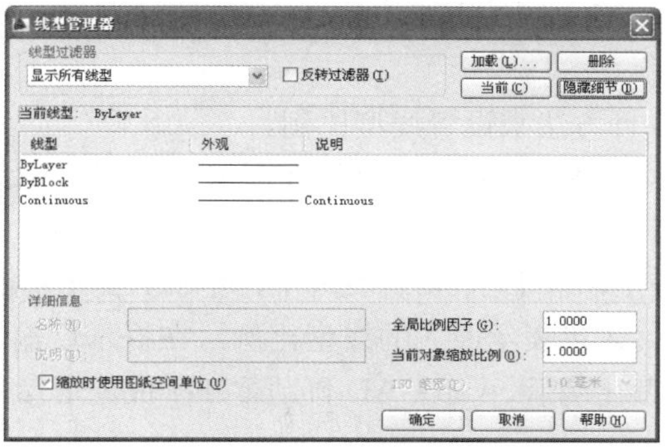

图 4-11 “线型管理器”对话框

(1)响应方式

★ ByLayer(随层):输入对象的线型始终与所在层的线型一致,保证同一层上的实体线型相同。新图开始处于 ByLayer 方式。

★ ByBlock(随块):此时线型为 Continuous,用这样的对象作为块的一部分插入到其他图中,保证插入后的线型与当前线型一致。

★ 某一具体线型:新定义的对象的线型是独立于对象所在层的线型,它不随层的变化而变化。

注意:【线型】命令与【图层】命令中的【线型】选项有本质的不同,其区别同【颜色】命令与【图层】命令中的【颜色】选项相似。

(2)加载线型

AutoCAD 提供了很多线型,这些线型都存放在 ACAD. LIN 和 ACADISO. LIN 文件中。在使用某一种线型之前,必须先把它装载到图形中。

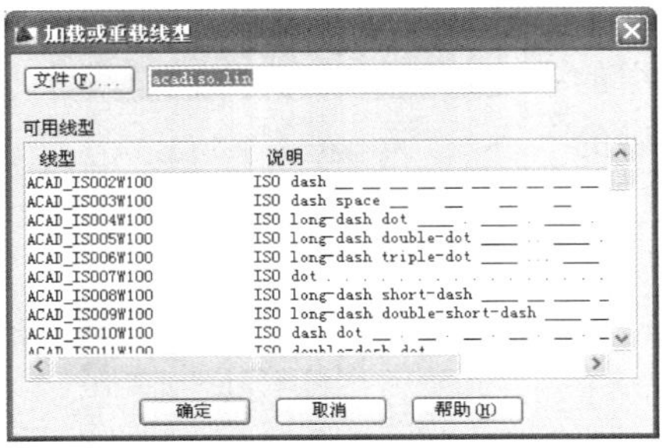

图 4-12 “加载或重载线型”对话框

装载线型的操作步骤如下:

在“线型管理器”对话框中,单击【加载】按钮,出现“加载或重载线型”对话框,如图 4-12 所示。在此对话框中选择所要装载的线型。单击线型名,再单击【确定】按钮。这样,在“线型管理器”对话框的“线型”选项中,就可以看到刚才所选择的线型已加载。

(3)删除线型

在绘图期间,可以删除一些不必要的线型。但对于设置为 ByLayer、ByBlock 以及 Continuous 的线型,还有当前线型和外部参考的线型不能删除。同样,被块定义为参考线型的线型即使没有被任何对象利用也不能被删除。

删除线型的操作方法如下:

在“线型管理器”对话框的“线型”选项卡中,选择想要删除的一种或多种线型名称,然后单击“删除”按钮。

(4)线型比例(Ltscale)

AutoCAD 线型由一系列的短线和空格组成。用户可以用 Ltscale 命令来更改线型的短线和空格的相对比例。线型比例的缺省值为 1。

通常,线型比例应和绘图比例相协调。如果绘图比例是 1∶100,则线型比例应设为 100 以增加线型的尺寸。

可以采用下列任意一种方法来设置线型比例:

★ 在“线型管理器”对话框中,单击“线型”选项卡,单击“显示细节”按钮,打开细节区。用户可以在“全局比例因子”文本输入框中输入线型比例值。

★ 在“命令:”提示符下输入 Ltscale 并回车,出现如下提示“输入新线型比例因子<×××>:”(其中,×××表示原先的线型比例),在提示后输入新的线型比例,并按回车即可。更改线型比例后,AutoCAD 自动重新生成图形。

命令:Ltscale

输入新线型比例因子 <100.0000>:

3. 设置对象的线宽

线宽的设置实际上就是改变线条的宽度。用不同宽度的线条表现对象的大小或类型，可以提高图形的表达能力和可读性。

选择【格式】|【线宽】命令，打开“线宽设置”对话框，通过调整线宽比例，图形中的线宽显示得更宽或更窄，如图 4-13 所示。

(1)选项含义

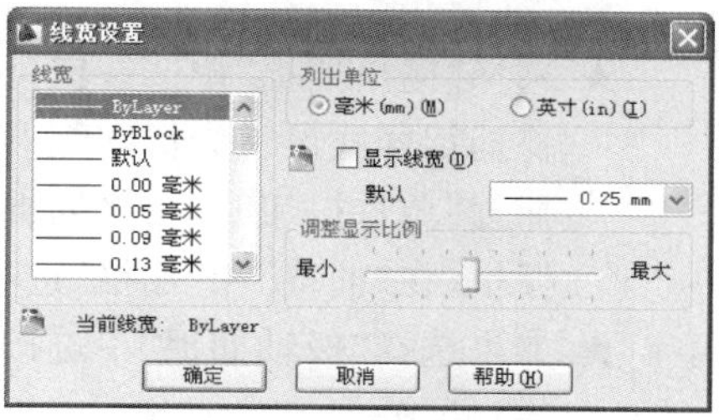

图 4-13 “线宽设置”对话框

★ “线宽”列表框：用于选择线条的宽度。在中文版 AutoCAD 2009 有 20 多种线宽可供选择。

★ “列出单位”选项区：用于设置线宽的单位，可以选择毫米或英寸。

★ “显示线宽”复选框：用于设置是否按照实际线宽显示图形。另外，通过单击状态栏上的“线宽”按钮也可实现线宽显示与不显示的切换。

★ “默认”下拉列表框：用来设置默认线宽值，即关闭显示线宽后所显示的线宽。

★ “调整显示比例”选项区：移动其中的滑块，可以设置线宽的显示比例。

(2)响应方式

★ ByLayer(随层)：输入对象的线宽始终与所在层的线宽一致，保证同一层上的实体线宽相同。新图开始时使用 ByLayer 方式。

★ ByBlock(随块)：此时线宽为默认值，用这样的对象作为块的一部分插入到其他图中，保证插入后的对象线宽与当前线宽一致。

★ 某一具体线宽：新定义的对象的线宽是独立于对象所在层的线型，它不随层的变化而变化。

4.5 绘图辅助工具

4.5.1 设置栅格和捕捉

“捕捉”用于设定鼠标指针移动的间距。“栅格”是一些标定位置的小点，所起的作用就像是坐标纸，使用它可以提供直观的距离和位置参照。在 AutoCAD 中，使用“捕捉”和“栅格”功能，可以提高绘图效率。要打开或关闭“捕捉”和“栅格”功能，可选择下列方法之一：

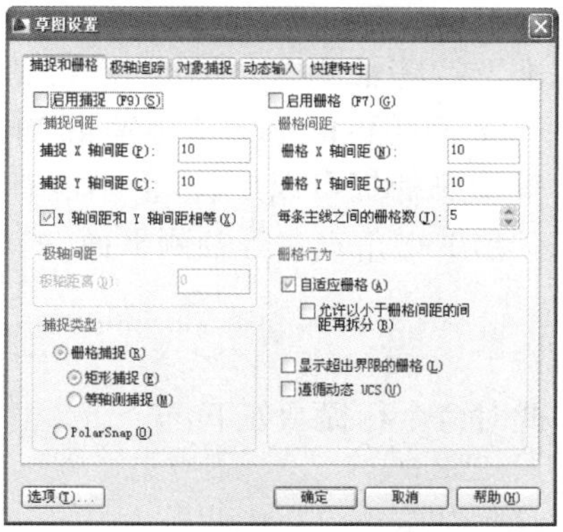

图 4-14 “草图设置”对话框

★ 在 AutoCAD 程序窗口的状态栏中，单击“捕捉”和“栅格”按钮。

★ 按 F7 键打开或关闭栅格，按 F9 键打开或关闭捕捉。

★ 选择【工具】|【草图设置】命令，打开“草图设置”对话框，在“捕捉和栅格”选项卡中选择或取消选择“启用捕捉”和“启用栅格”复选框，如图 4-14 所示。

利用“草图设置”对话框中的“捕捉和栅格”选项卡，可以设置捕捉和栅格的相关参数。各选项的功能如下。

★“启用捕捉”:该复选框用于打开或关闭捕捉模式。

★“捕捉”:在该选项区中可以设置捕捉 X、Y 轴间距和捕捉类型。

★“启用栅格”:该复选框用于打开或关闭栅格的显示。

★“栅格”:在该选项区中可以设置栅格的 X、Y 轴间距和栅格行为,如果栅格的 X、Y 轴间距值为 0,则栅格采用捕捉 X、Y 轴间距的值。

★“捕捉类型”:在该选项区中可以设置捕捉类型是“栅格捕捉”还是“极轴捕捉”。

★ 选择“栅格捕捉”单选按钮,设置捕捉样式为栅格,当选择“矩形捕捉”单选按钮时,可将捕捉样式设置为标准矩形捕捉模式,光标可以捕捉一个矩形栅格;当选择“等轴测捕捉”单选按钮时,可将捕捉样式设置为等轴测捕捉模式,光标将捕捉到一个等轴测栅格;在“捕捉”和“栅格”选项区可以设置相关参数。

★ 如果选择“极轴捕捉”单选按钮,设置捕捉样式为极轴捕捉,此时,在启用了极轴追踪或对象捕捉追踪情况下指定点,光标将沿极轴角或对象捕捉追踪角度进行捕捉。这些角度是相对最后指定的点或最后获取的对象捕捉点计算的;并且,在上方的“极轴间距”选项中的“极轴距离”文本框中,可设置极轴捕捉间距。

4.5.2 使用捕捉与栅格

在 AutoCAD 的命令行中输入 Snap 命令也可以打开或关闭捕捉模式、设置捕捉间距离、旋转及样式等,其命令行提示如下:

指定捕捉间距或［开(ON)/关(OFF)/纵横向间距(A)/旋转(R)/样式(S)/类型(T)］<1000>:

默认情况下,需要指定捕捉间距。

★【开(ON)】选项:用当前栅格的分辨率、旋转角和样式激活“捕捉”模式。

★【关(OFF)】选项:关闭 Snap 模式,但保留当前设置。

★【纵横向间距(A)】选项:在 X 和 Y 方向上指定不同的间距。如果当前捕捉模式为等轴测,则不能使用该选项。

★“旋转”选项:设置捕捉栅格的原点和旋转角。旋转角相对于当前用户坐标系(UCS)进行度量,可以在$-90°$～$90°$指定旋转角,但不会影响 UCS 的原点和方向。正角度使栅格绕其基点逆时针旋转,负角度使栅格顺时针旋转。

★ 在捕捉旋转的状态下,鼠标指针的方向也发生了旋转,此时,即使正交方式是打开的,也只能沿栅格方向画线,而不是沿坐标方向。

★【样式(S)】选项:用于设置“捕捉”栅格的样式为“标准”或“等轴测”。“标准”样式显示与当前 UCS 的 XY 平面平行的矩形栅格,X 间距与 Y 间距可能不同;“等轴测”样式显示等轴测栅格,栅格点初始化为 30°和 150°角,等轴测捕捉可以旋转,但不能有不同的纵横向间距值。等轴测包括上等轴测平面(30°和 150°角)、左等轴测平面(90°和 150°角)和右等轴测平面(30°和 90°角)。

★【类型】选项:用于指定捕捉类型为极轴或栅格。

如果在命令行输入命令 Grid,也可以设置显示及间距,此时命令行提示如下:

命令:Grid

指定栅格间距 (X)或［开(ON)/关(OFF)/捕捉(S)/纵横向间距(A)］<1000>:

默认情况下,需要设置栅格间距值,该间距不能设置太小,否则将导致图形模糊及屏幕重画太慢，甚至无法显示栅格。

★【开(ON)】选项：打开当前栅格。

★【关(OFF)】选项：关闭栅格。

★【捕捉(S)】选项：将栅格间距设置为由 Snap 命令指定的捕捉间距。

如图 4-15 所示。

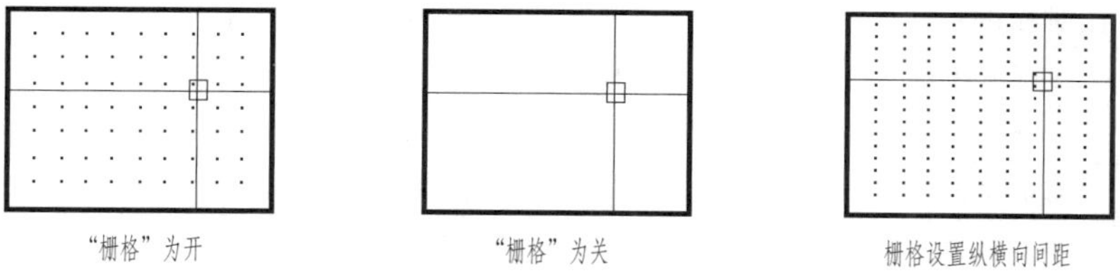

图 4-15 “栅格”的“开”、“关”及“间距”

4.5.3 使用正交模式

使用 Ortho 命令，可以打开正交模式。它用于控制是否以正交方式绘图。在该模式下，用户可以方便地绘出与当前 X 轴或 Y 轴平行的线段。要打开或关闭正交方式，可执行下列操作之一：

★ 在 AutoCAD 程序窗口的状态栏中，单击“正交”按钮。

★ 按 F8 键打开或关闭正交。

打开正交功能后，输入的第 1 点是任意的，但当移动光标准备指定第 2 点时，引出的橡皮筋线已不再是这两点之间的连线，而是起点到光标十字线的垂直线中较长的那段线，此时单击鼠标，该橡皮筋线就变成所绘直线，如图 4-16 所示。

图 4-16 使用“正交”模式示例

4.5.4 使用对象捕捉

在使用绘图的过程中，经常要指定一些点，而这些点是已有对象上的点，例如端点、圆心、两个对象的交点等，这时，如果只是凭用户的观察来拾取它们，无论怎样小心，都不可能非常准确地找到这些点。为此，AutoCAD 提供了对象捕捉功能，可以帮助用户迅速、准确地捕捉到某些特殊点，从而能够精确地绘制图形。

在中文版 AutoCAD 2009 中，可以通过“对象捕捉”工具栏调用对象捕捉功能。“对象捕捉”工具栏如图 4-17 所示。在绘图过程中，当要求用户指定点时，单击该工具栏中相应的特征点按钮，再把光标移到要捕捉对象上的特征点附近，即可捕捉到相应的对象特征点。“对象捕捉”工具栏中各种捕捉模式的名称和功能如表 4-2 所示。

图 4-17 “对象捕捉”工具栏

对象捕捉工具和功能 表 4-2

图 标	名 称	功 能
	临时追踪点	创建对象捕捉所使用的临时点
	捕捉自	从临时参照点偏移
	捕捉到端点	捕捉到线段或圆弧的最近端点
	捕捉到中点	捕捉到线段或圆弧等对象的中点
	捕捉到交点	捕捉到线段、圆弧、圆等对象之间的交点
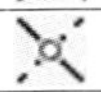	捕捉到外观交点	捕捉到两个对象的外观的交点
	捕捉到延长线	捕捉到直线或圆弧的延长线上的点
	捕捉到圆心	捕捉到圆或圆弧的圆心
	捕捉到象限点	捕捉到圆或圆弧的象限点
	捕捉到切点	捕捉到圆或圆弧的切点
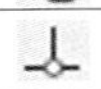	捕捉到垂足	捕捉到垂直于线、圆或圆弧上的点
	捕捉到平行线	捕捉到与指定线平行的线上的点
	捕捉到插入点	捕捉块、图形、文字或属性的插入点
	捕捉到节点	捕捉到节点对象
	捕捉到最近点	捕捉离拾取点最近的线段、圆、圆弧或点等对象上的点
	无捕捉	关闭对象捕捉模式
	对象捕捉设置	设置自动捕捉模式

4.5.5 使用自动捕捉功能

在绘制图形的过程中，使用对象捕捉的频率非常高。如果在每捕捉一个对象特征点时都要先选择捕捉模式，将使工作效率大大降低。为此，AutoCAD 又提供了一种自动对象捕捉模式。

所谓自动捕捉，就是当用户把光标放在一个对象上时，系统自动捕捉到该对象上所有符合条件的几何特征点，并显示出相应的标记。如果把光标放在捕捉点上多停留一会，系统还会显示该捕捉的提示。这样，用户在选点之前，就可以预览和确认捕捉点，要打开对象捕捉模式，可在“草图设置”对话框的“对象捕捉”选项卡中，先选中“启用对象捕捉”复选框，然后在“对象捕捉模式”选项区中选中相应复选框，如图 4-18 所示。

要设置自动捕捉功能，可选择【工具】|【选项】命令，在“选项”对话框的【草图】选项卡中进行设置，如图 4-19 所示。

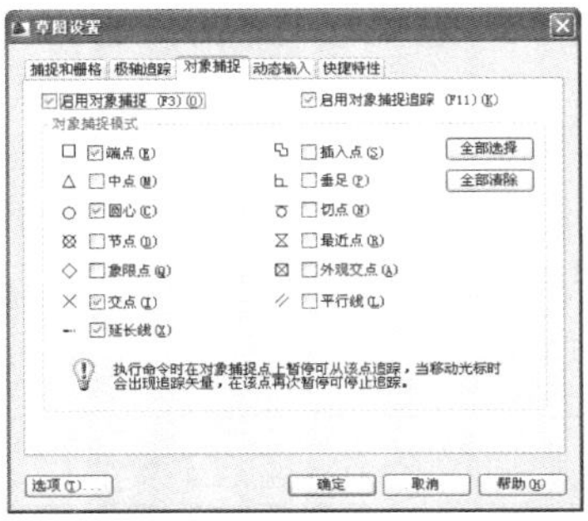

图 4-18 “草图设置”对话框的“对象捕捉”选项卡

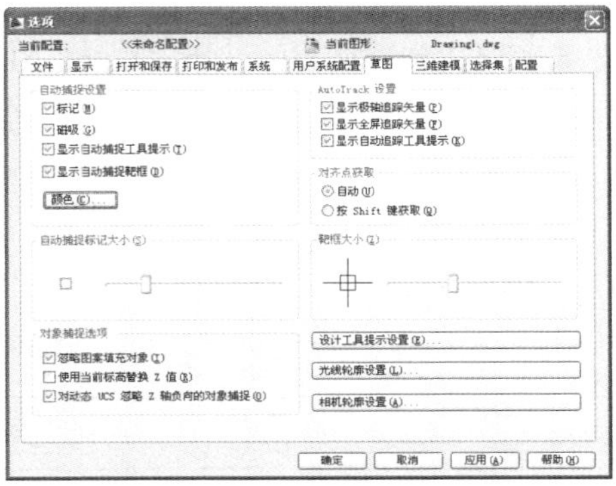

图 4-19 “草图”选项卡

“自动捕捉设置”选项区用于设置自动捕捉的方式，包含以下选项。

★ “标记”复选框：用于设置在自动捕捉到特征点时是否显示特征标记框。

★ “磁吸”复选框：用于设置在自动捕捉到特征点时是否像磁铁一样将光标吸到特征点上。

★ “显示自动捕捉工具栏提示”复选框：用于设置在自动捕捉到特征点时是否显示“对象捕捉”工具栏上相应按钮的提示文字。

★ “显示自动捕捉靶框”复选框：用于设置是否捕捉靶框，该框是一个比捕捉标记大两倍的矩形框。

★ “自动捕捉标记颜色”下拉列表框：用来设置自动捕捉标记的颜色。

此外，在“自动捕捉标记大小”选项区中，拖动滑块可以设置自动捕捉标记的尺寸大小。

4.5.6 对象捕捉快捷菜单

当要求用户指定点时，可以按住键Shift或者Ctrl键，并单击鼠标右键打开对象捕捉快捷菜单，如图4-20所示。从该菜单上选择需要的子命令再把光标移到要捕捉对象的特征点附近，即可捕捉到相应的对象特征点。

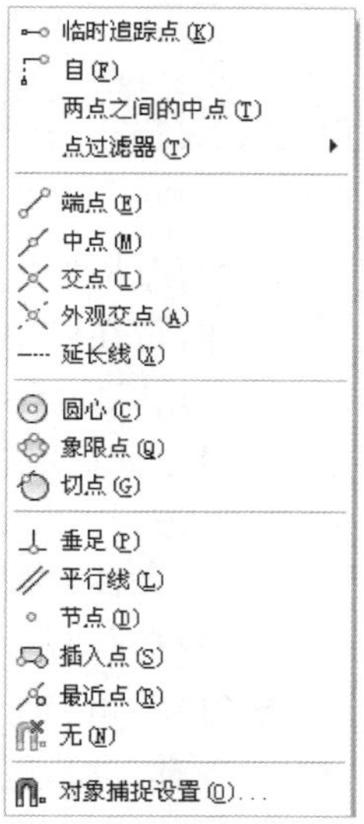

图4-20 对象捕捉快捷菜单

在对象捕捉快捷菜单中，除了“点过滤器”子命令外，其余各项都与“对象捕捉”工具栏中的各种捕捉模式相对应。“点过滤器”子命令中的各命令用于捕捉满足指定坐标条件的点。

1. 运行捕捉模式

在“草图设置”对话框的“对象捕捉”选项卡中，设置的对象捕捉模式始终处于运行状态，直到关闭它们为止，这种捕捉模式称为运行捕捉模式。

2. 覆盖捕捉模式

如果在点的命令行提示下输入关键字（如MID、CEN、QUA等），单击“对象捕捉”工具栏中的工具按钮或在对象捕捉快捷菜单中选择相应命令，此时只临时打开捕捉模式，这种捕捉模式称为覆盖捕捉模式。它仅对本次捕捉点有效，在命令行中显示一个“于”标记。

要打开或关闭运行捕捉模式，可单击状态栏上的“对象捕捉”按钮。此外，设置覆盖捕捉模式后，系统将暂时覆盖运行捕捉模式。

4.5.7 使用自动追踪

在AutoCAD中，自动追踪功能是一个非常有用的辅助绘图工具，使用它可按指定角度绘制对象，或者绘制与其他对象有特定关系的对象。自动追踪功能分极轴追踪和对象捕捉追踪两种。

极轴追踪是按事先给定的角度增量来追踪特征点，而对象捕捉追踪则按与对象的某种特定关系来追踪，这种特定的关系确定了一个事先并不知道的角度。也就是说，如果事先知道要追踪的方向（角度），则使用极轴追踪；如果事先不知道具体的追踪方向（角度），但知道与其他对象的某种关系（如相交），则用对象捕捉追踪。极轴追踪和对象捕捉追踪可以同时使用。

对象追踪必须与对象捕捉同时工作。也就是在追踪对象捕捉到点之前，必须先打开对象捕捉功能。极轴追踪功能可以在系统要求指定一个点时，按预先设置的角度增量显示一条无限延伸的辅助线（这是一条虚线），这时用户就可以沿辅助线追踪得到光标点。要对极轴追踪和对象捕捉追踪进行设置，可在“草图设置”对话框的“极轴追踪”选项卡中设置，如图 4-21 所示。

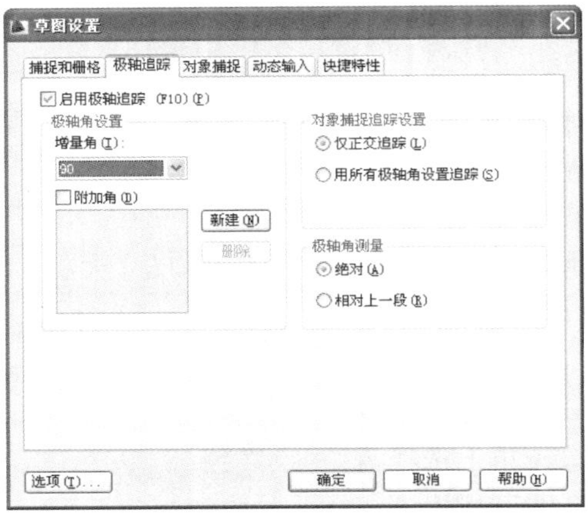

图 4-21 “极轴追踪”选项卡

【极轴追踪】选项卡中各选项的功能和含义如下。

★ “启用极轴追踪”复选框：用于打开或关闭极轴追踪，也可以使用自动捕捉系统变量或按 F10 键来打开或关闭极轴追踪。

★ “极轴角设置”选项区：用于设置极轴角度。在“增量角”下拉列表框中可以选择系统预设的角度，如果该下拉列表框中的角度不能满足需要，可选择“附加角”复选框，然后单击“新建”按钮，在“附加角”列表中增加新角度。

★ “对象捕捉追踪设置”选项区：用于设置对象捕捉追踪。选择“仅正交追踪”单选按钮，可在启用对象捕捉追踪时，只显示获取的对象捕捉点的正交（水平/垂直）对象捕捉追踪路径；选择“用所有极轴角设置追踪”单选按钮，可以将极轴追踪设置应用到对象捕捉追踪。使用对象捕捉追踪时，光标将从获取的对象捕捉点起沿极轴对齐角度进行追踪。使用 Polarmode 系统变量可以控制对象捕捉追踪设置。打开正交模式，光标将被限制沿水平或垂直方向移动。因此，正交模式和极轴追踪模式不能同时打开，若一个打开，另一个将自动关闭。

★ “极轴角测量”选项区：用于设置极轴追踪对齐角度的测量基准。其中，选择“绝对”单选按钮，可以基于当前用户坐标系（UCS）确定极轴追踪角度；选择“相对上一段”单选按钮，可以基于最后绘制的线段确定极轴追踪角度。

4.5.8 使用临时追踪点和捕捉自功能

在“对象捕捉”工具栏中，还有两个非常有用的对象捕捉工具，即“临时追踪点”和“捕捉自”工具。

★ “临时追踪点”工具：可在一次操作中创建多条追踪线，然后根据这些追踪线确定所要定位的点。

★ “捕捉自”工具：并不是对象捕捉模式，但它经常与对象捕捉一起使用。在使用相对坐标指定下一个应用点时，“捕捉自”工具可以提示用户输入基点，并将该点作为临时参照点，这与通过输入前缀@使用最后一个点作为参照点类似。

4.5.9 使用自动追踪功能绘图

使用自动追踪功能可以快速而且精确地定位点，因此，在很大程度上提高了绘图效率。在中文版 AutoCAD 2009 中，要设置自动追踪功能选项，可打开“选项”对话框，在“草图”选项卡的“自动追踪设置”选项区域中进行设置，该选项区域中包括以下选项。

★“显示极轴追踪矢量”复选框：用于设置是否显示极轴追踪的矢量数据。

★“显示全屏追踪矢量”复选框：用于设置是否显示全屏追踪的矢量数据。

★“显示自动追踪工具栏提示”复选框：用于设置在追踪特征点时是否显示工具栏上的相应按钮的提示文字。

4.5.10 图形显示控制

在 AutoCAD 中，通过缩放视图和平移视图功能，可以灵活地观察图形的整体效果或局部细节。

1. 缩放视图

缩放视图可以增加或减少图形对象的屏幕显示尺寸，同时对象的真实尺寸保持不变。通过改变显示区域和图形对象的大小，用户可以更准确、更详细地绘图。使用【缩放】工具栏或选择【视图】|【缩放】菜单中的子命令可以缩放视图，如图 4-22 所示。

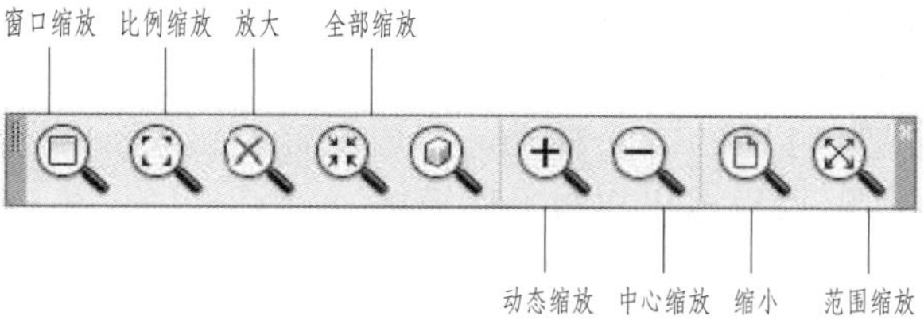

图 4-22 【缩放】工具栏和【视图】|【缩放】菜单中的子命令

通常，在绘制图形的局部细节时，需要使用缩放工具放大该绘图区域。等绘制完成后，再使用缩放工具缩小图形，以观察图形的整体效果。缩放工具中各选项的意义如下。

★【实时】：在该模式下，光标变为放大镜符号。此时按住鼠标左键向上拖动光标可放大整个图形；向下拖动光标可缩小整个图形；释放鼠标按钮后将停止缩放。

★【窗口】缩放：通过在屏幕上拾取两个对角点来确定一个矩形窗口，之后，系统将矩形范围内的图形放大至整个屏幕。

★【动态】缩放：可以动态缩放视图。进入动态缩放模式时，在屏幕中将显示一个带“×”的矩形方框，单击选择窗口中心的“×”，窗口将消失，而显示一个位于右边框的方向箭头，拖动光标可改变选择窗口的大小，以确定选择区域大小，最后，按下 Enter 键，即可缩放图形。

★【比例】缩放：以一定的比例来缩放视图。它要求用户输入一个数字作为缩放的比例因子，该比例因子适用于整个图形。输入的数字大于 1 时放大视图；等于 1 时显示整个视图；小于 1 时（必须大于 0）缩小视图。

★【中心】缩放：在图形中指定一点，然后指定一个缩放比例因子或者指定高度值来显示一个新视图，而选择的点将作为该新视图的中心点。

★【放大】：选择该模式一次，系统将整个视图放大 1 倍，即默认比例因子为 2。

★【缩小】：选择该模式一次，系统将整个图形缩小 1 倍，即默认比例因子为 0.5。

★【全部】缩放：可以显示整个图形中的所有对象。在平面视图中，它以图形界限或当前图形范围为显示边界，在具体情况下，范围大的就将其作为显示边界。如果图形延伸到图形界限以外，则仍显示图形中的所有对象，此时的显示边界是图形范围。

★【范围】缩放：可以在屏幕上尽可能大地显示所有图形对象。与全部缩放模式不同的是，范围缩放使用的显示边界只是图形范围而不是图形界限。

2. 平移视图

图形的移动是指在绘图过程中，在不改变缩放比例的条件下，通过拖动鼠标上下左右动态移动屏幕窗口，以便观察当前图形的其他区域。该操作不会改变图形的实际形状和位置，也不会改变图形的显示大小。Pan 命令可通过以下方式来调用。

★ 下拉菜单：【视图】|【平移】中的相应选项。

★ 图标按钮：单击标准工具栏中按钮。

★ 命令行：Pan↙或 P↙。

★ 快捷菜单：没有选定对象时，在绘图区右击并选择【平移】选项进行实时平移。

调用 Pan 命令后，光标变成手形图标，此时按下鼠标左键不放并拖动光标，窗口内的图形随光标在同一方向上移动，释放左键将中断此次平移操作。要结束 Pan 命令，可按 Esc 键或回车键，或者右击在弹出的快捷菜单中选择【退出】或其他操作。

使用平移命令平移视图时，视图的显示比例不变。平移功能有“实时”和“点”两种模式。

★ 实时平移：在实时平移模式下，鼠标指针变成一只小手。按下鼠标左键拖动，窗口内的图形就可按光标移动的方向移动。释放鼠标按键，则可返回到平移等待状态，按 Esc 键或 Enter 键，可以退出实时平移模式。

★ 点平移：通过指定基点和位移值来移动视图。

4.5.11 查询图形信息

在 AutoCAD 2009 中，可以跟踪图形中某个对象的信息，如线段的长度、图形的面积、点坐标等，并显示在文本窗口中。此外当前图形的状态、所选对象的特性和当前图形的工作时间等信息也可以通过命令查询。

1. 查询对象的距离(Dist)

Dist 命令为透明命令，用于测量两点间的距离，两点虚构线在 *XY* 平面内的倾角及与 *XY* 平面的夹角(对于三维空间)，两点间的 *X*、*Y*、*Z* 增量或坐标变化。该命令可以通过以下方式来调用。

★ 下拉菜单：【工具】|【查询】|【距离】。

★ 图标按钮：单击如图 4-23 所示【查询】工具栏中的按钮。

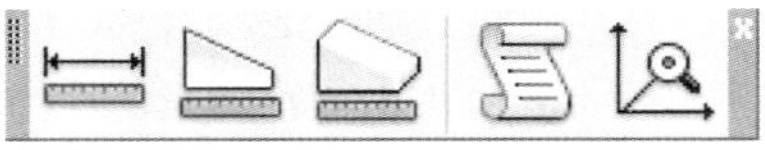

图 4-23 【查询】工具栏

★ 命令行：Dist↙。

Dist 命令格式：

命令：Dist↙
指定第一点：　　　　(捕捉第一个点)
指定第二点：　　　　(捕捉第二个点)
距离 = 445，XY 平面中的倾角 = 30，与 XY 平面的夹角 = 0
X 增量 = 387，Y 增量 = 219，Z 增量 = 0

2. 查询对象的面积(Area)

Area 命令用于测量对象及所定义区域的面积和周长。该命令可以通过以下方式来调用。

★ 下拉菜单：【工具】|【查询】|【面积】。

★ 图标按钮：单击【查询】工具栏（图 4-23）中的按钮。

★ 命令行：Area↙。

Area 命令格式：

命令：Area↙
指定第一个角点或[对象(O)/加(A)/减(S)]：

（1）查询多点围成区域的面积

AutoCAD 可以根据指定一系列点所围成的封闭多边形区域，计算出封闭多边形区域的面积和周长。若计算如图 4-24 所示多边形 *ABCDEF* 中三角形 *ABC* 的面积，具体操作步骤如下：

命令：Area
指定第一个角点或[对象(O)/加(A)/减(S)]：　　（捕捉点 *A*）
指定下一个角点或按 Enter 键全选：　　（捕捉点 *B*）
指定下一个角点或按 Enter 键全选：　　（捕捉点 *C*）
指定下一个角点或按 Enter 键全选：　　（按 Enter 键结束）

在状态栏显示计算结果如下：

面积 = 33754，周长 = 1042

（2）查询封闭区域的面积

AutoCAD 可以计算出封闭多边形区域的面积和周长。如图 4-24 所示，若计算多边形 *ABCDEF* 的面积，具体操作步骤如下：

命令：Area
指定第一个角点或[对象(O)/加(A)/减(S)]：O　　（输入选项 O）
选择对象：　　（选择多边形 *ABCDEF*）

在状态栏显示计算结果如下：

面积 = 202523，周长 = 1675

（3）查询组合区域的面积

AutoCAD 可以通过 Area 命令的【加】和【减】选项，计算组合区域的面积。在进行区域面积的加减运算时，可以通过选择对象或指定点所围成的多边形作为计算的区域。若计算如图 4-25 所示的多边形 *ABCDEF* 和圆的面积差，具体操作步骤如下：

命令：Area
指定第一个角点或[对象(O)/加(A)/减(S)]：A　　（输入选项 A，进入“加”模式）
指定第一个角点或[对象(O)/减(S)]：O　　（输入选项 O，选择对象）
（“加”模式）选择对象：　　（选择多边形 *ABCDEF*）
面积 = 202523.2573，周长 = 1675.1849　　（显示多边形的面积和周长）
总面积 = 202523.2573
（“加”模式）选择对象：　　（按回车，结束“加”模式）
指定第一个角点或[对象(O)/减(S)]：S　　（输入选项 S，进入“减”模式）
指定第一个角点或[对象(O)/加(A)]：O　　（输入选项 O，选择对象）
（“减”模式）选择对象：　　（选择对象圆）

在状态栏显示计算结果如下：

面积 = 125663.7061，圆周长 = 1256.6371　　（圆的面积和周长）
总面积 = 76859.5512　　（多边形面积与圆的面积差）

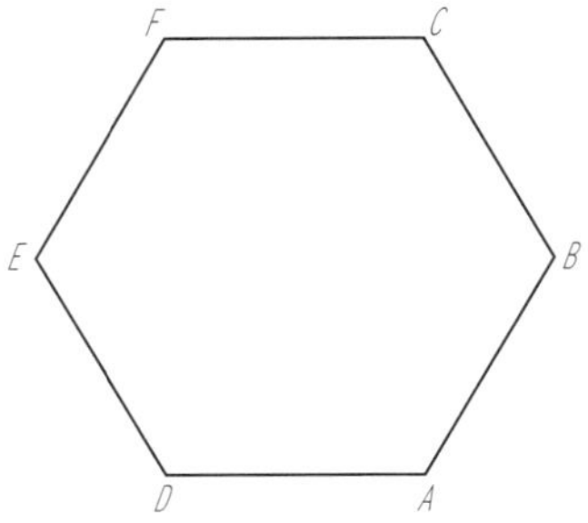

图 4-24 多边形 *ABCDEF*

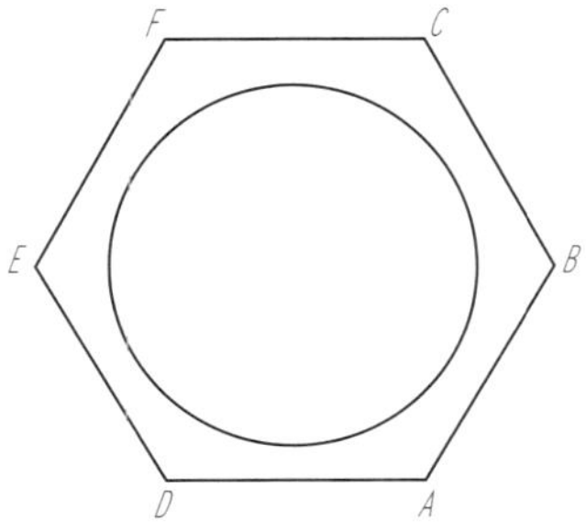

图 4-25 多边形 *ABCDEF* 和圆

3. 查询对象特性(List)

AutoCAD 可以使用 List 命令查询对象的信息，如对象的类型、对象所在的图层、对象所在的空间、对象的句柄(AutoCAD 赋予每个对象的唯一名称)、对象的位置(相当于当前用户坐标系)、对象的尺寸。List 命令用于列表显示对象特性。该命令可以通过以下方式来调用。

★ 下拉菜单:【工具】|【查询】|【列表显示】。

★ 图标按钮:单击【查询】工具栏中的按钮。

★ 命令行:List↙。

List 命令格式:

命令: List↙

选择对象: 找到 1 个　　(选择要列表显示特性的对象，如圆)

选择对象: ↙　　(结束选择，以下为所选圆的特性)

CIRCLE　图层: 0

空间: 模型空间

颜色: 5 (蓝色)　线型: BYLAYER

线宽: 0.25 毫米

句柄 = 477

圆心点, X = 138　Y = 660　Z = 0

半径 64

周长 405

面积 13060

4. 查询点坐标(ID)

ID 命令用于显示图形中某一点的位置坐标。该命令可以通过以下方式来调用。

★ 下拉菜单:【工具】|【查询】|【点坐标】。

★ 图标按钮:单击【查询】工具栏中的按钮。

★ 命令行:ID↙。

命令执行后，用户在图形中指定需要显示坐标的点，AutoCAD 显示出该点的 *X*、*Y*、*Z* 坐标。

5. 当前图形状态查询

在绘图过程中，若查询图形的状态，可使用 Status 命令。Status 命令显示包含在图形中的大量信息，如图形的文件名、图形对象的数量、图形单位、插入基点、捕捉和栅格设置、当前空间、当前图层、当前颜色和线型、当前标高和厚度、当前各种设置(填充、栅格、正交、捕捉等)、当前对象捕捉模式、可用的磁盘空间和物理内存。

在【命令】提示下,输入 Status,然后回车,系统立即显示图形的状态,如图 4-26 所示。

6. 图形对象的信息查询

AutoCAD 可以使用 List 命令查询对象的信息,如对象的类型、对象所在的图层、对象所在的空间、对象的句柄(AutoCAD 赋予每个对象的唯一名称)、对象的位置(相当于当前用户坐标系)、对象的尺寸。

选择【工具】|【查询】|【列表显示】命令,或者在命令行输入 List 或 LI,选择一个或多个对象后,系统立即在文本框显示对象的信息。图 4-27 所示为查询一矩形的信息。

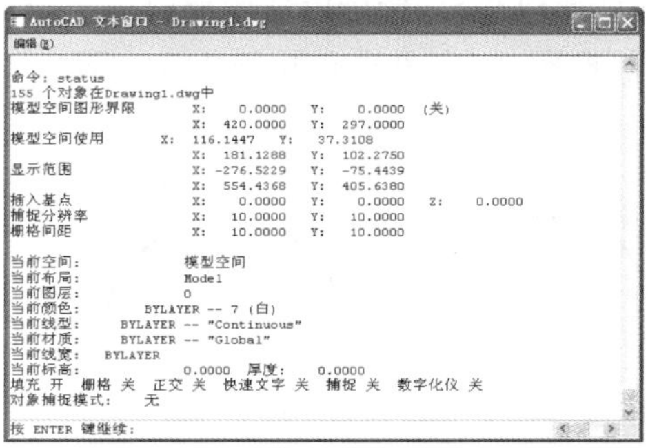

图 4-26 查询图形的状态信息的文本窗口

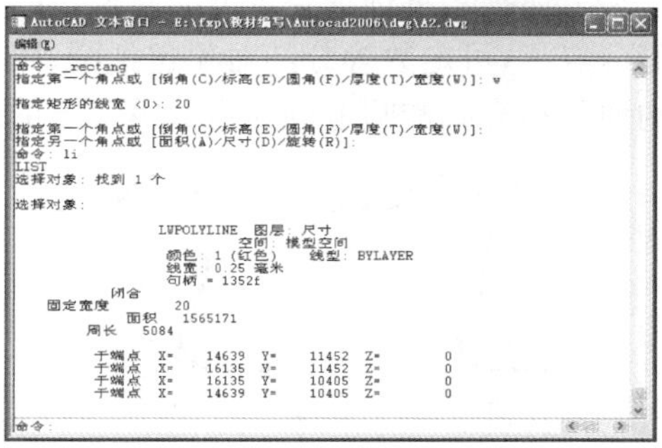

图 4-27 显示所选对象的文本窗口

4.6 AutoCAD 二维绘图命令

任何一个建筑图形都是由点、直线、弧线或基本的闭合图形组成的,因此,要掌握建筑制图,首先应掌握这些基本图元的绘制方法。AutoCAD 提供了绘制基本的二维图形对象和封闭几何图形的方法。虽然这些基本的二维图形的形状和创建方法都较为简单,但它们是绘制复杂图形的基础,因此用户应该熟练地掌握其特点和创建技巧。本节主要介绍绘制点(Point)、直线(Line)、构造线(Xline)、多线(Mline)、多段线(Polygon)、圆(Circle)、圆弧(Arc)、圆环(Donut)、椭圆(Ellipse)、矩形(Rectang)、正多边形(Polygon)命令的使用方法。

4.6.1 绘制点命令(Point)

使用绘制点命令可以在图中绘制一些控制点和参考点。在 AutoCAD 中,通常在创建点之前要设置点的样式和大小,然后再绘制点。

1. 设置点的样式(Ddptype)

选择【格式】|【点样式】命令或键入命令“Ddptype ↙”,弹出如图 4-28 所示的“点样式”对话框,从中可以完成点的样式和大小的设置。

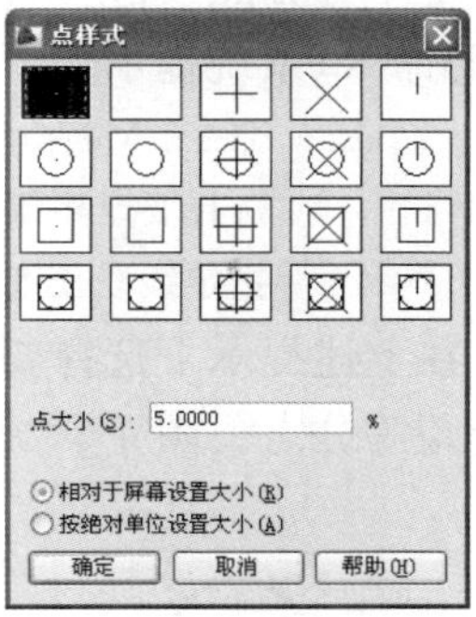

图 4-28 “点样式”对话框

注意:一个图形文件中,点的样式都是一致的。一旦更改了一个点的样式,该文件中所有的点都会发生变化,除了被锁住或者冻结的图层上的点。但是将该图层解锁或者解冻,点的样式会和其他图层一样。

2. 绘制点命令(Point)

选择【绘图】|【点】|【多点】命令，或者单击【绘图】工具栏的 · 按钮，即可在指定的位置单击创建点对象，或者输入点的坐标绘制多个点，按 Enter 键完成退出。

3. 绘制定数等分点(Divide)

绘制定数等分点，就是将点或块沿对象的长度或周长等间隔排列。选择【绘图】|【点】|【定数等分】命令，系统提示如下：

命令：Divide

选择要定数等分的对象：

输入线段数目或［块(B)］：

在上述提示下选择要等分的对象，并输入等分的线段数目，就可以在图形对象上绘制定数等分点了，可定数等分的对象包括圆、圆弧、椭圆、椭圆弧、多段线和样条曲线。图 4-29 所示的便是在直线和圆上创建定数等分点的结果。

a）以点等分　　b）以“块”等分

图 4-29 “定数等分”

定数等分点操作非常有用，比如在绘制一个通过某一直线四分点的对象时，使用该操作可以将指定的等分点标记出来，便于捕捉。如果想消除这些标记，直接选中这些点删除即可。

注意：对于非闭合的图形对象，定数等分点的位置是唯一的；而对于闭合的图形对象，定数等分点的位置和鼠标选择对象的位置有关。绘制完等分点后，可能所绘的点看不见，这是因为点对象与所操作的对象重合。用户可以将点设置为其他样式，便于观察。

4. 绘制定距等分点(Measure)

定距等分点，就是沿选定的对象按照指定的间距放置点对象。选择【绘图】|【点】|【定距等分】命令，系统提示如下：

命令：Measure

选择要定距等分的对象：

指定线段长度或［块(B)］：

在上述提示下选择要等分的对象，并输入点与点之间的距离，即可绘制出该图形对象上的定距等分点。图 4-30 所示的便是在直线和圆上创建定距等分点的结果。

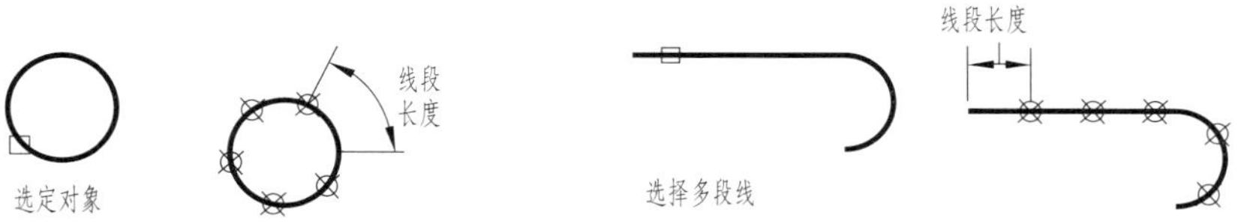

a）等分“圆”　　b）等分“多段线”

图 4-30 “定距等分”

4.6.2 绘制直线命令(Line)

直线是 AutoCAD 中最基本的对象之一,它可以是一条线段,也可以是一系列相连的线段,但每条线段都是独立的对象。在几何学中,两点决定一直线,因此,只要指定了起点和终点即可绘制一条直线。

1. 命令格式

绘制直线命令可以通过以下方式来调用。

★ 下拉菜单:【绘图】|【直线】。

★ 图标按钮:单击【绘图】工具栏的  按钮。

★ 命令行:Line↙或 L↙。

系统提示如下:

命令:Line

指定第一点:　　　(指定点或按 Enter 键接上一条线或圆弧的端点继续绘制)

指定下一点或[放弃(U)]:　　　[指定点 2,如图 4-31a)所示]

……

指定下一点或[闭合(C)/放弃(U)]:C　　　[如图 4-31b)所示]

若输入 U,则如图 4-31c)所示。

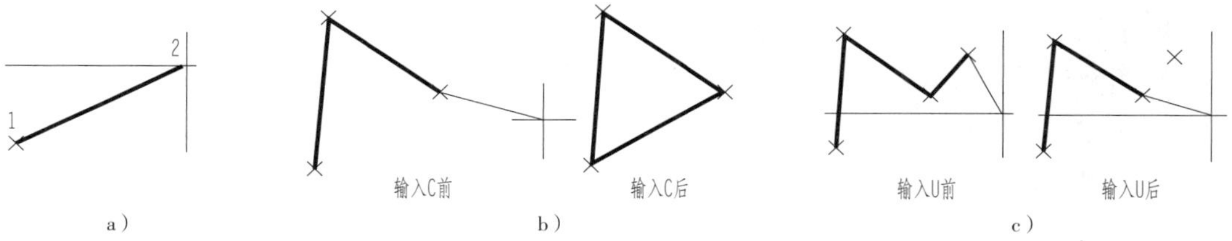

图 4-31　绘制直线

2. 操作说明

★ 绘制单独对象时,在发出 Line 命令后指定第 1 点,接着指定下一点,然后按 Enter 键即可。

★ 绘制连续折线时,在发出 Line 命令后指定第 1 点,然后连续指定多个点,最后按 Enter 键结束。

★ 绘制封闭折线时,在最后一个"指定下一点或[闭合(C)/放弃(U)]:"提示后面输入字母 C,然后按 Enter 键即可。

★ 在绘制折线时,如果在"指定下一点或[闭合(C)/放弃(U)]:"提示后面输入字母 U,可删除上一条直线。

注意:绘图中通过 F8 功能键打开正交模式,则可绘制水平线或垂直线。关闭正交模式,则可画任意长度和角度的直线。配合目标捕捉功能,可使直线和其他对象的连接点正确无误。

3. 举例

画矩形,如图 4-32 所示。

命令:Line↙　　　(发出 Line 命令)

指定第一点:80,80↙　　　(键入绝对坐标定第一点)

指定下一点或［放弃(U)］：@200,0↙　　　　（键入相对坐标定第二点）
指定下一点或［放弃(U)］：@100<90↙　　　　（键入相对极坐标定第三点）
指定下一点或［闭合(C)/放弃(U)］：@－200,0↙　　　　（键入相对坐标定第四点）
指定下一点或［闭合(C)/放弃(U)］:C↙　　　　（封闭图形并结束命令）

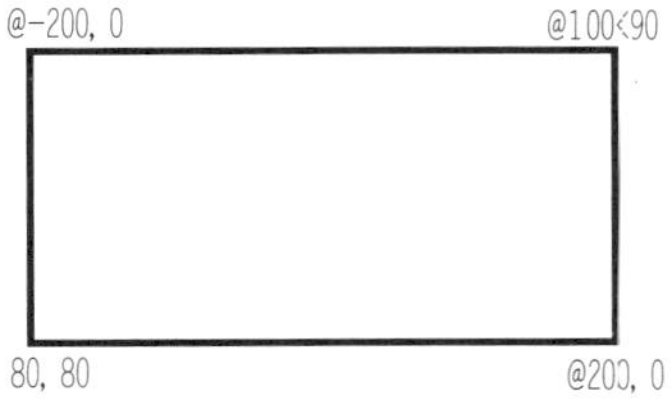

图 4-32　Line 命令画矩形

如果在“指定第一点：”提示下回车，则表示从上次最后绘制的线段端点处开始绘制新直线，如果最后绘画的是圆弧，则新画直线与之相切。

4.6.3　绘制构造线命令(Xline)

构造线为两端可以无限延伸的直线。它没有起点和终点，可以放置在三维空间的任何地方。在 AutoCAD 中，构造线主要用于绘制辅助线。

1. 命令格式

★ 下拉菜单:【绘图】|【构造线】。

★ 图标按钮:单击【绘图】工具栏中的 按钮。

★ 命令行:Xline↙或 XL↙。

Xline 命令格式：

命令：Xline↙

指定点或［水平(H)/垂直(V)/角度(A)/二等分(B)/偏移(O)］：

直接在绘图区单击或输入点坐标来指定两点创建任意方向的构造线;如果输入 H、V、A、B、O 等回车，则可按照提示绘制水平、垂直、具有指定倾斜角度、二等分、偏移的构造线。

2. 操作说明(图 4-33)

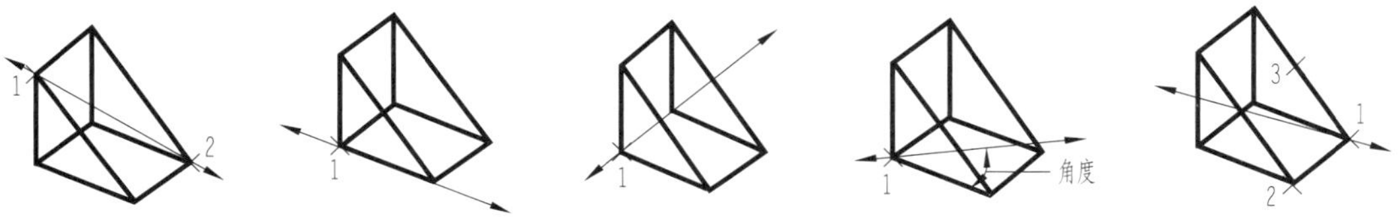

图 4-33　绘制构造线

★ 通过指定两点来定义构造线时，第 1 个点为构造线概念上的中点。

★ 选择“水平”或“垂直”选项，可以创建经过指定点(中点)，并且平行于 X 轴或 Y 轴的构造线。

★ 选择“角度”选项，可以先选择一条参照线，再指定直线与构造线的角度，或者指定构造线的角度，再设置必经的点，也可以创建与 X 轴成指定角度的构造线。

★ 选择“二等分”选项，可以创建二等分指定角的构造线。这时需要指定等分角的顶点、起点和端点。

★ 若选择“偏移”选项，则可以创建平行于指定基线的构造线，这时需要指定偏移距离，选择基线，然后指明构造线位于基线的哪一侧。

注意：构造线可以用编辑命令进行编辑，但编辑后其线的类型发生改变。例如构造线一端被修剪后就变成射线，两端被修剪后就变成直线。构造线通常用作辅助线。

4.6.4 绘制多线命令(Mline)

多线是一种间距和数目可以调整的平行线组对象，可包含 1～16 条平行线，多用于绘制建筑墙体。系统默认的多线样式(Standard)为双线，间距为 1 个绘图单位。如果需要改变多线样式，需要事先对多线样式进行设置。

1. 设置多线样式(Mlstyle)

通过单击下拉菜单【格式】|【多线样式】或在命令行输入“Mlstyle↙”，弹出【多线样式】对话框，如图 4-34 所示。

在该对话框中，单击【新建】按钮，弹出“创建新的多线样式”对话框，在对话框中的“新样式名(N)”后的文本框输入新的名称并单击【继续】按钮，可显示如图 4-35 所示的【新建多线样式】对话框。

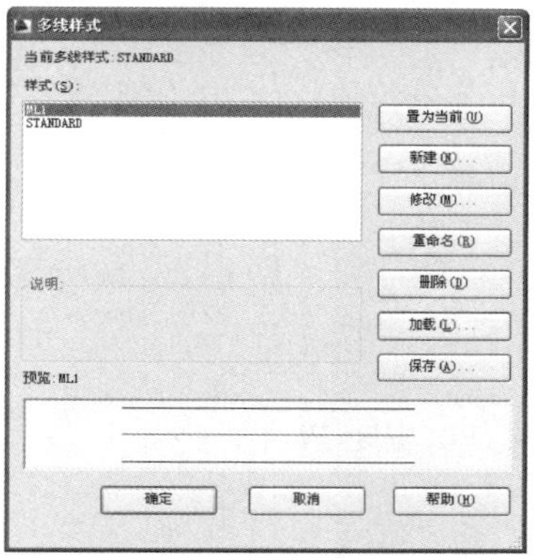

图 4-34 【多线样式】对话框

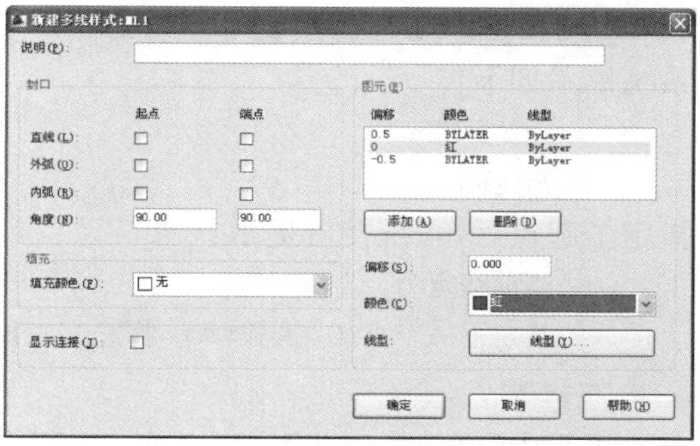

图 4-35 “新建多线样式”对话框

在【多线样式】对话框中，【说明】用于为多线样式添加说明，最多可以输入 255 个字符(包括空格)。【封口】选项区用于控制多线起点和端点的封口。其中，直线穿过整个多线的端点；外弧连接最外层元素的端点；内弧连接成对元素，如果有奇数个元素，则不连接中心线。【填充】选项区用于控制多线的背景色。背景色在【填充颜色】的下拉列表框中进行选择。【图元】选项区用于设置新的和现有的多线元素的元素特征，如偏移、颜色和线型。

2. 绘制多线命令(Mline)

绘制多线命令可以通过以下方式来调用。

★ 下拉菜单：【绘图】|【多线】。

★ 命令行：Mline↙或 ML↙。

Mline 命令执行后，系统提示：

命令：Mline
当前设置：对正 = 上，比例 = 20.00，样式 = STANDARD
指定起点或 [对正(J)/比例(S)/样式(ST)]：

各选项含义如下。

★ 指定起点:输入多线的起始点。

★ 对正(J):用于控制绘制多线时采用何种偏移(相对于光标所在位置或基准线)。它包括三种选择,即零偏移(Z)、上偏移(T)和下偏移(B)。

★ 比例(S):控制多线绘制时的比例。AutoCAD 用此比例系数乘以偏移得到新偏移。

注意:用【多线】命令一次绘制的多线是一个整体,用户不能对其中的一条或一段进行编辑。若需对其中的一条或一段进行编辑,则必须先用【修改】中的【分解】命令将所绘制的多线分解。

4.6.5 绘制多段线命令(Pline)

多段线由相连的直线段或弧线段序列组成,作为单一对象使用。要想一次编辑所有线段,就要使用多段线。多段线本身可以设置宽度,可以在不同的段中设置不同的线宽,也可以使其中的一段线段的始末端点具有不同的线宽,因此也可以用它绘制各种很常见的图形,如箭头等。

1. 命令格式

绘制多段线命令可以通过以下方式来调用。

★ 下拉菜单:【绘图】|【多段线】。

★ 图标按钮:单击【绘图】工具栏中的 按钮。

★ 命令行:Pline ↙或 PL ↙。

系统提示如下:

命令: Pline

指定起点:

指定了起点后,系统接着提示:

当前线宽为 0.0000

指定下一个点或[圆弧(A)/半宽(H)/长度(L)/放弃(U)/宽度(W)]:

2. 操作说明

上述提示中【当前线宽为】说明了当前所绘多段线的宽度,其余各选项的含义如下:

★【指定下一个点】这是默认项,指定多段线另一端点的位置。响应后,AutoCAD 使用当前的多段线设置,从起点到该点绘出一段多段线,然后又重复出现前面的提示。

★【圆弧】该选项将使【多段线】命令从绘制直线方式切换到绘制圆弧方式。

★【半宽】设置多段线的半宽度,选择该选项后多段线宽度等于输入值的两倍。

★【长度】以指定的长度绘制直线段。如果前一段线对象是圆弧,则该段直线的方向为上一圆弧端点的切线方向。

★【放弃】删除多段线上的上一段线对象,以方便用户及时修改在绘制过程中出现的错误。

★【宽度】设置多段线的宽度。

注意:带宽度的多段线填充与否可以通过 Fill 命令进行设置。

3. 应用举例

用 Pline 命令绘制如图 4-36 所示的箭头。

图 4-36 用 Pline 命令绘制箭头

操作如下：

命令：Pline↙　　　　（发出 Pline 命令）

指定起点：　　　　（鼠标点取一点确定起点 A）

当前线宽为 0.00　　　　（提示当前多段线的宽度为 0）

指定下一个点或［圆弧(A)/半宽(H)/长度(L)/放弃(U)/宽度(W)］：（鼠标点取另一点 B）

指定下一点或［圆弧(A)/闭合(C)/半宽(H)/长度(L)/放弃(U)/宽度(W)］：W↙（选择指定新的线宽）

指定起点宽度 <0.00>：6↙　　（指定箭头开始端线宽为 4）

指定端点宽度 <4.00>：0↙　　（指定箭头结束端线宽为 0）

指定下一点或［圆弧(A)/闭合(C)/半宽(H)/长度(L)/放弃(U)/宽度(W)］：18↙（指定箭头长度为 18）

指定下一点或［圆弧(A)/闭合(C)/半宽(H)/长度(L)/放弃(U)/宽度(W)］：↙（回车结束命令，结果如图 4-36 所示）

4.6.6 绘制圆命令(Circle)

绘制圆的方法很多，选用哪种方法取决于用户的已知条件。AutoCAD 提供了六种绘制圆的方法，六种画圆方式举例如图 4-37 所示。

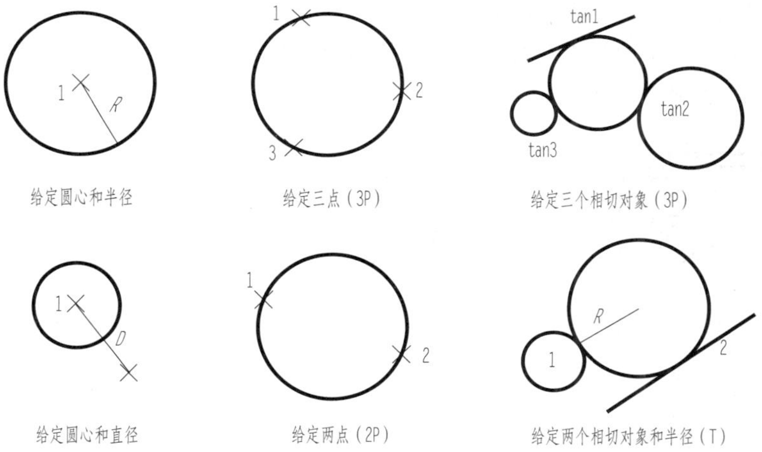

图 4-37　六种画圆方式举例

注意：除了从菜单中激活绘制圆的命令之外，还可以通过单击【绘图】工具栏的按钮，从系统提示命令"Circle 指定圆的圆心或三点(3P)/两点(2P)/相切、相切、半径(T)"中选择适当的方法绘制圆。

4.6.7 绘制圆弧命令(Arc)

圆弧是圆的一部分，因此绘制圆弧的方法和绘制圆的方法有很多类似之处。但是，圆弧有起点和端点，有圆心角，因此定义圆弧的参数很多，绘制方法自然也比圆复杂。

1. 命令格式

★ 下拉菜单：【绘图】|【圆弧】，选取画圆弧方式。

★ 图标按钮：单击【绘图】工具栏中的按钮。

★ 命令行：Arc↙。

在 AutoCAD 中，可以使用下列十种方法绘制圆弧，如图 4-38 所示。

2. 操作说明

★ 使用“起点、圆心、角度”命令绘制圆弧时，在命令行的“指定包含角:”提示下，所输入角度值的正负将影响到圆弧的绘制方向。如果当前环境设置逆时针为角度正方向，若输入正的角度值，则所绘制的圆弧从起始点绕圆心沿逆时针方向绘出；如果输入负的角度值，则沿顺时针方向绘制圆弧。

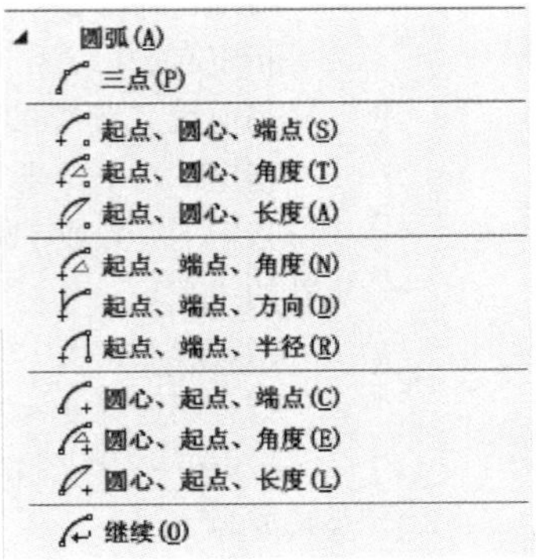

图 4-38　绘制圆弧的方式

★ 使用“起点、圆心、长度”命令绘制圆弧时，用户所给定的弦长不得超过起点到圆心距离的两倍。另外，在命令行“指定弦长:”提示下，所输入的值如果为负值，则该值的绝对值将作为对应的整圆空缺部分圆弧的弦长。

★ 使用“起点、端点、方向”命令绘制圆弧时，当命令行提示“指定圆弧的起点切向:”时，可以通过拖动鼠标的方式动态地确定圆弧在起始点处的切线方向与水平方向的夹角。方法是:拖动鼠标，AutoCAD 会在当前光标与圆弧起始点之间形成一条橡皮筋线，此橡皮筋线即为圆弧在起始点处的切线。通过拖动鼠标确定圆弧在起始点处的切线方向后单击鼠标拾取键，即可得到相应的圆弧。

★ 操作实例如图 4-39 所示。

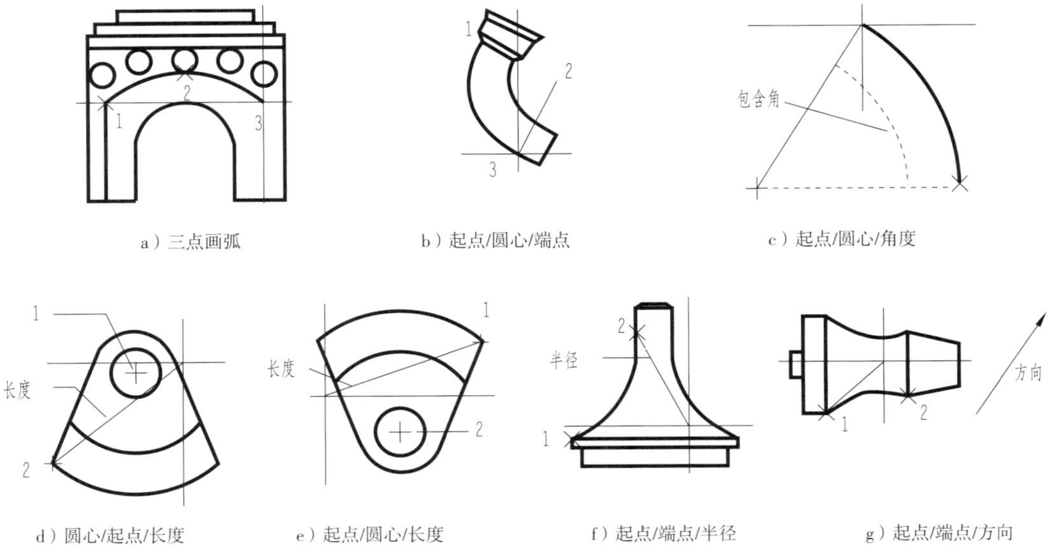

a）三点画弧　b）起点/圆心/端点　c）起点/圆心/角度

d）圆心/起点/长度　e）起点/圆心/长度　f）起点/端点/半径　g）起点/端点/方向

图 4-39　绘制圆弧的方法

4.6.8　绘制圆环命令(Donut)

AutoCAD 中的圆环命令不仅可以绘制二维圆环，还可以绘制填充圆。

1. 命令格式

★ 下拉菜单:【绘图】|【圆环】。

★ 命令行：Donut ↙。

2. 操作说明

★ 选择【绘图】|【圆环】命令后，系统提示如下：

命令：Donut
指定圆环的内径<10.0000>：
指定圆环的外径<20.0000>：
指定圆环的中心点或<退出>：

在上述提示下依次指定圆环的内径、外径和圆环的中心点，即得到一个绘制好的圆环。

★ 如果在指定圆环内径的时候输入“0”，则绘制的图形为一个填充的圆。

★ 圆环的填充与否，可以通过 Fill 命令控制，分别在开和关模式下绘制的圆环如图 4-40所示。

图 4-40　开和关模式下绘制的圆环

4.6.9　绘制椭圆及椭圆弧命令(Ellipse)

椭圆有长轴、短轴和椭圆中心 3 个参数，只要这 3 个参数确定，椭圆就确定了。在 AutoCAD 中绘制椭圆的方法有两种，一种是端点和距离方式，另一种是中心点和端点方式。

1. 通过端点和距离方式绘制椭圆

选择【绘图】|【椭圆】|【轴、端点】命令，系统提示如下：

命令：Ellipse
指定椭圆的轴端点或［圆弧(A)/中心点(C)］：　　(拾取端点 A)
指定轴的另一个端点：　　(拾取端点 B)
指定另一条半轴长度或［旋转(R)］：　　(拾取端点 D)

绘制过程如图 4-41 所示。

2. 通过中心点和轴的两个端点绘制椭圆

选择【绘图】|【椭圆】|【中心点】命令，系统提示如下：

命令：Ellipse
指定椭圆的轴端点或［圆弧(A)/中心点(C)］：C
指定椭圆的中心点：　　(拾取端点 C)
指定轴的端点：　　(拾取端点 B)
指定另一条半轴长度或［旋转(R)］：　　(拾取端点 D)

绘制完成后如图 4-42 所示。

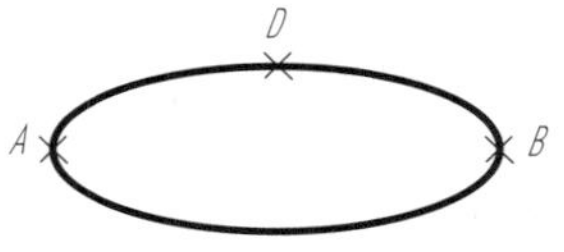

图 4-41　通过端点和距离方式绘制椭圆

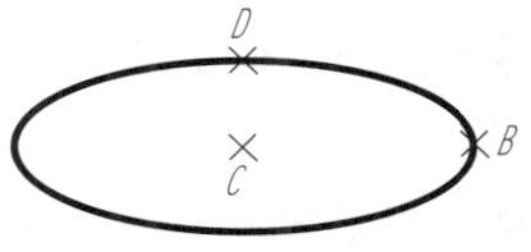

图 4-42　通过中心点和轴的两个端点绘制椭圆

3. 通过圆的旋转投影绘制椭圆

如果将一个圆绕其直径放置一定的角度，则该圆在原来所在平面上的投影为一个椭圆。该方法就是利用这种原理绘制椭圆，操作步骤如下：

命令：Ellipse
指定椭圆的轴端点或［圆弧（A）/中心点（C）］：
指定轴的另一个端点：
指定另一条半轴长度或［旋转（R）］：R　　　　（选择旋转方式）
指定绕长轴旋转的角度：30

4. 绘制椭圆弧

椭圆弧是椭圆的一部分，选择【绘图】|【椭圆】|【圆弧】命令，或者单击【绘图】工具栏的【圆弧】按钮，按照绘制椭圆的方法确定椭圆的形状后，AutoCAD 会提示用户确定椭圆弧的起始及终止角度，或者用【参数】选项确定椭圆弧的两端点位置。系统提示如下：

命令：Ellipse
指定椭圆的轴端点或［圆弧（A）/中心点（C）］：A　　　　（进入画椭圆弧方式）
指定椭圆弧的轴端点或［中心点（C）］：　　　　（拾取端点 A）
指定轴的另一个端点：　　　　（拾取端点 B）
指定另一条半轴长度或［旋转（R）］：　　　　（拾取端点 C）
指定起始角度或［参数（P）］：0　　　　（输入椭圆弧起点角度）
指定终止角度或［参数（P）/包含角度（I）］：270　　　　（输入椭圆弧终点角度）

绘制完成后如图 4-43 所示。

4.6.10　绘制矩形命令（Rectang）

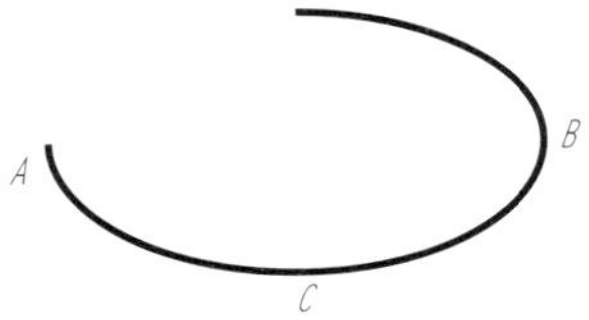

图 4-43　椭圆弧的绘制

在 AutoCAD 中可以绘制各种样式的矩形。

1. 命令格式

★ 下拉菜单：【绘图】|【矩形】。

★ 图标按钮：单击【绘图】工具栏中的▭按钮。

★ 命令行：Rectang↙或 REC↙。

2. 操作说明

矩形命令执行后，系统提示如下：

命令：Rectang
指定第一个角点或［倒角（C）/标高（E）/圆角（F）/厚度（T）/宽度（W）］：

指定第一个角点后，系统继续提示：

指定另一个角点或［面积（A）/尺寸（D）/旋转（R）］：

★【倒角】选项：用于绘制带倒角的矩形并设置倒角距离。

★【标高】选项：一般用于三维绘图，设置所绘矩形到 XY 平面的垂直距离。

★【圆角】选项：用于绘制带圆角的矩形并设置倒角半径。

★【厚度】选项：用于设置矩形的厚度，一般用于三维绘图。

★【宽度】选项：用于设置矩形的线宽，即矩形 4 个边的宽度。

★【面积】选项：使用面积与长度或宽度创建矩形。如果“倒角”或“圆角”选项被激活，则区域将包括倒角或圆角在矩形角点上产生的效果。

★【尺寸】选项：使用长和宽创建矩形。

★【旋转】选项：按指定的旋转角度创建矩形。

如图 4-44 所示是常见的几种矩形形式。

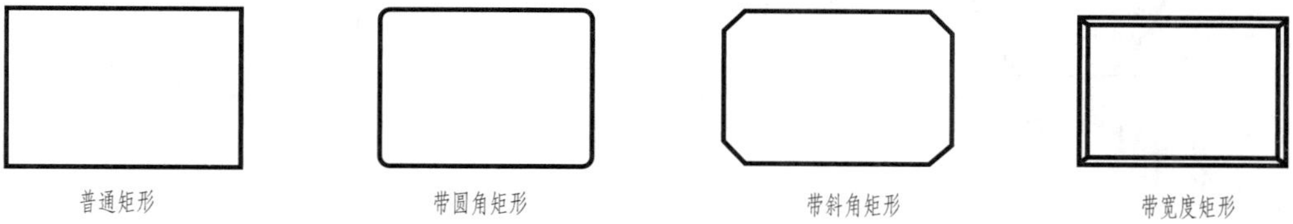

图 4-44　常见的几种矩形形式

4.6.11　绘制正多边形命令(Polygon)

在 AutoCAD 中，用户可利用 Polygon 命令绘制具有 3～1024 条等长边的正多边形，由此画出的正多边形是一个独立的图形对象。绘制正多边形命令可以通过以下方式来调用。

★ 下拉菜单：【绘图】|【正多边形】。

★ 图标按钮：单击【绘图】工具栏的按钮。

★ 命令行：Polygon ↙或 POL ↙。

1. 边长方式绘制正多边形

当正多边形的一条边确定后，AutoCAD 将以逆时针方向绘制正多边形，这样该多边形是唯一确定的。操作步骤如下：

命令：Polygon
输入边的数目<4>：
指定正多边形的中心点或[边(E)]：E
指定边的第一个端点：
指定边的第二个端点：

2. 绘制内接正多边形

绘制内接正多边形也就是先确定正多边形中心的位置，然后输入外接圆的半径，AutoCAD 是以该半径所在的直线为对称轴来绘制正多边形的。操作步骤如下：

命令：Polygon
输入边的数目 <4>：6
指定正多边形的中心点或 [边(E)]：
输入选项 [内接于圆(I)/外切于圆(C)] <I>：
指定圆的半径：

3. 绘制外切正多边形

绘制外切正多边形也就是先确定正多边形中心的位置，然后输入内切圆的半径，AutoCAD 是以该半径所在的直线为对称轴来绘制正多边形的。其命令提示如下：

命令：Polygon
输入边的数目 <4>：6
指定正多边形的中心点或 [边(E)]：
输入选项 [内接于圆(I)/外切于圆(C)] <I>：C
指定圆的半径：

以上三种方式绘制的正六边形如图 4-45 所示。

图 4-45　正六边形的绘制

4.7　AutoCAD 图形编辑

图形编辑就是使用编辑命令对图形对象进行移动、旋转、缩放等操作的过程，使之满足用户的要求。AutoCAD 提供了强大的图形编辑功能，可以帮助用户合理地构造和组织图形，保证绘图的准确性，提高绘图效率。

4.7.1　选择图形对象

在对图形进行编辑操作之前，首先需要确定所要编辑的对象，即需要进行对象选择。选择对象后，AutoCAD 用虚线亮显所选的对象，而这些对象也就构成了选择集。选择集可以包含单个对象，也可以包含若干个对象组。

在 AutoCAD 中，选择【工具】|【选项】命令打开“选项”对话框，在该对话框可设置选择集模式及拾取框的大小等，如图 4-46 所示。

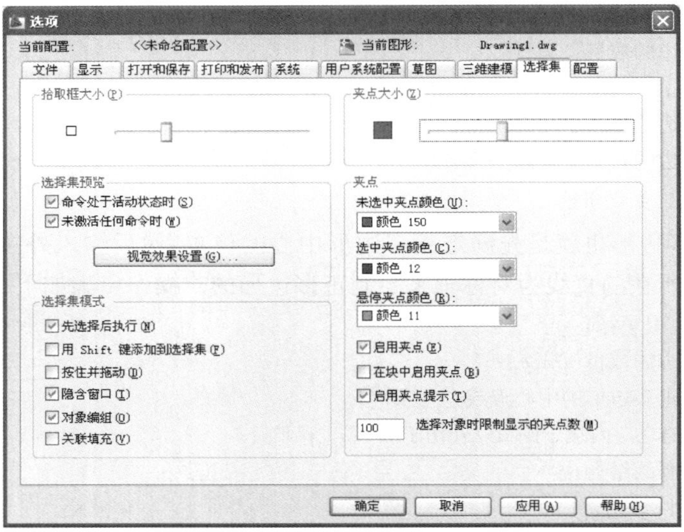

图 4-46　“选项”对话框

★ 在“拾取框大小”选项区中，拖动滑块可以设置选择对象时拾取框的大小。在“选择集模式”选项区域中，则可以设置构造选择集的模式，该选项区域包含以下选项。

☆【先选择后执行】复选框：用于设置是否可以先选择对象，构造出一个选择集，然后再执行对该选择集进行编辑操作的命令。

☆【用 Shift 键添加到选择集】复选框：用于设置如何向已有的选择集中添加对象。选中该复选框时，要向已有的选择集中添加对象，必须同时按下 Shift 键。

☆【按住并拖动】复选框：用于控制用鼠标定义选择窗口的方式。当选中该复选框时必须按住鼠标右键并拖动才可以生成一个选择窗口；反之，用户可以分两次在屏幕用鼠标定义选择窗口的角点，给定了第一个角点后，也将出现一个动态选择窗口。

☆【隐含窗口】复选框：用于控制是否自动生成一个选择窗口。选中该复选框，可以在出现选择对象提示后，直接在绘图区拖动画出一个矩形窗口来选择对象；反之，不允许用户自动拖动出一个选择窗口，而只能输入 W 或 C 来响应，才能使用窗口或者交叉窗口来生成选择窗口。

☆【对象编组】复选框：用于控制是否可以自动按组选择对象。选中该复选框，当选择某个对象组中的一个对象时，将会选中这个对象组中的所有对象。

☆【关联填充】复选框：用于控制是否可以从关联性填充中选择编辑对象。选中该复选框，用户就可以只选择一个关联性填充，即能选择该填充的所有对象，包括边界。

4.7.2 选择对象的方法

★ 在 AutoCAD 中，选择对象的方法很多，可以通过单击对象逐个拾取，也可利用矩形窗口或交叉窗口来选择。可以选择最近创建的对象、前面的选择集或图形中的所有对象；也可以向选择集中添加对象或从中删除对象。当选择对象时，如果在命令行的“选择对象：”提示下输入“?”，这时将显示如下的提示信息：

命令：Copy

选择对象：?

需要点或窗口(W)/上一个(L)/窗交(C)/框(BOX)/全部(ALL)/栏选(F)/圈围(WP)/圈交(CP)/编组(G)/添加(A)/删除(R)/多个(M)/前一个(P)/放弃(U)/自动(AU)/单个(SI)

★ 默认情况下，可以直接选择对象，此时光标变为一个小方框(即拾取框)，利用该方框可逐个拾取所需对象。寻找时系统将寻找落在拾取框内或者与拾取框相交的最近建立的一个对象。利用该方法选择对象方便直观，但精确度不高，尤其在对象排列比较密集的地方选取对象时，往往容易选错或多选对象。此外，利用该方法每次只能选取一个对象，在选取大量对象时，非常麻烦。

★【窗口(W)】选项：可以使用通过绘制一个矩形区域来选择对象。当指定了矩形窗口的两个对角点时，所有部分均位于这个矩形窗口内的对象将被选中，不在该窗口内或者只有部分在该窗口内的对象则不被选中，如图 4-47 所示。

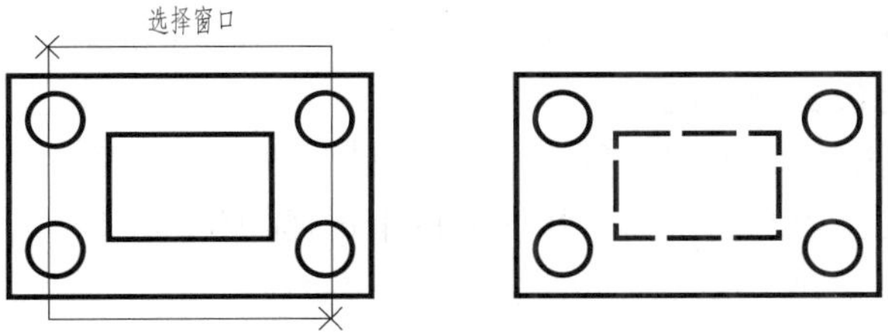

图 4-47 窗口选择

★【窗交(C)】选项：使用交叉窗口可以选择对象。该方法与用窗口选择对象的方法类似，但使用该方法时，全部位于窗口之内或者与窗口边界相交的对象都将被选中。在定义交叉窗口的矩形窗口时，则以虚线方式显示矩形，以区别于窗口选样方法，如图 4-48 所示。

★【框(BOX)】选项:由“窗口”和“窗交”组合的一个单独选项。从左到右设置拾取框的两角点,则执行“窗口”选项;从右到左设置拾取框的两角点,则执行“窗交”选项。

★【全部(ALL)】选项:选取图形中没有被锁定、关闭或冻结层上的所有对象。

★【栏选(F)】选项:通过绘制一条开放的多点栅栏(多段直线)来选择,其中所有与栅栏线相接触的对象均会被选中。“栏选”方法定义的直线可以自身相交,如图 4-49 所示。

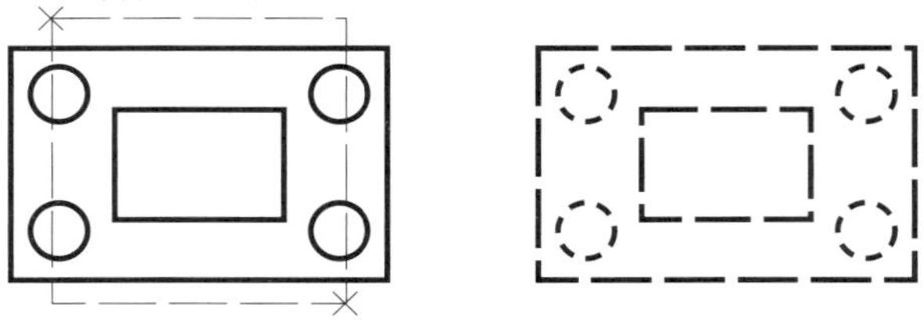

图 4-48 交叉选择

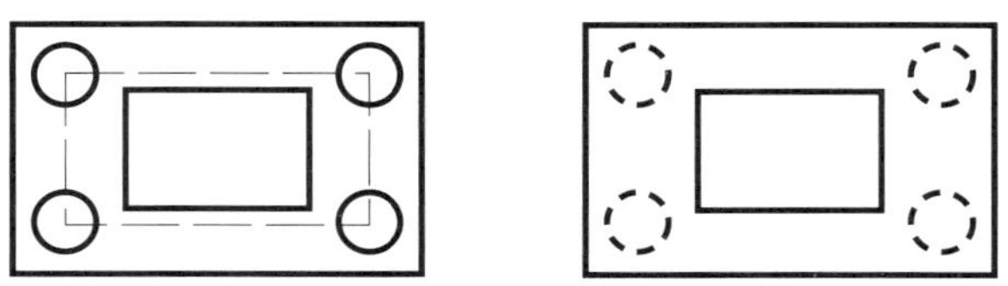

图 4-49 栏选

★【圈围(WP)】选项:通过绘制一个不规则的封闭多边形,并用它作为窗口来选取对象,其中所有完全包围在多边形中的对象将被选中。如果用户给定的多边形顶点不封闭,系统将自动将其封闭,并且多边形可以是任何形状,但不能自身相交。

★【圈交(CP)】选项:与“窗交”选取法类似,可通过绘制一个不规则的封闭多边形并用它作为交叉式窗口来选取对象。所有在多边形内或与多边形相交的对象都将会被选中。

★【上一个(L)】选项:选取图形窗口内可见元素中最后创建的对象。不管使用多少次该选项,都只有一个对象被选中。

4.7.3 删除图形对象命令(Erase)

Erase 命令用于将当前图形中选中的对象删除。该命令可以通过以下方式来调用。

★ 下拉菜单:【修改】|【删除】。

★ 图标按钮:单击【修改】工具栏(图 4-50)中的按钮。

★ 快捷菜单:选定对象后,从右击快捷菜单中选择【删除】选项。

★ 命令行:Erase↙或 E↙。

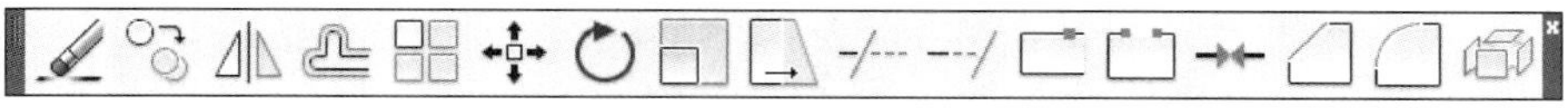

图 4-50 【修改】工具栏

通常,选择【删除】命令,就要求用户选择要删除的对象,然后按 Enter 键或空格结束对象选择,同时删除已选择的对象。如果在“选项”对话框的“选择”选项卡中,选中“选择集模式”选项区中的“先选择后执行”复选框，可以先选择对象，然后单击【删除】按钮将其删除。

注意：执行 Oops 命令，可以恢复最后一次使用【删除】命令删除的对象。如果要连续向前恢复被删除的对象，则需要使用取消命令 Undo。

4.7.4 复制、镜像、偏移、阵列对象命令

1. 复制命令(Copy)

该命令从已有的对象复制出副本，并放置于指定的位置。

(1)命令格式

★ 下拉菜单：【修改】|【复制】。

★ 图标按钮：单击【修改】工具栏中的按钮。

★ 快捷菜单：选定对象后，从右击快捷菜单中选择【复制选择】选项。

★ 命令行：Copy ↙或 CP ↙。

系统提示如下：

命令：Copy

选择对象：

在提示下选择要复制的对象，按 Enter 键完成选择，系统继续提示：

指定基点或［位移(D)/模式(O)］＜位移＞：

指定第二个点或＜使用第一个点作为位移＞：

指定第二个点或［退出(E)/放弃(U)］＜退出＞：

复制后的图形如图 4-51 所示。

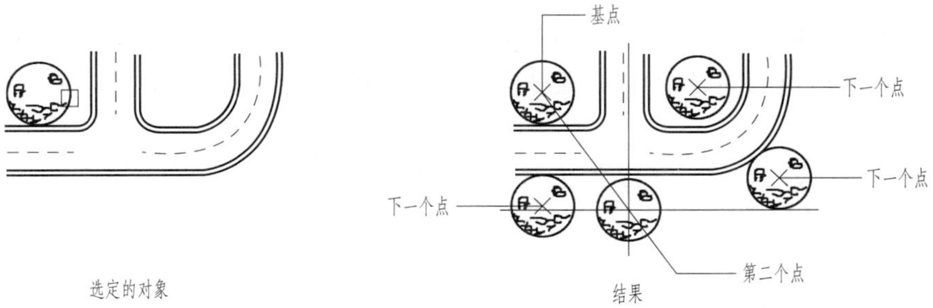

图 4-51　图形复制

(2)操作说明

★ 若输入第一点的坐标值并按 Enter 键输入第二点的坐标值，使用相对距离复制对象，坐标值将用作相对位移，而不是基点位置。继续指定其他点，AutoCAD 将在相应位置放置对象的其他副本，直到按 Enter 键结束该命令。

★ 如果在出现“指定基点或［位移(D)］＜位移＞：”提示后，直接输入位移量并按 Enter 键，AutoCAD 将会按给出的位移量来复制对象。

★ 如果在“指定第二个点”提示下按 Enter 键，第一点将被理解为相对 X, Y, Z 位移。例如，如果指定基点为 200，300 并在下一个提示下按 Enter 键，对象将从其当前位置复制到沿 X 方向 200 个单位，Y 方向 300 个单位的位置。

★ 要按指定距离复制对象，还可以在正交模式和极轴追踪打开的同时使用直接距离

输入。

★ 如果在复制过程中，想要撤销其中的某些复制操作，可以输入“U ↙”或者直接按 Ctrl＋Z 键或者从右击快捷菜单中选择【放弃】选项。执行撤销操作后，可以继续进行复制源对象。

> 注意：用剪贴板复制图形对象的时候，和最后插入点重合的点的坐标是剪贴板中该图形对象坐标的最小值。因此，插入点可能并不在该图形上，从而影响了插入的准确性。

2. 镜像命令(Mirror)

在实际绘图过程中，对称图形是经常可见的，比如说一扇窗户一般是左右对称的。AutoCAD 提供了镜像命令，可以先绘制对称图形的公共部分，然后镜像出另一对称部分。

(1)命令格式

★ 下拉菜单：【修改】|【镜像】。

★ 图标按钮：单击【修改】工具栏中的按钮。

★ 命令行：Mirror ↙或 MI ↙。

(2)操作说明

镜像命令执行后，系统提示如下：

命令：Mirror

选择对象：

在此提示下选择要镜像的图形对象，按 Enter 键结束选择，系统继续提示：

指定镜像线的第一点：	(捕捉点 *A*)
指定镜像线的第二点：	(捕捉点 *B*)
是否删除源对象？[是(Y)/否(N)]＜N＞：	(按 Enter 键)

选择默认项按 Enter 键，AutoCAD 镜像所选对象，并保留该对象；若输入“Y”响应，AutoCAD 在镜像所选对象的同时，将该对象删除。不删除源对象的镜像操作如图 4-52 所示。

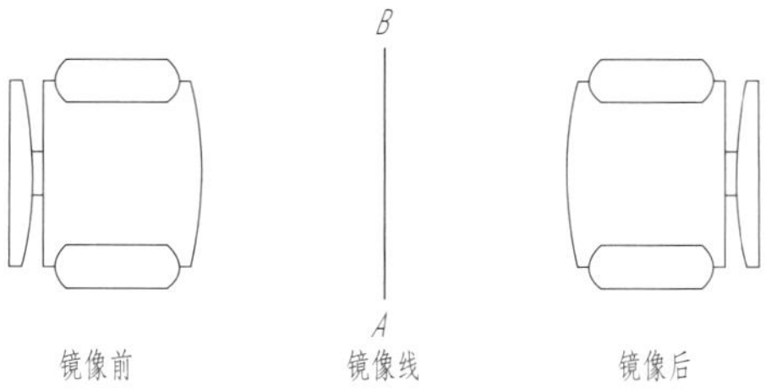

图 4-52　图形镜像

> 注意：AutoCAD 也可以对文本进行镜像，但是应该注意变量 Mirrtext 的设置。当系统变量 Mirrtext 的值为 1 时，文本的位置和顺序全部镜像；当系统变量 Mirrtext 的值为 0 时，只是镜像文本的位置，文字不反向。两种操作方式的结果如图 4-53 所示。

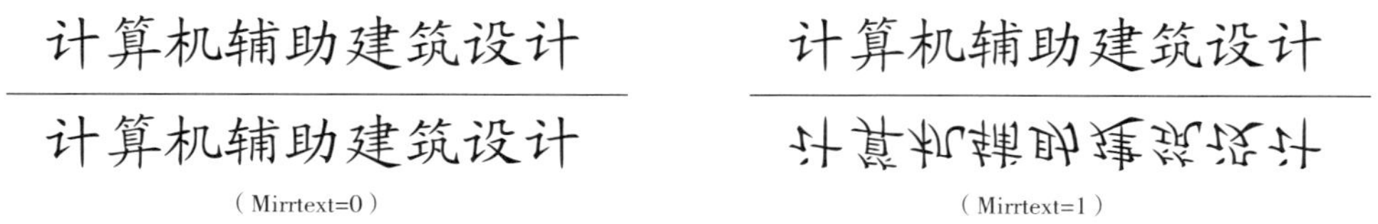

图 4-53　文本镜像

3. 偏移命令(Offset)

偏移是创建一个选定对象的等距曲线对象，即创建一个与选定对象类似的新对象，并把它放置在离源对象一定距离的位置，同时保留源对象。

(1)指定偏移距离复制对象

选择【修改】|【偏移】命令，或者单击【修改】工具栏的按钮，系统提示如下：

命令：Offset

当前设置：删除源 = 否　图层 = 当前　OFFSETGAPTYPE = 0

指定偏移距离或［通过(T)/删除(E)/图层(L)］＜300.0000＞：

提示项含义如下。

★【删除(E)】偏移源对象后将其删除。输入 E 选项后，系统继续提示：

要在偏移后删除源对象吗？［是(Y)/否(N)］＜当前＞：输入 Y 或 N

★【图层(L)】确定将偏移对象创建在当前图层上还是源对象所在的图层上。输入 L 选项后，系统继续提示：

输入偏移对象的图层选项［当前(C)/源(S)］＜当前＞：输入选项

根据指定的偏移距离来复制对象。在该提示下输入距离值或者指定两个点，以这两点之间的距离作为偏移距离后，系统继续提示：

选择要偏移的对象，或［退出(E)/放弃(U)］＜退出＞：

指定要偏移的那一侧上的点，或［退出(E)/多个(M)/放弃(U)］＜退出＞：

在此提示下选择要偏移的对象，并在偏移的方向一侧单击，即可完成偏移操作。同时系统继续提示：

选择要偏移的对象，或［退出(E)/放弃(U)］＜退出＞：

指定要偏移的那一侧上的点，或［退出(E)/多个(M)/放弃(U)］＜退出＞：

可以继续选择其他对象，以相同的距离偏移对象。

提示项含义：【退出】退出 Offset 命令。【多选】输入“多个”偏移模式，这将使用当前偏移距离重复进行偏移操作，并接受附加的通过点。【放弃】恢复前一个偏移。

(2)指定通过点偏移对象

命令：Offset

当前设置：删除源 = 否　图层 = 当前　OFFSETGAPTYPE = 0

指定偏移距离或［通过(T)/删除(E)/图层(L)］＜通过＞：T

选择要偏移的对象，或［退出(E)/放弃(U)］＜退出＞：

指定通过点或［退出(E)/多个(M)/放弃(U)］＜退出＞：

选择要偏移的对象，或［退出(E)/放弃(U)］＜退出＞：

在此提示下选择要偏移的对象以及偏移后对象的通过点，即可完成偏移操作。之后可以继续选择其他对象进行偏移。

(3)操作说明

使用【偏移】命令复制对象时，复制结果不一定与源对象相同。例如，对圆弧作偏移后，新圆弧与旧圆弧同心且具有同样的包含角，但新圆弧的长度要发生改变；对圆或椭圆作偏移后，新圆、新椭圆与旧圆、旧椭圆有同样的圆心，但新圆的半径或新椭圆的轴长要发生变化；对直线段、构造线、射线作偏移，是平行复制。

通过指定偏移距离和指定通过点偏移对象的例子如图 4-54 和图 4-55 所示。

图 4-54　按“指定偏移距离”选项偏移

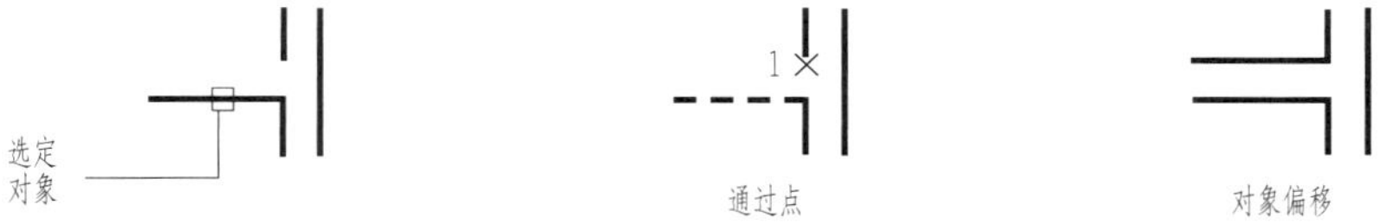

图 4-55　按“通过”选项偏移

4. 阵列命令(Array)

(1)矩形阵列复制

选择【修改】|【阵列】命令,或单击【修改】工具栏中的按钮,打开“阵列”对话框,如图 4-56 所示。

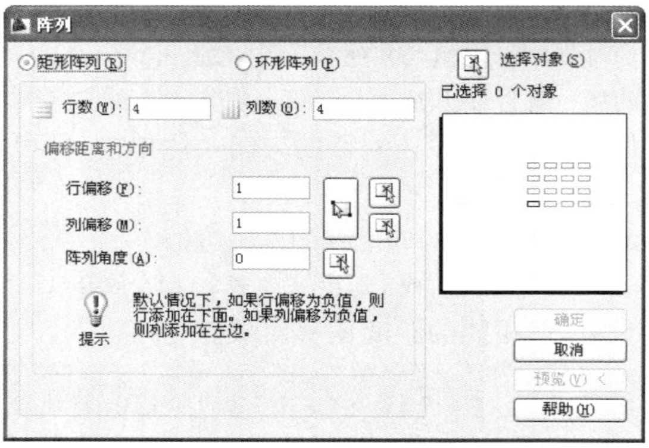

图 4-56　“阵列”对话框

该对话框中各选项的含义如下。

★ “行”文本框:用于设置矩形阵列的行数。

★ “列”文本框:用于设置矩形阵列的列数。

★ “偏移距离和方向”选项区:在“行偏移”、“列偏移”、“阵列角度”文本框中可以输入矩形阵列的行距、列距和阵列角度,也可以单击文本框右边的按钮,在绘图窗口中通过指定点来确定距离和方向。如图 4-57 所示。

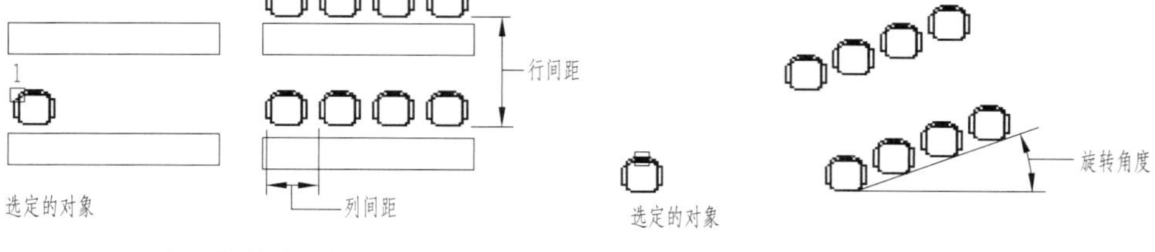

a) “阵列角度” 为0°　　b) “阵列角度” 为30°

图 4-57　矩形阵列

注意：行距、列距和阵列角度的值的正负性将影响阵列方向，正值将使阵列对象沿 X 轴或者 Y 轴正方向阵列，阵列角度为正值将使阵列对象沿逆时针方向阵列，负值则相反。如果是通过单击按钮在绘图窗口中设置偏移距离和方向，则给定点的先后顺序确定了偏移的方向。“选择对象”按钮，单击该按钮将切换到绘图窗口，在该窗口中可以选择进行阵列复制的对象。

★“预览窗口”：显示当前的阵列模式、行距和列距以及阵列角度。

★“预览”按钮：单击该按钮将切换到绘图窗口，在该窗口中可预览阵列复制效果。

说明：预览阵列复制效果时，如果单击“接受”按钮，则确认当前的设置，阵列复制对象，并结束命令；如果单击“修改”按钮，则返回到“阵列”对话框，可以重新修改阵列复制参数；如果单击“取消”按钮，则取消命令，不做任何编辑。

(2)环形阵列复制

在“阵列”对话框中，选择“环形阵列”单选按钮，可以以环形阵列方式复制图形，此时对话框如图 4-58 所示。

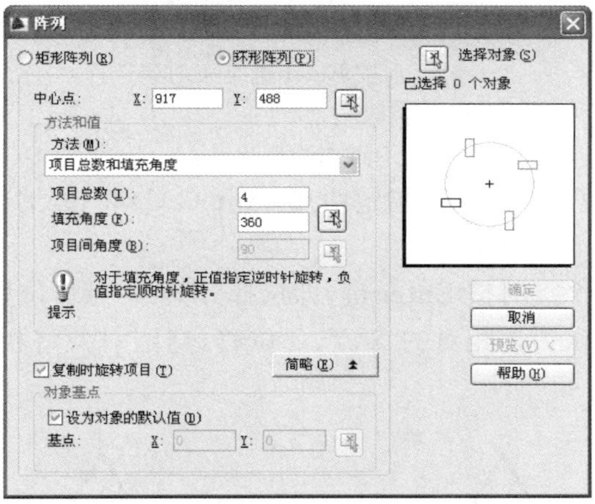

图 4-58　选择“环形阵列”单选按钮时的“阵列”对话框

该对话框中各选项的含义如下。

★【中心点】选项区：在“X”和“Y”文本框中，输入环形阵列的中心点坐标。也可以单击右边的按钮，切换到绘图窗口，直接指定一点作为阵列的中心点。

★【方法和值】选项区：设置环形阵列复制的方法和值，其中，在“方法”下拉列表框中选择环形阵列的方法，包括【项目总数和填充角度】、【项目总数和项目间的角度】和【填充角度和项目间的角度】3 种。选择的方法不同，设置的值也不同。用户可以直接在对应的文本框中输入值，也可以通过单击相应按钮，在绘图窗口中指定。

★【复制时旋转项目】复选框：用于设置在阵列时是否将复制出的对象旋转。

★【更多】按钮：单击该按钮，对话框中将显示对象的基点信息，用户可以利用这些信息设置对象的基点。

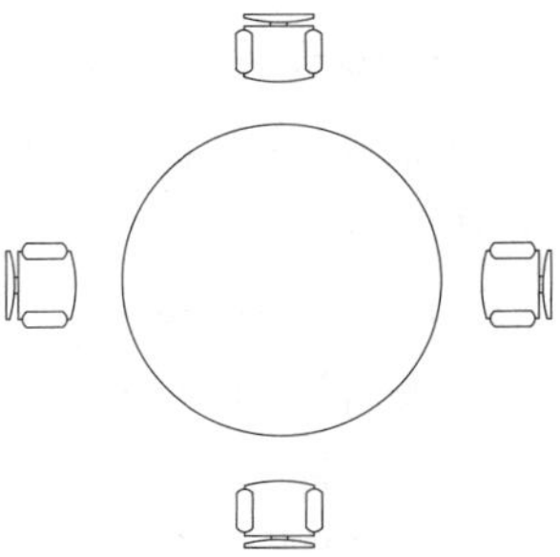

图 4-59　环形阵列

图 4-59 所示的图形是环形阵列的结果。

4.7.5 移动、旋转、比例缩放、拉伸和拉长命令

1. 移动命令(Move)

在绘制图形的过程中,如果图形的位置不满足要求,可以使用移动图形对象的命令将图形对象移动到适当的位置。移动对象仅仅是位置平移,而不改变对象的大小和方向。要精确地移动对象,可以使用捕捉模式。

(1)命令格式

★ 下拉菜单:【修改】|【移动】。

★ 图标按钮:单击【修改】工具栏中的✥按钮。

★ 快捷菜单:选定对象后,从右击快捷菜单中选择【移动】选项。

★ 命令行:Move ↙或 M ↙。

(2)操作说明

移动命令执行后,系统提示如下:

命令:Move
选择对象: (选择一个或多个要移动的对象)
选择对象: (按 Enter 键结束对象选择)
指定基点或[位移(D)]<位移>:
指定第二个点或<使用第一个点作为位移>:

★ 在"指定基点或位移:"提示下指定两点,AutoCAD 将按给定两点确定的位移矢量移动对象。

★ 如果在确定第 2 个点时按 Enter 键,即选择"用第一点作位移"默认选项,那么第 1 个点的坐标值就被认为是相对的 X、Y、Z 位移,选定对象将相对于当前位置按该位移矢量移动,如图 4-60 所示。

图 4-60 移动对象

2. 旋转命令(Rotate)

AutoCAD 提供了旋转对象操作,可以使选中的图形对象以一点(即旋转中心)按照指定的角度旋转。

(1)命令格式

★ 下拉菜单:【修改】|【旋转】。

★ 图标按钮:单击【修改】工具栏中的↻按钮。

★ 快捷菜单:选定对象后,从右击快捷菜单中选择【旋转】选项。

★ 命令行:Rotate ↙或 RO ↙。

(2)操作说明

该命令执行后,系统提示如下:

命令：Rotate

UCS 当前的正角方向：ANGDIR = 逆时针　ANGBASE = 0

选择对象：　　　　　　　　　　　　　　　　　（选择一个或多个要旋转的对象）

选择对象：　　　　　　　　　　　　　　　　　（按 Enter 键结束对象选择）

指定基点：

指定旋转角度，或［复制(C)/参照(R)］<0>：（输入角度或指定点，或者输入 C 或 R）

★ 提示的第 1 行说明当前的正角度方向为逆时针方向，零角度方向与 X 轴正方向的夹角为 0°，轴正方向为零角度方向。

★ 在“指定旋转角度，或［复制(C)/参照(R)］<0>：”提示下指定旋转角度，AutoCAD 将对象绕基点转动该角度，完成旋转操作；输入“C”表示创建要旋转的选定对象的副本；输入“R”表示将对象从指定的角度旋转到新的绝对角度，如图 4-61 所示。

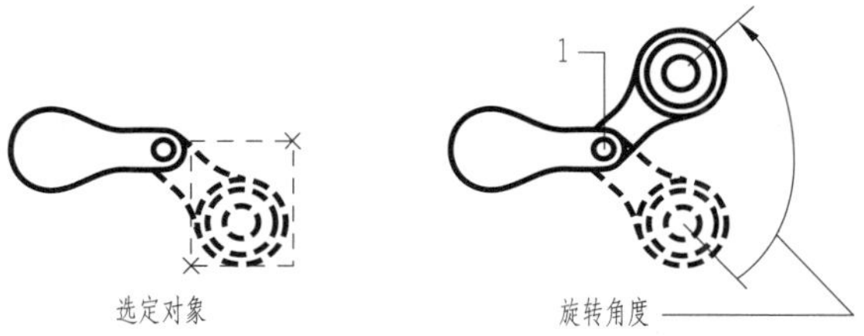

图 4-61　旋转操作

注意：可以用拖动鼠标的方式确定旋转角度. 在“指定旋转角度，或［复制(C)/参照(R)］<0>：”提示下拖动鼠标，AutoCAD 会从旋转基点向光标处引出一条橡皮筋线，该线方向与零角度方向的夹角即为要旋转的角度，同时所选对象会按此角度动态地转动。拖动鼠标使对象转到所需位置后，按 Enter 键即可实现旋转操作。

3. 缩放命令(Scale)

和比例缩放视图不同，该命令可以将图形对象的实际尺寸放大或者缩小。

(1)命令格式

★ 下拉菜单：【修改】|【比例】。

★ 图标按钮：单击【修改】工具栏中的□按钮。

★ 快捷菜单：选定对象后，从右击快捷菜单中选择【缩放】选项。

★ 命令行：Scale↙或 SC↙。

(2)操作说明

该命令执行后，系统提示如下：

命令：Scale

选择对象：　　　　　　　　　　　　　　　　　（选择一个或多个要缩放的对象）

选择对象：　　　　　　　　　　　　　　　　　（按 Enter 键结束对象选择）

指定基点：

指定比例因子或［复制(C)/参照(R)］<1.0000>：　（指定一个比例，或者输入 C 或 R）

该提示中的各选项含义如下。

★【指定比例因子】选项：直接指定缩放的比例因子，AutoCAD 将对象根据该比例因子相对于基点缩放。当该值大于 1 时放大对象，小于 1 时缩小对象。如图 4-62a)所示。

★【参照】选项：使用指定的参照来缩放对象。选择该选项后系统提示：

指定参照长度 <1>：

指定新长度：

在此提示下依次指定参照长度的值和新长度的值，AutoCAD 将新长度值与参照长度的比值作为比例因子，进行相应的缩放，如图 4-62b)所示。

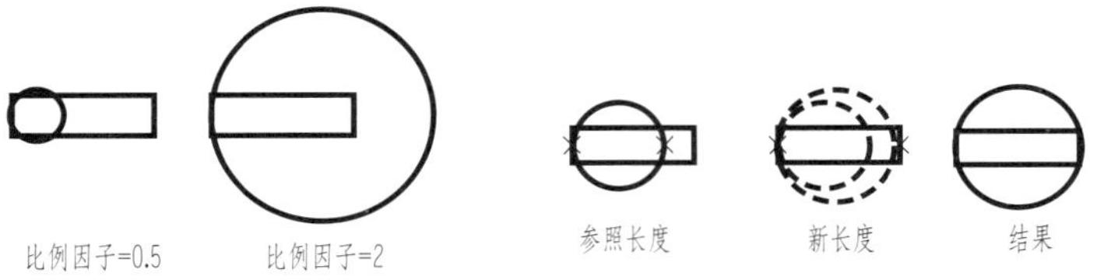

a）按指定的缩放对象　　b）按参照长度和指定的新长度缩放对象

图 4-62　图形缩放

4. 拉伸命令(Stretch)

该命令用于拉伸或者移动图形对象，操作结果根据图形对象在选择框中的位置决定。

(1)命令格式

★ 下拉菜单：【修改】|【拉伸】。

★ 图标按钮：单击【修改】工具栏中的按钮。

★ 命令行：Stretch ↙。

(2)操作说明

该命令执行后，系统提示如下：

命令：Stretch

以交叉窗口或交叉多边形选择要拉伸的对象……

选择对象：　　　　(以交叉窗口或交叉多边形选择要拉伸的对象)

选择对象：　　　　(按 Enter 键结束对象选择)

指定基点或 [位移(D)] <位移>：

指定第二个点或 <使用第一个点作为位移>：

★ 上面提示的第 2 行表示需要以交叉窗口或交叉多边形的方式选择对象。

★ 在"指定基点或 [位移(D)] <位移>："提示下指定拉伸的基点和位移点，然后 AutoCAD 将全部位于选择窗口之内的对象移动，进而将与选择窗口边界相交的对象按规则进行拉伸或压缩。拉伸操作如图 4-63 所示。

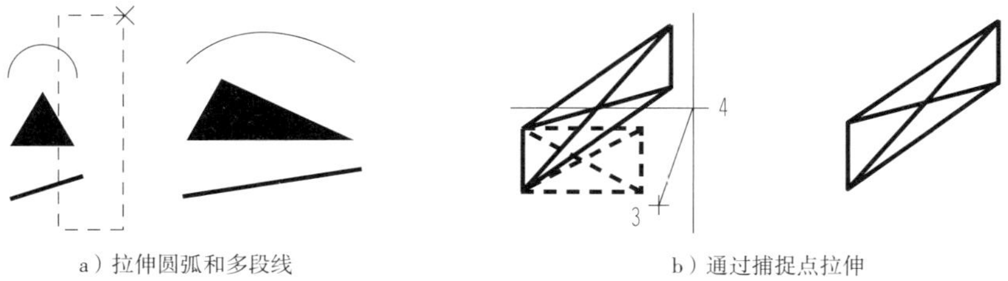

a）拉伸圆弧和多段线　　b）通过捕捉点拉伸

图 4-63　图形拉伸

注意：选择对象时，对于由直线、圆弧、区域填充和多段线等命令绘制的直线或圆弧，若其所有部分均在选择窗口内，那么它们将被移动。

★ 如果只有一部分对象在选择窗内，即对象与选择窗口的边界相交，则有以下拉伸规则。

☆ 直线：位于窗口外的端点不动，位于窗口内的端点移动。

☆ 圆弧：与直线类似，但在圆弧改变的过程中圆弧的弦高保持不变，同时由此来调整圆心的位置和圆弧起始角、终止角的大小。

☆ 区域填充：与直线一样。

☆ 多段线：与直线或圆弧类似，但多段线两端的宽度、切线方向以及曲线拟合信息均不改变。

☆ 其他对象：如果其定义点位于窗口内，对象发生移动，否则不动。其中圆的定义点在圆心，形和块对象的定义点为插入点，文字和属性定义的定义点为字符串基线的左端点。

5. 拉长命令(Lengthen)

拉长图形对象可以改变圆弧的角度，也可以改变非闭合的直线、圆弧、多段线、椭圆和样条曲线的长度。

(1)命令格式

★ 下拉菜单：【修改】|【拉长】。

★ 命令行：Lengthen ↙。

(2)操作说明

该命令执行后，系统提示如下：

命令：Lengthen ↙

选择对象或［增量(DE)/百分数(P)/全部(T)/动态(DY)］：

提示中的各个选项含义如下。

★【选择对象】：选择要改变长度的对象。

★【增量(DE)】：通过给定增量值来延长或缩短一个对象。正值为增加长度，负值为减小长度。

★【百分数(P)】：通过给定百分比来延长或缩短一个对象。

★【全部(T)】：通过给定一个新的直线长度或者新的圆弧圆心角来改变对象。

★【动态(DY)】：通过动态模式拖动所选对象的一个端点来改变其长度或者角度。在具体操作时，该命令拉长尺寸的方向为所选对象离拾取点较近的一端。

几种拉长命令方式如图 4-64 所示。

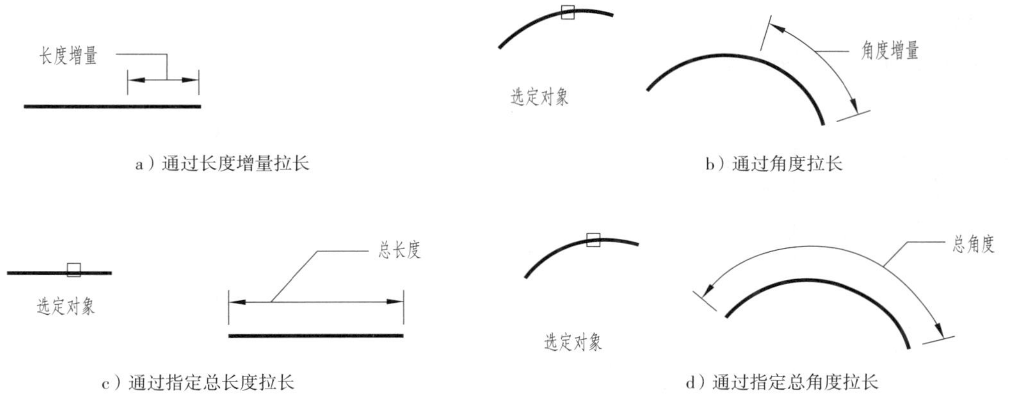

图 4-64　拉长示例

4.7.6 对象的修剪、延伸、倒角和倒圆、打断

1. 修剪命令(Trim)

在绘图过程中,出现一些多余的边线时,可以使用 Trim 命令将其修剪整齐。Trim 命令可以将直线、圆弧、圆、多段线、射线以及样条曲线等对象沿指定的剪切边界修剪掉一部分。

(1)命令格式

★ 下拉菜单:【修改】|【修剪】。

★ 图标按钮:单击【修改】工具栏中的 -/-- 按钮。

★ 命令行:Trim ↙或 TR ↙。

(2)操作说明

移动命令执行后,系统提示如下:

命令:Trim
当前设置:投影 = UCS,边 = 延伸
选择剪切边……
选择对象:　　　　　　(选择剪切边,直线、圆弧、圆、多段线、椭圆、样条曲线、构造线等)
选择要修剪的对象,或按住 Shift 键选择要延伸的对象,或
[栏选(F)/窗交(C)/投影(P)/边(E)/删除(R)/放弃(U)]:

★【选择要修剪的对象】这是默认选项,选择要修剪的对象,即被剪边。选择被剪对象后,AutoCAD 以剪切边为界,将被剪切对象上拾取对象的那一侧部分剪切掉。

★【按住 Shift 键选择要延伸的对象】提供延伸功能。按住 Shift 键,同时选择与修剪边不相交的对象,修剪边将变为延伸边界,将选择的对象延伸至与修剪边界相交。

★ 在上述提示后,可以输入"F ↙"栏选或"C ↙"窗交选择要修剪的对象,还可以输入"R ↙"删除对象或输入"U ↙"放弃上一步修剪操作。

★【边】剪切边和被修剪的对象必须相交,这种相交可以是直接相交,也可以延伸相交。如果两者没有直接相交,则应首先在"选择要修剪的对象……"提示后输入"E ↙",将其设为 Extend(可延伸),然后才能继续修剪操作。

★ 选择要修剪的对象时,按住 Shift 键可以在【修剪】命令和【延伸】命令之间切换。

注意:剪切边同时也可作为被剪边。选择对象进行修剪时,AutoCAD 自动地选择最近的选定对象作为剪切边,从而将对象修剪到与其他对象最近的交点处。

(3)应用举例

使用修剪命令将图 4-65 所示的左图修剪成右图。

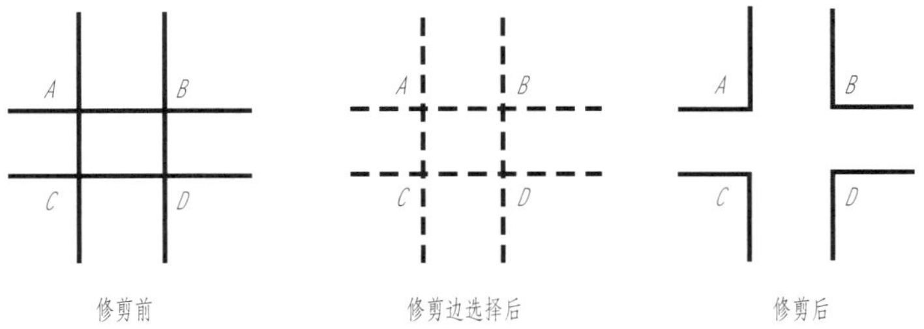

图 4-65　修剪命令

命令：Trim
当前设置：投影 = UCS，边 = 延伸
选择剪切边……
选择对象：　　　　　　　　　　（使用窗口选择所有的直线）
选择对象：　　　　　　　　　　（按 Enter 键结束剪切边的选择）
选择要修剪的对象，或按住 Shift 键选择要延伸的对象，或［投影(P)/边(E)/放弃(U)］：
　　　　　　　　　　　　　　　（选择 AB、BD、DC、CA 线段）

2. 延伸命令(Extend)

与修剪相对应，延伸操作是将所选对象延伸到一个固定位置或者边界。可被延伸的对象包括圆弧、椭圆弧、直线、开放的二维多段线和三维多段线以及射线。

(1)命令格式

★ 下拉菜单:【修改】|【延伸】。
★ 图标按钮:单击【修改】工具栏中的 --/ 按钮。
★ 命令行:Extend ↙或 EX ↙。

(2)操作说明

移动命令执行后，系统提示如下：

命令：Extend
当前设置：投影 = UCS，边 = 延伸
选择边界的边……
选择对象：　　　　（选择延伸的边界）
选择要延伸的对象，或按住 Shift 键选择要修剪的对象，或
［栏选(F)/窗交(C)/投影(P)/边(E)/放弃(U)］：

提示中的各选项含义如下：

★ 选择延伸的边界。有效的边界对象包括二维多段线、三维多段线、圆弧、块、圆、椭圆、布局视口、直线、射线、面域、样条曲线、文字和构造线。
★ 如果选择二维多段线作为边界对象，AutoCAD 将忽略其宽度并将对象延伸到多段线的中心线处。
★ 选择要延伸的对象，其他各选项含义与修剪操作相同。
★ 如果延伸一个锥形的多段线线段，AutoCAD 将修改延伸端的宽度，使其按原来的锥度进行延伸。如果这样导致线段端点宽度为负，则端点宽度为零。

(3)应用举例

用 Extend 命令将图 4-66a)所示图形进行延伸，结果如图 4-66b)所示。

a）延伸前

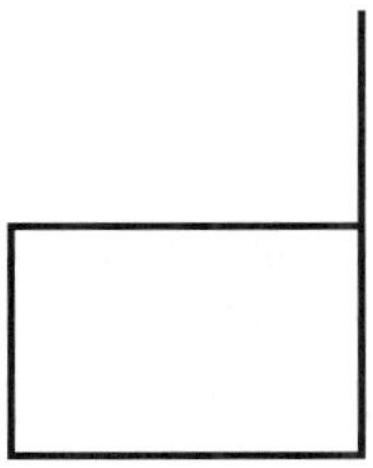
b）延伸后

图 4-66　延伸

3. 倒角命令(Chamfer)

在绘制图形过程中，两条相交线之间的过渡可能是直角过渡或者是一段圆弧连接，这时需要倒直角或者倒圆角。倒直角将连接两个不平行的对象，通过延伸或修剪使它们相交或利用斜线连接。可以倒直角的对象包括直线、多段线、构造线和射线。

(1)命令格式

★ 下拉菜单：【修改】|【倒角】。

★ 图标按钮：单击【修改】工具栏中的□按钮。

★ 命令行：Chamfer↙或 CHA↙。

(2)操作说明

该命令执行后，系统提示如下：

命令：Chamfer

("修剪"模式) 当前倒角距离 1 = 0.0000，距离 2 = 0.0000

选择第一条直线或 [放弃(U)/多段线(P)/距离(D)/角度(A)/修剪(T)/方式(E)/多个(M)]：

★【多段线(P)】：用于对多段线的所有顶点进行修倒角。

★【距离(D)】：用于设置倒角的距离。

★【角度(A)】：用于设置倒角的角度值。

★【修剪(T)】：用于设置修剪模式，设定是否修剪两对象相交部分线段。

★【方法(E)】：用于设置是以距离还是以角度来作为倒角的缺省方式。

★【多个(M)】：为多组对象的边倒角。

(3)应用举例

用 Chamfer 命令将图 4-67a)中的图形进行倒角，结果如图 4-67b)所示。

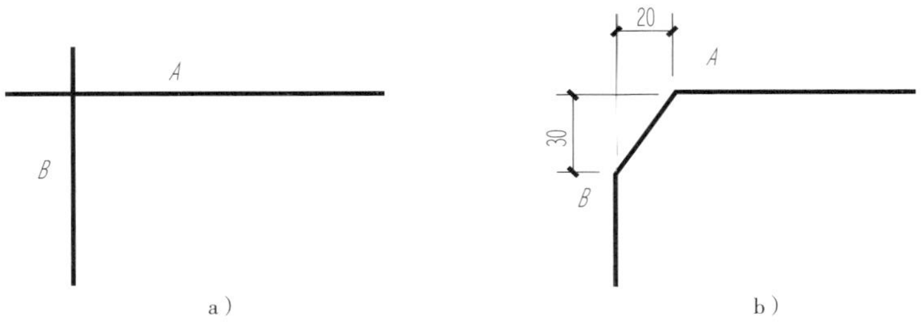

图 4-67　利用 Chamfer 命令修倒角示例

操作如下：

命令：Chamfer↙　(调用 Chamfer 命令)

("修剪"模式) 当前倒角距离 1 = 10.00，距离 2 = 10.00(提示修剪模式及缺省的距离值)

选择第一条直线或 [放弃(U)/多段线(P)/距离(D)/角度(A)/修剪(T)/方式(E)/多个(M)]：D↙　(设置倒角距离)

指定第一个倒角距离 <10.00>：20↙　(输入第一个倒角距离 20)

指定第二个倒角距离 <20.00>：30↙　(输入第二个倒角距离 30)

选择第一条直线或 [放弃(U)/多段线(P)/距离(D)/角度(A)/修剪(T)/方式(E)/多个(M)]：　(拾取 A 处直线为第一条线)

选择第二条直线，或按住 Shift 键选择要应用角点的直线：

[拾取 B 处直线为第二条线，结果如图 4-67b)所示]

注意：倒角时，若设置的倒角距离太大或倒角角度无效，AutoCAD会给出相应的错误提示，以修剪模式对相交的两条边倒角。AutoCAD总是保留所拾取的那部分对象。如果倒角距离均为0时，AutoCAD将延伸或修剪相应的两条线以使两者终止于同一点。

4. 倒圆角（Fillet）

圆角就是通过一个指定半径的圆弧来光滑地连接两个对象。可以倒圆角的对象包括圆弧、圆、椭圆、直线、多段线、射线、样条曲线和构造线等。

（1）命令格式

★ 下拉菜单：【修改】|【圆角】。

★ 图标按钮：单击【修改】工具栏中的按钮。

★ 命令行：Fillet↙或F↙。

（2）操作说明

倒圆角命令执行后，系统提示如下：

命令：Fillet
当前设置：模式 = 修剪，半径 = 0.0000
选择第一个对象或［放弃(U)/多段线(P)/半径(R)/修剪(T)/多个(M)］：
选择第二个对象，或按住 Shift 键选择要应用角点的对象：

★ 提示中的【多段线】和【修剪】选项含义与【倒角】命令中相应的选项相似，而【半径】选项用于设置过渡圆弧的半径。

★ 若把过渡圆弧半径设为0，该命令将两个对象拉伸或修剪至相交，如图4-68a)所示。

★ 圆角对象和位置不同，操作结果也不同，如图4-68b)所示。

a）两直线的圆角

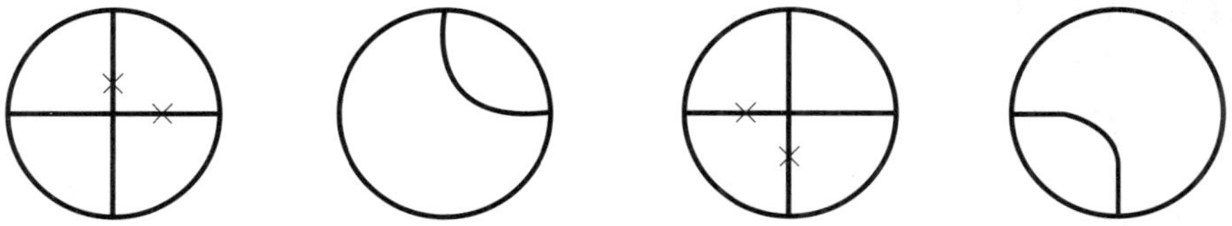

b）对象之间有多个圆角存在

图 4-68

技巧：若指定圆角的半径为0，可以使相交和非相交的相互垂直线倒直角或使相交和非相交线段终止于一点。这样无须使用修剪或延伸命令进行操作。

5. 打断命令（Break）

使用该命令可以在对象上创建间距，使分开的两个部分之间有空间，经常用于为块或文字插入创建空间。可以打断的对象包括直线、圆、圆弧、多段线、椭圆、样条曲线、参照线和射线等。打断对象既可以在一点打断选定的对象，也可以在两点之间打断所选对象。

(1)两点打断

选择【修改】|【打断】命令，或者单击【修改】工具栏的按钮，系统提示如下：

命令：Break

选择对象：

选择要打断的对象，系统继续提示：

指定第二个打断点或［第一点(F)］：

★【指定第二个打断点】AutoCAD 默认在选择对象时的拾取点作为第 1 断点，这时需要指定第 2 个断点。如果直接选取对象上的另一点或者在对象的一端之外拾取一点，AutoCAD 则会将对象上位于两个拾取点之间的那部分对象删除。

★【第一点(F)】重新确定第 1 断点，选择该选项，系统继续提示：

指定第一个打断点：

指定第二个打断点：

AutoCAD 会将对象上位于两个断点之间的那部分对象删除。

对圆弧进行打断功能后，AutoCAD 沿逆时针方向将从第 1 断点到第 2 断点之间的那段圆弧删除。图 4-69 显示了对直线和圆进行打断操作的结果。

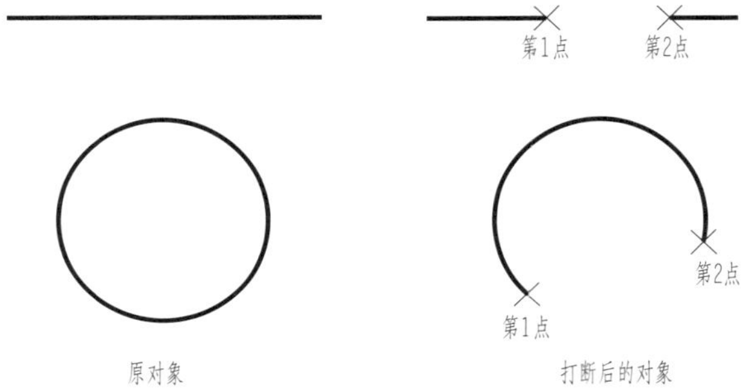

图 4-69　打断

(2)单点打断

单击【修改】工具栏的按钮，系统提示如下：

命令：Break

选择对象：

指定第二个打断点或［第一点(F)］：F　　　　（选择第一个打断点）

指定第一个打断点：

指定第二个打断点：@

上述提示中，只有第 2 行和第 4 行需要用户响应，分别选择打断对象和打断点。第 3 行和第 5 行的提示为系统自动响应。因此，单点打断是【打断】命令的一个预定方式，用于将对象从某点断开。

4.7.7　分解命令(Explode)

对于矩形、块、标注等由多个对象组成的组合对象，如果需要对单个元素进行编辑，则首先要将它们分解。可以分解的对象包括三维网格、三维实体、块、体、标注、多线、多面网格、多段线以及面域等。

Explode 命令可以通过以下方式来调用。

★ 下拉菜单:【修改】|【分解】。

★ 图标按钮:单击【修改】工具栏中的按钮。

★ 命令行:Explode ↙。

系统提示如下:

命令: Explode

选择对象:

在此提示下选择要分解的对象,按 Enter 键结束选择,即可将所选对象分解。如果选择的对象不能分解,如直线、圆、圆弧等,系统会提示"不能分解"。图 4-70所示的是分解多段线的示例,可见,带宽度的多段线被分解后,变成单个的线段,其宽度信息消失。

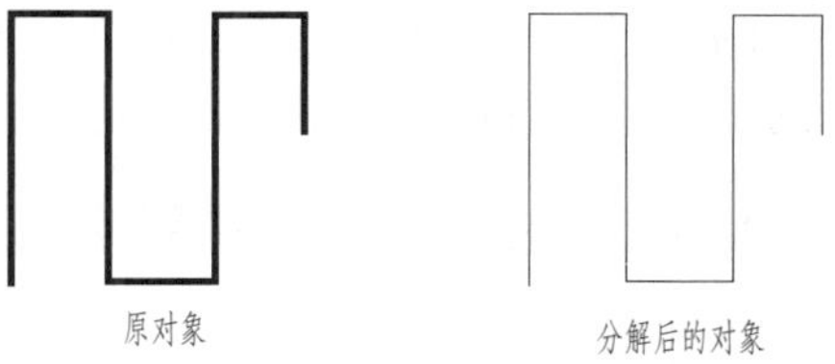

图 4-70 分解

4.7.8 放弃和重做

在用 AutoCAD 绘图、编辑以及其他操作过程中,难免操作有误,这种情况下可以取消已有的操作,或者恢复取消的操作。

1. 放弃

只要没有退出 AutoCAD,进入 AutoCAD 后的所有操作都存在缓冲区内,可以使用【放弃】命令来逐步取消有关的操作,直到初始状态。

选择【编辑】|【放弃】命令,或者单击【标准】工具栏的按钮,或者按快捷键 Ctrl+Z,都可以取消上一步操作。如果要取消几步,连续上述的操作即可。但它不能取消当前图形的外部操作,如打印、保存等。

2. 重做

在使用【放弃】命令取消某一操作后,可以使用【重做】命令恢复这一操作。

选择【编辑】|【重做】命令,或者单击【标准】工具栏的按钮,来恢复取消的操作。

注意:【重做】命令必须紧跟着【放弃】或者 Undo 命令执行,且只能恢复最近的一次放弃操作,它没有命令选项。

4.8 创建图块和图案填充

使用 AutoCAD 进行绘图时,常常需要重复使用一些图形。如建筑图中的门、窗、柱、轴线编号以及楼梯等。如果每个图形都重新绘制,就会浪费大量的时间,同时还会浪费大量的存储空间。而把这些图形定义为一个整体,插入到图形中不同的位置处,既节省了绘图时间又节省了存储空间,AutoCAD 的图块以及图块的属性就可以实现这些功能。

块是一个或多个对象形成的对象集合,这个对象集合可看成是一个单一的对象。用户可以把一些相对固定而又经常使用的图形制作成块,存储在计算机中,需要时再把其调出插入到当前图形中。这样,不仅可以提高绘图的速度,而且可以提高绘图的准确性。用户可以对块执行移动、复制、比例缩放、镜像等操作，但是由于块被作为一个独立的图形对象，因此用户只能对整个块进行编辑，无法修改块中各组成对象。如果确实希望修改块中对象，可以用 Explode 命令先将块分解为组成块的独立对象，然后再进行修改。修改结束后，再把这些对象重新定义成块。AutoCAD 会自动根据块修改后的定义，更新该块的所有引用。因此，利用块还可以节省计算机存储空间，便于修改。例如多张图同时引用同一块或一张图中多处引用同一块时，只需修改块文件，各处被引用的块即自动修改，免去逐处修改的麻烦。

另外，利用块的属性还可以使文字的处理变得更为灵活。例如标题栏及图框是相对固定的图形，但其中的一些文字，如图名、比例、设计者等各张图可能都不同，可以利用块属性的概念进行修改，提高绘图的灵活性。

4.8.1　块的创建、存储和使用

1. 创建块(Block)

(1)命令格式

★ 下拉菜单：【绘图】|【块】|【创建】。

★ 图标按钮：单击【绘图】工具栏中的按钮。

★ 命令行：Block↙或 Bmake↙或 B↙。

(2)操作说明

图块命令执行后，系统出现如图 4-71 所示的“块定义”对话框。

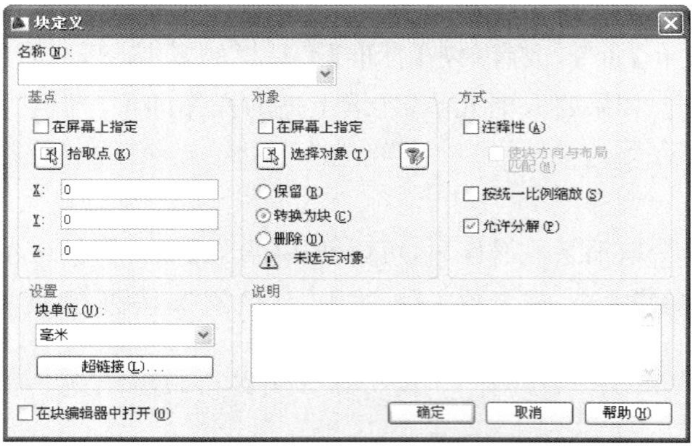

图 4-71　“块定义”对话框

★【名称】在“名称”输入框中指定图块名，它由字母、数字和_(下划线)组成，不得超过 31 个字符。AutoCAD 2009 中，图块名可以是中文。

★【基点】在插入时作为参考点。可以用两种方式定基点，一是单击 拾取点(K) 按钮，在图形窗口用捕捉或键盘输入方法给出一点，二是直接在对话框内输入基点的 X、Y、Z 坐标值。

★【块单位】可以定义从 AutoCAD 设计中心拖动图块插入图形时的比例单位。单击下拉箭头将弹出一个下拉列表，列表中的单位选项可供用户选择。

★【说明】在“说明”文本框中输入所定义图块的描述文字。

★【对象】是指确定图块的组成图形。其中， 选择对象(T) 按钮指定定义在图块中的实

体。可以用构造选择集的各种方式，将组成图块的实体放入选择集。单击该按钮，对话框暂时消失，用户可以进行选择，选择完毕，重新显示对话框，并显示所选实体的总数。

★【保留】选项的含义是将图形定义成图块以后继续保存原来的图形，但不是块。

★【转换为块】选项的含义是在定义图块后，原图形转换为块，插入到原来的位置。

★【删除】选项和“保留”相反，所选图形被定义成图块以后，原来图形将被删除。

(3)几点说明

★ 块名最多为31个字符，可包含字母、数字和“$”、“.”、“_”字符。AutoCAD将所有的字母转变成大写字母。

★ 创建图块时，必须事先绘出要建块的图形对象。

★ 如果新给定的块名与已定义的块名重复，AutoCAD则出现“是否重定义”对话框。即指块“×××”已经存在，询问是否再定义，若回答“否”或回车，AutoCAD会退出本次建块操作。若回答“是”，则对该块重新定义，旧块将被代替。

★ 关于基点选择：用户可以指定一点作为基点(参考点)，供以后插入该块时使用。从理论上讲，用户可以选择块上任意一点作为基点。但为了作图方便，应根据图形的结构选择基点。一般将基点选在块的中心、左下角或其他有特征的位置。如果不选择基点，系统自动将坐标原点定义成基点。

★ 执行完建块命令后，如果用于建块的图形对象在屏幕上消失，可以用Oops命令再恢复出该图形对象。

★ 用Block命令创建的块，只能由块所在的图形文件使用，而不能由其他文件使用。如果希望任何用户的任何图形均能使用某块，需用Wblock命令建块(见后面相应章节的内容)。

2. 块的存储(Wblock)

当用户使用Block命令定义一个块时，该块只是存放在当前图形文件中，只能被存储该块定义的图形文件引用。因此，为了能在其他文件中引用，应把某些经常调用的块单独存放在块文件中。Wblock命令可使用户将块、对象选择集或一个完整的文件写入一个图形文件中，该图形文件便可被其他图形文件引用。请注意这是内部图形块和外部图形块的一个重要区别。

(1)命令格式

命令：Wblock

系统出现如图4-72所示的“写块”对话框。

(2)操作说明

★ 在该对话框的“源”选项区，定义要写入图形文件的对象和插入点。选中“块”表示要写入图形文件的对象为图块，此时单击其右边下拉箭头，在下拉列表中选取所需的图块名；“整个图形”表示将整个图形作为一个图块写入图形文件；“对象”表示将要选择的对象写入图形文件中，只有选中该单选项下面的“基点”和“对象”才有效。

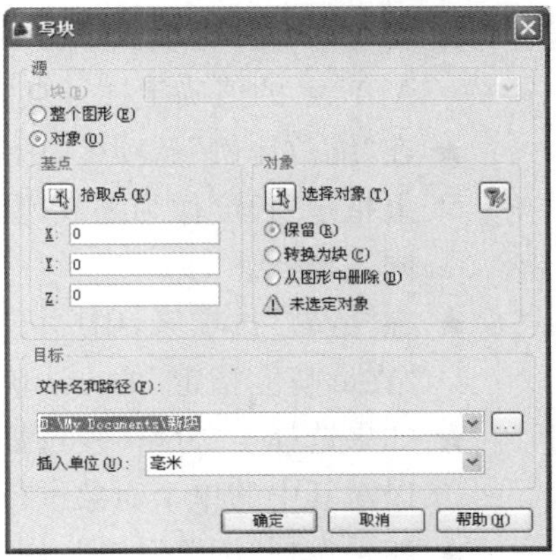

图4-72 “写块”对话框

★ 在“目标”选项区中，用户可以定义存储的文件名、路径和单位。在“文件名和路径”输入栏中，用户可以确定存储文件的名称和路径，注意在该栏的后面有一个按钮，单击该按钮将弹出“浏览文件夹”对话框，用户可在此对话框中选择存储文件的路径；“插入单位”和前面所介绍的相同。

提示：在“源”区的“块”栏中如果不输入具体的块名，也可以输入“—”，表示将与文件名同名的图形块以独立文件的形式存盘。用 Wblock 命令建立的块，可在任意图形中插入使用。

3. 块的使用

该功能将已定义的图块或图形文件插入到图形中。在插入的同时还可以改变所插入图形的比例与旋转角度。

(1)命令格式

★ 下拉菜单：【插入】|【块】。

★ 图标按钮：单击【绘图】工具栏中的按钮。

★ 命令行：Insert↙或 I↙。

(2)操作说明

当使用插入命令后，系统出现如图 4-73 所示的“插入”对话框。

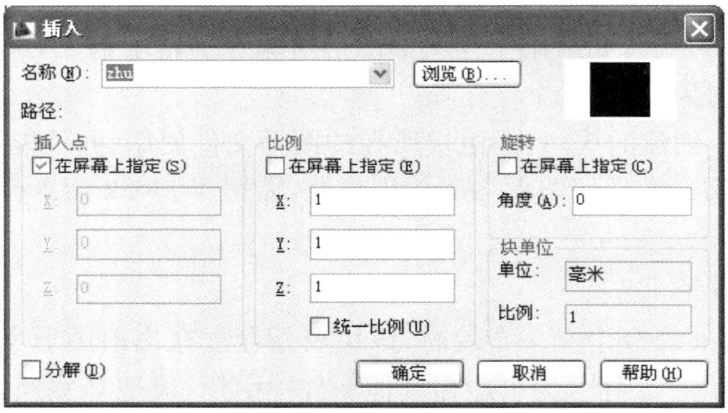

图 4-73 “插入块”对话框

★ 在该对话框中，“名称”中用于选取要插入的块。在下拉列表框中可以选取所需的图块名。

★ 在“插入点”选项区，用户既可以“在屏幕上指定”图块插入的位置，也可以直接输入 X、Y、Z 的值确定插入点的位置。

★ 在“缩放比例”选项区，用户可以直接输入 X、Y、Z 方向的缩放比例，也可以“在屏幕上指定”长度作为缩放比例。如果选择“统一比例”就可以将三个方向的比例设置为同一个数。

★ 在“旋转”选项区，用户可以直接输入角度使图块在插入时旋转一个角度，也可以用“在屏幕上指定”的方法确定角度。

★ 如果选择了“分解”复选框，图块在插入图形后自动分解成图形对象，这样用户就可以对其中的单个对象进行编辑或其他操作，否则块插入以后是一个整体。

★ 如果选择“浏览”按钮，用户可以选择图形文件然后将其插入到图形文件中。用户既可以直接在编辑框内键入图形文件的名字，也可以直接点取所需的图形文件。

(3)几点说明

★ 插入块时,缩放比例可正可负。若为负值,其结果是插入镜像图。

★ 用边框确定比例时,第二点应位于插入点的右上方,否则表示是负比例系数而插入原始图形的镜像图。

★ 块的释放。块是一个整体,但将块用 Insert 命令插入后,有时还需要对块进行修改,此时需要分解块。分解块的方法有两种,一种是插入块后用 Explode 命令来实现,另一种方法是插入块时选择“分解”,则插入的块就被分解成组成块的各基本对象。AutoCAD 允许用户对以不同比例插入的块用 Explode 命令将其分解。

4.8.2 块的属性及其应用

在插入图块的同时,还可以为图块指定相应的附加信息,如在插入门、窗图块时可以指定门窗的名称等参数。要建立带有属性的块,应该先绘制作为块元素的图形,然后定义块的属性,最后同时选中图形及属性,将其统一定义为块或保存为块文件。

1. 定义块属性(Attdef)

(1)命令格式

定义块属性的命令可以通过以下方式来调用。

★ 下拉菜单:【绘图】|【块】|【定义属性】。

★ 命令行:Attdef↙。

当使用插入命令后,系统出现如图 4-74 所示的“属性定义”对话框。

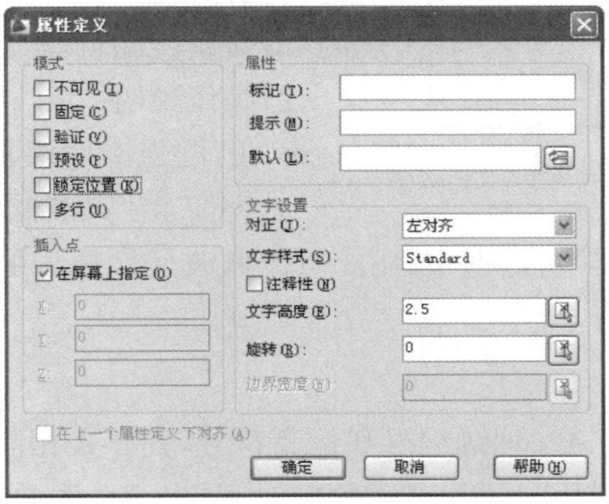

图 4-74 “属性定义”对话框

(2)操作说明

★ 在“属性”选项区中,“标记”文本框指定图块属性在绘图区的显示标记,“提示”文本框指定图块属性值的提示信息;“值”文本框指定图块的默认属性值。

★ 在“模式”选项区中,选定“不可见”复选框,表示在绘图区域中隐藏属性值。如果不选择该选项,则显示属性值。选定“固定”复选框,将属性设置为默认值,不可修改此特性。选定“验证”复选框,将在插入新的块引用时提示验证赋给属性的值。选定“预设”复选框,则系统在插入块时将属性设置为其默认值,并提示用户输入一个数值。

★ “文字设置”选项区,用于定义属性文字在图形中的显示方式的特性。如文字样式、对正方式、高度和旋转角度。

2. 编辑图块属性定义

在命令行输入 Ddedit 命令，选择属性标记或双击属性标记，系统出现如图 4-75 所示的“编辑属性定义”对话框，在对应属性的文本框修改其属性即可。

3. 插入带属性的块

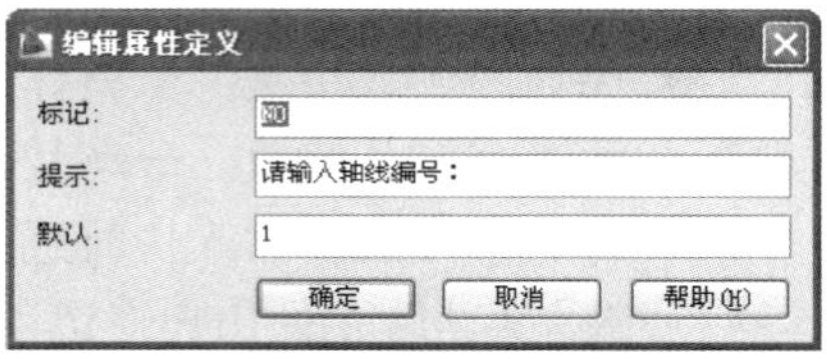

图 4-75 “编辑属性定义”对话框

用 Insert 命令插入带属性的块或图形文件时，其提示和插入一个不带属性的块完全相同，只是在指定插入点后，在命令行增加了属性输入提示，如“请输入轴线编号:”、“请输入设计者姓名:”等提示。用户可在各种属性提示下输入属性值或接受默认值。

用户可使用系统变量 Attdia 控制 AutoCAD 在提示用户输入时，是在命令行显示属性提示(Attdia 的值为 0)，还是在对话框中发出属性提示(Attdia 的值为 1)。

4. 编辑图块属性值

(1)命令格式

Eattedit 命令用于编辑块插入的属性。该命令可以通过以下方式来调用。

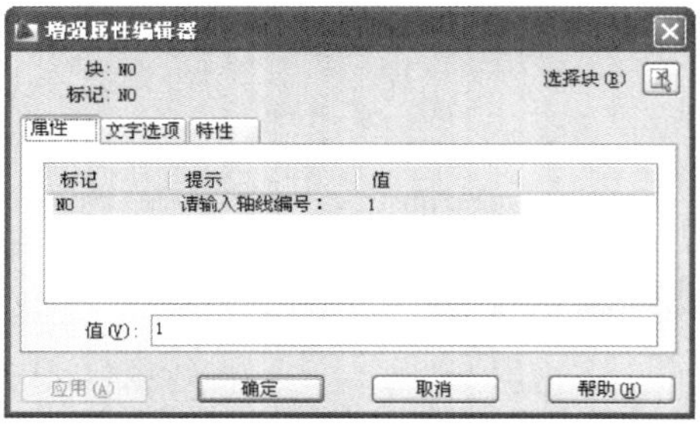

图 4-76 “增强属性编辑器”对话框

★ 下拉菜单:【修改】|【对象】|【属性】|【单个】。

★ 图标按钮:单击【修改 II】工具栏中的按钮。

★ 命令行:Eattedit↙。

当选择指定的属性块后，系统出现如图 4-76 所示的“增强属性编辑器”对话框。

(2)操作说明

★ 在“增强属性编辑器”对话框的“属性”选项卡的“值”文本框中修改图块属性值。

★ 在“增强属性编辑器”对话框中，用户可以修改属性标记的各类参数，如文字选项、标记特性等。

5. 块应用举例

建筑图中有很多门、窗、柱、轴线编号和标高符号，其样式相同，仅仅是尺寸上的差别，将它们创建成图块，在需要时插入，可以节省绘图时间，提高绘图效率。

(1)创建图块的步骤

★ 将当前层转换为 0 层。

★ 将当前颜色和当前线型设置为随层(ByLayer)。

★ 建立图块对象。

★ 定义图块的属性(不带属性的图块此步省略)。

★ 定义图块。

注意:将当前颜色和当前线型设置为随层(ByLayer)，在 0 层上绘制建块对象，当所建的图块插入时，图块对象的属性(层、颜色、线型等)将和插入图形时的当前层一致。如插入门图块时，门的属性和门层保持一致。

以下图块建立绘图区的图形界限为 42000×29700。

(2)创建轴线编号属性块

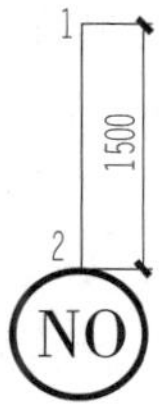

图 4-77　轴线编号

★ 在 0 层上建立对象——垂直轴号(下)(图 4-77)。

命令：Circle 指定圆的圆心或［三点(3P)/两点(2P)/相切、相切、半径(T)］：

指定圆的半径或［直径(D)］：400　　（输入圆的半径）

命令：Line 指定第一点：Qua 于　　（捕捉圆的四分之一点 2）

指定下一点或［放弃(U)］：@0,1500　　（得到点 1）

指定下一点或［放弃(U)］：

★ 定义属性。单击标准工具栏中【创建块】图标，调用“Attdef”命令，在弹出的“属性定义”对话框(图 4-78)中拾取“圆心”作为插入点，属性标记为“NO”，提示为“请输入轴线编号：”，文字选项中“对正”为“中间”(即放入圆的中间)，字高为“400”，角度为“0”。按“确定”后门块被定义。

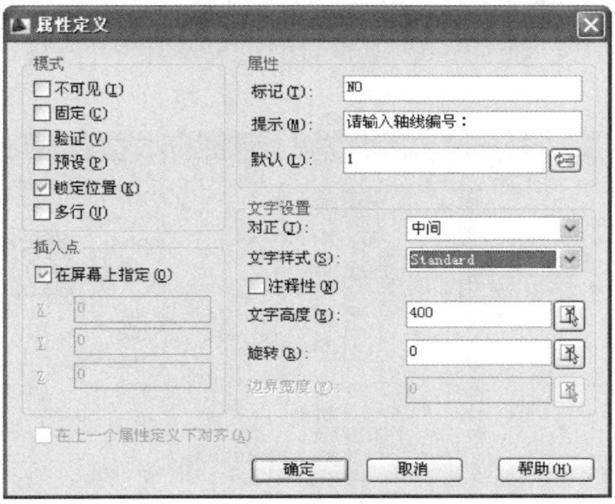

图 4-78　“属性定义”对话框

注意：定义块属性时，【属性定义】对话框中【插入点】是指文字的插入点，本例中选择圆心点作为插入点。

★ 创建轴线编号属性块。单击标准工具栏中【创建块】图标，调用“Block”命令，在弹出的“块定义”对话框的名称栏中输入块名“轴线编号”，拾取线段的端点“1”作为基点，选取包括属性 NO 在内的 3 个对象作为建块对象。按“确定”后门块被定义。

注意：其他轴线编号图块的创建与垂直轴号(下)图块的创建相同。创建图块时，基点的选择十分重要，因为将图块插入时，是以此基点为基准点进行插入的。

4.8.3　图块的图层、颜色和线型

前面介绍的块操作都是默认在同一图层上。实际上组成块的对象可分处在不同图层上，其颜色、线型和线宽可被定义为显式(指定的某种线型、线宽和颜色)、ByLayer(随层)或 ByBlock(随块)，这些对象的层、颜色和线型信息保存在块中。当在某一当前层插入一个图块时，原显式颜色或显式线型定义的对象，仍保留原来的显式颜色和显式线型。

原 ByLayer 定义的非 0 层的单个实体还保留原图层的颜色和线型，ByLayer 定义的 0 层的单个对象接受了当前层的颜色和线型，所以 0 层的对象(ByLayer)随插入时当前层的颜

色和线型而变。原 ByBlock 定义的单个对象在插入后，采用当前绘图的颜色和线型。因此：

★ 如果要求块的每一部分的线型、线宽和颜色都与插入层相一致，那就需要把组成块的所有对象都绘制到“0”层上，且用 ByLayer 的颜色、线型和线宽绘出图形对象。

★ 如果要求块的每一部分的线型、线宽和颜色都与当前的线型、线宽和颜色相一致，那就要在绘制块对象时，将当前的颜色、线型和线宽设为 ByBlock。

4.8.4 图案填充

用户经常要重复绘制某些图案以填充图形中的一个区域，从而表达该区域的特征，这样的填充操作在 AutoCAD 中称为图案填充。图案填充的应用非常广泛，例如，在机械工程中，图案填充用于表达一个剖切的区域，不同的图案填充表达不同的零部件或者材料。

1. 创建图案填充

选择【绘图】|【图案填充】命令，或在【绘图】工具栏中单击【图案填充】按钮打开“图案填充和渐变色”对话框，在该对话框中可以设置图案填充时的图案特性、填充边界和填充方式等，如图 4-79 所示。

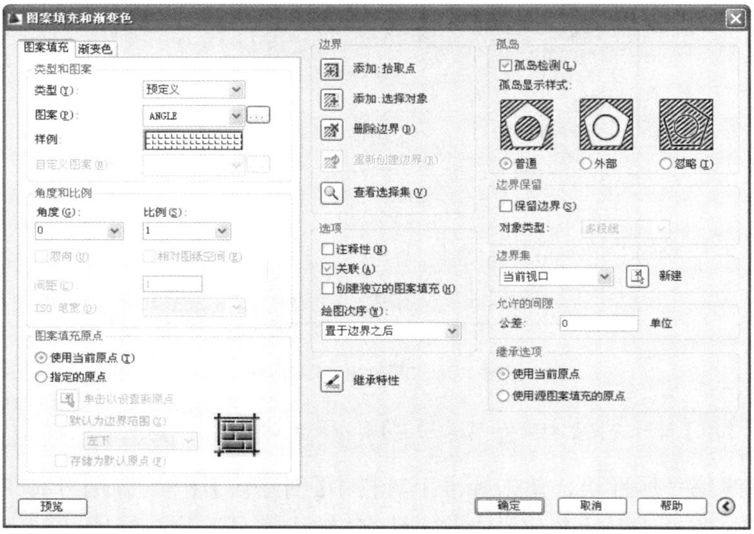

图 4-79 “图案填充和渐变色”对话框

(1)使用“图案填充”选项卡

使用“边界图案填充”对话框中的“图案填充”选项卡，可以快速设置图案填充，各选项的含义和功能如下。

★【类型】下拉列表框：用于设置填充的图案类型，包括“预定义”、“用户定义”和“自定义”3 个选项。其中，选择“预定义”选项，可以使用 AutoCAD 提供的图案。选择“用户定义”选项，则需要用户临时定义图案，该图案由一组平行线或者相互垂直的两组平行线组成。选择“自定义”选项，可以使用用户事先定义好的图案。

★【图案】下拉列表框：当在【类型】下拉列表框中选择“预定义”选项时，该下拉列表框才可用，并且该下拉列表框主要用于设置填充的图案。用户从该下拉列表框中根据图案名来选择图案，也可以单击其后的按钮，在打开的“填充图案选项板”对话框中进行选择。该对话框有 4 个选项卡，分别对应 4 种图案类型。

★ “样例”预览窗口:用于显示当前选中的图案样例。单击所选的样例图案,也可打开“填充图案选项板”对话框,供用户选择图案。

★【自定义图案】下拉列表框:当填充的图案采用“自定义”类型时,该选项才可用。用户可以在下拉列表框中选择图案,也可单击相应的按钮,从弹出的对话框中进行选择。

★【角度】下拉列表框:用于设置填充的图案旋转角度,每种图案在定义时的旋转角度都为零。

★【比例】下拉列表框:用于设置图案填充时的比例值。每种图案在定义时的初始比例为 1,用户可以根据需要放大或缩小。如果在【类型】下拉列表框中选择“用户定义”选项,该选项则不可用。

★ “相对图纸空间”复选框:用于决定该比例因子是否为相对于图纸空间的比例。

★ “间距”文本框:用于设置填充平行线之间的距离,当在【类型】下拉列表框中选择“用户自定义”选项时,该选项才可用。

★【ISO 笔宽】下拉列表框:用于设置笔的宽度,当填充图案采用 ISO 图案时,该选项可用。

(2)“边界”和“孤岛”选项区

使用“图案填充和渐变色”对话框,可以设置填充图形中的孤岛及边界等选项,如图 4-79 所示,各选项的功能如下。

★ 在“边界”选项区中,使用拾取点、选择对象、继承特性及组成等选项,可以选择填充区域以及进行其他相关设置。

☆【拾取点】按钮:单击该按钮,可以以拾取点的形式来指定填充区域的边界。单击该按钮 AutoCAD 将切换到绘图窗口,用户可在需要填充的区域内任意指定一点,系统会自动计算出包围该点的封闭填充边界,同时亮显该边界。如果在拾取点后系统不能形成封闭的填充边界,则会显示错误提示信息,如图 4-80 所示。

a）“拾取内部点”填充　　b）先“拾取内部点”再“删除孤岛”

图 4-80　以“拾取点”方式填充

☆【选择对象】按钮:单击该按钮,切换到绘图窗口,可以通过选择对象的方式来定义填充区域的边界,如图 4-81 所示。

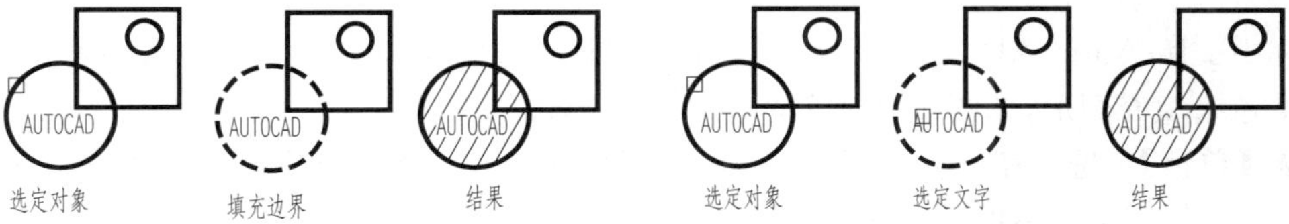

a）只选择圆作为对象　　b）选择圆和文字作为对象

图 4-81　以“选择对象”方式填充

☆【查看选择集】按钮：用于查看已定义的填充边界。单击该按钮，切换到绘图窗口，此时已定义的填充边界将亮显。

☆【继承特性】按钮：从已有的图案填充对象设置将要填充的图案填充方式。

☆【关联】选项：选择“关联”复选按钮，填充的图案与填充边界保持着关联关系，当对填充边界进行某些编辑操作时，会重新生成图案填充。

☆【创建独立的图案填充】选项：选择“创建独立的图案填充”复选按钮，则图案填充与填充边界没有关联关系。

☆【预览】按钮：单击该按钮，可预览填充效果，以便用户调整填充设置。

★ 在“孤岛”选项区，可以进行以下设置。

☆“孤岛显示样式”选项区：用于设置孤岛的填充方式，其中包括“普通”、“外部”和“忽略”3 种方式。①“普通”方式。从最外边界向里画填充线，遇到与之相交的内部边界时断开填充线，再遇到下一个内部边界时再继续绘制填充线，系统变量 Hpname 设置为 N。②“外部”方式。从最外边界向里画填充线，遇到与之相交的内部边界时断开填充线，不再继续往里绘制填充线，系统变量 Hpname 配置为 0。③“忽略”方式。忽略边界内的对象，所有内部结构都被填充线覆盖，系统变量 Hpname 设置为 1。

注意：以普通方式填充时，如果填充边界内有如文字、属性这样的特殊对象，且在选择填充边界时也选择了它们，填充时图案填充在这些对象处会自动断开，使得这些对象更加清晰，如图 4-82 所示。

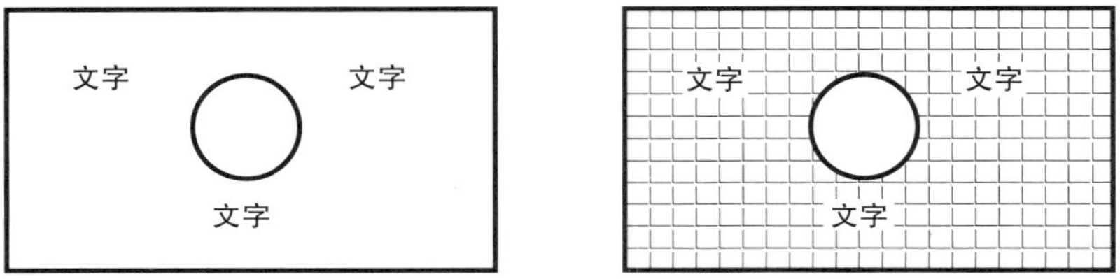

图 4-82　含特殊对象的图案填充

☆“边界保留”选项区：用于设置是否将填充边界以对象的形式保留下来以及保留的类型。其中，选择“保留边界”复选框，可将填充边界以对象的形式保留，并可以从【对象类型】下拉列表框中选择填充边界的保留类型，如“多段线”或“面域”。

☆“边界集”选项区：用于定义填充边界的对象集，即 AutoCAD 将根据哪些对象来确定填充边界。默认情况下，系统根据“当前视口”中的所有可见对象确定填充边界。用户也可以单击“新建”按钮，切换到绘图窗口，然后通过指定对象来定义边界集，此时【边界集】下拉列表框中将显示为“现有集合”选项。

(3)使用“渐变色”选项卡

在中文版 AutoCAD 2009 中，使用新增的“渐变”选项卡，可以使用一种或两种颜色形成的渐变色来填充图形，如图 4-83 所示。

★【单色】单选按钮：选中该单选按钮，可以使用由一种颜色产生的渐变色来填充图形。此时，双击其后的颜色框，将打开“选择颜色”对话框，在该对话框中可选择所需要的渐变色，并能够通过“渐深/渐浅”滑块，来调整渐变色的渐变程度。

★【双色】单选按钮：选中该单选按钮，可以使用两种颜色产生的渐变色来填充图形。

★【渐变图案】预览窗口：显示了当前设置的渐变色效果，从图 4-83 中可以看到共有 9 种效果。

★【居中】复选框：选中该复选框，所创建的渐变色为均匀渐变。

★【角度】下拉列表框：用于设置渐变色的角度。

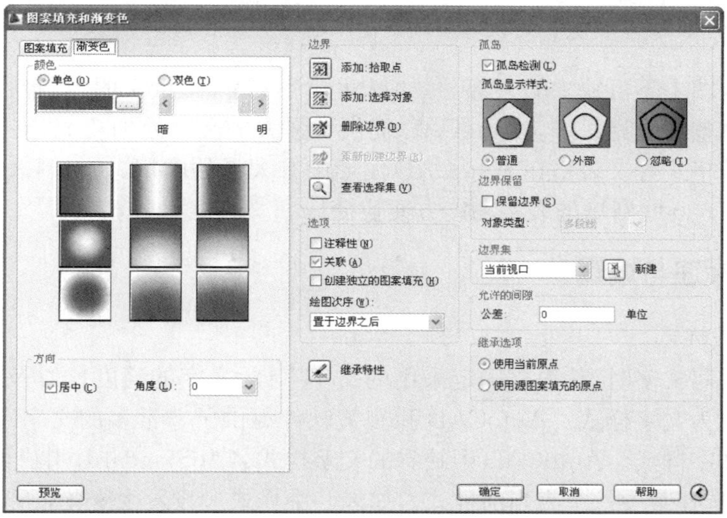

图 4-83 “边界图案填充”对话框的“渐变色”选项卡

注意：在中文版 AutoCAD 2009 中，尽管可以使用渐变色来填充图形，但该渐变色最多只能由两种颜色创建，并且仍然不能用位图填充图形。

2. 编辑图案填充

创建图案填充后，如果需要修改填充图案或修改图案区域的边界，可选择【修改】|【对象】|【图案填充】命令，然后在绘图窗口中单击需要编辑的图案填充，这时将打开“图案填充编辑”对话框，如图 4-84 所示。

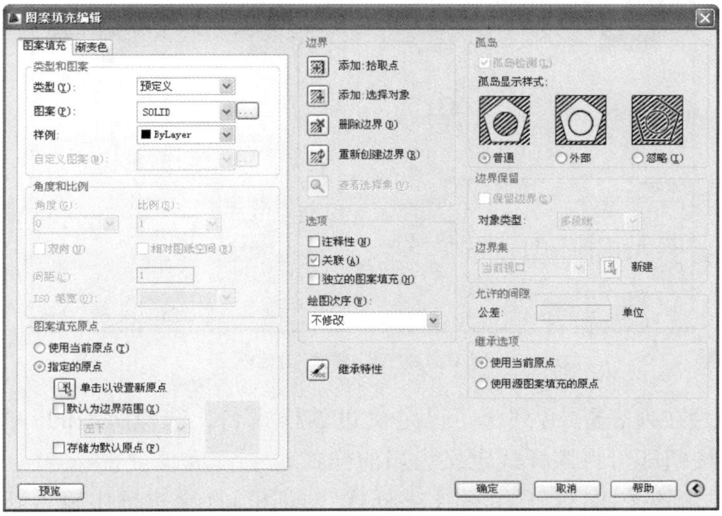

图 4-84 “图案填充编辑”对话框

从图 4-84 所示的对话框可以看出，“图案填充编辑”对话框与“边界图案填充”对话框的内容相同，只是孤岛检测操作的按钮不再可用，即图案填充操作可以修改图案、比例、旋转角度和关联性等，也可以修改它的边界等选项。

4.9 文字与表格

文字是工程图中不可缺少的一部分，如尺寸标注文字、图纸说明、注释、标题等，文字和图形一起表达完整的设计思想。AutoCAD 提供了强大的文字处理功能，支持 TrueType 字体和扩展的字符格式等。表格在 AutoCAD 图形中有大量的应用，如材料表、参数表和标题栏等。AutoCAD 2009 新增的表格功能方便快捷。

4.9.1 文字标注与编辑

1. 设置文字样式

在图形中书写文字时，首先要确定采用的文字字体、文字的高度比以及放置方式，这些参数的组合称之为文字样式。AutoCAD 和有关软件提供了非常多的文字字体供用户选择来定义自己的文字样式。AutoCAD 中缺省的文字样式名为 Standard，用户可以建立多个文字样式，但只能选择其中一个为当前样式。如果一个样式参数发生变化，所有使用该样式的文字都要更新。AutoCAD 系统中采用 Style 命令来建立和修改文字样式。

(1)命令格式

★ 下拉菜单:【格式】|【文字样式】。

★ 图标按钮:单击【样式】工具栏中 的按钮。

★ 命令行:Style ↙。

(2)格式说明

执行该命令后出现如图 4-85 所示的“文字样式”对话框。

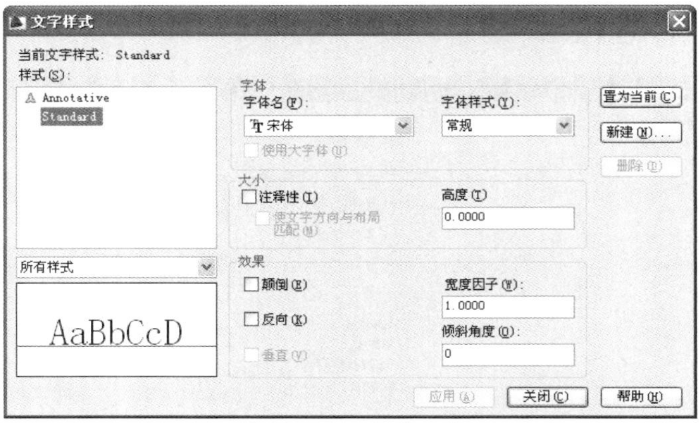

图 4-85 “文字样式”对话框

★【样式(S)】在列表框中，列出了已定义过的样式名。选择所需的一个，然后单击“置为当前”按钮即可将该样式定义为当前样式。

★【新建】单击该按钮，打开“新建文字样式”对话框，在文本框中输入新的文字样式名，用户通过它可创建新的文字样式。

★【字体】该选项区主要用于定义字体文件。

★【字体名】在“字体名”下拉列表框中可以看到可以调用的字体。

★【高度】用于设置标注文字的高度，默认值为 0。若选取此值，则在标注文本时需进行字体高度设置。若此值不为 0，则在标注文本时不出现“高度：”的提示符，而以此值为高度进行文本标注。建议用户将此处设置为默认值 0。

★【颠倒】该选项确定是否将文本文字旋转 180°，即倒过来放置。

★【反向】该选项确定是否将文本以镜像方式标注。

★【垂直】该选项确定文本是垂直标注还是水平标注，值得注意的是，TrueType 型字体不能用此功能。

★【宽度因子】该功能用来设置文字的宽度与高度的比例系数。

★【倾斜角度】该功能用来设置文字的倾斜角度，该设置是指文本中单个字符的倾斜角度。

2. 单行文字标注

单行文字标注方法比较简单，只需执行 Dtext 命令即可。

(1)命令格式

选择【绘图】|【文字】|【单行文字】命令(Dtext)，系统提示如下：

命令：Dtext

当前文字样式：STYLE1　当前文字高度：400

指定文字的起点或［对正(J)/样式(S)］：

指定高度 ＜400＞：

指定文字的旋转角度 ＜0＞：

(2)操作说明

★ 输入文字时，可以用 Backspace 键删除已输入的文本。

★ 某行文字输入结束后按回车键，系统继续提示“输入文字：”，如果继续输入文本，则换行显示。如果不再输入文本而是再按回车键则结束文字的输入。

★ 如果在“指定文字的起点或［对正(J)/样式(S)］：”提示下不是给定起点，而是输入“J”则表示“对正”，这时系统提示：

［对齐(A)/布满(F)/居中(C)/中间(M)/右对齐(R)/左上(TL)/中上(TC)/右上(TR)/左中(ML)/正中(MC)/右中(MR)/左下(BL)/中下(BC)/右下(BR)］：

在该选项中一共列出 14 种文字对齐方式。其中：

☆【对齐(A)】通过指定基线的两个端点来绘制文字。文字的方向与两点连线方向一致，文字的高度将自动调整，以使文字布满两点之间的部分，但文字的宽度比例保持不变。

☆【布满(F)】通过指定基线的两个端点来绘制文字。文字的方向与两点连线方向一致，文字的高度由用户指定，系统将自动调整文字的宽度比例，以使文字布满两点之间的部分，但文字的高度保持不变。图 4-86 显示出“对齐”和“布满”的区别其他文。

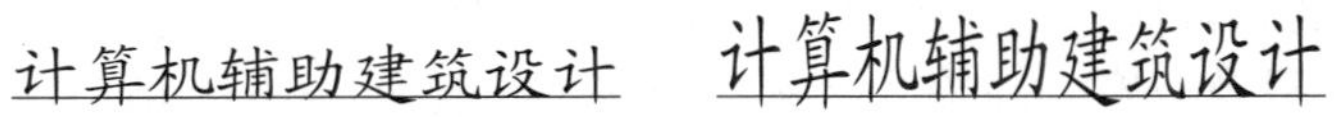

“对齐”　　　　“布满”

图 4-86　对正选项中“对齐”和“布满”的区别

字对齐方式如图 4-87 所示。

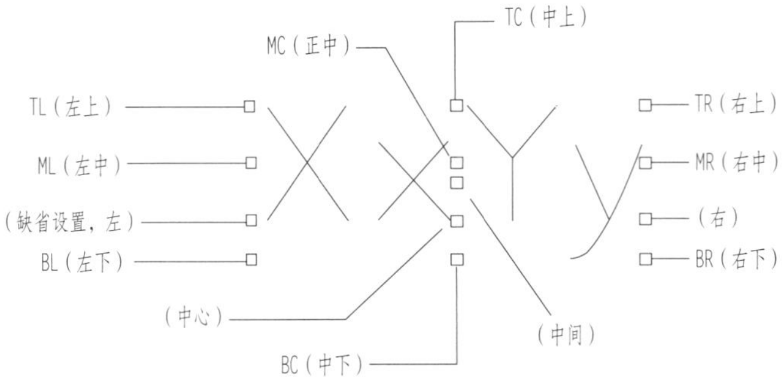

图 4-87　对正选项

★ 只有在当前文字样式没有固定高度时系统才提示用户指定文字高度，否则，系统不给出该提示，而用样式设置的字高。

★ 用户可以连续输入多行文字，每行文字自动放置在上一行文字的下方。但这种情况下，每行文字均是一个独立对象，其效果等同于连续多次使用【单行文字】命令。

★ 用户发出 Text 命令后，所有菜单都停用。因此，若用户此时想执行某些透明命令（如缩放），则只能用键盘完成该命令。

注意：在输入文字的过程中，可以随时改变文字的位置。将光标移动到新位置并单击，原标注行结束，标志出现在新确定的位置，而后用户可以在此继续输入文字。

3. 特殊字符的输入

实际绘图中，常需要输入一些特殊的字符，如角度标志、直径等，这些字符不能由键盘直接输入。AutoCAD 2009 提供了控制码的方式输入，表 4-3 是常用的控制码。

常用符号的输入　　表 4-3

控制码	功　能
%%O	打开或关闭上划线功能
%%U	打开或关闭下划线功能
%%D	标注角度符号“°”
%%P	标注符号“±”
%%C	标注符号“ϕ”
%%NNN	标注任何一个 ASCII 字符，NNN 为 ACSII 码

4. 用 Mtext 命令标注多行文本

Mtext 命令在多行文字编辑器中建立段落文字，如施工说明等。此编辑器类似于 Windows 的文字处理程序，可以方便地输入文字，可以使用不同的字体和字体样式，并支持 True Type 字体、扩展的字符格式（如粗体、斜体和下划线等）、特殊字符序列以及加、减、幂和大量的其他字符，能识别和替换大小写及全局匹配。用户拖动一个矩形框来显示 Mtext 命令设置的携带点和方向以及行宽。在输入文字比较多的情况下，运用 Mtext 非常方便。

(1)命令格式

选择【绘图】|【文字】|【多行文字】或单击【文字】工具栏的 **A** 按钮，然后在绘图窗口中指

定一个用来放置多行文字的矩形区域，这时将打开“文字格式”工具栏和文字输入窗口，利用它们可以设置多行文字的样式、字体及大小等属性，如图 4-88 所示。

命令：Mtext

当前文字样式："Standard"　当前文字高度：2.5

指定第一角点：

指定对角点或［高度(H)/对正(J)/行距(L)/旋转(R)/样式(S)/宽度(W)］：

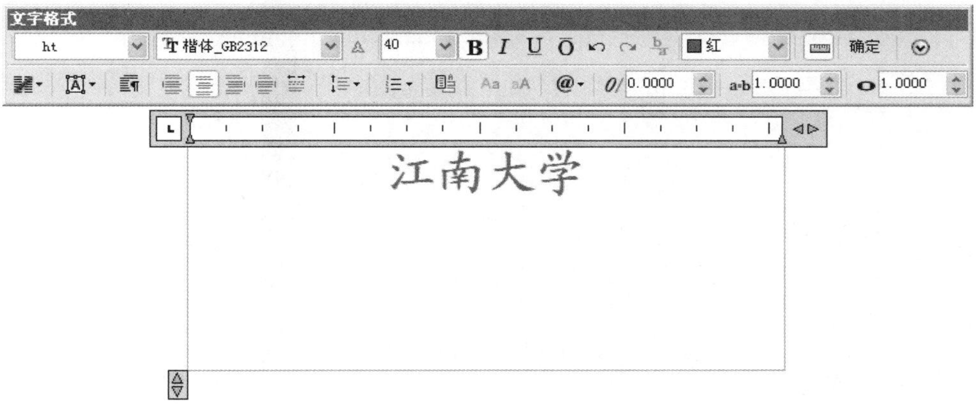

图 4-88　“文字格式”工具栏和文字输入窗口

(2)说明

★ 在“文字格式”工具栏中，可以选择设置的文字样式，设置字体、字号、颜色、加粗、斜体字体、加下划线、文字对齐方式等。

★ 在多行文字的文字输入窗口中，用户可以直接输入多行文字，也可以在文字输入窗单击鼠标右键，从弹出的快捷菜单中选择【输入文字】命令，将已经在其他文字编辑器中创建的文字内容直接输入到当前图形中。

5. 文本编辑

对已标注的文本进行编辑，AutoCAD 提供两个命令：Ddedit 和 Properties 命令。

(1)命令格式(用 Ddedit 命令编辑文本)

★ 下拉菜单：【修改】|【文字】。

★ 命令行：Ddedit ↙。

执行该命令后，系统提示：

命令：Ddedit

选择注释对象或[放弃(U)]：　(按照缺省选项，直接选择要编辑的文本)

如果选择的文本是用 Text 命令标注的，则选定的文字变为可编辑状态，编辑文本的内容，修改完后按 Enter 键即可。

若选择的文本是用 Mtext 命令标注的，则弹出如图 4-88 所示的对话框，用户可利用该对话框对文本进行文本内容、文本属性等内容的编辑。

(2)命令格式(用 Properties 命令编辑文本)

★ 下拉菜单：【工具】|【对象特性管理器】。

★ 标准工具栏：【修改】|【特性】。

执行该命令后，AutoCAD 2009 弹出“特性”窗口。若选中的文本是用 Text 命令标注的，则弹出如图 4-89 所示的“特性”对话框。若选中的文本是用 Mtext 命令标注的，单击“特性”窗口中“内容”文本框，则弹出修改的对话框，可对其内容进行修改。

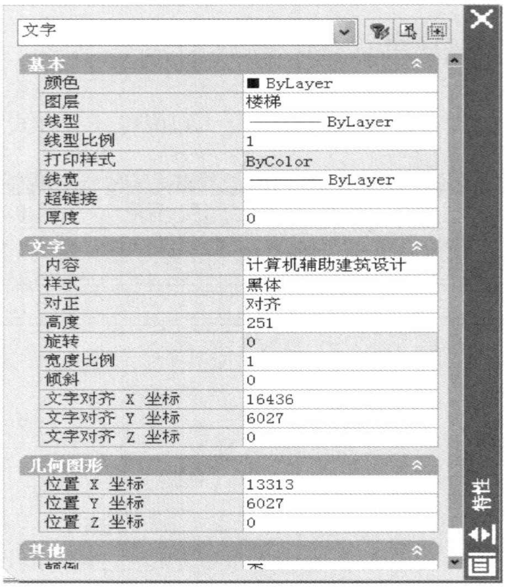

图 4-89 “特性”对话框

如果选中的为 Text 命令标注的文本，窗口中除了各类对象都具有的通用属性外，还具有 Text 特有的文本字符串、文本样式、对齐方式、字高、旋转角度、宽度比例系数、倾斜角度等属性。

如果选取的为 Mtext 命令标注的文本，窗口中除了各类对象都具有的通用属性外，还具有 Mtext 命令特有的文本字符串、文本样式、对齐方式、字高、旋转角度、宽度比例系数、倾斜角度等属性。

4.9.2 绘制表格与编辑

1. 设置表格样式

(1)命令格式

★ 下拉菜单：【格式】|【表格样式】。

★ 图标按钮：单击【样式】工具栏中的按钮。

★ 命令行：Tablestyle ↙。

执行该命令后出现如图 4-90 所示的“表格样式”对话框。

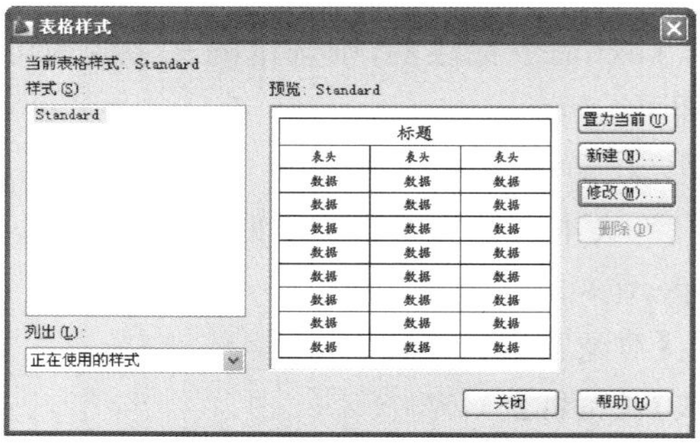

图 4-90 “表格样式”对话框

(2)操作说明

★【新建】按钮:创建新的文字样式。单击该按钮,打开“创建新的表格样式”对话框,在文本框中输入新的文字样式名,单击【继续】按钮,则打开如图 4-91 所示的“新建表格样式”对话框。在“新建表格样式”对话框中,有数据、列标题和标题 3 个选项。

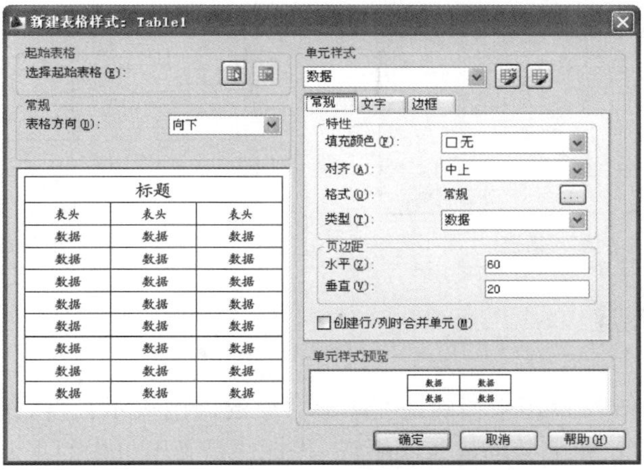

图 4-91 “新建表格样式”对话框

★ 在“单元样式”列表框中,分别选择“标题”、“表头”和“数据”选项,可以在“常规”选项卡中对表格的表格填充颜色、文字的对齐方式、页边距进行设置;在“文字”选项卡中对表格中的文字样式、文字高度、文字颜色进行设置;在“边框”选项区对表格的边框特性、表格线的颜色和线宽等进行设置。

★ 在“常规”选项区的“表格方向”下拉列表框中选择表格的方向。

2. 创建表格文字

(1)命令格式

★ 下拉菜单:【绘图】|【表格】。

★ 图标按钮:单击【样式】工具栏中的▦按钮。

★ 命令行:Table ↙。

执行该命令后出现如图 4-92 所示的“插入表格”对话框。

(2)操作说明

★ 在图 4-92 所示的“插入表格”对话框中的“表格样式”栏的“表格样式名称”下拉列表框中选择表格样式并预览其形式。

★ 在“插入方式”栏可选择在绘图区插入表格的方式。如选择“指定插入点”单选项,表示先指定行数、列数和间距值,然后直接在绘图区插入表格;如选择“指定窗口”单选项,表示先指定列数和行间距值,然后直接在绘图区拖动一个窗口,绘制出表格。

★ 完成设置后,单击“确定”按钮,若用户选择以“指定插入点”插入表格,则命令行提示“指定插入点:”。在绘图区某一位置拾取一点作为表格的插入点,此时,在绘图区将显示相应的表格线框和“文字格式”工具栏,并且光标在表格标题单元格闪烁,此时,可输入表格标题的内容,如图 4-93 所示。

★ 若在其他单元格输入内容,可按键盘上的方向键或 Table 键依次在各单元格之间切换,然后输入相应的内容即可。

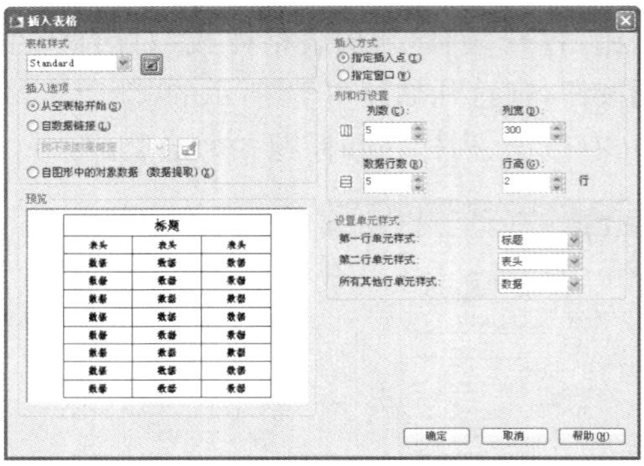

图 4-92 “插入表格”对话框

图 4-93 “创建表格”和输入内容

4.10 尺寸标注

尺寸标注是 AutoCAD 用来精确地在图形对象的周围表示长度、角度、说明和注释等图形尺度信息的方式。一张完整的建筑图纸，工程标注是必不可少的重要内容。

AutoCAD 中的尺寸标注采用半自动方式，尺寸标注时可自动测量图形的数值，并按设定的尺寸样式进行标注。此外，AutoCAD 还提供了功能强大的尺寸编辑功能。

AutoCAD 提供了六种尺寸标注类型，包括：长度型尺寸标注、直径型尺寸标注、半径型尺寸标注、角度型尺寸标注、引线型尺寸标注、坐标型尺寸标注。

一般来讲，用户在对所建立的每个图形进行尺寸标注之前，首先为尺寸标注文本建立专门的文字样式（Style 命令），其次，建立尺寸标注样式（Dimstyle 命令），第三，进行尺寸标注。

4.10.1 设置尺寸标注样式

在进行尺寸标注时，尺寸标注样式控制尺寸线、尺寸文本、尺寸界线、箭头的外观和方式。它是一组标注变量的集合，可以用对话框的方式直观地设置这些变量，也可以在命令行中设置变量的值。

1. 命令格式

★ 下拉菜单：【标注】|【标注样式】。

★ 图标按钮：单击【样式】工具栏中的按钮。

★ 命令行：Dimstyle↙或 Ddim↙。

命令执行后，打开“标注样式管理器”对话框，如图 4-94 所示。利用该对话框及其子对话框，用户可以形象直观地设置尺寸变量，建立尺寸标注样式。

2. 标注样式管理器

下面介绍“标注样式管理器”对话框中主要选项的功能。

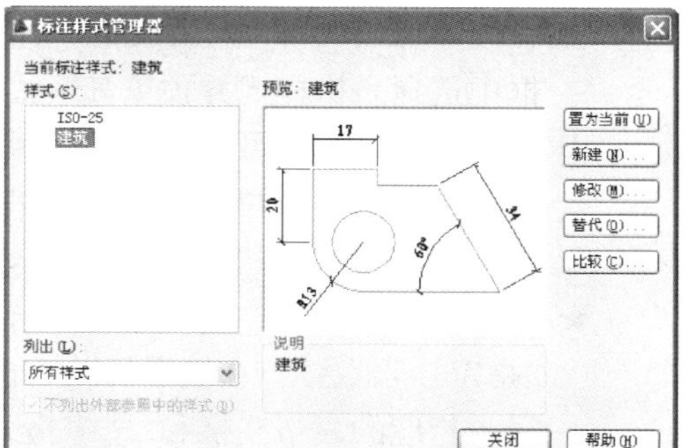

图 4-94 “标注样式管理器”对话框

★【当前标注样式】：显示当前使用的尺寸标注样式。

★【预览】窗口：显示列表框中选中样式标注的图形效果，“说明”中有对该样式的一些文字说明。

★【列出】列表框：可以设置控制“样式”中显示样式的过滤条件。这里有两个过滤条件：显示所有样式、显示所有在使用的样式。

★【置为当前】按钮：单击该按钮，则将列表框中选定的标注样式置为当前尺寸标注样式。

★【新建】按钮：建立一个新的尺寸标注样式。该功能的操作将在后面有详细的介绍。

★【修改】按钮：修改已定义的尺寸标注样式。单击该按钮，弹出“修改标注样式”对话框，用以修改在“样式”列表中选中的尺寸标注样式。该对话框中的各项内容将在创建新的尺寸标注样式中详细介绍。

★【替代】按钮：覆盖某一尺寸标注样式，即重新创建该尺寸标注样式。

★【比较】按钮：比较两种尺寸标注样式之间的差别。单击该按钮，弹出“比较标注样式”对话框，用以比较已定义过的两种尺寸标注样式之间的差别。

3. 创建新的尺寸标注样式

下面详细介绍如何设置新的尺寸标注样式。

单击图 4-94 对话框中的“新建”按钮，会出现如图 4-95 所示的“创建新标注样式”对话框，用户可以在“新样式名”中输入合适的名称。

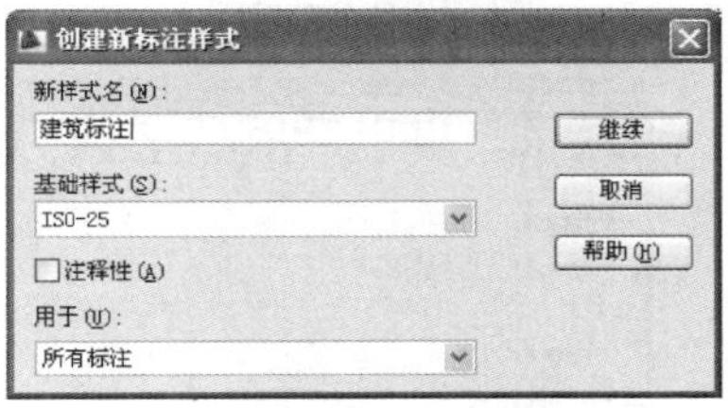

图 4-95 “创建新标注样式”对话框

单击图 4-95 中的“继续”按钮，打开图 4-96 所示的“新建标注样式”对话框，该对话框共有七个选项卡，分别用于设置尺寸标注样式的七项内容：线、符号和箭头、文字、调整、主单位、换算单位、公差。下面分别进行介绍。

★【线】选项卡：在该选项内可对尺寸线、尺寸界线等组成元素进行设置。

☆ 设置“尺寸线”选项区，可以对尺寸线颜色、线宽、尺寸线超出延伸线的距离、基线标注的尺寸线之间的间距、是否显示第一尺寸线和第二尺寸线进行设置。

☆ 设置“延伸线”选项区，其中，【超出尺寸线】文本框中设置尺寸界线超出尺寸线的距离；【起点偏移量】文本框中设置尺寸界线的实际起始点和用户定义尺寸界线起始点之间的偏移量；【隐藏】区设置是否显示第一和第二尺寸界线。

★【符号和箭头】选项卡：在该选项内可对箭头的样式、圆心标记、引线箭头样式等组成元素进行设置。设置“符号和箭头”的选项卡，如图 4-97 所示。

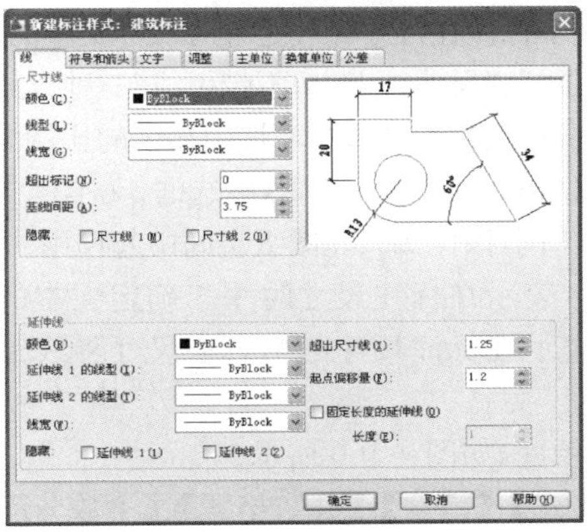
图 4-96 “新建标注样式”对话框

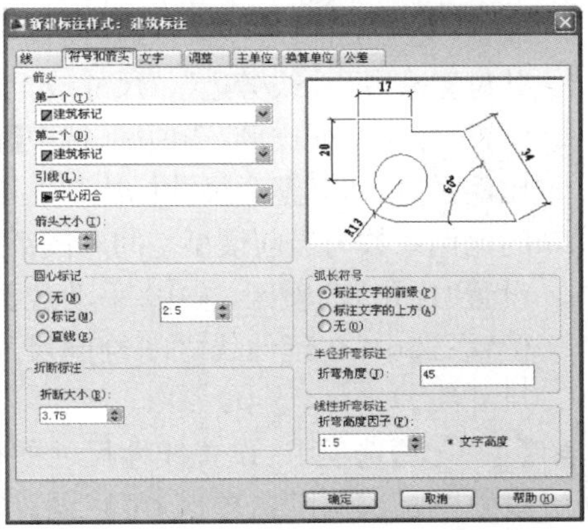
图 4-97 “符号和箭头”选项卡

☆ 设置尺寸箭头的样式和尺寸，在“第一个”或“第二个”下拉列表框中可以设置第一个或第二个尺寸箭头的名字，用户可以使用系统提供的样式，也可以使用自定义的箭头样式。系统允许第一个和第二个箭头样式可以不同。用户还可以在“引线”下拉列表框中选择引线的箭头样式，在“箭头大小”中设置箭头的大小。

★【文字】选项卡：在该选项内可对文字高度、颜色、样式、位置等组成元素进行设置。设置“文字”对话框，如图 4-98 所示。

☆ 设置“文字外观”选项区 ，可以设置【文字样式】、【文字颜色】、【文字高度】、【分数高度比例】等内容。

☆ 设置“文字位置”选项区 ，可以设置尺寸文本在垂直方向的位置或在水平方向的位置。

☆ 设置“文字对齐”选项区 ，可以设置尺寸文本放置样式。有“水平”、“与尺寸线对齐”和“ISO 标准”三种方式。

★【调整】选项卡：设置当尺寸界线距离较近时，需要调整尺寸文本和箭头的位置，如图 4-99 所示。

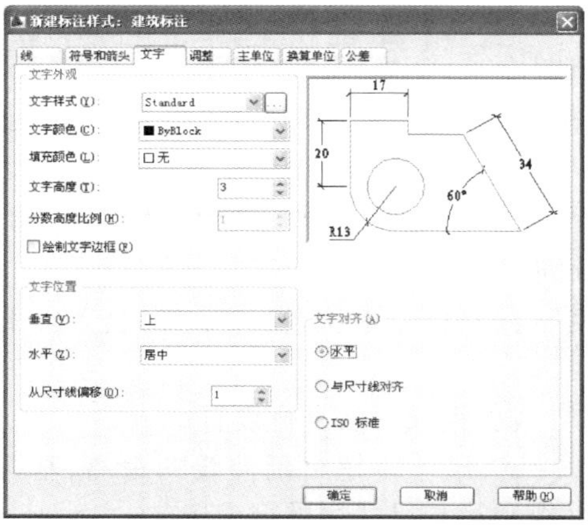

图 4-98 “文字”选项卡

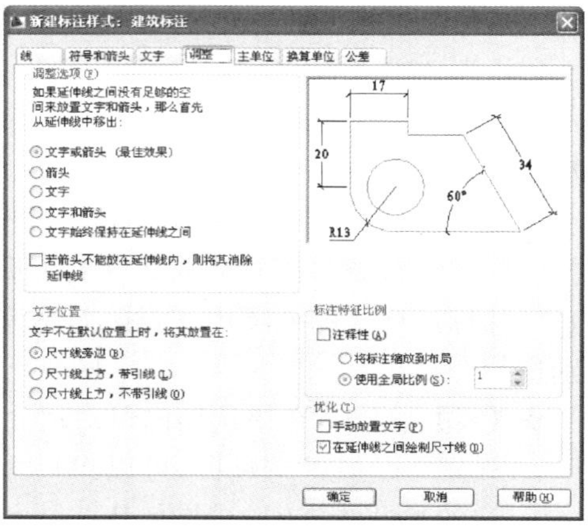

图 4-99 “调整”选项卡

☆ 设置“调整选项”选项区，可以调整当尺寸界线距离较近，不能容纳尺寸文本和箭头时，尺寸文本和箭头的布置方式。当延伸线之间没有足够的空间放置尺寸文本和箭头时，AutoCAD 首先将其中一个从延伸线中移出。但如果选择“文字始终保持在尺寸界线之内”，则尺寸文本一直放在尺寸界线内。

☆ 设置“文字位置”选项区，可以设置当尺寸文本标注在尺寸界线之外时尺寸文本的位置。其位置有“尺寸线旁边”、“尺寸线上方，带引线”、“尺寸线上方，不带引线”三种方式。

☆ 设置“标注特征比例”选项区，选中【使用全局比例】单选框，文本框中显示的比例为全局比例系数，即对整个尺寸标注都适用；选中【将标注缩放到布局】单选框，文本框中显示的比例系数为当前模型空间和图纸空间的比例，该比例只在图纸空间中起作用。

☆ 设置“优化”选项区，选中“手动放置文字”，表示在标注尺寸时手工确定文本的放置位置；选中“在延伸线之间绘制尺寸线”，表示在标注尺寸时一直在尺寸界线上绘制尺寸线。

★【主单位】选项卡：设置线性尺寸的格式和精度，如图 4-100 所示。

☆ 设置“线性标注”选项区，可以设置【单位格式】、【精度】、【分数格式】、【小数分隔符】、【舍入】精度以及设置标注尺寸时的【前缀】和【后缀】。

☆ 设置“测量单位比例”选项区，【比例因子】用于设置尺寸测量的比例因子，AutoCAD 实际标注值为测量值和该比例的乘积；选中“仅应用到布局标注”，表示“比例因子”只用在布局尺寸中。

☆ 设置“消零”选项区，【前导】选项用于抑制尺寸文本小数点前的 0，如尺寸为 0.6000，抑制后变成为.6000；【后续】选项用于抑制尺寸文本数字尾部的 0，如原尺寸为 0.6000，抑制后变成为 0.6。

★【换算单位】选项卡：设置参考单位以及单位文本的前缀、后缀，如图 4-101 所示。

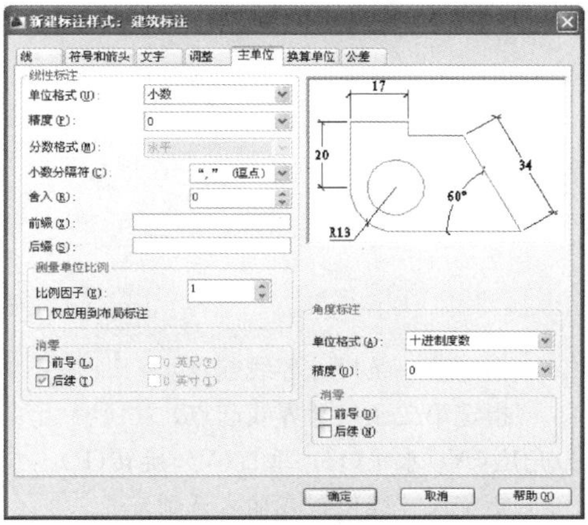

图 4-100 “主单位”选项卡

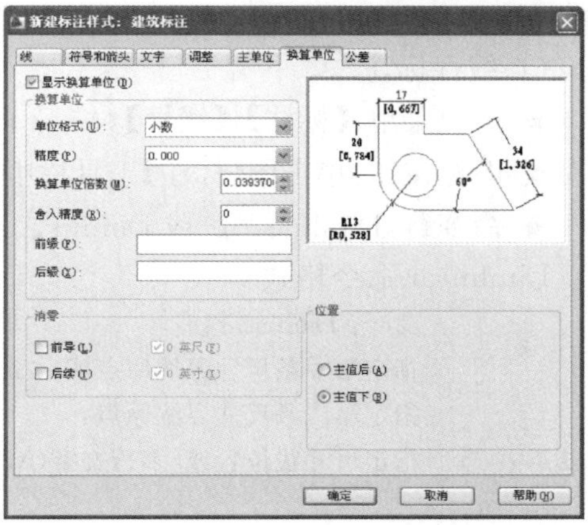

图 4-101 “换算单位”选项卡

☆ “显示换算单位”复选框：选中该复选框，表示使用参考单位。该对话框中的其余各项类似于上一个选项卡，这里不再详述。

★【公差】选项卡：设置尺寸公差的标注和标注格式，如图 4-102 所示。

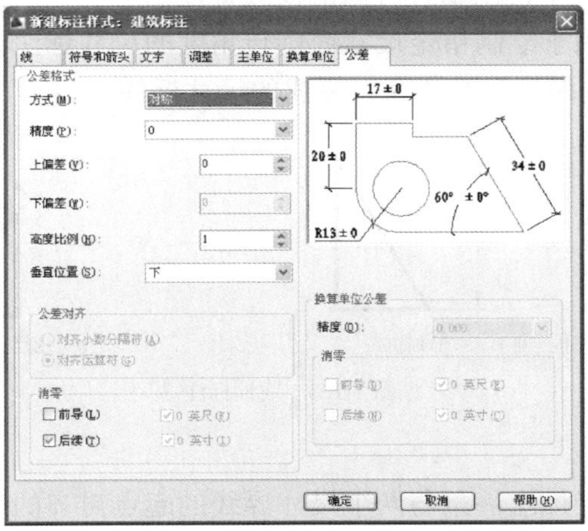

图 4-102 “公差”选项卡

☆ “公差格式”选项区中的【方式】用于设定尺寸公差的标注形式。其中有五个选项供用户选择：不标注公差、标注对称公差、标注上下公差、标注极限公差、标注基准公差。

总之，以上介绍了尺寸样式的各个选项卡，在定义一个新的尺寸标注样式时，并不是每个内容都要重新进行设置。一般选取一个最相近的样式作为基础，然后修改与其不同的选项，通过预览可实现观察每个选项对尺寸标注的影响。这样，可以帮助用户定义所需要的样式。

4.10.2 尺寸标注的方法

AutoCAD 将所标注的尺寸分为长度型尺寸标注、角度型尺寸标注、半径型尺寸标注、直径型尺寸标注、引线型尺寸标注、坐标型尺寸标注。下面着重介绍长度型尺寸标注和引线型尺寸标注。

1. 长度型尺寸标注

长度型尺寸标注指标注长度方面的尺寸，又分线性标注、基线标注、连续标注、对齐标注等类型。

（1）线性标注

★ 下拉菜单：【标注】|【线性】。

★ 图标按钮：单击图【标注】工具栏中的按钮。

★ 命令行：Dimlinear ↙或 Dimlin ↙或 DLI ↙。

Dimlinear 命令格式：

命令：Dimlinear ↙
指定第一条尺寸界线原点或 <选择对象>：（指定第一条尺寸界线起点）
指定第二条尺寸界线原点：（指定第二条尺寸界线起点）
指定尺寸线位置或[多行文字(M)/文字(T)/角度(A)/水平(H)/垂直(V)/旋转(R)]：
（指定尺寸线位置或输入选项）

各选项的含义为：

★【多行文字(M)】和【文字(T)】选项可以修改系统自动测量的标注文字。

★【角度(A)】选项可以修改标注文字的旋转角度。

★【水平(H)】选项用于绘制水平方向的尺寸标注。

★【垂直(V)】选项用于绘制垂直方向的尺寸标注。

★【旋转(R)】选项用于绘制指定尺寸线旋转角度的尺寸标注。

如图 4-103 所示是利用线性标注命令完成的尺寸标注。

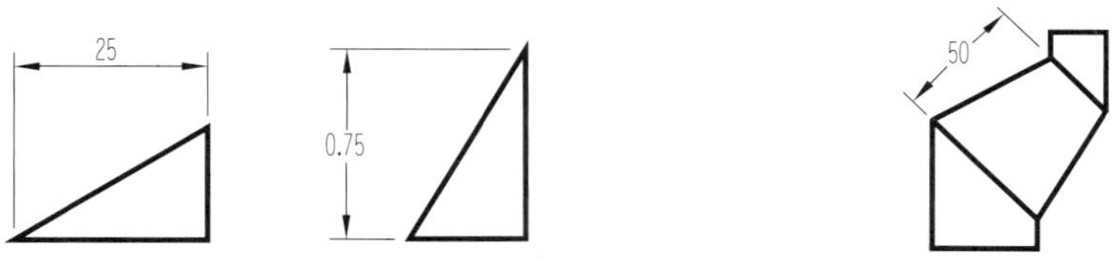

a）选择“水平”和“垂直”线性标注　　b）选择“旋转”线性标注

图 4-103　线性标注

（2）对齐标注

Dimaligned 命令用于标注一条与两个尺寸界线的起点对齐的尺寸线。该命令可以通过以下方式来调用(图 4-104)。

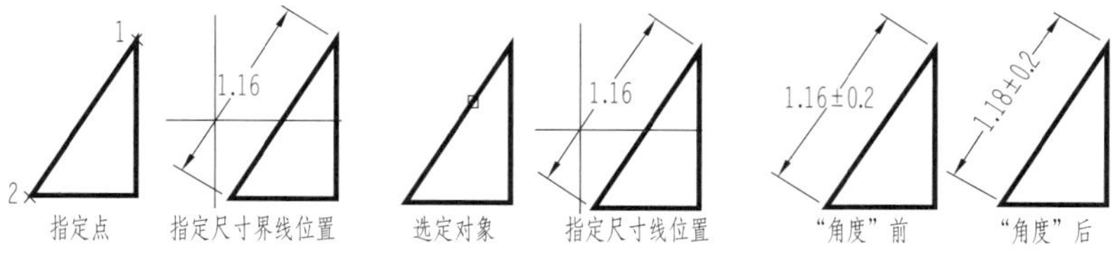

图 4-104　对齐标注

★ 下拉菜单:【标注】|【对齐】。

★ 图标按钮:单击【标注】工具栏中的按钮。

★ 命令行:Dimaligned ↙或 Dimali ↙或 DAL ↙。

(3)基线标注

Dimbaseline 命令用于有一个共同标注基准点的线性尺寸或角度尺寸的标注,该命令可以通过以下方式来调用。

★ 下拉菜单:【标注】|【基线】。

★ 图标按钮:单击【标注】工具栏中的按钮。

★ 命令行:Dimbaseline ↙或 Dimbase ↙或 DBA ↙。

注意:在使用该命令前,用户应先使用 Dimlinear 等标注命令绘制第一个尺寸,然后再用该命令进行基线标注。

这时在移动鼠标的过程中就可以清楚地看出基线标注的尺寸线,用目标捕捉的方式指出第二个延伸线的起点。执行该功能时系统自动地以最初选定的尺寸作为基准尺寸标注,如用户需选择另一个尺寸标注作为基准标注,可以输入“S”然后选择新的基准,如图 4-105 所示。

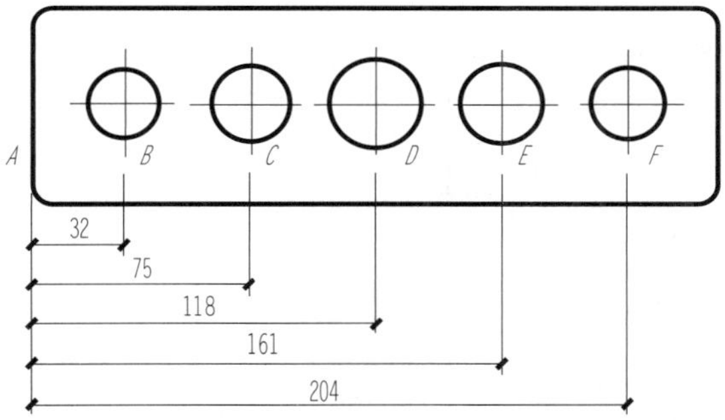

图 4-105　基线标注

(4)连续标注

Dimcontinue 命令用于在同一方向上连续地标注线性尺寸或角度尺寸。该命令可以通过以下方式来调用。

★ 下拉菜单:【标注】|【连续】。

★ 图标按钮:单击【标注】工具栏中的按钮。

★ 命令行:Dimcontinue ↙或 Dimcont ↙或 DCO ↙。

如图 4-106 所示是利用连续标注命令完成的尺寸标注。

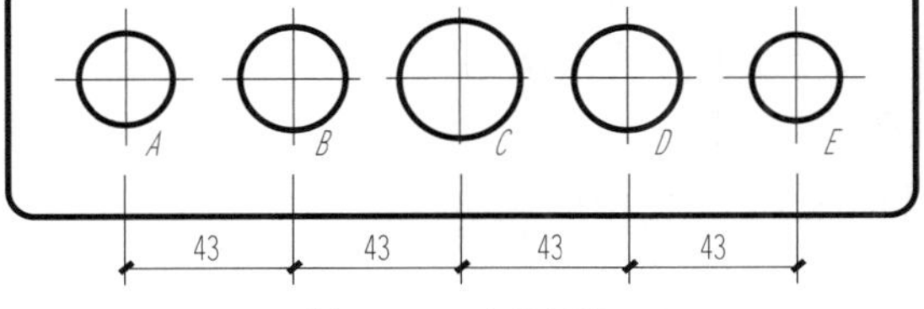

图 4-106　连续标注

> 注意：在使用该命令前，用户应先使用 Dimlinear 等标注命令绘制第一个尺寸，然后再用该命令进行连续标注。

2. 引线型尺寸标注

(1)设置引线样式

★ 下拉菜单：【格式】|【多重引线样式】。

★ 图标按钮：单击【样式】工具栏中的按钮。

★ 命令行：Mleaderstyle ↙。

命令执行后，打开“多重引线样式管理器”对话框，如图 4-107 所示。利用该对话框的【新建】按钮，可以创建新的引线样式，如图 4-108 所示。

★【引线格式】选项卡：用于设置标注引线的类型、颜色、线型、线宽、箭头符号形式和箭头的大小。

★【引线结构】选项卡：用于设置引线端点数的最大值，设置第一段和第二段引线的角度。

★【内容】选项卡：用于设置注释文字信息。

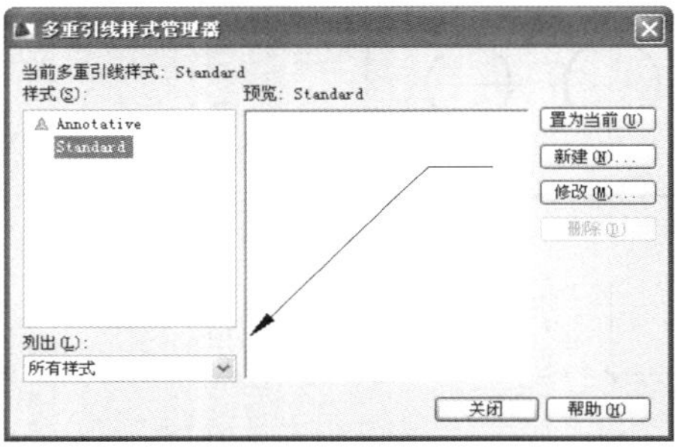

图 4-107 “多重引线样式管理器”对话框

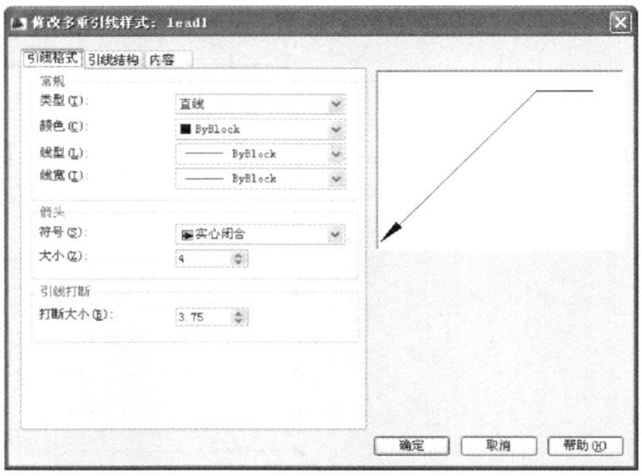

图 4-108 “修改多重引线样式”对话框

(2)创建引线标注

在进行引线标注时，默认情况下，当指定了引线的起始点后，再在“指定下一点：”提示下确定引线的下一点位置。如果“引线设置”对话框的“引线箭头”选项卡中设置了点数的最大值，那么系统将提示“指定下一点：”的次数比最大值少 n－1；如果将点数设为无限值，用户则可确定任意多个点。当在“指定下一点：”提示下要结束确定点的操作时，按 Enter 键即可。确定引线的各端点后，用户在“引线设置”对话框的“注释”选项卡中确定的注释类型不同，系统给出的提示也不同。

(3)快速标注

在 AutoCAD 中还提供了一条快速引线命令 Qleader，它使用起来较 Leader 命令更快捷简便。Qleader 命令可以通过以下方式来调用。

★ 下拉菜单：【标注】|【引线】。

★ 图标按钮：单击【标注】工具栏中的按钮。

★ 命令行：Qleader ↙。

执行“快速标注”命令，并选择需要标注尺寸的各图形对象，命令行将显示如下信息：

选择要标注的几何图形：

指定尺寸线位置或

［连续(C)/并列(S)/基线(B)/坐标(O)/半径(R)/直径(D)/基准点(P)/编辑(E)/设置(T)］＜连续＞：

利用该命令可以进行“连续(C)”、“并列(S)”、“基线(B)”、“坐标(O)”、“半径(R)”、“直径(D)”等标注。

4.10.3 尺寸标注的编辑

1.尺寸标注的相关性

在尺寸标注时，AutoCAD一般将尺寸线、尺寸界线、尺寸箭头和尺寸文本作为一个完整的图块，此时如果对尺寸标注部分进行拉伸，尺寸文本将自动发生相应的变化，这种尺寸标注称为关联性尺寸标注。当尺寸标注采用关联性标注时，如果改变尺寸标注样式，则以该样式标注的所有尺寸标注都将全部以新样式改变。

在尺寸标注时，若将尺寸线、尺寸界线、尺寸箭头和尺寸文本都作为单独的对象存在，这种尺寸标注，称为非关联性尺寸标注。当尺寸标注采用非关联性标注时，尺寸线、尺寸界线、尺寸箭头和尺寸文本不再作为一个图块整体存在，此时若对尺寸标注部分进行拉伸，尺寸线会拉长，但尺寸文本并没有改变。并且如果改变尺寸标注样式，以该样式标注的尺寸将不会作任何改变。所以，虽然使用非关联性尺寸标注在改变文本方面比较便利，但对以后的标注修改不利，需慎重使用。

AutoCAD用变量Dimaso控制尺寸标注的关联性，当Dimaso=1时，标注的尺寸为关联性尺寸；当Dimaso=0时，标注的尺寸为非关联性尺寸。

如果标注的尺寸为关联性尺寸，使用Explode命令对其分解后，将变成非关联性尺寸。

注意：在标注时，AutoCAD在名为Defpoint的层上设置定义点，该点并不绘出，但在编辑对象过程中，选择集中必须包含该点。如果尺寸文本不是测量值，而是用户自己修改过的值，则没有相关性。

2.尺寸标注编辑

(1)命令格式

单击【标注】工具栏中【编辑标注】按钮，系统提示：

命令：Dimedit

输入标注编辑类型［默认(H)/新建(N)/旋转(R)/倾斜(O)］＜默认＞：

(2)操作说明

★【默认(H)】将尺寸文本按尺寸标注样式中所定义的位置、方向重新放置。选取该选项，输入“H”，系统继续提示“选择对象：”，选取要编辑的尺寸标注，即对该尺寸标注进行修改。

★【新建(N)】修改所选择的尺寸标注的尺寸文本。选取该选项，输入“N”，系统继续提示“选择对象：”，选取要编辑的尺寸标注，则弹出多行文本编辑框，用户可在此文本框中修改尺寸数值。

★【旋转(R)】改变尺寸文本的方向。

★【倾斜(O)】实行倾斜标注。即编辑线性尺寸标注，使其尺寸界线倾斜一个角度。

习题

一、单项选择题

1. AutoCAD 缺省的自动存盘时间为(　　)。

A. 10min　　B. 30min　　C. 60min　　D. 120min

2. 在 AutoCAD 中,有一些系统确定的别名,如:"L"代表命令"Line",那么层命令的别名为(　　)。

A. L　　B. LA　　C. LAY　　D. PL

3. 在 AutoCAD 中撤销或中断一个命令可以用(　　)方法。

A. Ctrl+C 键　　B. Ctrl+P 键　　C. Ctrl+N 键　　D. Esc 键

4. 在 AutoCAD 中,用户采用指定该点与已知点相对距离的办法来确定某一点相对坐标,为了区别绝对坐标,在相对坐标前加上符号(　　)。

A. &　　B. 3　　C. @　　D. ˆ

5. 在 AutoCAD 中,用于打开/关闭正交方式的功能键是(　　)。

A. F6　　B. F7　　C. F8　　D. F9

6. 在用直线(Line)命令绘制封闭图形时,最后一直线可按(　　)字母后回车而自动封闭。

A. C　　B. G　　C. D　　D. O

7. 在 AutoCAD 中,用多段线(Pline)命令绘制的连续线与用直线(Line)命令绘制的连续线的不同点在于(　　)。

A. Pline 命令绘制的连续线是一个整体,而 Line 不是。

B. Pline 命令绘制的连续线是不可用"U"取消上一段的,而 Line 可以。

C. Pline 命令绘制的连续线不能用 C 方式封闭,而 Line 可以。

D. Pline 命令只能画连续线,不能只画一条直线段,而 Line 可以。

8. 在 AutoCAD 中,使用 Polygon 绘制正多边形时,下列方式错误的是(　　)。

A. 内接正多边形　　B. 外切正多边形

C. 确定边长方式　　D. 确定圆心、正多边形点的方式

9. 在标注文字(Text)命令中,在提示"Text:"下输入"0. 2%%D",得到的实际文本为(　　)。

A. 0. 2　　B. 0. 2°　　C. 0. 2%　　D. ♀0. 2

10. 在 AutoCAD 中,如果屏幕只显示一部分图形,则欲删除图形中的所有实体,最好选用(　　)方式建立选择集。

A. Window　　B. Cross　　C. Last　　D. All

11. 在 AutoCAD 中,在"选择对象"提示下,输入(　　)可选择将一条多段线穿过的对象建立为选择集。

A. B　　B. F　　C. C　　D. CP

12. 在 AutoCAD 的 Array 命令中,若让对象向左上角方向排列则需(　　)。

A. 行间距为正,列间距为正

B. 行间距为正,列间距为负

C. 行间距为负，列间距为正

D. 行间距为负，列间距为负

13. 在 AutoCAD 的 Zoom 命令中，如果在其提示行“指定窗口的角点，输入比例因子（nX 或 nXP）”输入“0.5X”则表示（　　）。

A. 以整幅图纸的 2 倍尺寸显示图形

B. 以整幅图纸的一半尺寸显示图形

C. 以当前显示图形的 2 倍尺寸显示图形

D. 以当前显示图形的一半尺寸显示图形

14. 在 AutoCAD 中，图层上的颜色中缺省的颜色为（　　）。

A. 红色　　B. 白色　　C. 绿色　　D. 蓝色

15. 在 AutoCAD 中，用 Layer 命令的“锁定”选项将图层锁定后该图层（　　）。

A. 可在屏幕显示，但不能被编辑命令修改

B. 不可在屏幕显示，但能被编辑命令修改

C. 可在屏幕显示，能被编辑命令修改

D. 不可在屏幕显示，不能被编辑命令修改

16. 在 AutoCAD 中绘制图形时如果需要在图中不同位置，以不同比例、旋转角绘制形状完全相同的图形，最有效的方法是利用（　　）。

A. 定义图层的方法　　B. 定义块的方法

C. 设置图形属性　　D. 设置多视窗

17. 在 AutoCAD 中，要消除一个未用的块，则需要使用（　　）命令。

A. Purge　　B. Delete

C. Erase　　D. Delblock

18. 在 AutoCAD 中给一个对象指定颜色有除（　　）外三种方法。

A. 直接指定颜色特性　　B. 随层“ByLayer”

C. 随块“ByBlock”　　D. 随机颜色

19. 在 AutoCAD 中可以给图层定义的特性不包括（　　）。

A. 颜色　　B. 线宽　　C. 打印/不打印　　D. 透明/不透明

20. AutoCAD 中 CAD 标准文件后缀名为（　　）。

A. dwg　　B. dxf　　C. dwt　　D. dws

21. 以下说法正确的有（　　）。

A. 逆时针角度为正值　　B. 顺时针角度为负值

C. 角度的正负要依据设置　　D. 以上都不对

22. 刷新屏幕，用以下哪个命令？（　　）

A. Redraw　　B. Viewres　　C. Repaint　　D. Blips

23. 表明绝对位置为 5，5 的点是（　　）。

A. @5，5　　B. #5，5　　C. 5，5　　D. 5<5

24. 对于拉伸命令应用哪种方式建立选择集？（　　）

A. 交叉窗口　　B. 窗口　　C. 栏选　　D. 全部

25. 绘图窗口与文本窗口的转换是通过（　　）功能键来实现的。

A. F2　　B. F5　　C. F8　　D. F10

26. 在下列绘图工具中，(　　)工具可以用来绘制变宽度的线。

A. Line　　B. Pline　　C. Xline　　D. Ray

27. 下列编辑工具中，不能实现"改变位置"功能的是(　　)。

A. 移动　　B. 比例　　C. 旋转　　D. 阵列

28. 将绘制的图形保存为样板文件的文件名为(　　)。

A. ＊.dwg　　B. ＊.dxf　　C. ＊.dwt　　D. ＊.dwf

29. 下列命令操作中，不能插入图块的是(　　)。

A. Divide　　B. Measure　　C. Array　　D. Insert

30. 移动圆对象，使其圆心移动到直线中点，需要应用(　　)。

A. 正交　　B. 捕捉　　C. 栅格　　D. 对象捕捉

二、多项选择题

1. 在 AutoCAD 中有关用户坐标系的说法正确的是(　　)。

A. 世界坐标系只有一个，而用户坐标系可设置多个

B. 用户坐标系的原点与世界坐标系的原点吻合

C. 用户坐标系的水平正向与世界坐标系的水平正向一致

D. 用户坐标系统的图标可以不显示

2. 在 AutoCAD 中的 Circle 命令中，圆心输入可采用以下哪些方式？(　　)

A. 用鼠标进行屏幕选取　　B. 键盘输入圆心坐标

C. 采用捕捉方式　　D. 用 Ortho 命令

3. 在 AutoCAD 中，关于 Pline 命令绘制的多段线，下列各种说法正确的是(　　)。

A. Pline 多段线是一个实体

B. Pline 多段线宽度在起点与终点可不一样

C. 带有宽度的多段线只能是实心的

D. Pline 多段线只能整体删除，不能删除其中一段

4. 在 AutoCAD 的 Circle 命令中，提示"[三点(3P)/两点(2P)/切点、切点、半径(T)]："中的"切点、切点、半径(T)"方式指的是(　　)。

A. 此圆与两直线相切的切点及圆的半径

B. 此圆与另两圆相切的切点及圆的半径

C. 此圆与一直线及另一圆相切的切点及圆的半径

D. 以上都不对

5. 在 AutoCAD 中，下列叙述正确的是(　　)。

A. 圆不可能有宽度

B. Polyoon 命令可以绘制正七边形

C. 不能直接删除多段线中的一个线段

D. Text 命令可以绘制任意旋转角的文字

6. 用阵列命令"Array"阵列对象时有以下哪些阵列类型？(　　)

A. 曲线阵列　　B. 矩形阵列

C. 正多边形阵列　　D. 环形阵列

7. 用偏移命令"Offset"偏移对象时(　　)。

A. 必须指定偏移距离

B. 可以指定偏移通过特殊点

C. 可以偏移开口曲线和封闭线框

D. 源对象的某些特征可能在偏移后消失

8. 用镜像命令“Mirror”镜像对象时(　　)。

A. 必须创建镜像线

B. 可以镜像文字，但镜像后文字不镜像

C. 镜像后可选择是否删除源对象

D. 用系统变量“Mirrtext”控制文字是否镜像

9. 用复制命令“Copy”复制对象时，当需要系统提供帮助信息时可以(　　)。

A. 按 F1 键

B. 在命令行中输入“?”，然后按 Enter 键

C. 在命令行中输入“Help”，然后按 Enter 键

D. 对话框中单击“帮助”按钮

10. 用复制命令“Copy”复制对象时，可以(　　)。

A. 原地复制对象　　B. 同时复制多个对象

C. 一次把对象复制到多个位置　　D. 复制对象到其他图层

11. 以下哪些对象不能被删除?(　　)

A. 世界坐标系　　B. 文字对象

C. 锁定图层上的对象　　D. 不可打印图层上的对象

12. 用旋转命令“Rotate”旋转对象时，基点的位置(　　)。

A. 根据需要任意选择　　B. 一般取在对象特殊点上

C. 可以取在对象中心　　D. 不能选在对象之外

13. 在 AutoCAD 中，可以通过以下哪些方法激活一个命令?(　　)

A. 在命令行输入命令名　　B. 单击命令对应的工具栏图标

C. 从下拉菜单中选择命令　　D. 右击，从快捷菜单中选择命令

14. 在 AutoCAD 中，可以通过以下哪些方法改变一个系统变量的值?(　　)

A. 在命令行输入系统变量名，然后键入新的值

B. 右击，从快捷菜单中选择系统变量，然后键入新的值

C. 在某些对话框中改变复选框的状态

D. 在下拉菜单中，选择【工具】|【查询】|【设置变量】进行变量设置

15. 用移动命令“Move”把一个对象沿 X 轴正方向移动 8 个单位，沿 Y 轴正方向移动 5 个单位，应该输入:(　　)

A. 第一点:0,0;第二点:8,5　　B. 第一点:任意;第二点:@8,5

C. 第一点:(0,0);第二点:(8,5)　　D. 第一点:0<180;第二点:8,5

16. 用缩放命令“Scale”缩放对象时(　　)。

A. 可以只在 X 轴方向上缩放

B. 可以通过参照长度和指定的新长度确定

C. 基点可以选择在对象之外

D. 可以缩放小数倍

17. AutoCAD 中，用列表 List 命令可查询实体的(　　)等参数。

A. 名称　　　　B. 位置　　　　C. 颜色　　　　D. 线型

18. 在 AutoCAD 中，$X/Y/Z$ 点过滤符使用的作用包括（　　）。

A. 输入点坐标时对二维点输入 X、Y 方向的值

B. 输入点坐标时对三维点输入 X、Y、Z 方向的值

C. 指定某些中间点，然后在这些点中再选择某点的坐标 X、Y、Z 构成最后一个点的坐标

D. 利用 Osnap 方式捕捉点的 X、Y、Z 方向的值

19. AutoCAD 中，利用图层绘图时，图层的作用是（　　）。

A. 对实体颜色进行分层管理

B. 对实体线型进行分层管理

C. 把相同颜色线型定义在同一层中

D. 节省磁盘容量

20. AutoCAD 中，Color 命令的响应方式有（　　）。

A. 随层　　　　B. 随块　　　　C. 某一具体颜色　D. 无具体颜色

三、操作题

1. 利用绝对坐标和相对坐标绘制如图 4-109 所示图形。

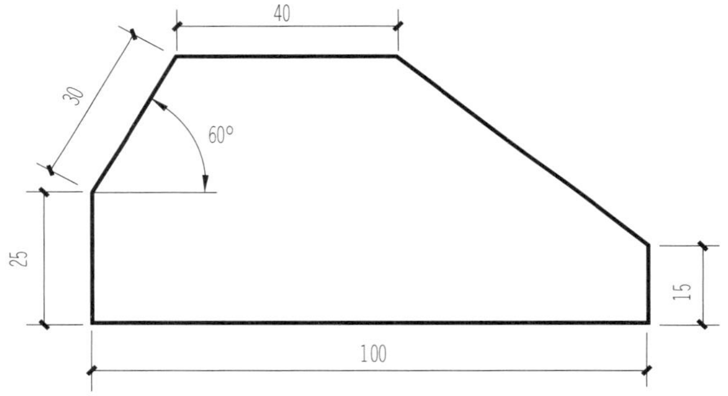

图 4-109　坐标练习

2. 设置图形范围，创建图层，适当调整非连续线型的全局比例因子，利用绘图、编辑命令绘制如图 4-110 所示图形。

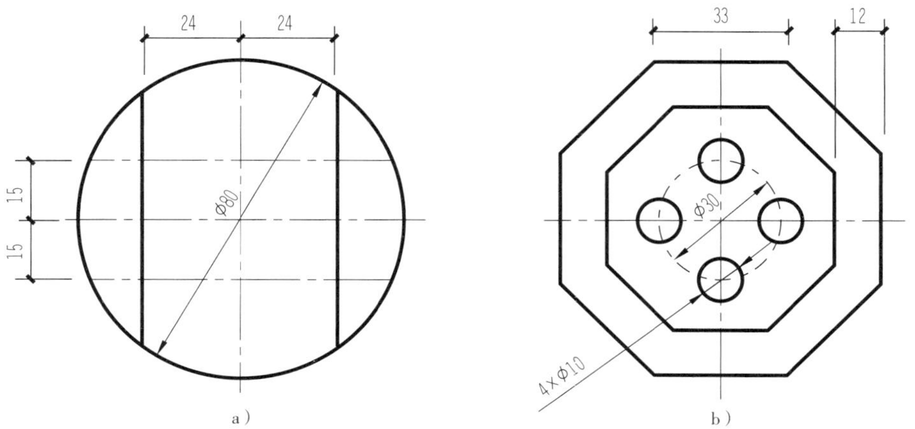

图 4-110　图层练习

3. 利用椭圆及多段线等命令绘制如图 4-111 所示图形。

图 4-111　多段线练习

4. 利用多线命令绘制如图 4-112 所示图形。

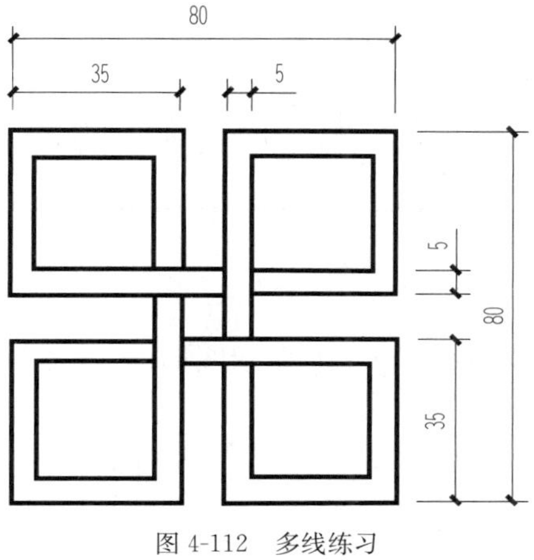

图 4-112　多线练习

5. 利用复制、比例缩放等编辑命令及图案填充绘制如图 4-113 所示图形。

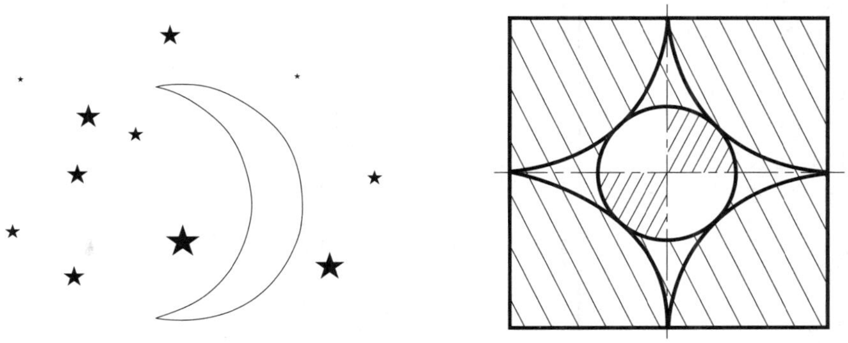

a）　　b）

图 4-113　编辑、图案填充命令练习

6. 绘制如图 4-114a)所示的卡片，然后将其定义成块，同时要求分别在姓名、职务的对应位置定义相应的属性。最后插入该块若干次到会议桌，如图 4-114b)所示。其中，属性的标记名、提示、默认值由读者自己确定。

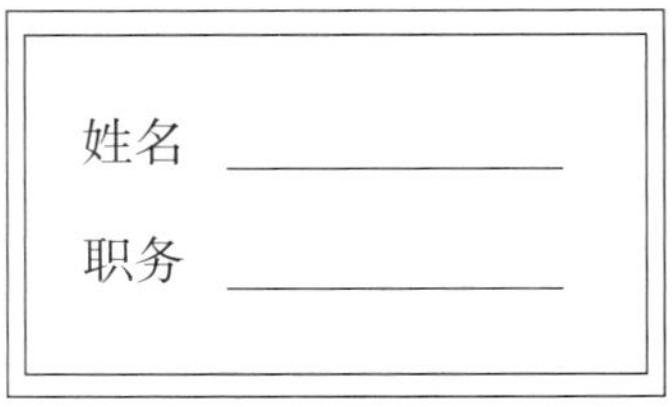

a)

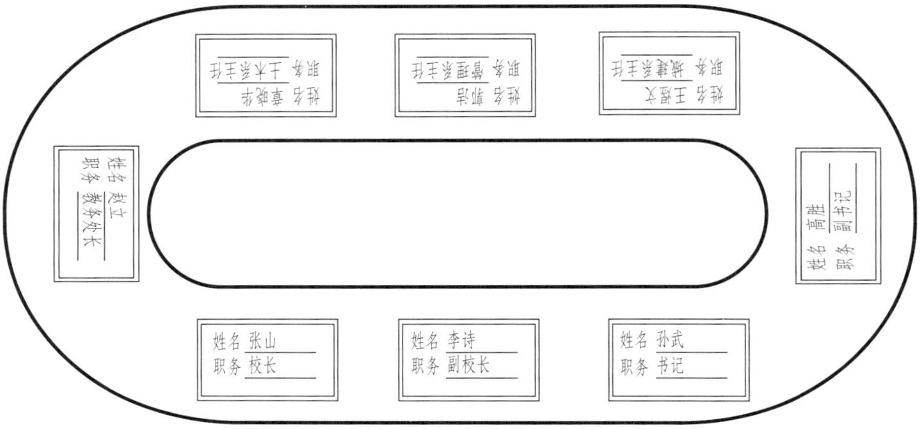

b)

图 4-114 块及其属性练习

7. 利用 AutoCAD 命令绘制如图 4-115 所示图形。

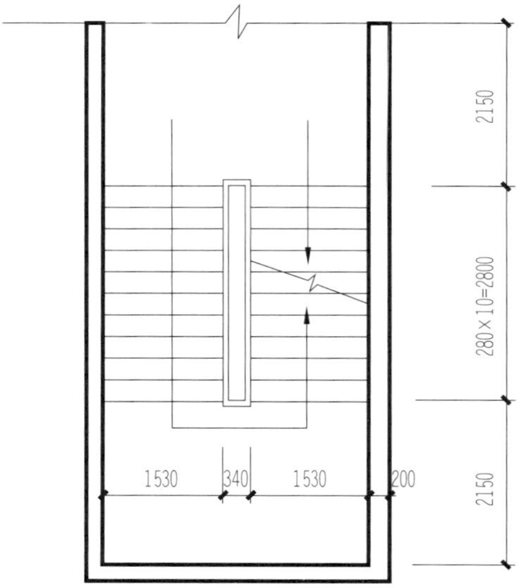

图 4-115 楼梯

第 5 章　绘制建筑施工图

5.1　创建样板图形文件

AutoCAD 默认的启动设置值为:图界(0.0,0.0,),(12.0,9.0),图层是白色(黑色)具有实线线型的 0 层等。自制样板图实际上就是把经常使用的相同惯例和设置通过创建或自定义样板文件保存起来,使得每次启动它时,都可直接获得这些特定的设置,以便节省时间。虽然 AutoCAD 2009 中自带有一系列标准的样板图,例如 acad.dwt,acadiso.dwt 等,但由于它们都是基于美国和德国的绘图标准,不符合我国的国情。

在建筑图形的绘制中,样板图文件通常的设置包括:

★ 绘图单位和精度的设置。

★ 图形界限的设置。

★ 图层与线型的设置。

★ 文字样式。

★ 标注样式。

★ 图框和标题栏。

5.1.1　绘图环境的设置

用户在开始绘图时首先要规划图形的绘图环境,其内容包括设置图形的绘图单位、图形界限、图形的图层和线型。

1. 绘图单位类型和精度的设置

(1)单击“格式” 菜单中“单位”,或调用“Ddunits”命令,弹出如图 5-1 所示的对话框。

(2)在“图形单位”对话框中设置长度单位与角度单位。我国建筑工程绘图习惯使用十进制,故在“图形单位”对话框的“长度”栏中选择“小数”,“角度”栏中选择“十进制”。

(3)在“精度”的列表框中调整其长度与角度的精度。建筑工程绘图一般使用毫米为单位,精度设为 0。

(4)在“方向控制”对话框中,单击“方向”按钮用来确定角度的零度方向与正方向。一般以正东方向为零度,逆时针方向为正,如图 5-1 所示。

2. 图形界限的设置

AutoCAD 的一大优点是可以使用户按 1∶1 的比例绘图,不像手工绘图那样要根据图纸大小,按不同比例绘图,一般工程图纸规格有 A0、A1、A2、A3、A4,若按 1∶1 绘图,为使硬拷贝按比例绘制在相应的图纸上,关键是设置好图形界限,表 5-1 提供的数据是按 1∶50 和 1∶100 出图,图形编辑区按 1∶1 绘图的图形界限,设计时可根据实际出图比例选用相应的图形界限。

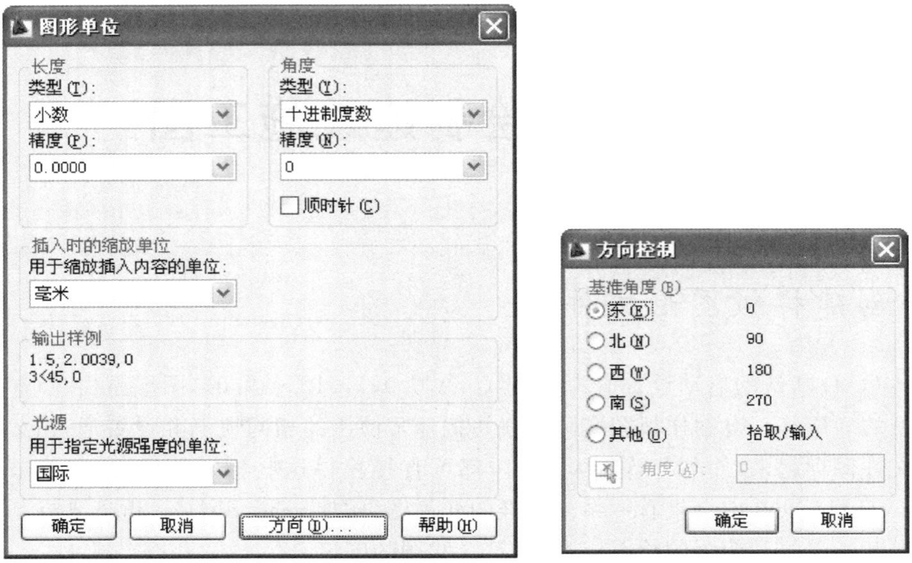

图 5-1 “图形单位”和“方向控制”对话框

图纸规格和图形编辑区按 1∶1 绘图的图形界限对照表 表 5-1

图纸规格	A0(mm×mm)	A1(mm×mm)	A2(mm×mm)	A3(mm×mm)	A4(mm×mm)
实际尺寸	841×1189	594×841	420×594	297×420	210×297
比例(1∶50)	42050×59450	29700×42050	21000×29700	14850×21000	10500×14850
比例(1∶100)	84100×118900	59400×84100	42000×59400	29700×42000	21000×29700

图形界限的设置具体操作如下。

(1)单击【格式】菜单中【图形界限】调用“Limits”命令，输入左下角界限与右上角界限值。

命令：Limits

重新设置模型空间界限：

指定左下角点或[开(ON)/关(OFF)]<0,0>： (输入左下角界限)

指定右上角点<420,297>：59400,42000 (输入右上角界限)

(2)打开界限检查状态。

命令：Limits

重新设置模型空间界限：

指定左下角点或[开(ON)/关(OFF)]<0,0>：ON

(3)用 Zoom All 命令使绘图区图形重新生成，并使绘图界限充满显示区。

命令：Zoom

指定窗口角点，输入比例因子（nX 或 nXP），或[全部(A)/中心点(C)/动态(D)/范围(E)/上一个(P)/比例(S)/窗口(W)]<实时>：A

正在重生成模型

3. 图层设置

在建筑绘图中，为了便于对图形进行控制，图层名、颜色、线型、线宽可按表 5-2 的要求设置。

图层、颜色、线型、线宽设置　　　　表 5-2

层　名	颜　色	线　型	线　宽
图框	白色	实线	0.35
辅助线	红色	点画线	0.25
文字	白色	实线	0.25
尺寸	白色	实线	0.25

(1)线型的装入

利用图层不仅可以设置颜色，而且还可以设置线型，新文件中只有缺省线型为可用的唯一线型，若要使用其他线型，必须先装入要使用的线型。具体操作步骤如下：

★ 单击【格式】菜单中的【线型】命令打开“线型管理器(Linetype manager)”对话框，如图 5-2 所示。

★ 单击“加载”按钮，弹出“加载或重载线型”对话框，如图 5-3 所示，在线型列表框中选择所需的线型，按“确定”按钮。

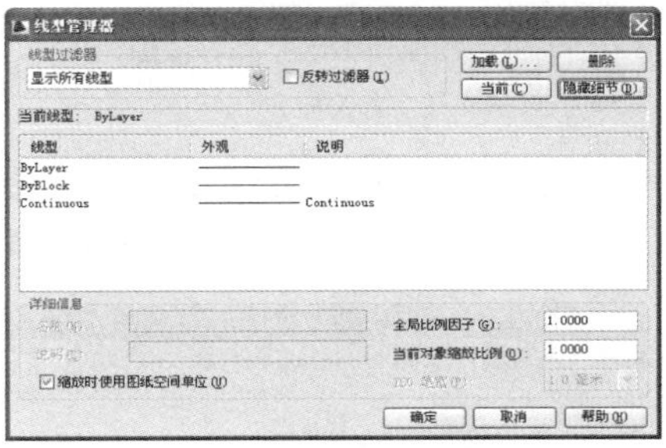

图 5-2　“线型管理器”对话框

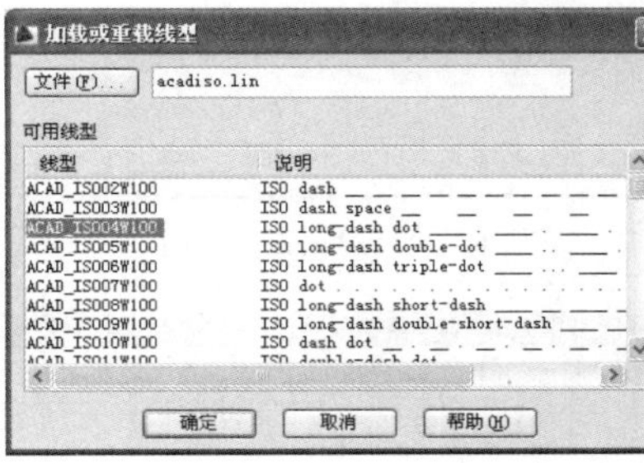

图 5-3　“加载或重载线型”对话框

(2)图层的建立、颜色、线型和线宽设置

单击图 5-4“图层特性管理器”中(新建图层)按钮，图层列表框中显示名为“图层 1”的新层，此时键入“辅助线”，则“图层 1”被“辅助线”所代替；单击对话框底部的“详细信息(Details)”显示附加图层选项设置图层的颜色、线型；其他图层的设置与“辅助线”层相同，其结果如图 5-4 所示。

4. 设置文字和标注样式

(1)设置文字标注样式

在建筑绘图中，一般使用仿宋字体，但有时图也附加有参数表，可先设置 3 种字体：仿宋、宋体和黑体。选择【格式】中的【文字样式】命令可得到如图 5-5 所示的对话框，在对话框中设置字型、字高以及宽度比例因子等参数。

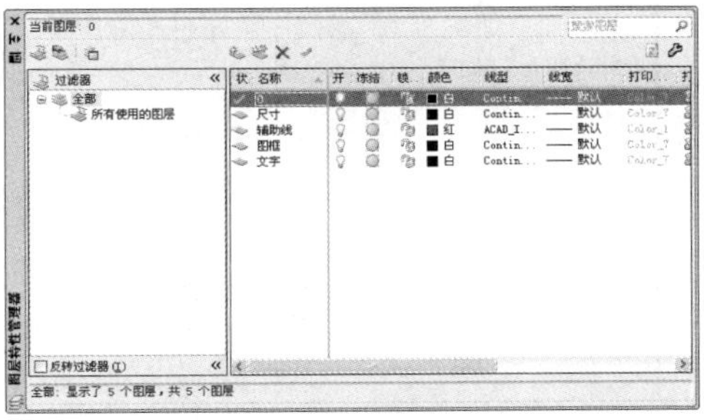

图 5-4　“图层特性管理器”对话框

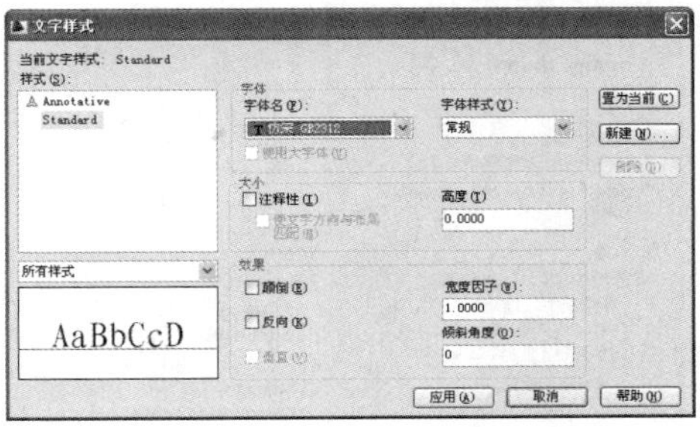

图 5-5　“文字样式”对话框

(2)设置尺寸标注样式

尺寸标注样式的设置是正式标注前一项十分重要的工作，其内容包括线条和箭头、文字、调整、主单位、换算单位、公差等 6 项内容。

其设置值应与图形的整体比例相协调。现行建筑设计规范对尺寸、文字的标注作了相应的规定，但大多给定了一些参数的范围，用 AutoCAD 绘图进行该项设置时，必须给出具体的数据，图 5-6～图 5-11 给出了尺寸变量的设置建议值，其中，整体比例系数视出图比例而定，如按 1∶100 出图，则整体比例系数为 100，以此类推。

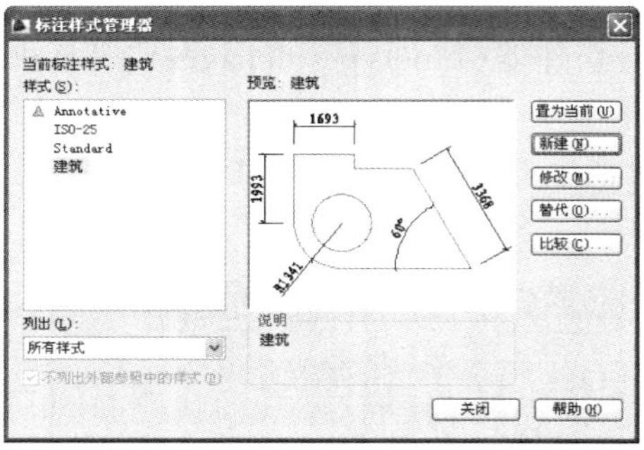

图 5-6　尺寸样式设置界面

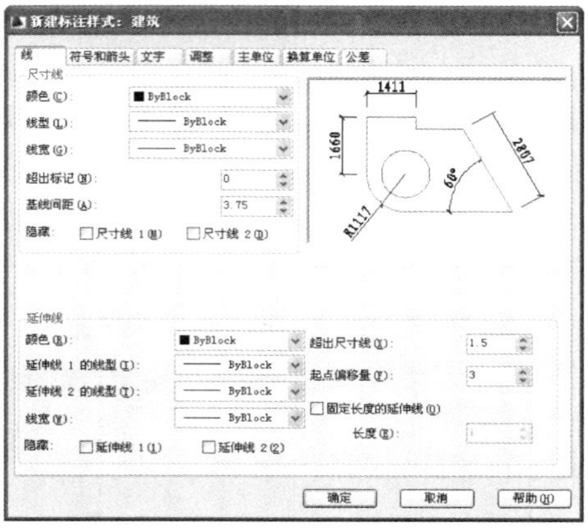

图 5-7　尺寸线和尺寸界限变量设置值对话框

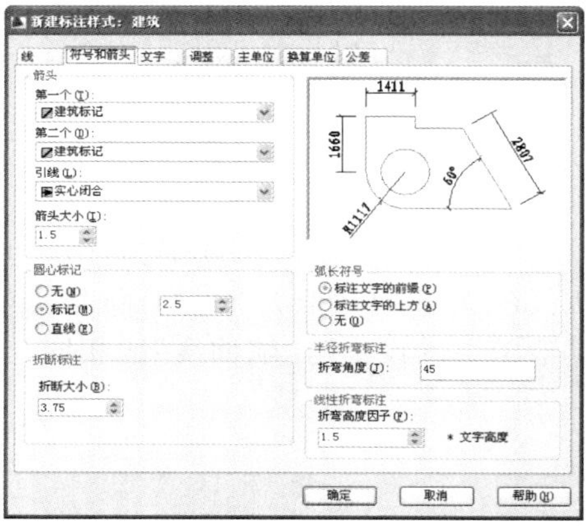

图 5-8　符号与箭头变量设置值对话框

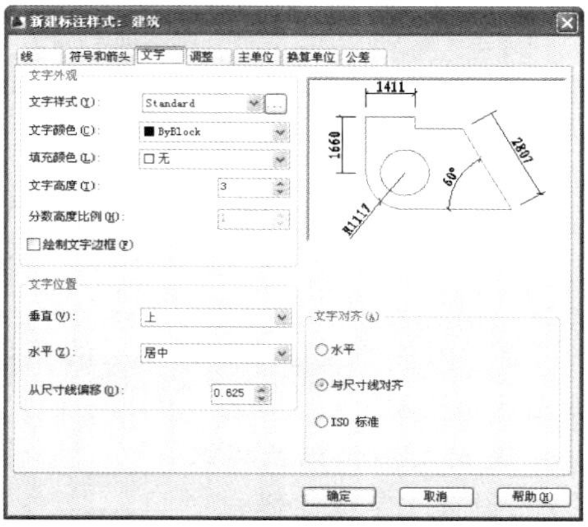

图 5-9　尺寸文字的字体字高和位置设置对话框

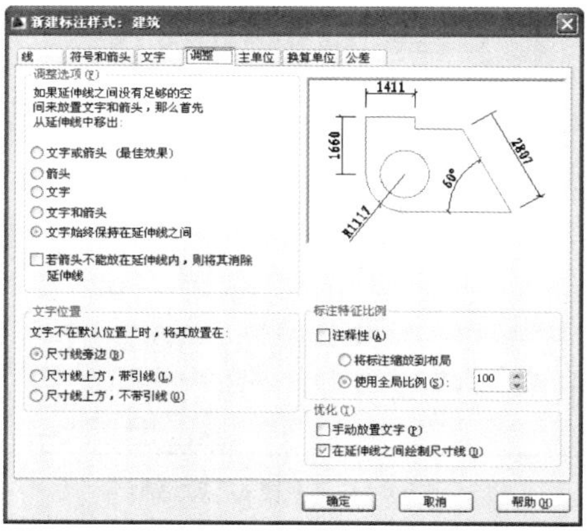

图 5-10　尺寸标注的特征比例和文字位置等参数设置对话框

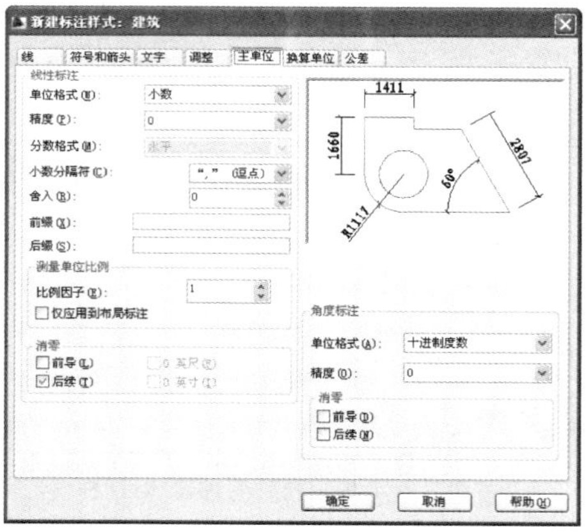

图 5-11　尺寸标注的单位及精度设置对话框

5.1.2 图块的创建及属性的定义

建筑图中有很多样式相同的门、窗、柱、轴线编号和标高符号，仅仅是在尺寸上有差别。因此，将它们创建成图块，在需要时插入，可以节省绘图时间，提高绘图效率。

创建图块的步骤为：

★ 将当前层转换为 0 层。

★ 将当前颜色和当前线型设置为随层(ByLayer)。

★ 建立图块对象。

★ 定义图块的属性(不带属性的图块此步省略)。

★ 定义图块。

注意：将当前颜色和当前线型设置为随层(ByLayer)，在 0 层上绘制建块对象，当插入所建的图块时，图块对象的属性(图层、颜色、线型等)将和插入图形时的当前层一致。如插入门图块时，门的属性和门层保持一致。

1. 建立门图块

(1)建立对象——门(图 5-12)

★ 绘制对象——门。

命令：Line　　(画线段 a)

指定第一点：　　(在绘图区某位置点取点 1)

指定下一点或［放弃(U)］：@0,1000

指定下一点或［放弃(U)］：

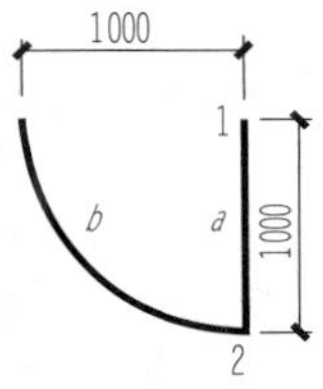

图 5-12　门

命令：Arc 指定圆弧的起点或［圆心(C)］：　　(画弧 b)

指定圆弧的第二个点或［圆心(C)/端点(E)］：C　　(捕捉点 2 为圆弧的起点)

指定圆弧的圆心：　　(捕捉点 1 指定圆弧的圆心)

指定圆弧的端点或［角度(A)/弦长(L)］：A

指定包含角：－90　　(给定圆弧的圆心角)

(2)创建图块——门

单击【绘图】菜单中【块】子菜单中【创建块】调用"Block"命令，调用后弹出如图 5-13 所示的"块定义"对话框。在"名称"栏中输入块名"M"，拾取"1"点作为基点，选择直线和弧作为建块对象，按"确定"后门块被定义。

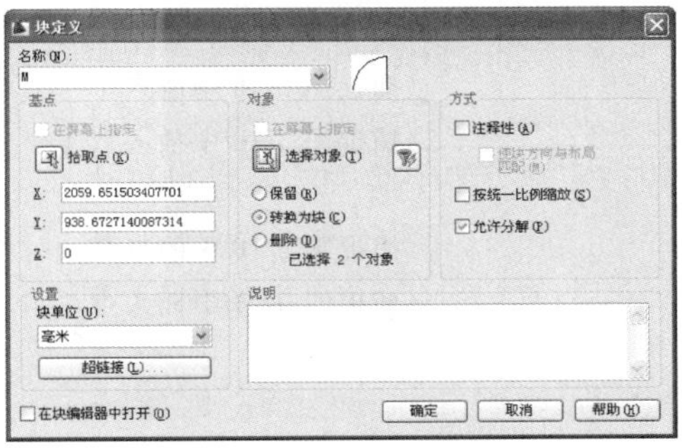

图 5-13　"块定义"对话框

命令：Bmake

Specify insertion base point：　　(捕捉插入点 1)

Select objects：　　(选取线段 a 与弧 b)

注意：门块的宽度设置为 1000mm 作为基准，在图块插入时只要改变 X,Y 方向的缩放比例和旋转角度，就可以得到不同宽度和不同角度的门。如门的开启方向不同，只要在给定 X,Y 方向的缩放比例时，根据其对称性在缩放比例值前加负号即可。因此，门图块只需建立一个即可，这一点望读者在操作时进行体会。

2. 建立窗图块(图 5-14)

(1)在 0 层上建立对象——窗

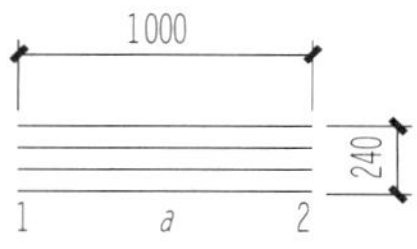

图 5-14　窗

★ 绘制线段 *a*。

命令：Line 指定第一点：(在绘图区某位置点取点 1)

指定下一点或 [放弃(U)]：@1000,0

指定下一点或 [放弃(U)]：

★ 阵列复制其他三条线段。

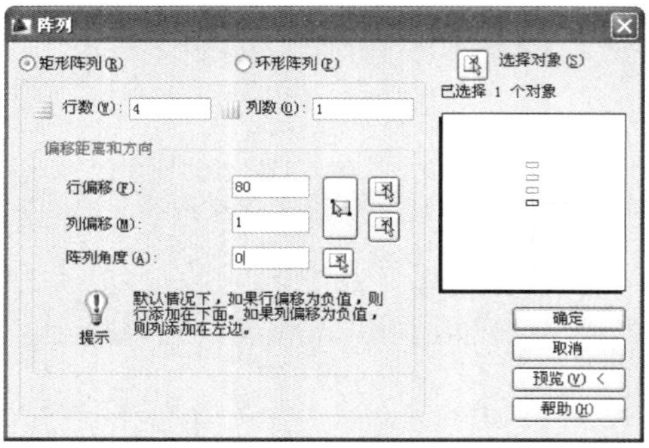

图 5-15　“阵列”对话框

单击【修改】菜单中【阵列】调用“Array”命令，调用后弹出如图5-15所示的“阵列”对话框。阵列形式为“矩形阵列”，选取图中的“直线”为对象，行数为“4”，列数为“1”，行偏移为“80”，列偏移为“1”，角度为“0”。

(2)创建窗图块

单击【绘图】菜单中【块】子菜单中【创建块】调用“Block”命令，弹出如图 5-13 所示的“块定义”对话框。在“名称”栏中输入块名“窗块”，拾取“1”点作为基点，选择建块对象，按“确定”后门块被定义。

注意：窗块的长度以 1000mm 作为基准，宽度为 240mm(为墙的厚度)，在图块插入时只要改变 X 方向的缩放比例和旋转角度，就可以得到不同长度和不同角度的窗。

3. 建立柱图块(图 5-16)

(1)在 0 层上建立对象——柱

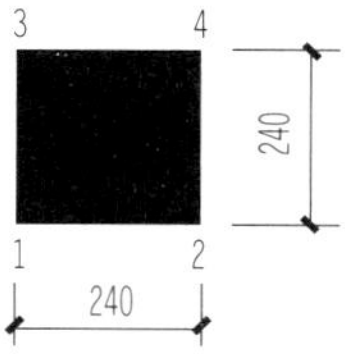

图 5-16　柱

★ 绘制 240mm×240mm 的矩形。

命令：Rectang

指定第一个角点或 [倒角(C)/标高(E)/圆角(F)/厚度(T)/宽度(W)]：(点取矩形的对角点 1)

指定另一个角点或 [尺寸(D)]：@240,240　　(得到对角点 4)

★ 绘制柱的辅助对角线。

命令：Line 指定第一点：　　(捕捉图 5-16 中的点 1)

指定下一点或 [放弃(U)]：　　(捕捉图 5-16 中插入点 4)

指定下一点或 [放弃(U)]：

命令：Line 指定第一点：　　(捕捉图 5-16 中的点 2)

指定下一点或 [放弃(U)]：　　(捕捉图 5-16 中插入点 3)

指定下一点或 [放弃(U)]：

★ 绘制填充柱。

命令：Solid 指定第一点：　　(捕捉图 5-16 中的点 1)

指定第二点：　　(捕捉图 5-16 中的点 2)

指定第三点：　　(捕捉图 5-16 中的点 3)

指定第四点或 <退出>：　　(捕捉图 5-16 中的点 4)

(2)创建柱图块

单击标准工具栏中【创建块】图标，调用“Block”命令，弹出如图 5-13 所示的“块定义”

对话框。在“名称”栏中输入块名“柱块”,拾取线段 14 与线段 23 的交点作为基点,选择填充柱作为建块对象,按“确定”后门块被定义。

4. 创建轴线编号属性块(图 5-17)

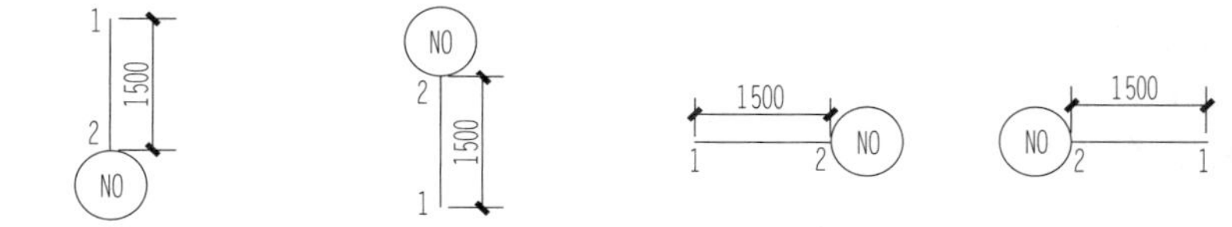

a)垂直轴号(下)　b)垂直轴号(上)　c)水平轴号(右)　d)水平轴号(左)

图 5-17　轴线编号

(1)在 0 层上建立对象——垂直轴号(下)

命令:Circle 指定圆的圆心或[三点(3P)/两点(2P)/相切、相切、半径(T)]:

指定圆的半径或[直径(D)]:400　(输入圆的半径)

命令:Line 指定第一点:　(捕捉圆的四分之一点 2)

指定下一点或[放弃(U)]:@0,1500

(得到点 1)

指定下一点或[放弃(U)]:

(2)定义属性

单击标准工具栏中【创建块】图标,调用“Block”命令,在弹出如图 5-18 所示的“属性定义”对话框,拾取“圆心”作为插入点,属性标记为“NO”,提示为“输入轴线编号:”,文字选项中“对正”为“中间”(即放入圆的中间),字高为“300”,角度为“0”。按“确定”后门块被定义。

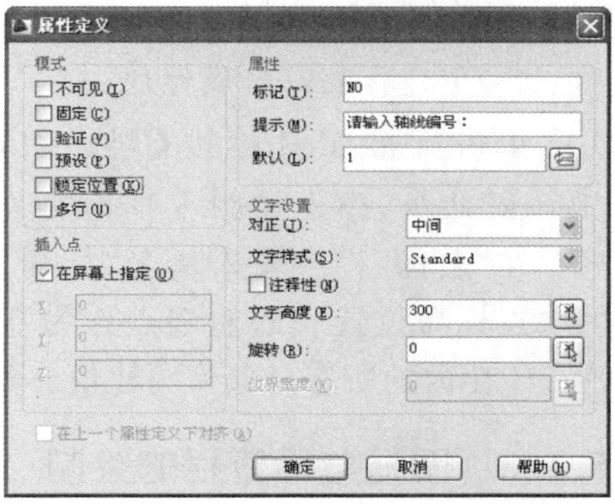

图 5-18　轴线编号(水平)属性定义对话框

注意:定义块属性时,【属性定义】对话框中【插入点】是指文字的插入点,本例中选择圆心点作为插入点。

(3)创建轴线编号属性块

单击标准工具栏中【创建块】图标,调用“Block”命令,弹出如图 5-13 所示的“块定义”对话框。在“名称”栏中输入块名“轴线编号”,拾取线段的端点“1”作为基点,选取包括属性 NO 在内的 3 个对象作为建块对象,按“确定”后门块被定义。

注意:其他轴线编号图块的创建与垂直轴号(下)图块的创建相同。创建图块时,基点的选择十分重要,因为将图块插入时,是以此基点为基准点进行插入。

图 5-19　标高符号

5. 创建标高符号属性块

(1)绘制标高符号(图 5-19)

★ 用直线命令绘制标高符号底部的位置线。

命令:Line 指定第一点:

指定下一点或[放弃(U)]:@1200,0

指定下一点或[放弃(U)]:

★ 用多段线命令绘制标高符号中的三角形。

命令：Pline

指定起点：From 基点：＜偏移＞：@－300,0　　　　　　　　　　　（当前线宽为 0）

指定下一个点或［圆弧(A)/半宽(H)/长度(L)/放弃(U)/宽度(W)］：@424<45

指定下一点或［圆弧(A)/闭合(C)/半宽(H)/长度(L)/放弃(U)/宽度(W)］：@－600,0

指定下一点或［圆弧(A)/闭合(C)/半宽(H)/长度(L)/放弃(U)/宽度(W)］：C

★ 用直线命令绘制标高符号右边的直线。

命令：Line 指定第一点：

指定下一点或［放弃(U)］：@500,0

指定下一点或［放弃(U)］：

(2)定义标高符号属性

在如图 5-20 所示的“属性定义”对话框中，属性项中的“标记”文本框中输入“BG”，“提示”栏中输入“请输入标高值：”，“默认”栏输入“%%P0.0000”(或者为空)，其插入点在屏幕上选取所绘制标高符号底部直线的左端点。“文字高度”栏中输入 300。

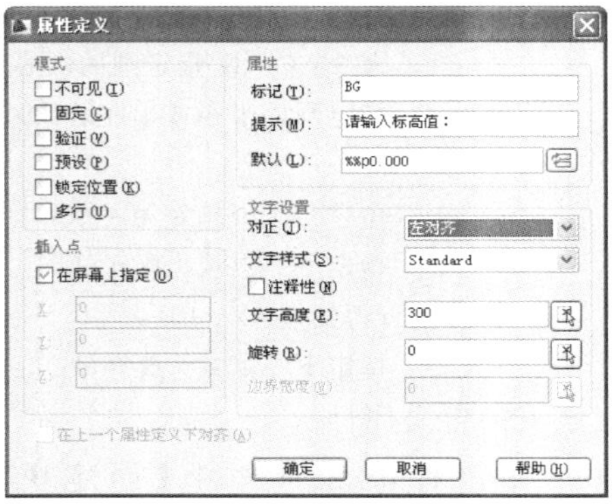

图 5-20　“属性定义”对话框

(3)创建标高符号属性块

单击标准工具栏中【创建块】图标，调用“Block”命令，弹出如图 5-13 所示的“块定义”对话框。在“名称”栏中输入块名“标高符号”，拾取线段的端点标高位置线的左端点作为基点，选取包括属性 BG 在内的所有对象作为建块对象，按“确定”后门块被定义。

5.1.3　图框与标签栏的绘制

为了合理使用图纸和便于装订、保管，《建筑制图标准》(GB/T 50104—2010)对图纸幅面大小定出了 5 种不同的基本幅面，如表 1-1 所示。利用 AutoCAD 绘制建筑工程图时，应执行国家关于图幅的规定，以便制作出符合国家制图标准的工程图纸。

1. 绘制图框和标签栏

本例中，根据图的尺寸选用 A2 图幅大小的图纸进行绘图。图形编辑区按 1∶1 绘图的图形界限按照实际出图比例选用相应的图形界限。

(1)用绘制矩形命令画外框

命令：Rectang

指定第一个角点或［倒角(C)/标高(E)/圆角(F)/厚度(T)/宽度(W)］：0,0

指定另一个角点或［尺寸(D)］：59400,42000

(2)用绘制矩形命令画内框

命令：Rectang

指定第一个角点或［倒角(C)/标高(E)/圆角(F)/厚度(T)/宽度(W)］：W

指定矩形的线宽 ＜0＞：50　　　　　　　　　　（设置线宽为 50mm）

指定第一个角点或［倒角(C)/标高(E)/圆角(F)/厚度(T)/宽度(W)］：2500,1000

指定另一个角点或［尺寸(D)］：58400,41000

(3)绘制标签栏外框(图 5-21)

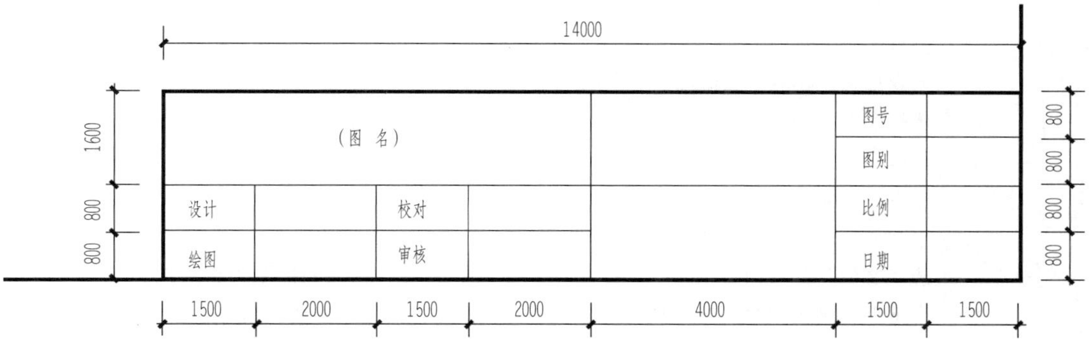

图 5-21 标签栏尺寸

命令：Rectang

当前矩形模式：宽度=50

指定第一个角点或[倒角(C)/标高(E)/圆角(F)/厚度(T)/宽度(W)]：

(捕捉点 A)

指定另一个角点或[尺寸(D)]：@-14000,3200

(4)将外框矩形实体进行分解

命令：Explode

选择对象：指定对角点：找到 1 个　　　　　　　　(选取标签栏外框)

选择对象：

分解此多段线时丢失宽度信息，可用 Undo 命令恢复。

(5)将外框横线进行偏移复制

命令：Offset

指定偏移距离或[通过(T)]<通过>：800

选择要偏移的对象或<退出>：　　　　　　　　(选取外框横线 E)

指定点以确定偏移所在一侧：　　　　　　　　(点取下侧，得到线段 D)

选择要偏移的对象或<退出>：　　　　　　　　(选取线段 D)

指定点以确定偏移所在一侧：　　　　　　　　(点取下侧，得到线段 C)

选择要偏移的对象或<退出>：　　　　　　　　(选取线段 C)

指定点以确定偏移所在一侧：　　　　　　　　(点取下侧，得到线段 B)

选择要偏移的对象或<退出>：

(6)将外框竖线进行偏移复制

命令：Offset

指定偏移距离或[通过(T)]<通过>：1500

选择要偏移的对象或<退出>：　　　　　　　　(选取外框左侧竖线 1)

指定点以确定偏移所在一侧：　　　　　　　　(点取竖线 1 右侧，得到线段 2)

命令：Offset

指定偏移距离或[通过(T)]<通过>：2000

选择要偏移的对象或<退出>：　　　　　　　　(选取外框左侧竖线 2)

指定点以确定偏移所在一侧：　　　　　　　　(点取竖线 2 右侧，得到线段 3)

命令：Offset

指定偏移距离或[通过(T)]<通过>：1500

选择要偏移的对象或<退出>：　　　　　　　　(选取外框左侧竖线 3)

指定点以确定偏移所在一侧：　　　　　　　　　　（点取竖线 3 右侧，得到线段 4）

命令：Offset
指定偏移距离或［通过(T)］＜通过＞：1500
选择要偏移的对象或 ＜退出＞：　　　　　　　　（选取外框左侧竖线 4）
指定点以确定偏移所在一侧：　　　　　　　　　　（点取竖线 4 右侧，得到线段 5）

命令：Offset
指定偏移距离或［通过(T)］＜通过＞：4000
选择要偏移的对象或 ＜退出＞：　　　　　　　　（选取外框左侧竖线 5）
指定点以确定偏移所在一侧：　　　　　　　　　　（点取竖线 5 右侧，得到线段 6）

命令：Offset
指定偏移距离或［通过(T)］＜通过＞：1500
选择要偏移的对象或 ＜退出＞：　　　　　　　　（选取外框左侧竖线 5）
指定点以确定偏移所在一侧：　　　　　　　　　　（点取下侧，得到线段 6）

其结果如图 5-22 所示。

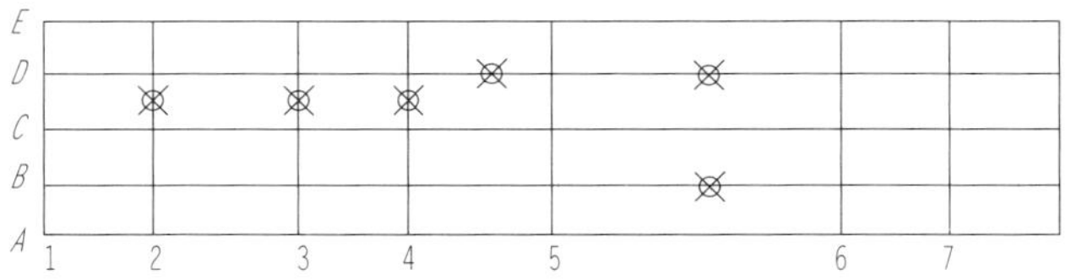

图 5-22　标签栏

(7)用修剪命令将不要的线删除

命令：Trim
当前设置：投影 ＝ UCS，边 ＝ 无
选择剪切边……
选择对象：找到 1 个　　　　　　　　　　　　　（选取线段 5）
选择对象：指定对角点：找到 1 个，总计 2 个　　（选取线段 6）
选择对象：找到 1 个，总计 3 个　　　　　　　　（选取线段 C）
选择对象：　　　　　　　　　　　　　　　　　　（按右键）
选择要修剪的对象，或按住 Shift 键选择要延伸的对象，或［投影(P)/边(E)/放弃(U)］：
（选取线段 D 的标志处）
选择要修剪的对象，或按住 Shift 键选择要延伸的对象，或［投影(P)/边(E)/放弃(U)］：
（选取线段 2 的标志处）
选择要修剪的对象，或按住 Shift 键选择要延伸的对象，或［投影(P)/边(E)/放弃(U)］：
（选取线段 3 的标志处）
选择要修剪的对象，或按住 Shift 键选择要延伸的对象，或［投影(P)/边(E)/放弃(U)］：
（选取线段 4 的标志处）
选择要修剪的对象，或按住 Shift 键选择要延伸的对象，或［投影(P)/边(E)/放弃(U)］：
（选取线段 D 的标志处）
选择要修剪的对象，或按住 Shift 键选择要延伸的对象，或［投影(P)/边(E)/放弃(U)］：

其结果如图 5-23 所示。

2. 标注标签栏文字

命令：Dtext

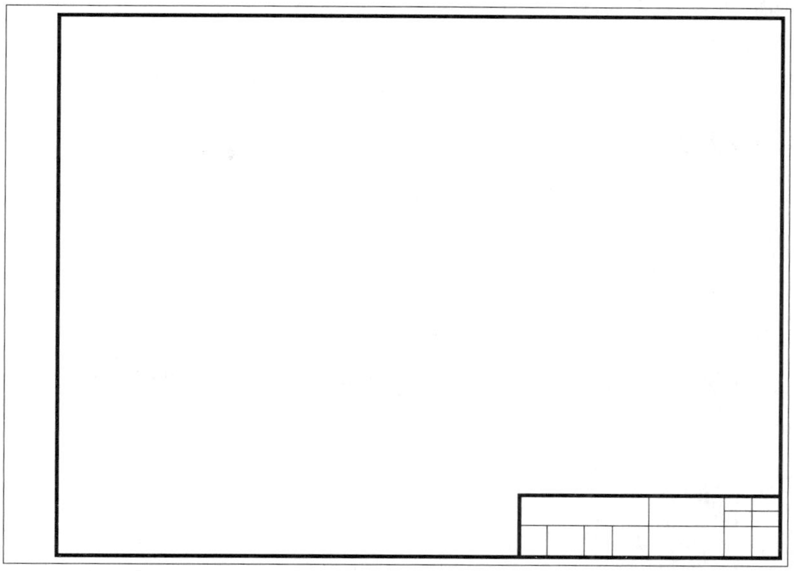

图 5-23　图框与标签栏

当前文字样式：黑体 当前文字高度：500

指定文字的起点或［对正(J)/样式(S)］：　　　　　　　(点取放置文字的起始点)

指定高度 ＜500＞：400

(输入字高)

指定文字的旋转角度 ＜0＞：

(输入倾斜角度)

(在绘图区出现的文字编辑框中输入文本内容)

标签栏文字标注后的图形如图 5-24 所示。

图 5-24　标签栏文字标注后的图形

5.1.4　创建样板图形文件

选择“文件”菜单下“另存为(A)…”选项，弹出“图形另存为”对话框，如图 5-25 所示。在“文件类型(T)”的下拉列表中选“AutoCAD 图形样板(＊.dwt)”。在“文件名(N)”编辑框输入文件名“A2”。单击“保存”按钮，即可保存为样板文件，系统弹出“样板说明”对话框，在编辑框中输入如图 5-26 所示的描述文字，单击“确定”，这样当前图就保存为一个样板图形。

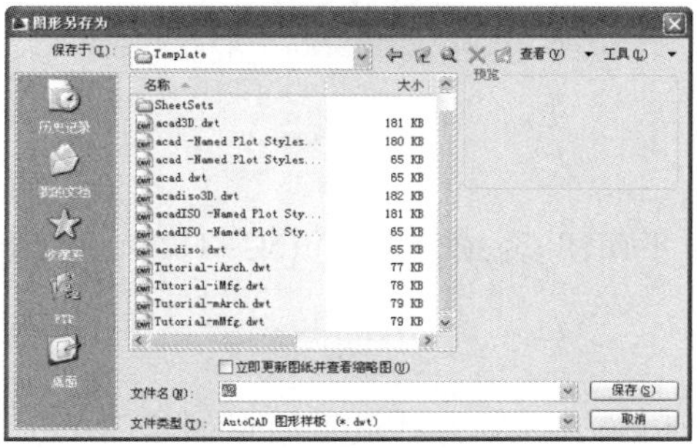

图 5-25　“图形另存为”对话框

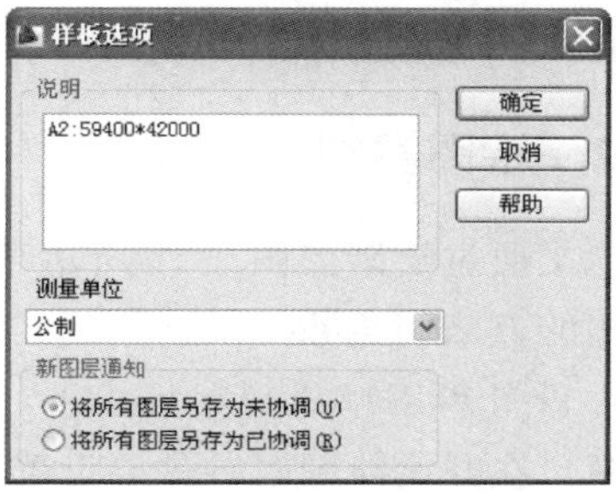

图 5-26　“样板选项”对话框

类似地，我们可以创建其他常用的样板图形，例如，“A0”、“A1”、“A3”和“A4”，分别用来绘制相应大小的图形。

在默认情况下，图形样板文件存储在易于访问的 Template 文件夹中。

5.1.5 装载样板图文件

选择“文件”菜单下“新建(N)”选项，弹出如图 5-27 所示的“选择样板”对话框，在“搜索(I)”的下拉列表中选所需图形样板的路径，在“文件类型(T)”的下拉列表中选“图形样板(*.dwt)”。在“文件名(N)”编辑框输入文件名“A2”。在右侧的预览框里即出现了“A2”的预览图形。单击“打开”按钮，即可打开样板文件“A2.dwt”。

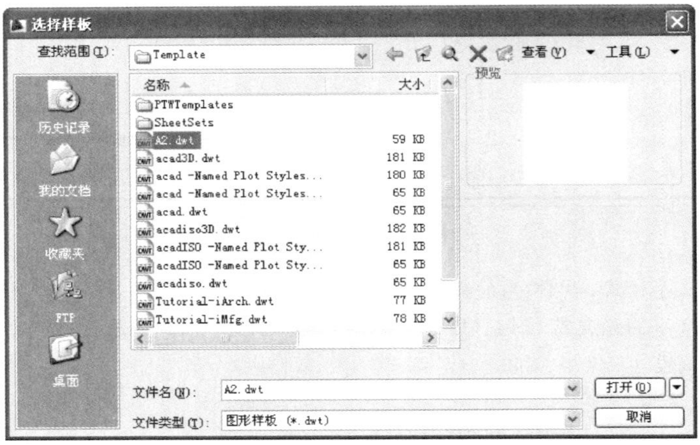

图 5-27 “选择样板”对话框

5.2 绘制建筑平面图

5.2.1 绘制的方法与步骤

一般建筑平面图的绘制步骤如下：

★ 设置绘图环境。

★ 绘制定位轴线及柱网。

★ 创建图块(如门、窗、柱、轴线编号等)。

★ 基本图形的绘制和编辑(如墙体线、开门窗洞、插入门窗等)。

★ 绘制各个建筑细部(如楼梯等)。

★ 尺寸和文字标注。

5.2.2 绘图实例

本文通过绘制如图 5-28 所示某住宅的建筑平面图，介绍使用 AutoCAD 2009 绘制建筑平面图的方法和步骤。

1. 设置绘图环境

用户在开始绘图时首先要设置图形的绘图环境，其内容包括设置图形的绘图单位、图形界限以及图形的图层和线型。

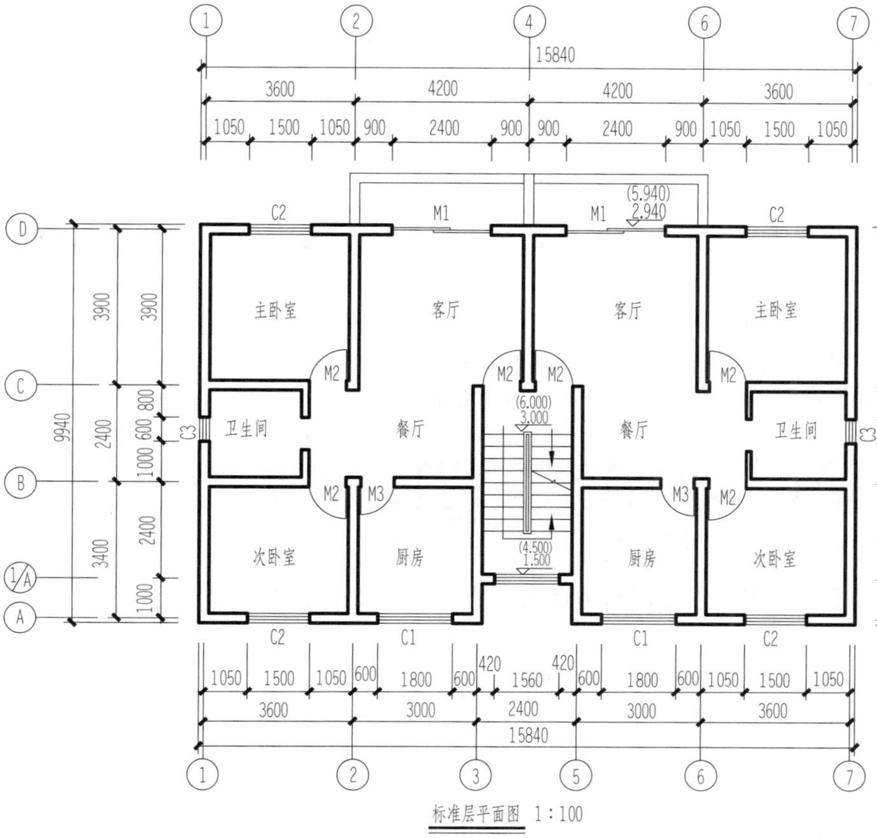

图 5-28　建筑底层平面图

(1)新建文件

启动计算机,正确引导操作系统,双击桌面上 AutoCAD 2009 图标,进入 AutoCAD 2009 系统界面,单击【文件】菜单中【新建】命令或单击【标准工具栏】中 按钮,弹出【选择样板】对话框,选择【A2. dwt】作为样板文件,建立一个新的图形文件。

说明:使用样板文件 A2. dwt 作为新图形文件的模板,平面图要求的绘图环境和样板文件中相同的部分无需重新设置。

(2)图层的建立、颜色与线型的设置

为便于对图形进行控制,本例中图层、颜色、线型按表 5-3 的要求设置。其结果如图 5-29 所示。

图层、颜色、线型设置　　表 5-3

层　名	颜　　色	线　型	线　宽	备　注
轴线	红色 (red)	点画线	0.25	轴线层
辅助线	白色 (white)	实线	0.25	辅助线层
阳台	品红(magenta)	实线	0.25	阳台层
图框	白色 (white)	实线	0.25	图框层
墙线	白色(white)	实线	0.35	墙层
屋顶	白色 (white)	实线	0.25	屋顶层

续上表

层　名	颜　　色	线　型	线　宽	备　注
门	绿色（green）	实线	0.25	门层
窗	青色(cyan)	实线	0.25	窗层
尺寸	白色(white)	实线	0.25	尺寸层
文字	白色(white)	实线	0.25	文字层

2. 绘制轴线

★ 将“轴线”层置为当前层。

★ 用“Ltscale”命令设定合适的线型比例，如 100，使点画线显示合适形状。

★ 用平移复制(Offset)命令绘制水平和垂直方向轴线。

说明：打开正交模式画出最左边的竖直轴线和最下边的水平轴线，再用 Offset 命令按轴线间的距离在竖直和水平方向复制出相应的轴线，最后用“Trim”命令把轴线修剪到所需长度，修剪时可画一水平或垂直辅助线作修剪边界线。操作过程步骤如下：

★ 使用【直线】命令在图框内左侧与下侧的适当位置绘制两条轴线，如图 5-28 中的轴线Ⓐ，①。

★ 用平移复制(Offset)命令绘制垂直方向轴线。

命令：Offset
当前设置：删除源 ＝ 否　图层 ＝ 源　OFFSETGAPTYPE ＝ 0
指定偏移距离或［通过(T)/删除(E)/图层(L)］＜3000＞：3600　(输入平移复制距离 3600)
选择要偏移的对象，或［退出(E)/放弃(U)］＜退出＞：　(选择轴线①)
指定要偏移的那一侧上的点，或［退出(E)/多个(M)/放弃(U)］＜退出＞：
(点取上侧，得到轴线②)
选择要偏移的对象，或［退出(E)/放弃(U)］＜退出＞：
……

连续使用“Offset”命令可以偏移复制出其他辅助轴线。其结果如图 5-30 所示。

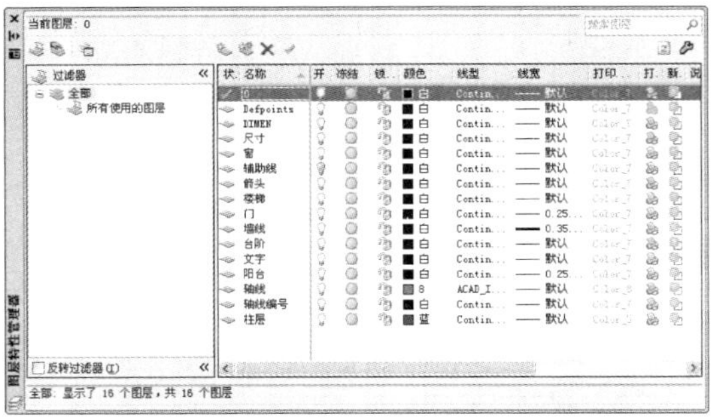

图 5-29　图层建立、颜色与线型设置结果

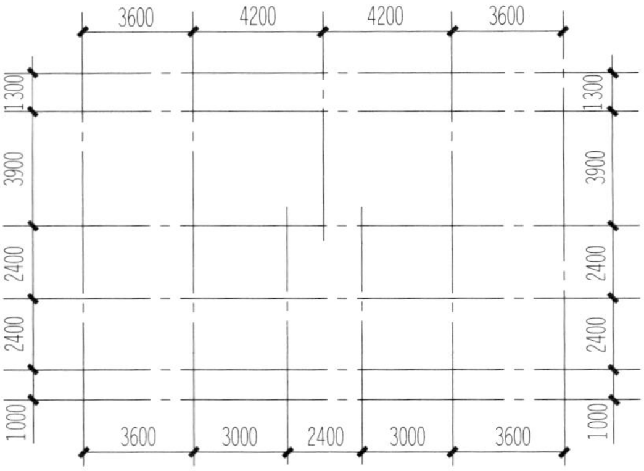

图 5-30　绘制后的轴线

3. 绘制轴线编号

利用样板文件创建的“轴线编号”属性块，使用插入块命令(Insert)在相应的位置绘制轴线编号。

注意：绘制完轴线后，及时插入轴线编号（图块）为后续绘图定位提供方便。

命令：Insert

指定插入点或［基点(B)/比例(S)/X/Y/Z/旋转(R)/预览比例(PS)/PX/PY/PZ/预览旋转(PR)］：

输入属性值

输入轴线编号：＜1＞：1

……

命令：Insert

指定插入点或［基点(B)/比例(S)/X/Y/Z/旋转(R)/预览比例(PS)/PX/PY/PZ/预览旋转(PR)］：

输入属性值

输入轴线编号：＜1＞：A

……

用同样的方法插入其他方向的轴线编号，其结果如图 5-31 所示。

4. 绘制门、窗定位辅助线

★ 将"辅助线"层置为当前层。

★ 画出所有门、窗处的定位辅助线，如图 5-32 所示。

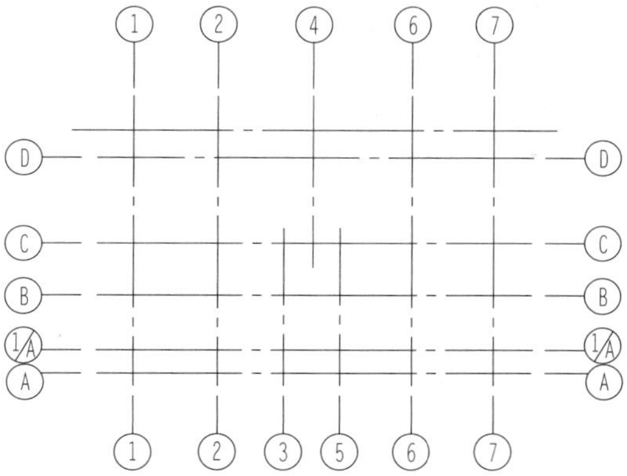

图 5-31　插入轴线编号后的图形

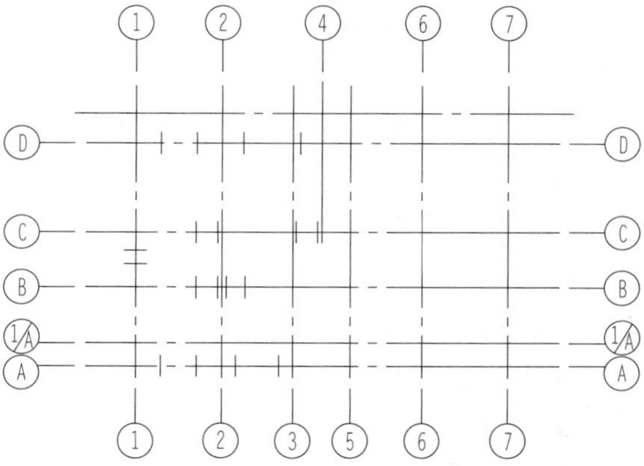

图 5-32　绘制门、窗定位辅助线

技巧：先绘制出所有门窗边线，在画墙线时可把墙线画至门、窗边线与轴线的相交处，免去打断墙线的麻烦。

5. 绘制墙线

★ 当前层转化为墙层。

★ 用【绘图】中【多线】命令绘制墙线。

命令：Mline

当前设置：对正 = 上，比例 = 20.00，样式 = STANDARD

指定起点或［对正(J)/比例(S)/样式(ST)］：J　（修改对正类型）

输入对正类型［上(T)/无(Z)/下(B)］＜上＞：Z　（偏移量为 0，使墙的中线和轴线重合）

当前设置：对正 = 无，比例 = 20.00，样式 = STANDARD

指定起点或［对正(J)/比例(S)/样式(ST)］：S　（调整两线之间的宽度）

输入多线比例 ＜20.00＞：240　　　　　　　　（设定墙宽为 240mm）

当前设置：对正 = 无，比例 = 240.00，样式 = STANDARD

指定起点或［对正(J)/比例(S)/样式(ST)］：＜对象捕捉 开＞（捕捉轴线交点为第一点）

指定下一点：　　　　　　　　　　　　　　（依次给出墙线各点，或回车结束命令）

★ 关闭“辅助线”层，使辅助线不显示。

★ 调用“Mledit”命令或双击多线，打开如图 5-33 所示【多线编辑工具】对话框，选择【T 形打开】工具，在命令行出现如下提示。

选择第一条多线：　　　　　　　　（选择希望切断的墙线为第一条多线，如图中墙线 1）

选择第二条多线：　　　　　　　　（选择第二条多线，如图中墙线 2）

选择第一条多线 或［放弃(U)］：　（回车结束命令，或继续编辑另一交接处）

说明：使用 T 形打开或 T 形合并编辑命令，选择第一条多线和选择第二条多线时，只要拾取多线中的一条线即可。注意拾取点的位置。

将辅助线关闭后上述命令执行后的结果如图 5-34 所示。

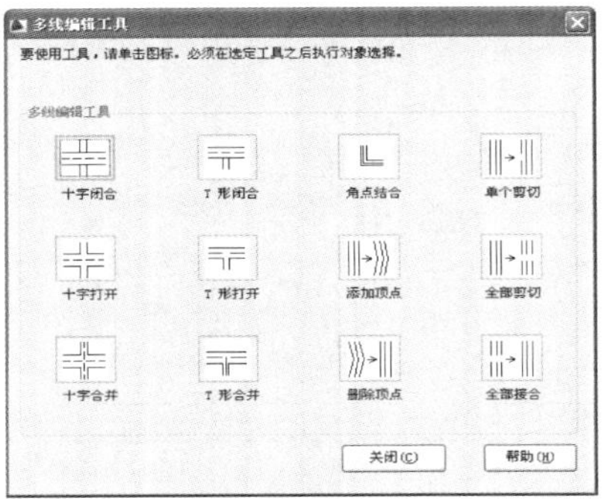

图 5-33　“多线编辑工具”对话框

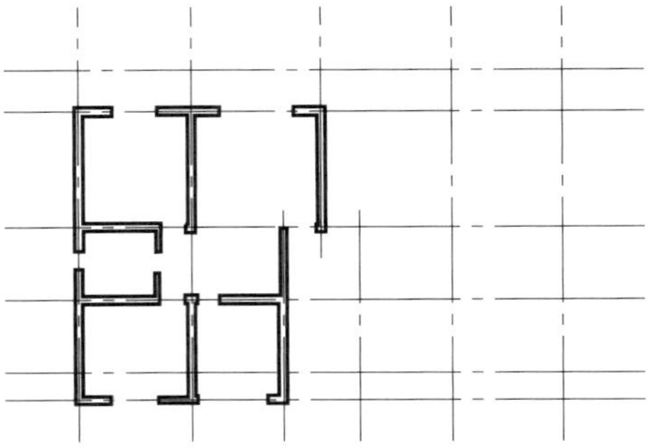

图 5-34　编辑后的墙线

6. 插入门、窗

(1)插入门

★ 将当前层转化为门层。

★ 插入门 M1、M2、M3、M4。

在“插入”对话框中的“名称”下拉列表中选择块名“门”块，插入点在屏幕上指定，插入门 M1(900mm)时缩放比例 *X* 方向为 0.9，*Y* 方向为 0.9。

命令：Insert

指定插入点或［基点(B)/比例(S)/X/Y/Z/旋转(R)/预览比例(PS)/PX/PY/PZ/预览旋转(PR)］：(指定门垛的交点)

(2)插入窗

★ 将当前层转换为窗层。

★ 插入窗块 C1(宽 1800mm)、C2(宽 1500mm)、C3(宽 600mm)。

在“插入”对话框中的“名称”下拉列表中选择块名“窗”块，插入点在屏幕上指定，插入窗块 C1 时，缩放比例 *X* 方向为 1.8，*Y* 方向为 1。

命令：Insert

指定插入点或［比例(S)/X/Y/Z/旋转(R)/预览比例(PS)/PX/PY/PZ/预览旋转(PR)］：

说明：其他窗户的插入按上述方法进行。注意正确输入 *X*、*Y* 方向的缩放比例、旋转角度。

插入门、窗、柱后的图形如图 5-35 所示。

7. 镜像复制右侧的对称部分图形

使用镜像复制(Mirror)命令，选择绘制完成的墙、门和窗，以④号轴线为对称线，复制完成后的图形如图 5-36 所示。

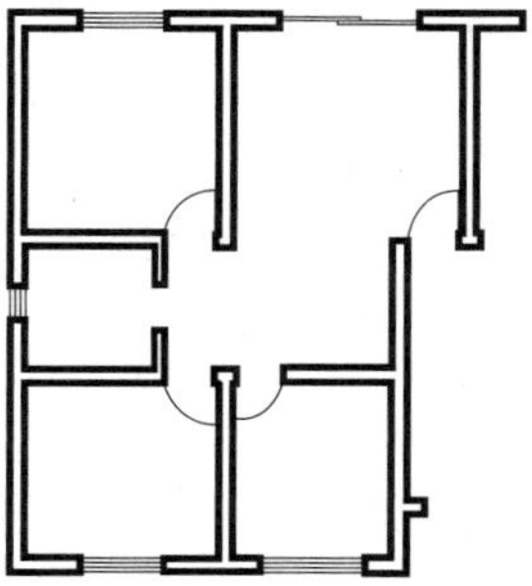

图 5-35 插入门、窗、柱后的图形

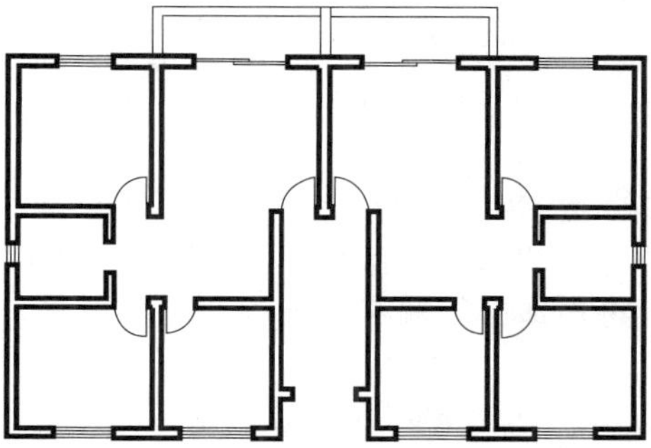

图 5-36 镜像复制后的图形

8. 创建楼梯

创建如图 5-37 所示的楼梯平面图，具体操作步骤如下。

(1)将【楼梯】层设置为当前层。

(2)绘制端线 AB。

命令：Line

指定第一点： (选择墙线和轴线的交点 A)

指定下一点或[放弃(U)]： (选择墙线和轴线的交点 B)

指定下一点或[放弃(U)]：(按 Enter 键)

(3)用【修改工具栏】中【阵列】命令绘制楼梯踏步线。

★ 已知踏步宽 300mm，在如图 5-38 所示的“矩形阵列”对话框中“行”文本框中输入“9”，在“列”文本框中输入“1”，在“行偏移”文本框中输入“300”，在“阵列角度”文本框中输入“0”。

★ 单击“选择对象” 按钮，返回绘图区中，选择前面所绘的直线，按<Enter>键返回“阵列”对话框，单击“确定”按钮即可。

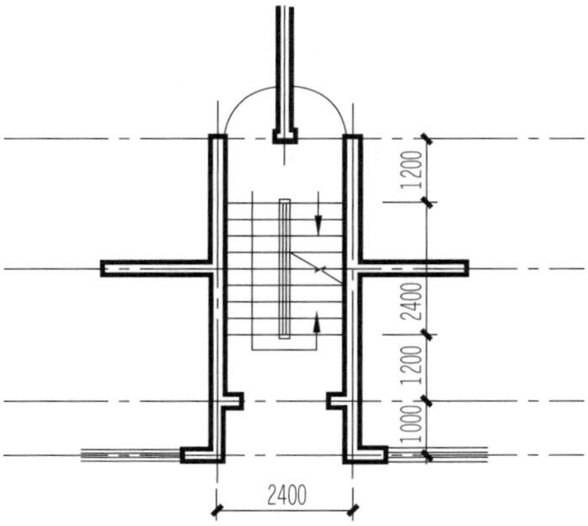

图 5-37 楼梯平面图

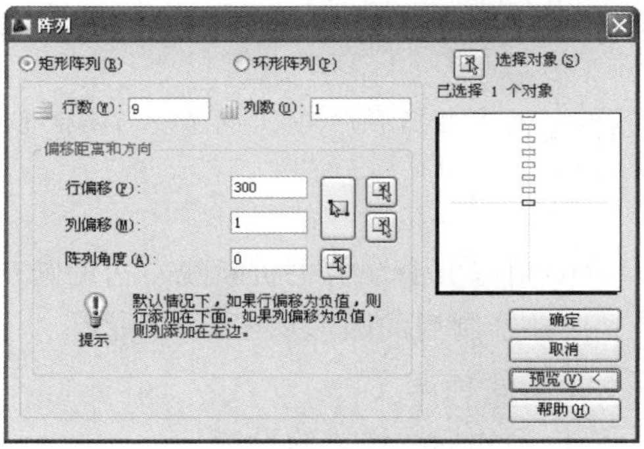

图 5-38 “矩形阵列”对话框

(4)绘制上下楼梯扶手。

★ 绘制一个 60mm×2400mm 的矩形。

命令：Rectang

指定第一个角点或［倒角(C)/标高(E)/圆角(F)/厚度(T)/宽度(W)］：

指定另一个角点或［面积(A)/尺寸(D)/旋转(R)］：@60,2400

★ 将矩形移动到所在的位置。

命令：Move

选择对象：找到 1 个　　　　(选择上面所画矩形)

选择对象：　　　　(按 Enter 键)

指定基点或［位移(D)］＜位移＞：　　　　(选择矩形短边中点 M)

指定第二个点或＜使用第一个点作为位移＞：　　　　(选择线段 AB 中点)

★ 将矩形向外偏移 60mm。

命令：Offset

当前设置：删除源 = 否　图层 = 源　OFFSETGAPTYPE = 0

指定偏移距离或［通过(T)/删除(E)/图层(L)］＜3360＞：60

选择要偏移的对象，或［退出(E)/放弃(U)］＜退出＞：　　(选择矩形)

指定要偏移的那一侧上的点，或［退出(E)/多个(M)/放弃(U)］＜退出＞：

(在矩形外拾取一点)

选择要偏移的对象，或［退出(E)/放弃(U)］＜退出＞：

★ 用修剪命令除去穿过扶手的横线。

技巧：用"栏选(F)"方式选择要修剪的多个对象比单个选取速度快。

(5)用【绘图工具栏】中【多段线】命令绘制上下箭头和折断线。

命令：Pline

指定起点：＜对象捕捉　开＞

当前线宽为 0

指定下一个点或［圆弧(A)/半宽(H)/长度(L)/放弃(U)/宽度(W)］：

指定下一点或［圆弧(A)/闭合(C)/半宽(H)/长度(L)/放弃(U)/宽度(W)］：

指定下一点或［圆弧(A)/闭合(C)/半宽(H)/长度(L)/放弃(U)/宽度(W)］：

指定下一点或［圆弧(A)/闭合(C)/半宽(H)/长度(L)/放弃(U)/宽度(W)］：W

指定起点宽度 ＜0＞：50　　　　(指定箭头的起点宽度 50mm)

指定端点宽度 ＜50＞：0　　　　(指定箭头的端点宽度 0)

指定下一点或［圆弧(A)/闭合(C)/半宽(H)/长度(L)/放弃(U)/宽度(W)］：

(指定箭头的终点)

指定下一点或［圆弧(A)/闭合(C)/半宽(H)/长度(L)/放弃(U)/宽度(W)］：

……

(6)用修剪命令剪去折断线右边的踏步线。

楼梯绘制后的图形如图 5-39 所示。

9. 尺寸标注

(1)尺寸标注样式的设置

在样板文件(A2.dwt)中，已按建筑图绘制的要求设置了尺寸标注样式。

(2)尺寸标注

★ 将“尺寸”层设置为当前层。

★ 用线性标注和连续标注命令标注第一道尺寸线。

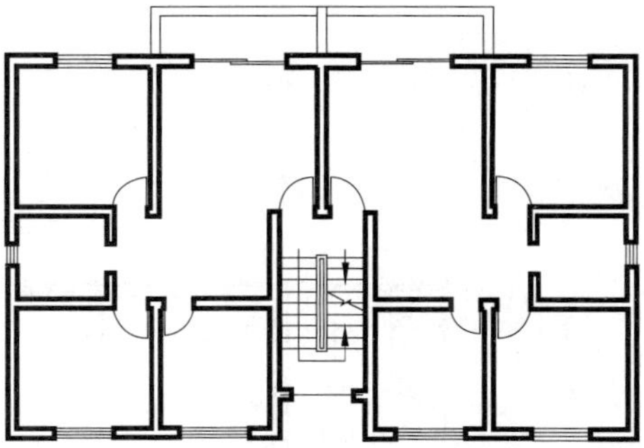

图 5-39　楼梯绘制后的平面图

命令：Dimlinear

指定第一条尺寸界线原点或 ＜选择对象＞：

指定第二条尺寸界线原点：

指定尺寸线位置或

[多行文字(M)/文字(T)/角度(A)/水平(H)/垂直(V)/旋转(R)]：

标注文字 = 500

命令：Dimcontinue

指定第二条尺寸界线原点或 [放弃(U)/选择(S)] ＜选择＞：

标注文字 = 2600

指定第二条尺寸界线原点或 [放弃(U)/选择(S)] ＜选择＞：

……

技巧：连续指定下一条尺寸界线原点，即可标注出其他对象的尺寸，如：500、300、900、3000、900。

★ 标注水平方向下部的第二道尺寸线。

命令：Dimlinear

指定第一条尺寸界线原点或 ＜选择对象＞：

指定第二条尺寸界线原点：

指定尺寸线位置或

[多行文字(M)/文字(T)/角度(A)/水平(H)/垂直(V)/旋转(R)]：

标注文字 = 3600

命令：Dimcontinue

指定第二条尺寸界线原点或 [放弃(U)/选择(S)] ＜选择＞：

标注文字 = 2400

指定第二条尺寸界线原点或 [放弃(U)/选择(S)] ＜选择＞：

标注文字 = 4800

指定第二条尺寸界线原点或 [放弃(U)/选择(S)] ＜选择＞：

……

★ 标注水平方向下部的第三条尺寸线。

命令：Dimlinear

指定第一条尺寸界线原点或 ＜选择对象＞：

指定第二条尺寸界线原点：

指定尺寸线位置或

[多行文字(M)/文字(T)/角度(A)/水平(H)/垂直(V)/旋转(R)]：

标注文字 = 11040

说明：其他方向尺寸标注方法同上，具体操作步骤省略。

尺寸标注后的图形如图 5-40 所示。

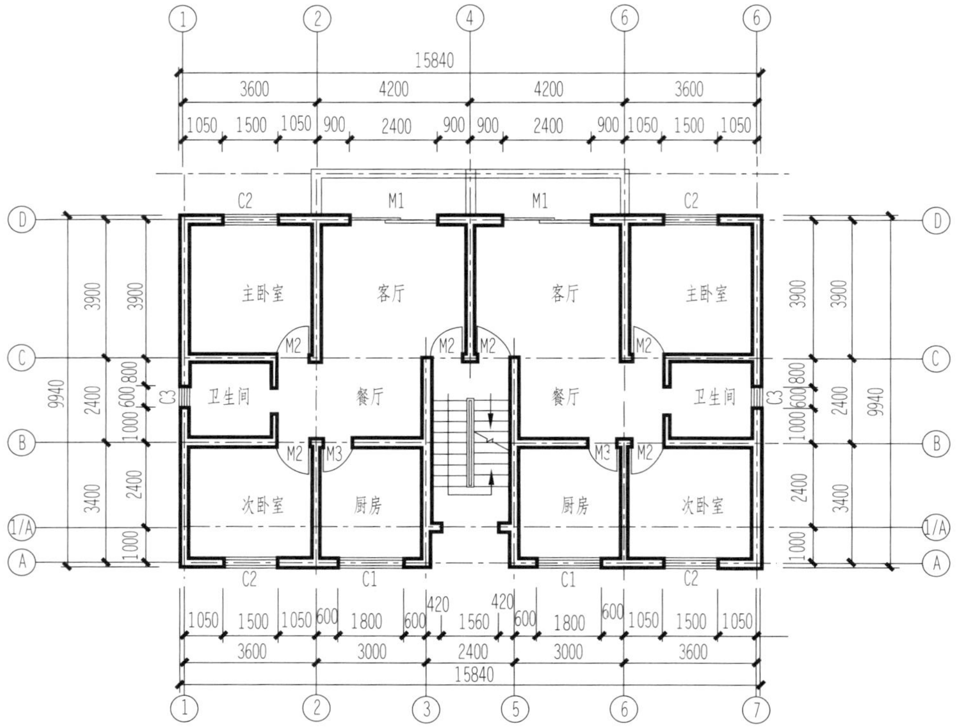

图 5-40　尺寸标注后的图形

10. 文字标注

(1)设置文字标注样式

在图 5-41“文字样式”对话框中，选择样式名，设置字型、字高以及宽度比例因子等效果参数。

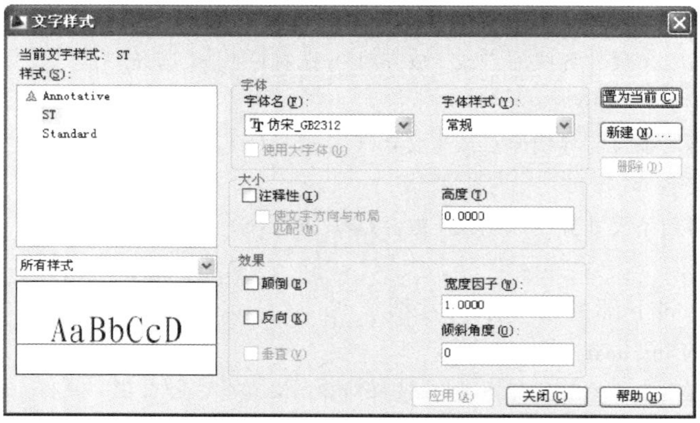

图 5-41　“文字样式”对话框

(2)标注文字

★ 将当前层转化为【文字】层。

★ 标注门、窗文字说明。

命令：Dt

当前文字样式：仿宋体　当前文字高度：600

指定文字的起点或[对正(J)/样式(S)]：　　　　(点取放置文字的起始点)

指定高度 <600>：300　　　　　　　　　　　　　　　　（输入字高 300）
指定文字的旋转角度 <0>：　　　　　　　　　　　　　　（输入倾斜角度）

说明：该命令可使用【绘图】菜单中【文字】|【单行文字】命令或直接输入别名"DT"。在命令文字提示信息结束，绘图区出现文字编辑框时，输入标注文字的内容，如门的名称"M1"，使用此命令可以创建对门、窗文字说明。

★ 标注房间说明文字。

命令：Dtext
当前文字样式：仿宋体　当前文字高度：400
指定文字的起点或［对正(J)/样式(S)］：　　　　　　　　（点取放置文字的起始点）
指定高度 <400>：500　　　　　　　　　　　　　　　　（输入字高）
指定文字的旋转角度 <0>：　　　　　　　　　　　　　　（输入倾斜角度）

在绘图区出现文字编辑框，输入标注文字的内容，如：厨房、客厅、餐厅、卫生间等内容。

技巧：可以使用【复制】命令复制已经标注的文字，然后使用"Ddedit"命令或在绘图区双击需修改的文字。此时，该文字处于可编辑状态，对该文字进行修改即可。

至此，建筑平面图绘制已经完成，最终结果如图 5-28 所示。

5.3 绘制建筑立面图

5.3.1 绘制建筑立面图的方法与步骤

建筑立面图的设计一般是在完成平面图的设计之后进行的。用 AutoCAD 绘制建筑立面图有两种基本方法：传统方法和模型投影法。

传统方法：是指选定某一投影方向，根据建筑形体的情况，直接利用 AutoCAD 的二维绘图命令绘制建筑立面图。这种绘图方法简单、直观、准确，只需以完成的平面图为基础，但是绘制的立面图是彼此相互分离的，不同方向的立面图必须独立绘制。

模型投影法：这种方法是根据所创建的建筑物外表三维线框模型或实体模型，然后选择不同视点方向观察模型并进行消隐处理，即得到不同方向的建筑立面图。这种方法的优点是：它可直接从三维模型上提取二维立面信息，一旦完成建模工作，就可生成任意方向的立面图。

本章以传统方法讲述绘制立面图的方法和步骤。一般建筑立面图的绘制步骤如下：

★ 设置绘图环境。
★ 绘制地坪线、定位辅助线。
★ 绘制各层的楼面线、楼面或女儿墙的轮廓、建筑外墙轮廓等。
★ 绘制立面门窗洞口、阳台、楼梯间、墙身及暴露在外墙外面的柱子等可见的轮廓。
★ 绘制门窗、雨水管、外墙分割线等立面细部。
★ 标注尺寸及标高，添加索引符号及必要的文字说明等内容。

5.3.2 绘图实例

本章通过绘制一栋住宅的建筑平面图（图 5-42），介绍使用 AutoCAD 2009 绘制建筑立面图的方法和步骤。

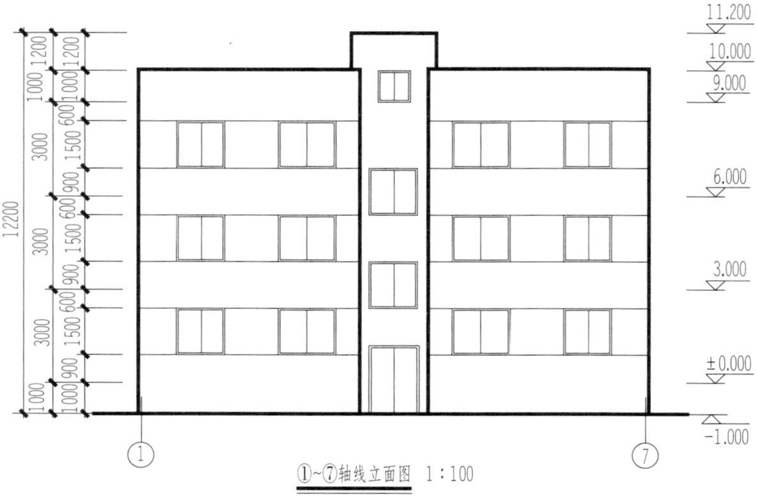

图 5-42 某住宅建筑正立面图

1. 设置绘图环境

(1)新建图形文件

新建图形文件,选择【图框 A2. dwt】作为样板文件,建立一个新的图形文件。并命名“建筑立面图. dwg”保存。

(2)图层的创建、图层颜色、线型和线宽的设置

本例中主要设置的图层有“辅助线”、“立面窗”、“立面门”、“阳台”、“檐口”、“墙”、“台阶”等。用户可以事先设置,也可以在绘图过程中根据需要进行创建。创建后的图层和颜色、线型和线宽设置后的结果如图 5-43 所示。

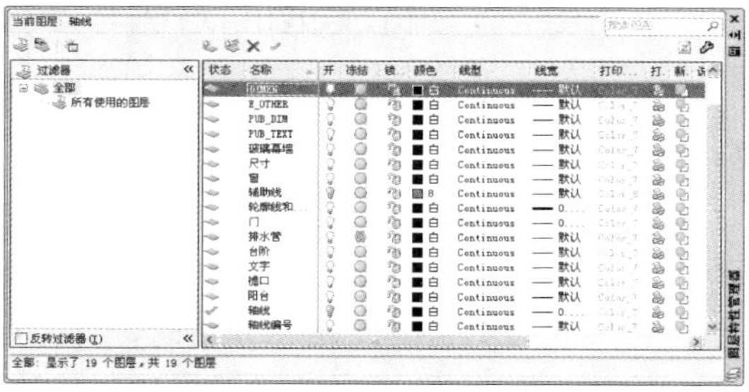

图 5-43 图层建立、颜色与线型设置结果

2. 绘制定位轴线和辅助线

绘制建筑立面图必须以建筑平面图为基础,建筑立面图中有很多图形元素(如门、窗、阳台等)的排列很有规律,因此绘制定位辅助线有利于以后绘图的定位。具体步骤如下。

★ 将轴线层设为当前层。

★ 使用直线命令绘制①号定位轴线,其操作步骤如下。

命令:Line 指定第一点:

指定下一点或[放弃(U)]:@0,11200

指定下一点或[放弃(U)]:

★ 选择【修改】|【偏移】命令,按照①~⑦轴线的间距复制⑦轴线。

★ 设置【辅助线】层设为当前层。

★ 绘制层高一条定位水平线,其操作步骤如下。

命令:Line 指定第一点:

指定下一点或[放弃(U)]:@10800,0

指定下一点或[放弃(U)]:

★ 选择【修改】|【偏移】命令，按照各层标高3000、3000、3000、3000、1000、1200，生成楼层、阳台和屋顶定位辅助线。

命令：Offset

指定偏移距离或［通过(T)］＜3280＞：3000

选择要偏移的对象或＜退出＞：

指定点以确定偏移所在一侧：

选择要偏移的对象或＜退出＞：

……

★ 使用【修改】|【偏移】命令，按照各层门窗水平和垂直方向上的位置生成门窗定位线。上述操作执行后的结果如图5-44所示。

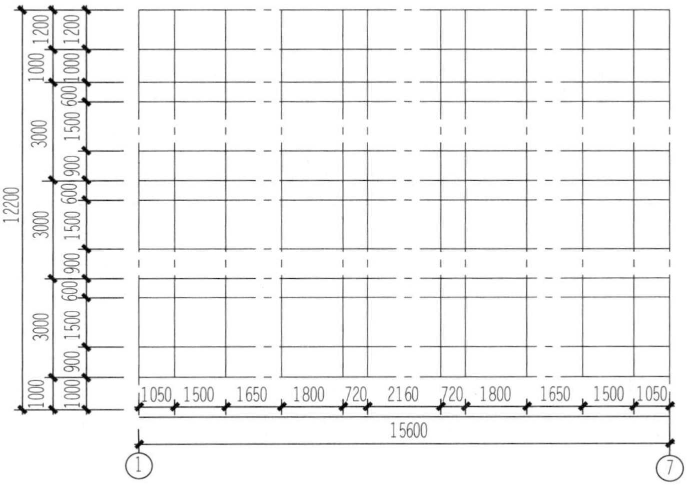

图5-44　辅助线定位

3. 绘制外墙轮廓线和地坪线

绘制外墙轮廓线和地坪线可以加强建筑立面图的效果，使用AutoCAD绘制外墙轮廓线和地坪线可以使用“直线”命令，并同时设置直线的线宽。也可以使用“多段线”命令。绘制方法和步骤如下：

★ 将“轮廓线和地坪线”图层设置为当前层。

★ 使用“直线”命令，将轴线①和地坪线的交点作为起点，沿外墙和屋顶辅助线，一直到轴线⑦和地坪线的交点绘制外墙轮廓线。

★ 选择【修改】|【偏移】命令，将所绘制外墙轮廓线进行偏移复制，偏移距离为120mm。

命令：Offset

当前设置：删除源 = 否　图层 = 源　OFFSETGAPTYPE = 0

指定偏移距离或［通过(T)/删除(E)/图层(L)］＜通过＞：E

要在偏移后删除源对象吗？［是(Y)/否(N)］＜否＞：Y　　　　(选择删除源对象)

指定偏移距离或［通过(T)/删除(E)/图层(L)］＜通过＞：120　　　　(指定偏移距离)

选择要偏移的对象，或［退出(E)/放弃(U)］＜退出＞：　　　　(选择左外墙轮廓线)

指定要偏移的那一侧上的点，或［退出(E)/多个(M)/放弃(U)］＜退出＞：

选择要偏移的对象，或［退出(E)/放弃(U)］＜退出＞：　　　　(选择右外墙轮廓线)

指定要偏移的那一侧上的点，或［退出(E)/多个(M)/放弃(U)］＜退出＞：

选择要偏移的对象，或［退出(E)/放弃(U)］<退出>：

★ 檐口和内部立面上的墙线绘制可以使用“直线”命令直接捕捉辅助线和门窗、阳台的交点进行绘制。

★ 选择【绘图】|【多段线】命令绘制地坪线，线宽设置为 30mm。

绘制后的图形如图 5-45 所示。

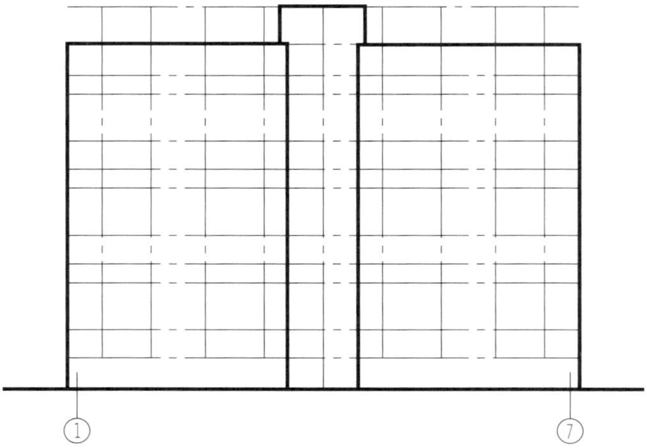

图 5-45　外墙轮廓线和地坪线绘制后的图形

4. 绘制立面窗

窗户是立面图上最多的元素之一，也是立面图重要的组成部分。在绘制立面窗之前，应了解窗户的数量和类别，并对窗户进行分类，然后绘制每一种类型的窗户，并创建图块，最后将其插入到图中。在图 5-46 所示的立面图中，有四种类型的窗户，分别为 C1、C2、C3、C4。下面给出 C1 的绘制步骤。

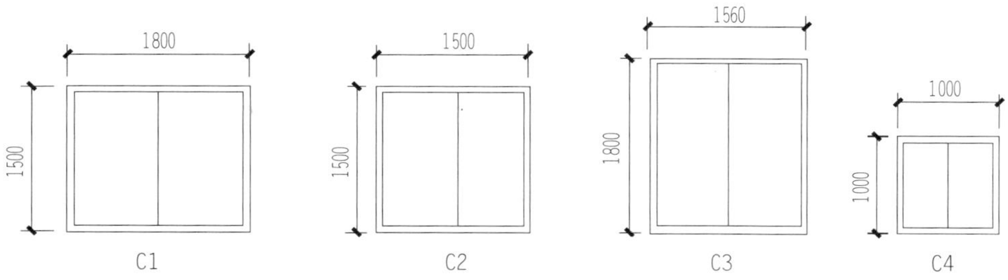

图 5-46　立面窗

★ 使用【绘图】|【矩形】命令绘制窗的外框。

命令：Rectang

指定第一个角点或［倒角(C)/标高(E)/圆角(F)/厚度(T)/宽度(W)］：

指定另一个角点或［尺寸(D)］：@1800,1500

★ 选择【修改】|【偏移】命令，绘制窗的内框。

命令：Offset

指定偏移距离或［通过(T)］<1800>：60

选择要偏移的对象或 <退出>：　　　　（选择绘制好的矩形）

指定点以确定偏移所在一侧：　　　　（指定矩形内侧任意点）

选择要偏移的对象或 <退出>：

★ 选择【绘图】中的【直线】命令，绘制中间窗框线。

★ 将立面窗插入到立面图中相应的位置。

5. 绘制外门

绘制一层 1560×2200 的外门(图 5-47)。

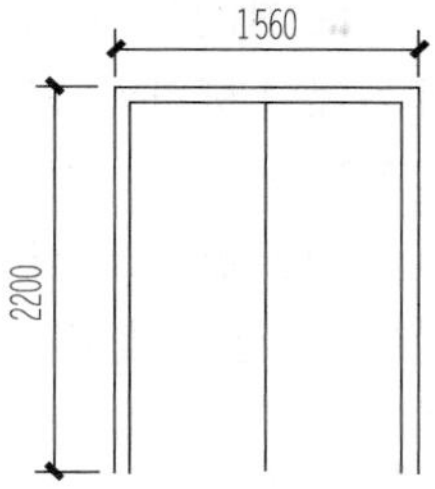

图 5-47　一层 1560×2200 的外门

★ 使用【绘图】|【多段线】命令绘制门的外框。

命令：Pline

指定起点：

当前线宽为 30

指定下一个点或［圆弧(A)/半宽(H)/长度(L)/放弃(U)/宽度(W)］：(给定某一点坐标)

指定下一个点或［圆弧(A)/半宽(H)/长度(L)/放弃(U)/宽度(W)］：@0,2200

指定下一点或［圆弧(A)/闭合(C)/半宽(H)/长度(L)/放弃(U)/宽度(W)］：@ 1560,0

指定下一点或［圆弧(A)/闭合(C)/半宽(H)/长度(L)/放弃(U)/宽度(W)］：@ 0,−2200

指定下一点或［圆弧(A)/闭合(C)/半宽(H)/长度(L)/放弃(U)/宽度(W)］：

★ 选择【修改】菜单中的【偏移】命令，绘制门的内框。

命令：Offset

指定偏移距离或［通过(T)］<1800>：75

选择要偏移的对象或 <退出>：　　(选择绘制好的矩形)

指定点以确定偏移所在一侧：　　(指定矩形内侧任意点)

选择要偏移的对象或 <退出>：

★ 使用【绘图】|【直线】命令绘制门的边线。

命令：Line 指定第一点：　　(捕捉上部内框线的中点)

指定下一点或［放弃(U)］：　　(捕捉下部内框线的中点)

★ 选择【修改】菜单中的【偏移】命令，绘制门的内框。

上述命令执行后的结果如图 5-47 所示。

6. 插入门窗

将上面绘制好的门窗创建为图块，使用"Insert"命令将图块插入到指定的位置。插入门窗后的图形如图 5-48 所示。

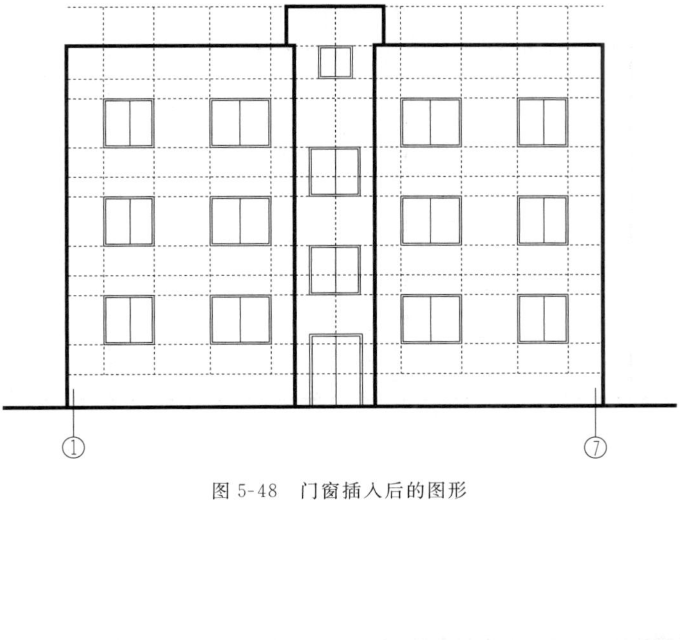

图 5-48　门窗插入后的图形

7. 绘制标高和尺寸标注

立面图的尺寸标注主要包括标高标注和主要构件尺寸标注。另外各地区、各单位在立面图的尺寸标注上都不尽相同，如国家规范中规定立面图上只要标明外窗的标高即可，但在实际工程中往往还需标明室内外地面、门洞的上下口、女儿墙压顶面、进口的平台、阳台和雨篷地面的标高、门窗尺寸及总尺寸等。

（1）创建标高符号属性块（图 5-49）

图 5-49　标高符号

标高符号属性块已经在样板图形文件中创建，在标高标注时可以直接引用。

（2）标注标高符号

根据楼板定位辅助线的定位，将标高插入到相应的位置，其操作过程如下。

命令：Insert
指定插入点或［比例(S)/X/Y/Z/旋转(R)/预览比例(PS)/PX/PY/PZ/预览旋转(PR)］：
输入属性值
请输入标高值：＜?.000＞：－1.000
命令：Insert
指定插入点或［比例(S)/X/Y/Z/旋转(R)/预览比例(PS)/PX/PY/PZ/预览旋转(PR)］：
输入属性值
请输入标高值：＜0.000＞：
命令：Insert
指定插入点或［比例(S)/X/Y/Z/旋转(R)/预览比例(PS)/PX/PY/PZ/预览旋转(PR)］：
输入属性值
请输入标高值：＜?.000＞：3.000
……

说明：使用同样的方法插入其他标高符号，结果如图 5-50 所示。

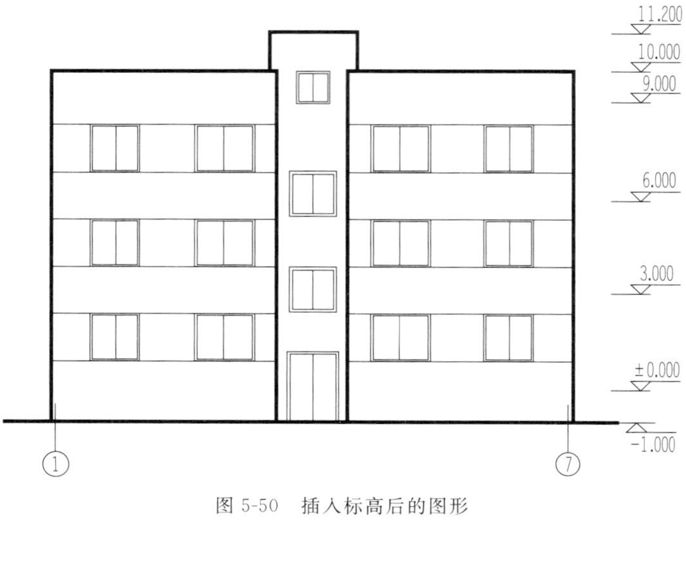

图 5-50　插入标高后的图形

主要构件尺寸标注与建筑平面图相同，具体标注方法和步骤在此省略。

8. 文字标注

立面图的文字标注除图名、比例外，还有立面材质做法、详图索引以及其他必要的文字说明。此外，立面图中还要绘出定位轴线以及轴线编号，以便与平面图对照识读。一般情况下不需要绘出所有的定位轴线，只画出两端的定位轴线即可。完成文字标注后，立面图的绘制基本完成，如图 5-42 所示。

5.4 绘制建筑剖面图

5.4.1 建筑剖面图绘制的方法和步骤

建筑剖面图的设计一般是在完成平面图和立面图的设计之后进行的。一般情况下，用 AutoCAD 绘制建筑剖面图时，是以建筑平面图和立面图为其生成基础，利用 AutoCAD 系统提供的二维绘图命令进行绘制。这种绘图方法简便、直观，效率较高，而且适宜于从底层开始向上逐层设计，相同的部分逐层向上阵列或复制，最后再进行编辑和修改即可。

用 AutoCAD 2009 绘制建筑剖面图的具体步骤如下：

★ 绘制建筑物的室内地坪线和室外地坪线、各个定位轴线以及各层的楼面、屋面，并根据轴线绘出所有的墙体断面轮廓以及尚未被剖切到的可见的墙体轮廓。

★ 绘出剖面门窗洞口位置、楼梯休息平台、女儿墙、檐口以及其他所有的可见轮廓线。

★ 绘制各种梁(如门窗洞口上方的横向过梁、被剖切的承重梁、可见的但未剖切的主次梁)的轮廓和具体的断面图形。

★ 绘出楼梯、室内外的台阶、阳台以及其他一些可见的图形。

★ 标注必要的尺寸及建筑物各个楼层地面、屋面、平台面的标高。

★ 绘制详细的索引符号。

★ 完成必要的文字说明。

5.4.2 绘图实例

本章通过绘制一栋住宅的建筑剖面图(图 5-51)，介绍使用 AutoCAD 2009 绘制建筑剖面图的方法和步骤。

1. 设置绘图环境

用户在开始绘图时首先要设置图形的绘图环境，其内容包括设置图形的绘图单位、图形界限、图层、线型和线宽。

(1)新建文件

新建图形文件，并选择【图框 A2. dwt】作为样板文件，建立一个新的图形文件。并命名“建筑剖面图. dwg”保存。

说明：选择【图框 A2. dwt】作为样板文件，当建立一个新的图形文件时，因样板文件中绘图单位、图形界限已经设置完成，故无需重新设置。

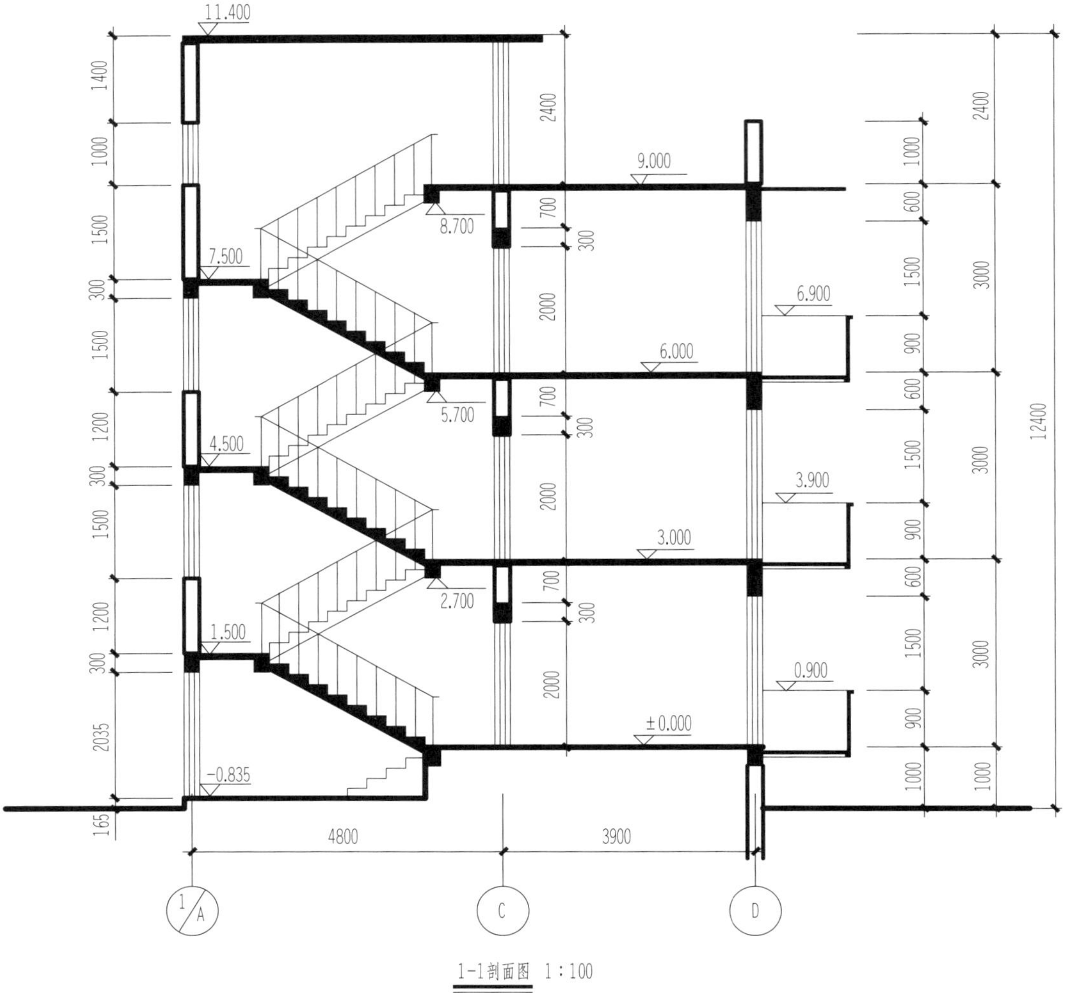

图 5-51 某住宅的 1-1 剖面图

(2)图层创建与颜色、线型和线宽设置

为便于对图形的控制，本例中图层、颜色、线型按图 5-52 的要求进行设置。

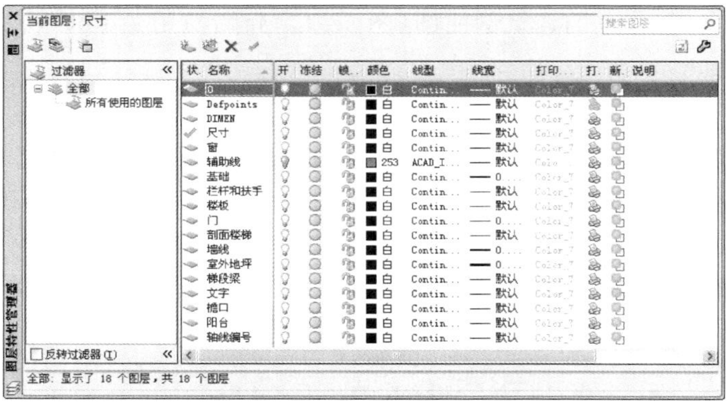

图 5-52 “图层特性管理器”对话框

(3)保存文件

用存盘命令保存文件。选取菜单中的文件，点取存盘，即弹出“保存文件”的对话框，在其文件名对应的文本框中输入“建筑剖面图.dwg”，在“保存于”的列表框中选择与其盘相符合的路径。

2. 绘制定位辅助线

绘制建筑剖面图必须以建筑平面图为基础，建筑剖面图中有很多图形元素（如门、窗、阳台等）的排列很有规律，因此绘制定位辅助线有利于以后绘图的定位，如图 5-53 所示。具体步骤如下。

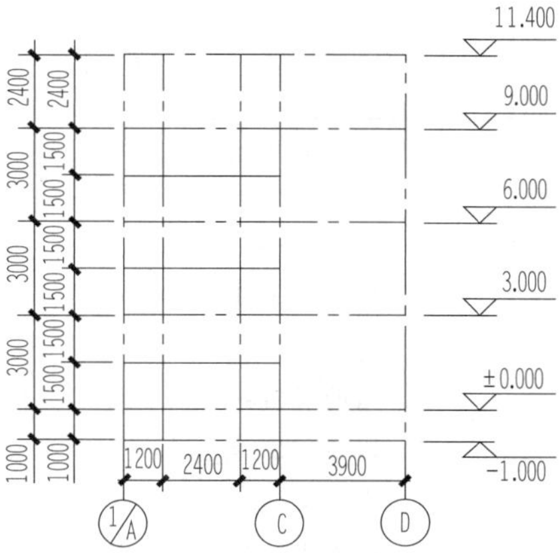

图 5-53　辅助线定位图

★ 在【对象特性】工具栏的【图层控制】下拉列表框中选择【辅助线】选项，把该层设为当前层。

★ 按照各层标高绘制层高定位水平线，其操作步骤如下。

命令：Line 指定第一点：
指定下一点或［放弃(U)］：@10800,0
指定下一点或［放弃(U)］：

★ 选择【修改】|【偏移】命令，按照各层标高 3000、3000、3000、2400，生成楼层定位线。

命令：Offset
指定偏移距离或［通过(T)］<3280>：3000
选择要偏移的对象或<退出>：
指定点以确定偏移所在一侧：
选择要偏移的对象或<退出>：
……

★ 使用【绘图】|【直线】命令在垂直方向上将各水平线的左端点和右端点分别连接起来。

★ 使用【修改】|【偏移】命令生成休息平台、内墙定位线和门窗定位线。

3. 绘制室外地坪线

室外地坪线可以使用【直线】命令、【多线】命令或【多段线】命令进行绘制。使用【直线】命令绘制需要同时设定线宽。具体操作同立面图。

4. 绘制楼板、梁和休息平台

(1)绘制楼板

★ 将“楼板”层设为当前层。

★ 设置楼板的多线样式。

单击【格式】中【多线样式】所显示的对话框中再单击【修改】按钮弹出“新建多线样式”对话框，其中【封口】为直线，将【填充】颜色设为“黑色”，表示绘出两直线间用黑色填充，如图 5-54、图 5-55 所示。

★ 用【绘图】中【多线】命令绘制楼板。

命令：Mline
当前设置：对正 = 无，比例 = 240.00，样式 = 楼板
指定起点或［对正(J)/比例(S)/样式(ST)］：J

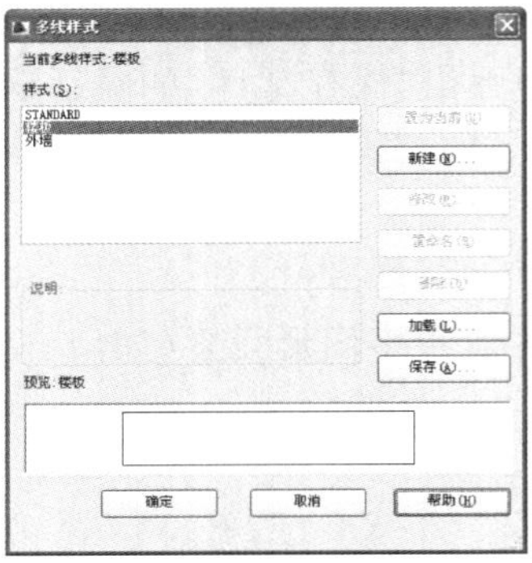

图 5-54 “多线样式”对话框

图 5-55 “新建多线样式”对话框

输入对正类型[上(T)/无(Z)/下(B)]<无>:T [选择对正类型为上(TOP)]

当前设置:对正 = 上,比例 = 240.00,样式 = 楼板

指定起点或[对正(J)/比例(S)/样式(ST)]:S

输入多线比例 <240.00>:100 (多线比例为 100,即为楼板的厚度)

当前设置:对正 = 上,比例 = 100.00,样式 = 楼板

指定起点或[对正(J)/比例(S)/样式(ST)]:

指定下一点:

指定下一点或[放弃(U)]:

(2)绘制休息平台

休息平台的绘制方法与楼板相同。

(3)绘制梁

★ 在 0 层绘制梁(图 5-56)。

图 5-56 梁块

命令:Rectang

指定第一个角点或[倒角(C)/标高(E)/圆角(F)/厚度(T)/宽度(W)]:

指定另一个角点或[尺寸(D)]:@240,300 (梁的尺寸为 240×300)

★ 用“Solid”命令对矩形进行填充。

★ 用块定义命令建立一个“梁块”。

★ 将当前层转换化为梁层。

★ 使用“块插入(Insert)”命令将“梁块”插入到相应的位置。

★ 使用复制命令将绘制好的楼板和梁向上层复制作为其他层的楼板和梁。

上述命令执行后的图形如图 5-57 所示。

5. 绘制墙线

★ 设置多线样式并命名为“外墙”,其中【封口】为直线,无【填充】颜色。

★ 将【墙线】设为当前层。

★ 使用【绘图】|【多线】命令绘制墙线。比例为墙厚 240mm,对正模式设为“无”,操作步骤如下。

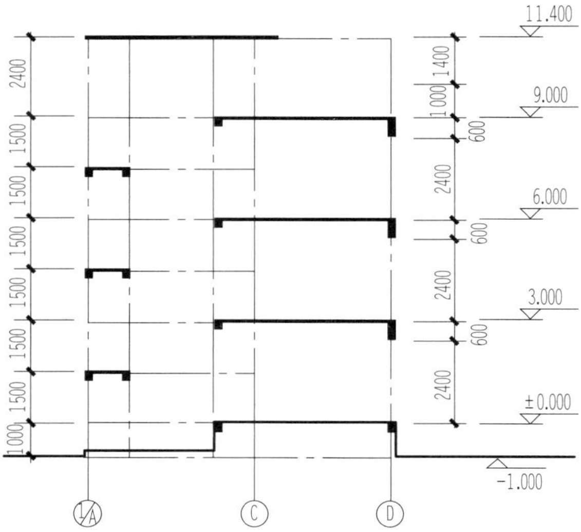

图 5-57 楼板、梁和休息平台绘制后的图形

命令：Mline

当前设置：对正 = 无，比例 = 240.00，样式 = STANDARD

指定起点或[对正(J)/比例(S)/样式(ST)]：

指定下一点：

指定下一点或[放弃(U)]：

墙体绘制完成后的图形如图5-58所示。

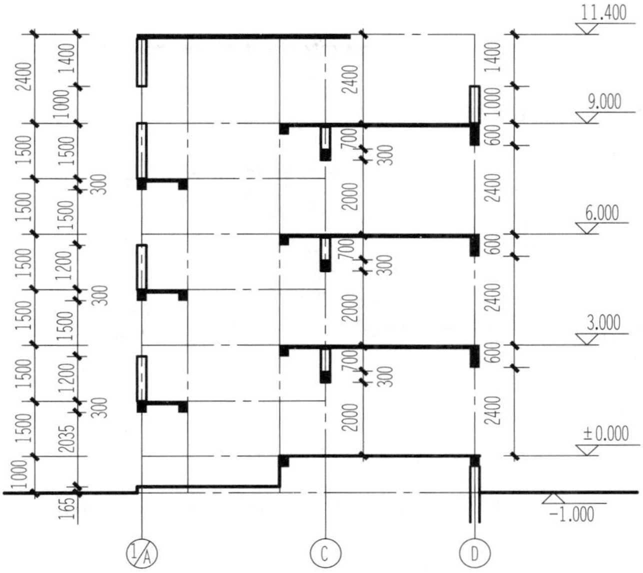

图5-58 墙体绘制完成后的图形

6. 绘制门窗

本例中剖切到的窗C4，其高1500mm、厚240mm。剖切到的阳台门M1(宽1800mm、高2400mm)，门M2(宽900mm、高2000mm)。如图5-59所示，本文以窗C4为例，说明其具体操作步骤。

(1)绘制窗。

★ 用【绘图】中【矩形】命令绘制出窗的外轮廓。

命令：Rectang

指定第一个角点或[倒角(C)/标高(E)/圆角(F)/厚度(T)/宽度(W)]：

指定另一个角点或[面积(A)/尺寸(D)/旋转(R)]：@240，1500

★ 用【修改】中【分解】命令将矩形分解成单个的线段。

命令：Explode 找到 1 个

★ 用【修改】中【偏移】命令将矩形的两侧线段向内偏移80mm。

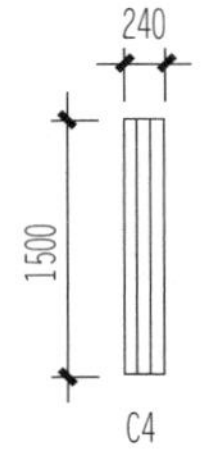

图5-59 剖面窗C4

(2)将绘制好的窗创建为图块，块名为"剖面窗C4"。

(3)将窗图块插入到相应的位置。

(4)将门窗图块插入到图中相应的位置。

命令执行后的图形如图5-60所示。

7. 绘制楼梯

在建筑剖面图中，楼梯剖面是一个关键图形对象，也是绘制中较为复杂的一部分，一般分为踏步线、栏杆、扶手几部分来画。

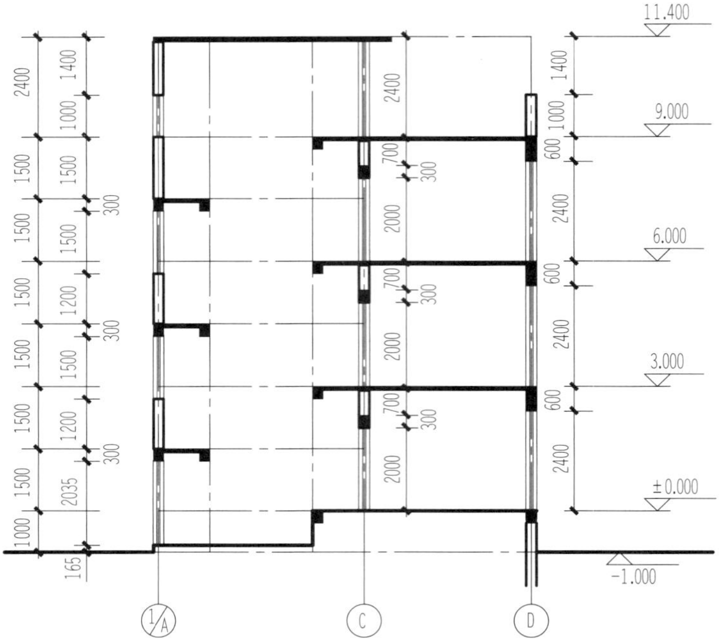

图 5-60　立面窗和门绘制后的图形

本例建筑剖面图的一～三层剖面的楼梯部分相同，下面以一层剖面图的楼梯为例介绍其绘图方法，具体绘制步骤如下。

(1)绘制楼梯踏步线

★ 将当前层转化为“楼梯”层。

★ 用【绘图】中的【直线】命令绘制楼梯踏步，如图 5-61 所示。

命令：Line 指定第一点：　　(捕捉图 5-61 所示图形中 A 点)
指定下一点或［放弃(U)]：<正交 开> @0,1500/9　　(指定踏步的高度，得到 B 点)
指定下一点或［放弃(U)]：@300,0　　(指定踏步的宽度)
指定下一点或［闭合(C)/放弃(U)]：@0,1500/9　　(指定踏步的高度，得到 C 点)
指定下一点或［闭合(C)/放弃(U)]：

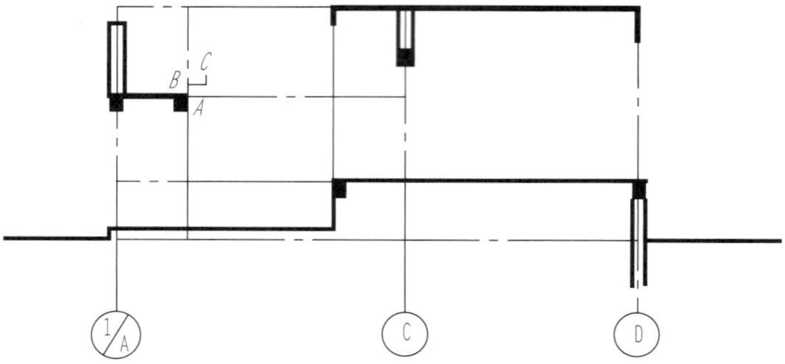

图 5-61　绘制楼梯踏步

★ 用【修改】中的【阵列】命令复制其他楼梯踏步线，具体操作步骤如下：

☆ 单击【修改】菜单中【阵列】调用“Array”命令，调用后弹出如图 5-62 所示的“阵列”对话框。阵列形式为“矩形阵列”，行数为“1”，列数为“8”，默认“行偏移”文本框中的值，单击“列偏移”文本框右侧的按钮，返回绘图区，拾取如图 5-61 中所示的 B 点、C 点，该列偏移值为 343.19；单击“阵列角度”文本框右侧的按钮，返回绘图区，拾取如图 5-61 中所示的 B 点、C 点，角度为 29。

☆ 单击【选择对象】按钮，返回绘图区，拾取如图 5-61 中所示的 B 点到 C 点之间的踏步线（长度分别为 300mm 和 166.7mm 的直线）。

☆ 单击＜Enter＞返回“阵列”对话框，单击“确定”按钮。

★ 用【修改】中的【镜像】命令对称复制上部楼梯踏步线，结果如图 5-63 所示。

命令：Mirror
选择对象：指定对角点：找到 1 个　　　　（选择楼梯的下部）
选择对象：
指定镜像线的第一点：　　　　（捕捉楼梯最上面线段的角点）
指定镜像线的第二点：＜正交 开＞
是否删除源对象？［是(Y)/否(N)］＜N＞：

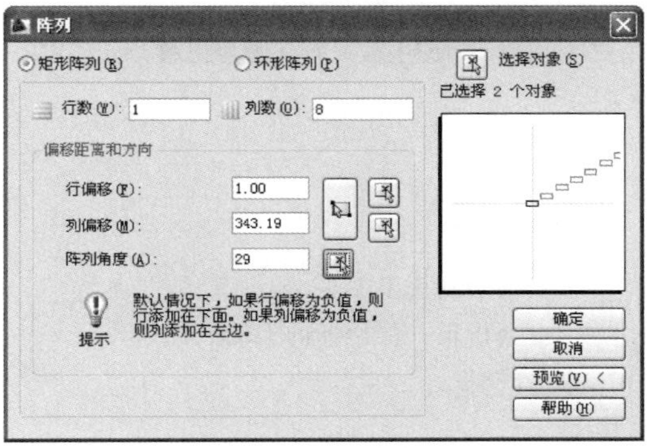

图 5-62　“阵列”对话框

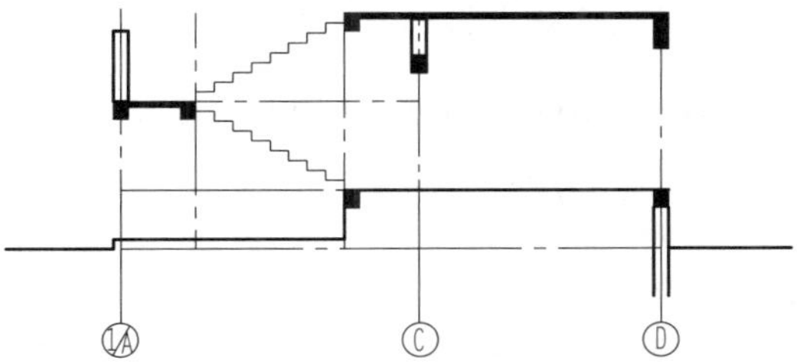

图 5-63　绘制楼梯踏步线后的图形

(2)绘制下梯段的梯段板线

★ 使用【绘图】|【直线】命令绘制一条辅助线。

命令：Line 指定第一点：　　　　（捕捉踏步起始点）
指定下一点或［放弃(U)］：＜正交 关＞　　　　（捕捉踏步终点）
指定下一点或［放弃(U)］：

★ 选择【修改】菜单中的【偏移】命令，绘制梯段板线。

命令：Offset
当前设置：删除源 ＝ 否　图层 ＝ 源　OFFSETGAPTYPE ＝ 0
指定偏移距离或［通过(T)/删除(E)/图层(L)］＜通过＞：100
选择要偏移的对象，或［退出(E)/放弃(U)］＜退出＞：
指定要偏移的那一侧上的点，或［退出(E)/多个(M)/放弃(U)］＜退出＞：
选择要偏移的对象，或［退出(E)/放弃(U)］＜退出＞：

★ 选择【绘图】菜单中的【填充】命令，对剖切到梯段板进行填充。

命令：Bhatch
选择内部点：正在选择所有对象……
正在选择所有可见对象……
正在分析所选数据……
正在分析内部……

选择内部点：

说明：重复上述操作绘制上梯段的梯段板线。

上述命令执行后的结果如图 5-64 所示。

(3)绘制栏杆和扶手

★ 使用【绘图】|【直线】命令和【复制】命令绘制栏杆。

命令：Line
指定第一点：
指定下一点或［放弃(U)］：@0,800
指定下一点或［放弃(U)］：

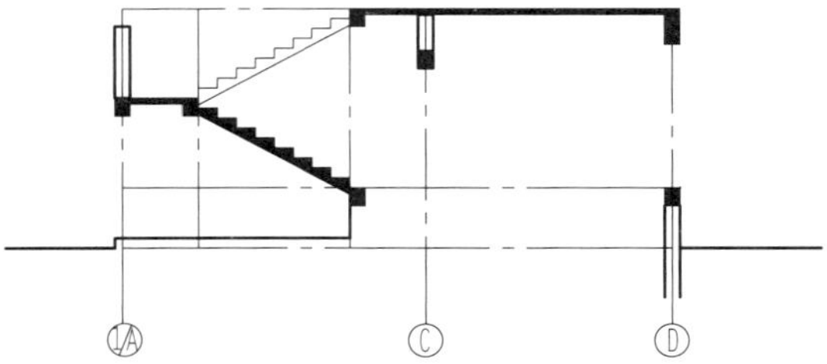

图 5-64 楼梯绘制后的剖面图形

命令：Copy
选择对象：
选择对象：
指定基点或［位移(D)］<位移>：指定第二个点或 <使用第一个点作为位移>：
指定第二个点或 <使用第一个点作为位移>：
指定第二个点或［退出(E)/放弃(U)］<退出>：
……

★ 使用【绘图】|【直线】命令绘制栏杆扶手。

命令：Line　　(绘制扶手端头)
指定第一点：　　(指定一层栏杆的上端点)
指定下一点或［放弃(U)］：@100,0
指定下一点或［闭合(C)/放弃(U)］：

命令：Line
指定第一点：　　(指定休息平台第一根栏杆的上端点)
指定下一点或［放弃(U)］：@－100,0
指定下一点或［闭合(C)/放弃(U)］：

命令：Line　　(连接各端头)
指定第一点：
指定下一点或［放弃(U)］：
指定下一点或［放弃(U)］：
指定下一点或［闭合(C)/放弃(U)］：

绘制后的图形如图 5-65 所示。

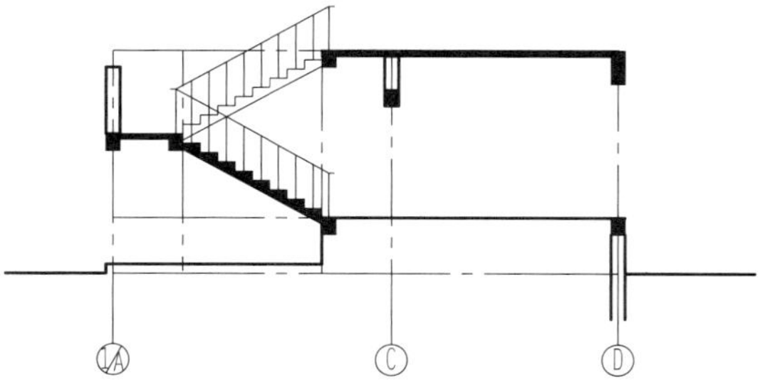

图 5-65 栏杆和扶手绘制后的楼梯剖面图

8. 绘制二层和三层剖面楼梯

一层剖面楼梯绘制完成后，使用“复制”命令生成二层和三层剖面楼梯。如图 5-66 所示。

9. 绘制剖面阳台

本例阳台部分为一～三层阳台的部分剖面图。具体尺寸如图 5-67 所示。绘制时可以使用“多线”命令绘制出阳台的剖切面，绘制完成后可以创建为“剖面阳台”图块。并将图块插入到图中相应的位置，如图 5-68 所示。

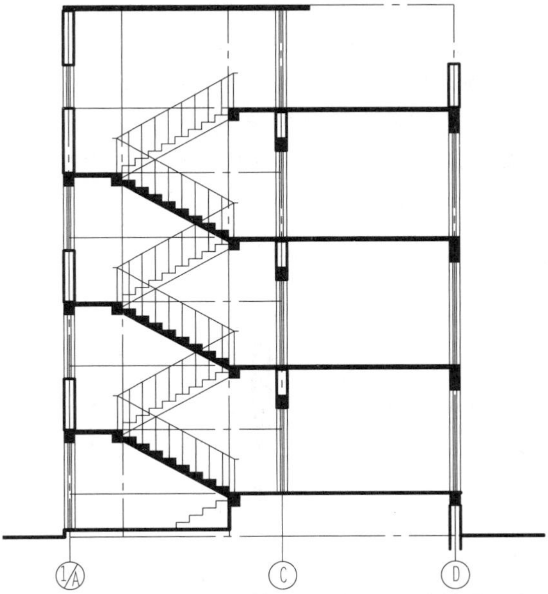

图 5-66　楼梯绘制后的楼梯剖面图

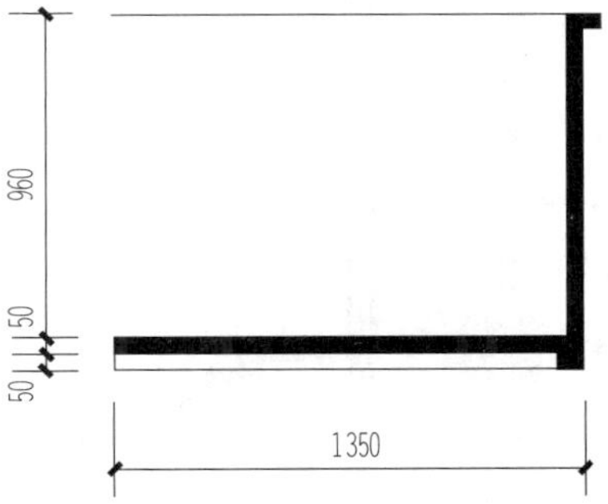

图 5-67　阳台

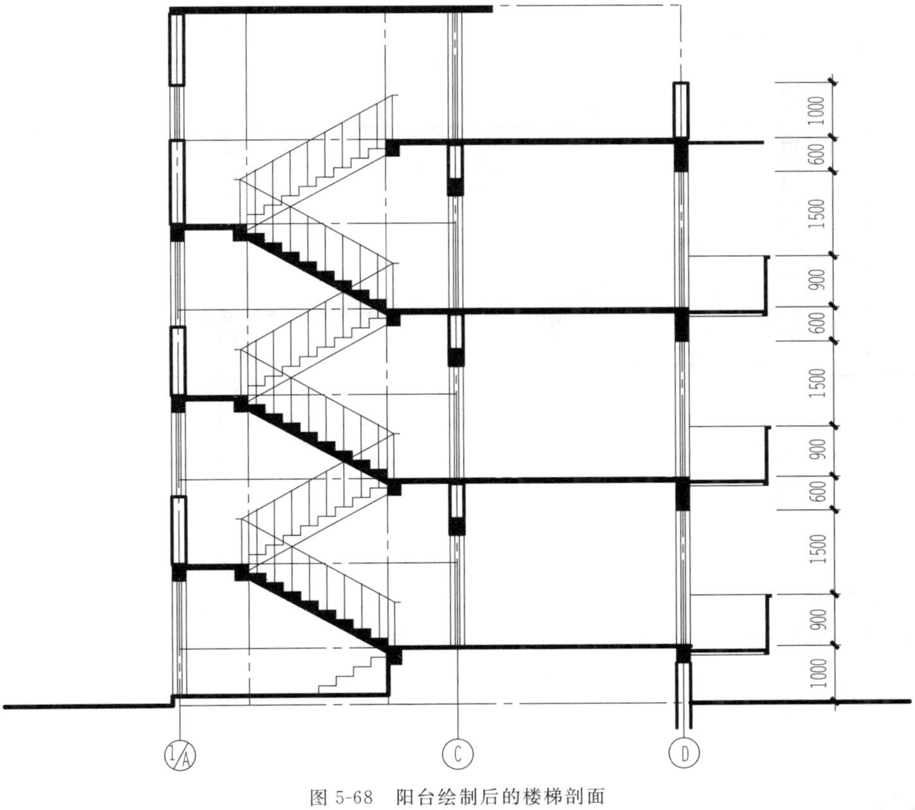

图 5-68　阳台绘制后的楼梯剖面

10. 尺寸和标高标注

在剖面图中，尺寸标注包括竖直方向剖切部位的尺寸和标高。外墙的竖直尺寸需要标注门窗洞以及洞间墙的高度尺寸，同时需要标注层高尺寸，即各层到上层楼面的高度差，以及室内外的地面高度差以及建筑物的总高。除此之外，剖面图还需标注一些结构的标高，包括各部分的地面、楼面、楼梯休息平台面、梁、雨篷等。AutoCAD 2009 没有自带的标高工具，需要自己绘制或者调用前面设置的块文件。绘制标高时要注意区别建筑标高和结构标高。

标注尺寸和标高标注。关于尺寸标注的设置和标高符号的绘制，可参见建筑平面图和立面图的绘制。标注尺寸和标注方法同建筑立面图，具体操作步骤省略。完成尺寸标注后的剖面图如图 5-69 所示。

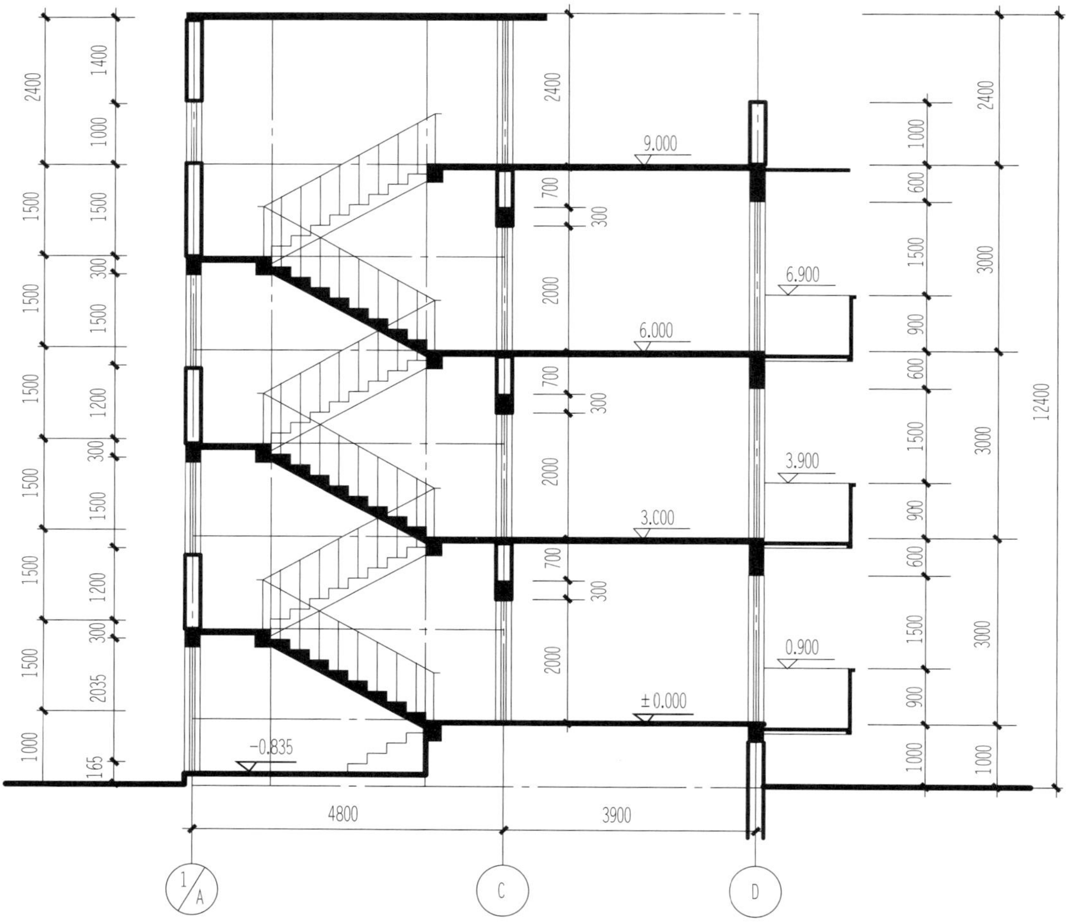

图 5-69　尺寸和标高绘制后的楼梯剖面

11. 文字标注

完成文字标注后，剖面图的绘制基本完成，如图 5-51 所示。

习题

一、简答题

1. 试述建筑平面图绘制的方法与步骤。

2. 试述建筑立面图绘制的方法与步骤。

3. 试述建筑剖面图绘制的方法与步骤。

二、上机练习

1. 用 AutoCAD 绘制图 5-70 所示的建筑平面图。

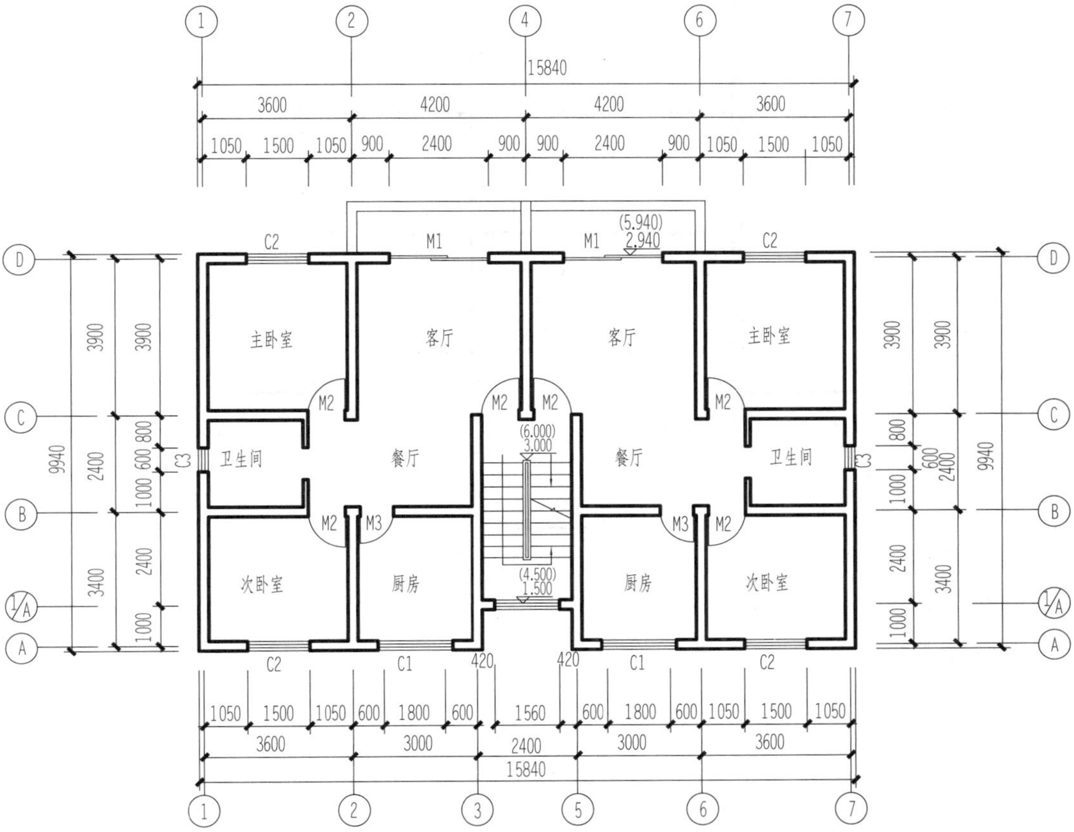

标准层平面图 1:100

图 5-70 建筑平面图

2. 用 AutoCAD 绘制图 5-71 所示的建筑立面图。

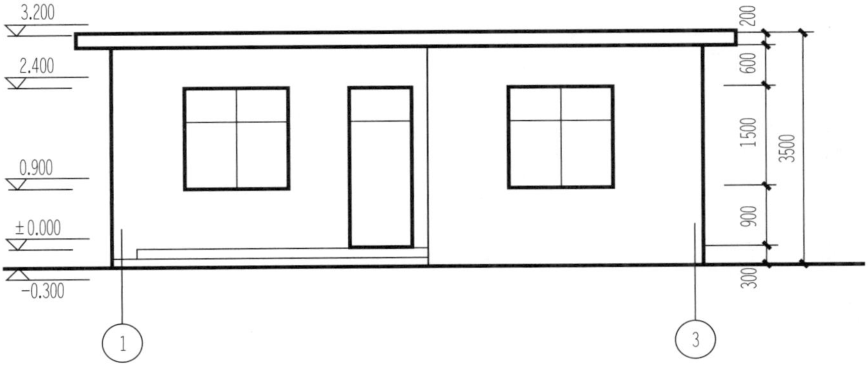

①~③立面图 1:100

图 5-71 立面图

3. 用 AutoCAD 绘制图 5-72 所示的 2-2 剖面图。

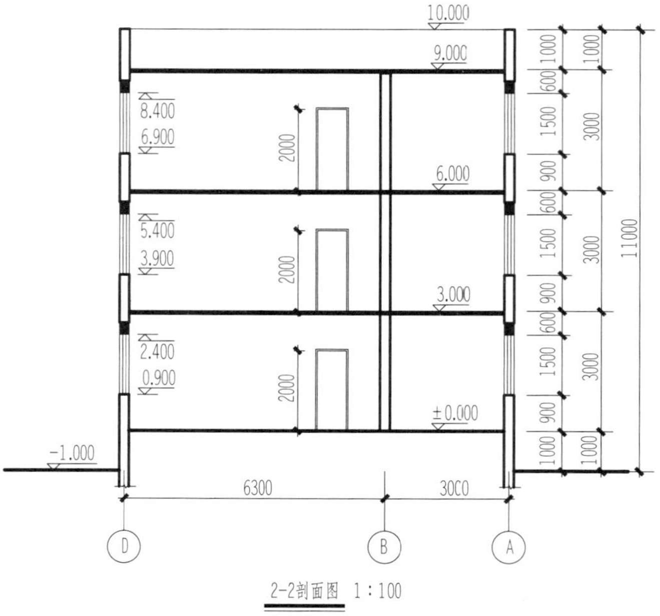

图 5-72 剖面图

第 6 章　结构施工图

6.1　结构施工图基础知识

建筑物由基础、墙、柱、梁、楼板和屋面板等部分组成，并按照一定的布置方式形成骨架，即建筑结构。它起到承受荷载和抵抗风、雨、雪的作用。建筑结构中的各“零件”称为结构构件，起围护作用的门窗称为建筑配件。在建筑工程中，结构施工图反映出建筑物各构配件的空间布置形式，表达了各项施工技术指标和要求。

6.1.1　房屋结构简介

房屋结构按照承重构件所用材料不同，可分为木结构、砌体结构、钢筋混凝土结构、剪力墙结构、钢结构等；按结构体系不同可分为混合结构、排架结构、框架结构、剪力墙结构、框架—剪力墙结构等。

建筑结构能承受包括自重和各种静、动荷载及各种外力，保证房屋安全可靠地使用。在一般民用建筑中，梁、柱、板、墙、基础是房屋的主要构件；在中、高层民用建筑中，钢筋混凝土框架及其基础是房屋的主要构件，如图 6-1 所示为钢筋混凝土结构房屋的主要构件及其布置形式。

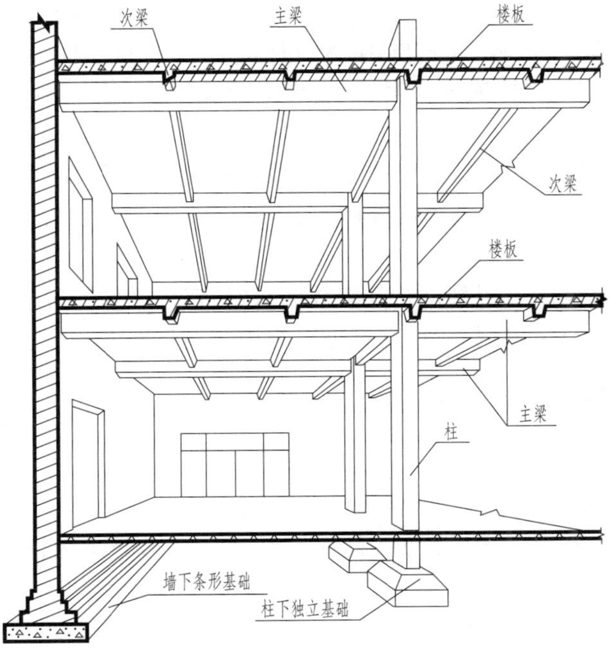

图 6-1　钢筋混凝土结构房屋组成图

而在单层工业厂房中，除了柱、梁、楼板等构件外，屋架也是重要的承重构件，它与柱、梁等共同承受所有的荷载与外力，其结构形式如图 6-2 所示。

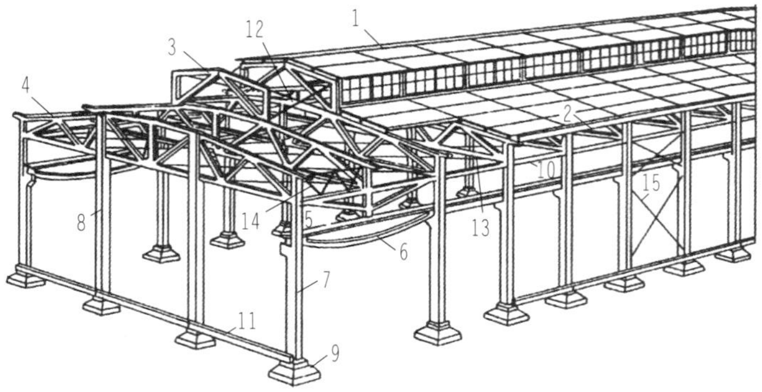

1-屋面板；2-天沟板；3-天窗架；4-屋架；5-托架；6-吊车梁；7-排架柱；8-抗风柱；9-基础；10-连系梁；11-基础梁；12-天窗架垂直支撑；13-屋架下弦横向水平支撑；14-屋架端部垂直支撑；15-柱间支撑

图 6-2　单层装配式钢筋混凝土厂房

6.1.2　结构施工图内容和用途

在建筑设计完成之后，根据地质勘察报告和地基承载力资料，进行房屋结构设计，包括结构平面布置、各承重构件的力学计算，以确定构件形状、大小、材料及内部构造，并将结构设计结果绘制成图样即结构施工图，简称“结施”。

结构施工图与建筑施工图表达的内容虽然不同，但反映的是同一建筑物的内容，结施图是建施图的继续，从设计到施工，结施图应与建施图相配合，不能有矛盾，例如两者的定位轴线、各部件的尺寸必须是完全相符。如有矛盾，则以结构尺寸为准。

结构施工图是房屋施工图的三大组成部分之一，表示房屋结构构件的平面布置，构件形状、大小、材料、配筋等，结构施工图包括结构设计说明书、结构平面布置图和构件详图等。

★ 结构设计说明：以文字表达工程概况、地基承载力数据、基础埋置深度、结构构造要求、构件材料、构件技术要求等。

★ 结构平面图：基础平面布置图、楼层结构平面布置图、屋面结构平面布置图。

★ 构件详图：梁、板、柱、基础等构件详图、楼梯结构详图、屋架、屋面板和各种结构支撑详图。

从用途上来讲，结构施工图是进行施工放线、构件定位、开挖基槽、支模板、浇筑混凝土、安装构件的依据，同时也是编制预算、编制施工组织与设计等的依据。

6.1.3　绘制结构施工图基本要求

1. 设计总说明(见示例)

★ 本工程结构设计的主要依据(建筑设计规范、标准)。

★ 建筑结构的安全等级和设计使用年限、混凝土结构的耐久性要求和施工质量控制等级。

★ 建筑场地类别、地基的液化等级、建筑抗震设防类别、抗震设防烈度、抗震等级。

★ 人防工程的抗力等级。

结构设计总说明(示例)

一、工作概况

本工程结构形式为砖砌混合结构,砖砌条形基础、100mm 厚混凝土垫层,楼板为预应力混凝土空心板、局部为现浇板。

二、设计依据

1. 现行国家有关法律法规。

2. 现行规范、规程和标准如下:

《建筑结构可靠度设计统一标准》(GB 50068—2001);

《建筑工程抗震设防分类标准》(GB 50223—2008);

《建筑结构荷载规范》(GB 50009—2001);

《建筑地基基础设计规范》(GB 50007—2002);

《建筑抗震设计规范》(GB 50011—2010);

《混凝土结构设计规范》(GB 50010—2010);

《砌体结构设计规范》(GB 50003—2001)(及 2002 年局部修订)

《多孔砖砌体结构技术规范》(JGJ 137—2001)(及 2002 年局部修订);

《住宅建筑规范》(GB 50368—2005)。

3. 标准图集

省标《02 系列结构标准设计图集》(DBJT 19-01—2002)。

国标《混凝土结构施工图平面整体表示方法制图规则和构造详图》(03G 101—1)修订版。

三、抗震设计

1. 根据《建筑抗震设计规范》(GB 50011—2010),本建筑为丙类建筑。

2. 设计基本地震加速度为 0.1g,特征周期为 0.45s,设计地震分组为第一组,场地类别为Ⅱ类,建筑结构安全等级为二级,地基基础设计等级为丙级,砌体结构施工质量控制等级为 B 级。

3. 本工程采用中国建筑科学研究院编制的 PM 软件,SATWE 软件,计算机 TAT 软件校核,地基部分用 JCCAD 软件计算。

四、地基基础

1. 本工程采用天然基础,修正后的地基承载力特征值为 120kPa。

2. 基础应放在原土(老土)层土,否则应采取妥善处理措施。

3. 当场地内发现古墓、枯井、暗沟、土坑等情况时,应请专业技术人员提供处理方案,妥善处理。

4. 基槽开挖后应会同勘察、设计等有关部门组织验槽。

五、上部结构

1. 本工程采用 240mm 厚多孔砖砌体结构,±0.000 以下采用实心黏土砖。砖体施工质量控制等级为 B 级。

2. 楼板采用预应力混凝土空心板,板缝以 30mm 为宜,采用 C20 细石混凝土灌缝。

3. 设置在楼层的厨房、浴室、厕所、宽度大于 4.2mm 的房间及坡屋面采用现浇板。

4. 阳台挑梁、边梁、阳台板和空调板现浇。

5. 现浇板内凡未注明的分布钢筋为 ϕ6@200。

6. 圈梁。

(1)在−0.060m 处设置一道地圈梁,在楼层及屋面板下各设置一道圈梁,圈梁设置在所有的纵横墙上。

(2)圈梁(地圈梁)截面为 240mm×240mm,纵向受力筋为 4ϕ10,箍筋采用 4ϕ@200。

7. 构造柱

(1)构造柱截面为 240mm×240mm,纵向受力筋为 4ϕ12,箍筋采用 ϕ6@200,在楼层上下各 500mm 范围内为 ϕ6@100。

(2)构造柱与墙连接处应砌成马牙槎,并应沿墙高每隔 500mm 设置 2@6 的拉结筋,每边伸入墙内为 1000mm。设置构造柱的墙体应先砌墙,后浇构造注混凝土。

(3)构造柱与圈梁连接处,构造柱的纵筋应穿过圈梁,保证构造柱纵筋上下贯通。

(4)构造柱可不单独设置基础,但应伸入室外地面下 500mm,与地圈梁相连。

六、活荷载标准值

1. 风荷载:基本风压为 0.4kN/m^2,地面粗糙度:B 类。

2. 雪荷载:基本雪压为 0.4kN/m^2。

3. 卧室、书房、厨房、厕所、阳台、楼梯、走廊荷载均为 0.4kN/m^2。

七、材料

1. 混凝土及混凝土构件

(1)现浇楼板、圈梁、构造柱、楼梯(室内)等为室内正常环境,环境类别为一类,采用 C20 混凝土。厨房、浴室、厕所等室内潮湿环境,环境类别为二 a 类,采用 C25 混凝土。

以上一类、二 a 类环境,现浇板的混凝土保护层厚度为 20mm,梁、柱的混凝土保护层厚度为 30mm。

(2)阳台挑梁、边梁、雨篷和檐口板等,环境类别为二 b 类,采用 C30 混凝土,现浇板的混凝土保护层厚度为 25mm,梁的混凝土保护层厚度为 35mm。

2. 砌体

(1)±0.000 以下采用实心黏土砖,±0.000 以上采用烧结多孔砖,其强度等级为 MU10。

(2)±0.000 以下采用 M7.5 水泥砂浆,±0.000 以上采用 M5 混合砂浆。

3. 钢筋的锚固与搭接

(1)钢筋的锚固长度(L_a):①C20 混凝土,HPB235 级钢筋为 31d,HRB335 级钢筋为 39d;②C25 混凝土,HPB235 级钢筋为 27d,HRB335 级钢筋为 34d;③C30 混凝土,HPB235 级钢筋为 24d,HRB335 级钢筋为 30d。

(2)钢筋的搭接长度:1.4 倍锚固长度(按纵向钢筋搭接接头面积百分率为 50%)。

4. 门窗洞口过梁选用省标《02 系列结构标准设计图集》(DBJT 19-01—2002)中的(钢筋混凝土过梁)(02YG 301)。未注明过梁荷载等级的按二级选用。

5. 现浇双向板板底钢筋,短向钢筋放在底层,长向钢筋放置在短向钢筋之上。

6. 严禁采用假冒产品,应采用正规厂家的产品,确保建筑材料质量。

八、其他

1. 各专业密切合作,协调统一,施工现声各工种各负其责,预留好埋件、管线、预留好孔洞,不得遗漏。

2. 现浇板中的预埋件管线,要放在板的中间。

3. 小于 300mm 的留洞,钢筋应绕过不截断,不得采取后打洞的施工方法。

4. 现浇混凝土构件要定期洒水养护,冬季施工要采取防寒措施。

5. 未尽事宜详见国家现行规范及规程。

★ 地基概况、不良地基的处理措施及技术要求、抗液化措施及要求、地基基础的设计等级。

★ 采用的设计荷载，包含风荷载、雪荷载、楼屋面允许使用的荷载。

★ 所选用结构材料的品种、规格、性能及相应的产品标准，当为钢筋混凝土结构时，应说明受力钢筋的保护层厚度、锚固长度、搭接长度、接长方法、预应力构件的锚具种类、预留孔道做法、施工要求及锚具防腐措施等。

★ 对水池、地下室等有抗渗要求的建(构)筑物的混凝土说明抗渗等级。

★ 所采用的通用做法和标准构件图集，如需做结构性能检验时，应指出检验的方法与要求。

★ 施工中应遵循的施工规范和注意事项。

2. 基础图

(1)基础平面图

★ 绘出定位轴线、基础构件(包括承台、基础梁等)的位置、尺寸、底标高、构件编号等；基础底标高不同时，应绘出放坡示意图。

★ 标明地沟、地坑和已定设备基础的平面位置、尺寸、标高等。

★ 提出沉降观测要求及测点布置(应附测点构造详图)。

★ 说明基础持力层情况、地基的承载能力特征值、基底及基槽回填土的处理措施与要求。

★ 桩基应绘出桩位平面位置及定位尺寸，说明桩的类型和桩顶标高、入土深度、桩端持力层及进入持力层的深度、成桩的施工要求、试桩要求和试桩定位平面图。

★ 当采用人工复合地基时，应绘出复合地基的处理范围和深度，置换桩的平面布置，注明复合地基的承载能力特征值及压缩模量等有关参数和检测要求。

(2)基础详图

★ 应绘出平面、剖面及配筋、基础垫层，标注总尺寸、分尺寸、标高及定位尺寸等。

★ 桩基应绘出承台梁剖面或承台板平面、剖面、垫层、配筋，标注尺寸、标高等。

★ 说明基础材料的品种、规格、性能、抗渗等级、垫层材料及其他对施工的要求。

3. 结构平面图

结构平面图应包括各层结构平面图及屋面结构平面图。

★ 绘出定位轴线及梁、柱、承重墙、抗震构造柱等定位尺寸并注明其编号和楼层标高。

★ 注明预制板的跨度方向、板号、数量及板底标高，标出预留洞大小及位置。

★ 现浇板应注明板厚、板面标高、配筋，在标高或板厚变化处绘局部剖面图。

★ 楼梯间可绘斜线注明编号与所在详图号。

★ 电梯间应绘制机房结构平面布置图，注明梁板编号、板的厚度与配筋。

★ 屋面结构平面布置图与楼层平面图相同，当有预留洞时应绘出其位置、尺寸与详图。

4. 钢筋混凝土构件详图

(1)现浇梁、板、柱及墙等详图

★ 纵剖面、长度、定位尺寸、标高及配筋、梁和板的支座；现浇的预应力混凝土构件应绘出预应力筋定位图并提出锚固要求。

★ 横剖面、定位尺寸、配筋。

★ 一般的现浇结构的梁、柱、墙可采用“平面整体表示法”绘制。

(2)预制构件详图

★ 构件模板图:应标明模板尺寸、轴线关系、预留洞及预埋件位置、尺寸、预埋件编号、必要的标高等;后张预应力构件尚需标明预留孔道的定位尺寸、张拉端、锚固端等。

★ 构件配筋图:纵剖面表示出钢筋形式、箍筋直径与间距。横剖面注明断面尺寸、钢筋规格、位置、数量等。

5. 节点构造详图

★ 对于现浇钢筋混凝土结构应绘制节点构造详图(可采用标准设计通用详图集)。

★ 预制装配式结构的节点,应绘出平、剖面,并注明定位关系、构件代号、连接材料附加钢筋(埋件)的规格、型号、性能、数量,连接方法以及后浇混凝土的有关要求等。

6. 其他图纸

★ 楼梯详图:绘出每层楼梯结构平面布置及剖面图,并注明尺寸、构件代号、标高。

★ 预埋件:绘出其平面、侧面,并注明尺寸、钢材和锚筋的规格、型号、性能、焊接要求。

★ 特种结构和构筑物:如水池、水箱、管架、大型或特殊要求的设备基础等,均宜单独绘制;绘出平面、特征部位剖面及配筋,并注明定位关系、尺寸、材料品种和规格、型号。

6.1.4 绘制结构施工图的规定及基本要求

绘制结构施工图除应遵守《房屋建筑制图统一标准》(GB/T 50001—2010)中的有关规定,如图幅、线型、标题栏、字体、尺寸标注等外,还应遵守《建筑结构制图标准》(GB/T 50105—2010)中的规定。

1. 线型

图线宽度仍然分为粗、中、细三种,若以 b 表示粗线的宽度,则中线、细线的宽度分别为 $0.5b$ 和 $0.25b$,根据图形的复杂程度,可选用表 6-1 中的线宽系列。

结构施工图中图线要求 表 6-1

名称		线宽	适用范围
实线	粗	b	主钢筋线、结构平面图中单线结构构件线、钢木支撑及系杆线
	中	$0.5b$	剖切到或可见的墙身轮廓线、基础轮廓线,箍筋线、板钢筋线
	细	$0.25b$	钢筋混凝土构件轮廓线、尺寸线、标高符号、索引符号
虚线	粗	b	不可见钢筋、螺栓线,不可见的单线结构构件线
	中	$0.5b$	结构平面图中不可见的构件墙身轮廓线
	细	$0.25b$	不可见的钢筋混凝土构件轮廓线
粗单点长画线		b	柱间支撑、垂直支撑、设备基础轴线中的中心线
细单点长画线		$0.25b$	中心线、对称线、定位轴线
粗双点长画线		b	预应力钢筋线
细双点长画线		$0.25b$	原有结构轮廓线
折断线		$0.25b$	断开界线
波浪线		$0.25b$	断开界线

2. 比例

结构施工图的比例应根据图样的用途和被绘制对象的复杂程度，从表 6-2 中选用，优先选用常用比例，在特殊情况下也可选用可用比例。当构件的纵、横断面尺寸相差悬殊时，可在图中的纵、横向选用不同的比例绘制，轴线尺寸与构件尺寸也可选用不同的比例绘制。

结构施工图比例 表 6-2

图 名	常用比例	可用比例
结构平面布置图、基础平面图	1∶100 1∶150 1∶200	1∶60
配筋图、楼梯详图	1∶10 1∶20 1∶50	1∶25 1∶30

3. 构件代号

由于大多数的建筑采用钢筋混凝土结构，结构施工图中为了便于施工、制表和查阅梁、板、柱等基本构件，《建筑结构制图标准》(GB/T 50105—2010)规定了各类构件的代号，见表 6-3，表中构件代号为构件名称汉语拼音的第一个字母大写。

常用构件代号 表 6-3

序号	名称	代号	序号	名称	代号	序号	名称	代号
1	板	B	19	圈梁	QL	37	承台	CT
2	屋面板	WB	20	过梁	GL	38	设备基础	SJ
3	空心板	KB	21	连系梁	LL	39	桩	ZH
4	槽形板	CB	22	基础梁	JL	40	挡土墙	DQ
5	折板	ZB	23	楼梯梁	TL	41	地沟	DG
6	密肋板	MB	24	框架梁	KL	42	柱间支撑	ZC
7	楼梯板	TB	25	框支梁	KZL	43	垂直支撑	CC
8	盖板	GB	26	屋面框架梁	WKL	44	水平支撑	SC
9	檐口板	YB	27	檩条	LT	45	梯	T
10	走道板	DB	28	屋架	WJ	46	雨篷	YP
11	墙板	QB	29	托架	TJ	47	阳台	YT
12	天沟板	TGB	30	天窗架	CJ	48	梁垫	LD
13	梁	L	31	框架	KJ	49	预埋件	M—
14	屋面梁	WL	32	刚架	GJ	50	天窗端壁	TD
15	吊车梁	DL	33	支架	ZJ	51	钢筋网	W
16	单轨吊车梁	DDL	34	柱	Z	52	钢筋骨架	G
17	轨道连接	DGL	35	框架柱	KZ	53	基础	J
18	车挡	CD	36	构造柱	GZ	54	暗柱	AZ

4. 钢筋代号

钢筋在现代建筑中起着非常重要的作用，为了便于标注和识别钢筋，国家相关规范对国产的建筑用钢按其产品种类等级分别给出了不同代号。钢筋有光圆钢筋和带纹钢筋（螺旋纹、人字纹和月牙纹）两种，如图 6-3 所示。

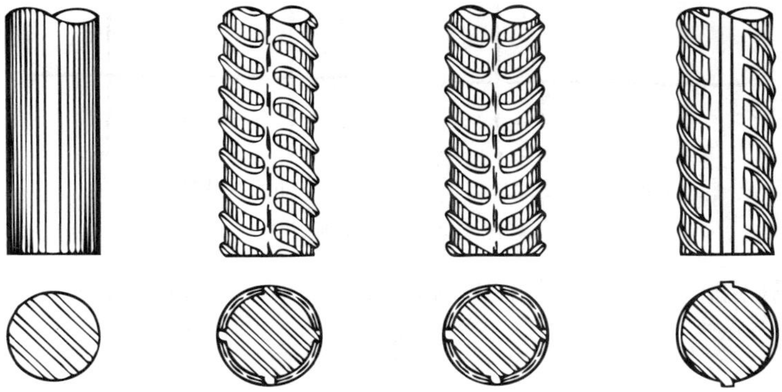

a）光圆钢筋　　b）螺旋纹　　c）人字纹　　d）月牙纹

图 6-3　钢筋外形

《混凝土结构设计规范》(GB 50010—2010)规定对国产建筑用热轧钢筋，按其产品种类、强度值等级和直径范围不同，分别用不同符号表示以标注及识别，见表 6-4。

建 筑 用 钢 代 号　　表 6-4

种　类		符　号	种　类		符　号
热轧钢筋	HPB235	ϕ	钢绞线		ϕ^{s}
	HRB335	ϕ	消除预应力钢丝	光面	ϕ^{R}
	HRB400	ϕ		螺旋肋	ϕ^{H}
	RRB400	ϕ^{R}		刻痕	ϕ^{I}

5. 钢筋表示方法

绘制结构施工图时，为了准确地表达钢筋的信息，应掌握钢筋的表示方法。通常用单根的粗实线表示钢筋的立面，用黑圆点表示钢筋的横断面，其他常见画法如表 6-5 所示。

常用钢筋表示方法　　表 6-5

序号	名　称	图　例
1	钢筋横断面	●
2	无弯钩钢筋端部	
3	带半圆形弯钩的钢筋端部	
4	带直钩的钢筋端部	
5	带丝扣的钢筋端部	
6	无弯钩的钢筋搭接	
7	带半圆弯钩的钢筋搭接	
8	带直钩的钢筋搭接	
9	花篮螺丝钢筋接头	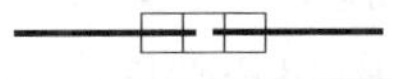
10	机械连接的钢筋接头	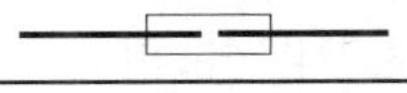

(1)当结构平面图中配置双层钢筋时，底层钢筋的弯钩应向上或向左；顶层钢筋的弯钩则向下或向右，如图 6-4 所示。

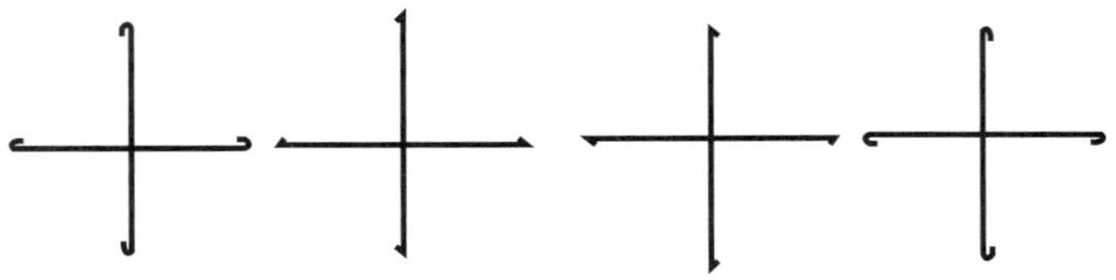

a）底层钢筋表示法　　b）顶层钢筋表示法

图 6-4　双层钢筋画法

(2)若断面图不能清楚地表达钢筋布置，应如图 6-5 所示在断面图外增绘钢筋大样图。

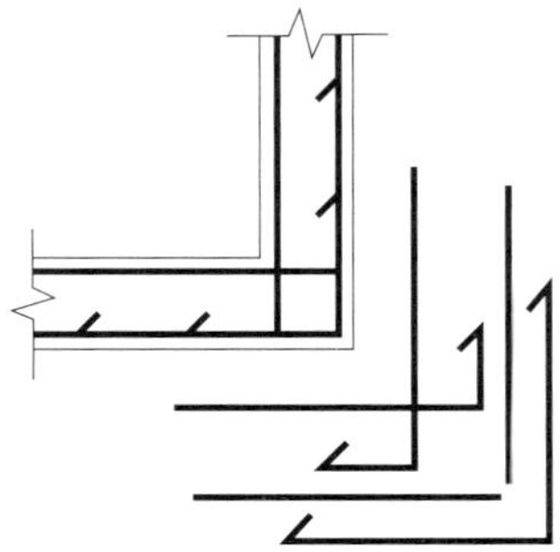

图 6-5　钢筋大样表示法

(3)在绘制结构图的过程中，如每组有相同的钢筋、箍筋，可用一根粗实线表示。同时利用一根两端带斜短划线的横穿细线表示其余钢筋及起止范围，画法如图 6-6 所示。

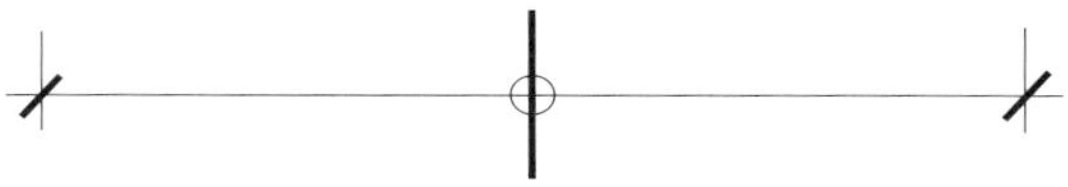

图 6-6　相同钢筋简化画法

6. 钢筋标注方法

钢筋标注应给出钢筋的数量、代号、直径、间距、编号及所在位置，如图 6-7 所示为钢筋的标注方法。编号时应先主筋后分布筋(架立筋)，逐一顺序编号。编号采用阿拉伯数字，写在直径为 6mm 的细线圆中，用平行引出线从钢筋引向编号，并在相应编号引出线上对钢筋进行标注。

图 6-7　钢筋标注方法

6.1.5　结构施工图读图方法

结构施工图的阅读与建筑施工图一样，要相互联系反复阅读。通常先看设计说明，再看基础平面图和基础详图，然后看楼层结构平面图、屋顶平面图，最后看构件详图。阅读构件详图时，先看图名，再看立面图和断面图，后看钢筋详图和钢筋表，并注意熟练运用投影关系、图例符号，读懂空间形状，了解构件在房屋中的部位和作用，结合尺寸标注和详图索引符号了解构件大小、构造和材料等内容。结构施工图阅读流程如图 6-8 所示。

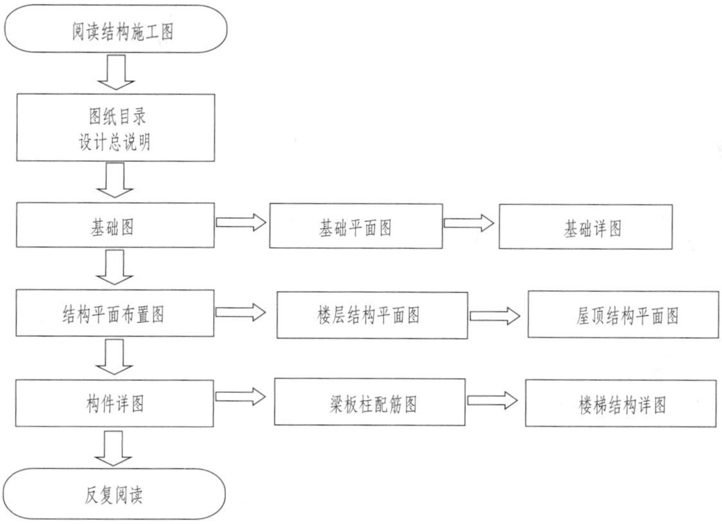

图 6-8　结构施工图阅读流程

6.2　钢筋混凝土基本知识

6.2.1　钢筋混凝土简介

钢筋混凝土是建筑工程中使用相当广泛的结构材料。混凝土是由水泥、水和骨料(砂和石)混合而成的具有一定流动性的混合物,注入模板可以做成所需要的任何形状。《混凝土结构设计规范》(GB 50010—2010)规定的混凝土强度等级有:C15、C20、C25、C30、C35、C40、C45、C50、C55、C60、C65、C70、C75、C80 共 14 个等级。C30 表示混凝土的立方体强度标准值为 30N/mm^2,C 后面的数字越大表示混凝土抗压强度越高。混凝土的抗拉强度一般仅为抗压强度的 1/20～1/10,所以混凝土构件在受力状态下,受拉区域一旦达到抗拉极限,将出现无预兆断裂。正由于混凝土抗压能力强而抗拉能力弱,所以通常用钢筋加强以抵抗拉力,如图 6-9 所示。

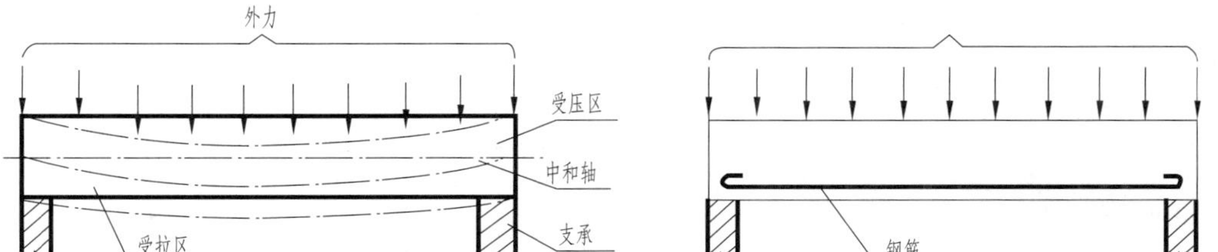

图 6-9　梁受力情况示意图

钢筋具有较强的抗拉强度,并且和混凝土之间有良好的黏结力。因此,为了提高构件的承载力,可以在混凝土构件受拉区内配置一定数量的钢筋,这种由钢筋与混凝土构成的构件被称为钢筋混凝土构件,简称“RC”构件。常见的钢筋混凝土构件有梁、板、柱、基础、楼梯等。没有钢筋的混凝土构件称为素混凝土构件。

钢筋混凝土构件按施工方法的不同，又可分为现浇和预制两种，现浇构件是在建筑工地上现场浇捣制作形成；预制构件则是在混凝土制品厂先制作，然后运到工地进行吊装，当然有些预制构件也可在工地上制作。

6.2.2 钢筋种类和作用

如图 6-10 所示为钢筋混凝土梁、柱、板构件的配筋情况，配置在钢筋混凝土构件中的钢筋，按其所起作用的不同，通常可以分为以下五种。

(1)受力筋——承受拉力或压力的钢筋，主要用于梁、板、柱等各种钢筋混凝土构件中。

(2)架立筋——在梁中与受力筋、钢箍一起形成钢筋骨架，用以固定钢箍位置。

(3)钢箍——也称为箍筋，用于梁和柱内固定受力筋的位置，并承受一部分斜拉应力，图 6-11所示为常见的四种箍筋形式。

(4)分布筋——在板内与受力筋垂直，用以固定受力筋的位置，与受力筋一起形成钢筋网，使力均匀分布给受力筋，并抵抗热胀冷缩引起的温度变形。

(5)构造筋——因构造要求或施工安装的需要而配置的钢筋。

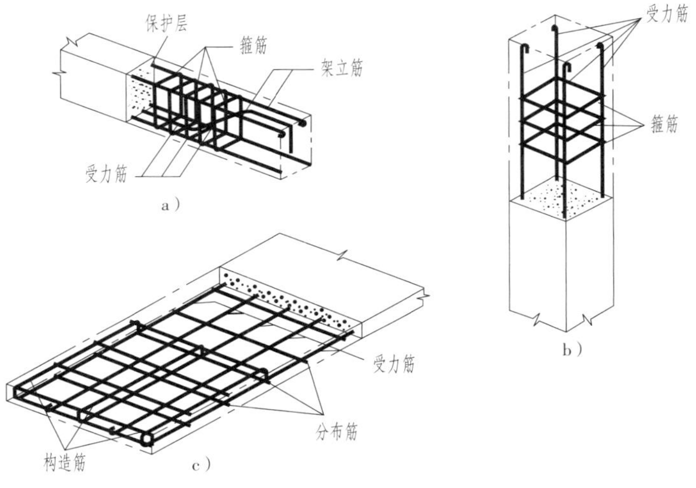

图 6-10　钢筋混凝土梁、柱、板配筋

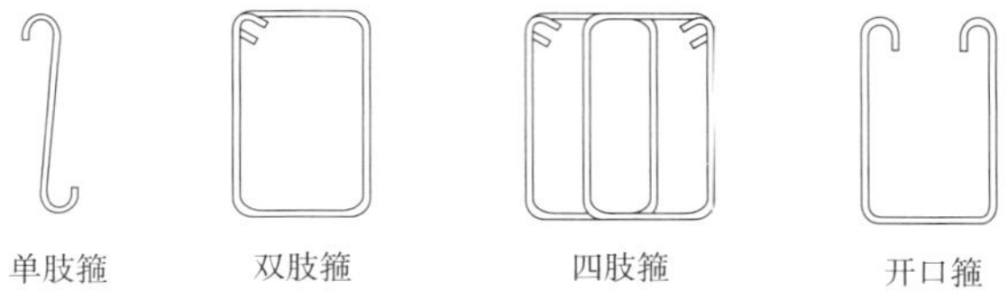

图 6-11　箍筋形式

6.2.3 钢筋混凝土构件的构造要求

钢筋混凝土构件的钢筋不能外露，为了保护钢筋、防腐蚀、防火以及加强钢筋与混凝土之间的黏结力，钢筋的外边缘和构件表面应有一定厚度的混凝土保护层。《混凝土结构设计规范》(GB 50010—2010)规定，依据构件的混凝土强度等级以及所处环境的不同，钢筋保护层的最小厚度要求如下：

(1)当梁高不大于 400mm 时,保护层为 20mm。

(2)当梁高大于 400mm 时,保护层为 25mm。

(3)当板厚不大于 100mm 时,保护层为 10mm。

(4)当板厚大于 100mm 时,保护层为 15mm。

如果受力钢筋为光圆钢筋,其两端要做成弯钩,以加强钢筋和混凝土之间的黏结力,避免钢筋在受拉时滑动。带纹钢筋与混凝土的黏结力强,两端可不做弯钩,钢箍两端在交接处也要做成弯钩。各种形式受力钢筋和箍筋弯钩的尺寸及画法如图 6-12 所示。

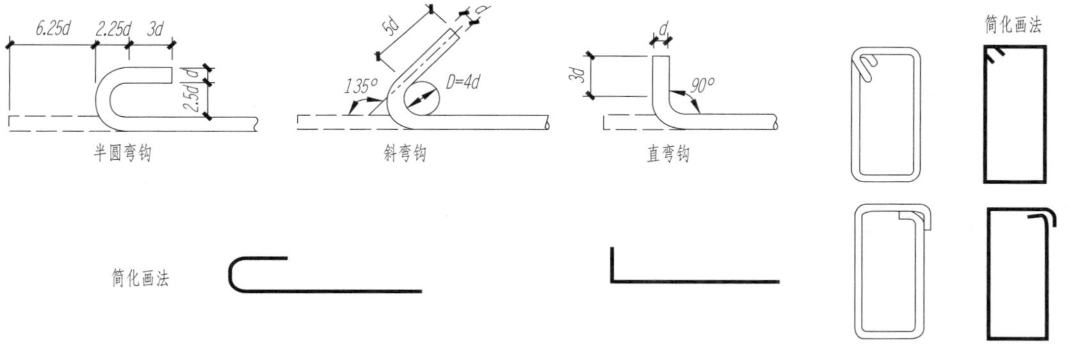

图 6-12　钢筋和钢箍的弯钩尺寸及画法

6.2.4　钢筋混凝土结构图的内容

结构平面图:结构平面图是表示建筑物各构件(梁、板、柱)的平面布置的图样,可分为基础平面图、楼层结构平面图、屋面结构平面图。

构件详图:可分为配筋图(通常由立面图、断面图、钢筋图和材料表组成)、模板图、预埋件详图和材料用量表。

6.3　基础施工图

6.3.1　基础类型

基础是建筑物和地基之间的连接体,地基可以是天然的土壤或是经过加固的土壤,基础将建筑物竖向体系传来的集中荷载分散到地基上,从而使荷载不超过地基的长期承载力。房屋的基础形式取决于上部承重结构形式和地基承载力。最常见的基础形式为墙下条形基础和柱下独立基础,如图 6-13 所示。

混合结构中,墙常常支承在位于墙下的条形基础上,为了增加地基的承载面积,条形基础要比墙更宽一些,通过条形基础把作用在墙上的总重量传给地基。而采用框架或排架体系承重的房屋,通常将柱四边扩展以增大支承面积的独立基础。

如图 6-14 所示,还列举了一些常见的基础形式。例如:柱子可以直接支承在下面的方形基础上,墙则支承在沿墙长度方向布置的条形基础上。当建筑物层数不多时,只需将墙下条形基础和柱下方形基础联合使用,就足以把荷载传给地基。当地基非常软弱或建筑物比较高时,可以采用扩大地基接触面的筏式基础或箱形基础。

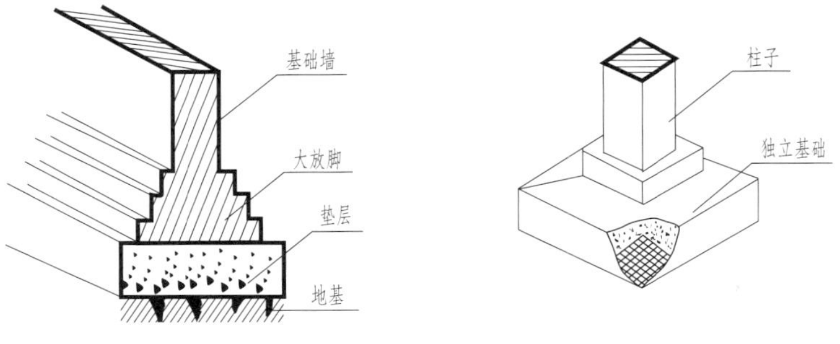

图 6-13　墙下条形基础、柱下独立基础

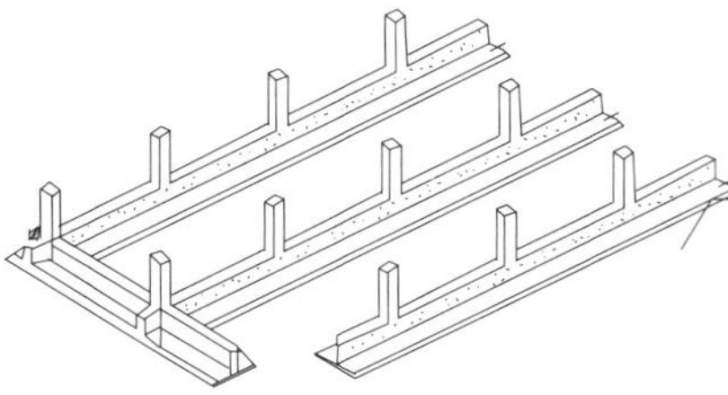

a）条形基础

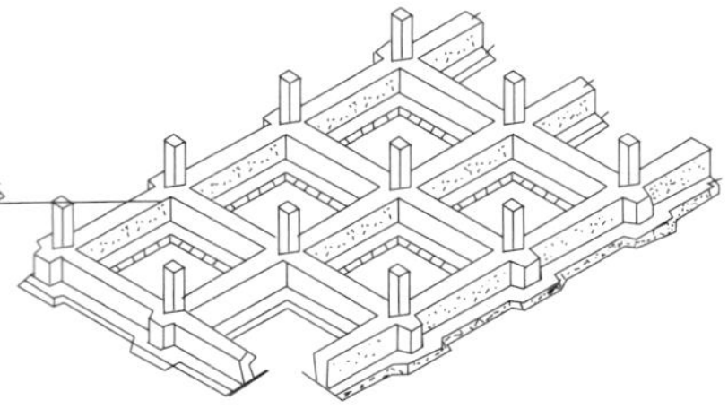

b）十字基础

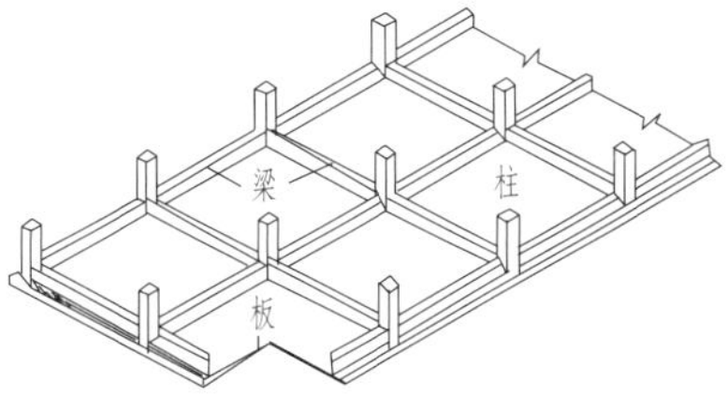

c）筏式基础

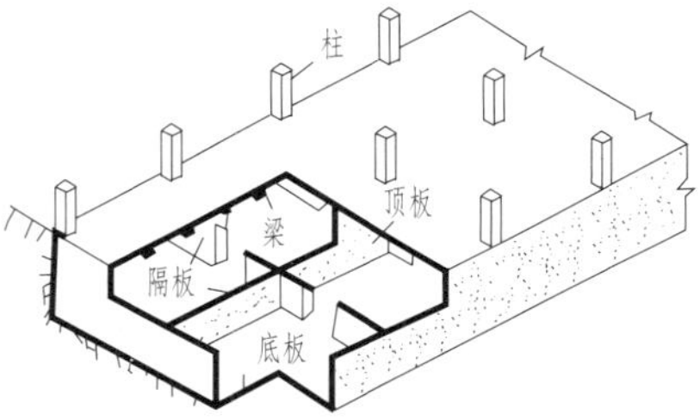

d）箱形基础

图 6-14　常见的基础形式

6.3.2　基础施工图

基础施工图表示建筑物室内地面以下基础部分的平面布置及详细构造，通常包括基础平面图和基础详图。本节以条形基础为例，说明基础施工图的图示特点、绘制规定与要求。

1.基础平面图

基础平面图是假想用一个水平面沿房屋的室内地面剖切后得到的图样，表示出基础墙、柱、垫层、孔洞及构件布置的平面关系。基础平面图是施工放线、开挖基槽、做垫层、砌筑基础和管沟墙的重要依据。基础对整个建筑物起着至关重要的作用，因此在绘制基础平面图时必须认真仔细，避免不必要的损失。

(1)图示内容与特点

基础平面图上只绘出垫层边线和基础墙的投影线，基础的细部投影将具体反映在基础详图中，纵横向定位轴线及编号应和建筑施工图中的底层平面图一致。基础平面图主要内容如下：

★ 基础的定位轴线及编号、图名、比例。

★ 轴线尺寸、基础的形状尺寸和定位尺寸。

★ 基础墙、柱、垫层的边线与轴线间的关系。

★ 基础断面图的剖切位置线及其编号。

★ 施工说明等。

(2)规定与要求

★ 比例　一般与建筑平面图相同,采用 1∶100、1∶200 或 1∶50。

★ 图线　粗实线表示可见基础梁,粗虚线表示不可见基础梁,中实线表示被剖到的基础墙身线,细实线表示基础底面轮廓线,柱子涂黑。

★ 尺寸　标出基础的定形尺寸(基础墙宽度)和定位尺寸(纵横定位轴线间尺寸)以及地面标高等。

2. 基础详图

基础详图是用较大比例画出的局部构造图,由于建筑物各处荷载不同,故地基承载力也不尽相同,基础的断面形状与埋置深度也有所不同,对每一个不同的断面,都要画出其断面图,并在基础平面图上用 1-1,2-2 等剖切符号标明各断面的位置。

(1)图示内容与特点

通常应表达出基础各组成部分的具体形状、大小、材料及基础埋深等。由于条形基础各部位的断面形状和配筋形式类似,因此可只画出一个通用断面图。基础详图主要内容如下:

★ 图名(基础代号)、比例。

★ 基础断面图中轴线及其编号。

★ 基础断面形状、大小、材料及配筋。

★ 基础断面的详细尺寸和室内外地面、基础垫层底面标高。

★ 施工说明。

(2)规定与要求

★ 比例　采用 1∶10、1∶20 或 1∶50。

★ 图线　轮廓线全部画细实线,而且不画图例,钢筋用粗实线或小圆点表示。

★ 尺寸　应标出基础各部分(基础墙、柱、基础垫层)的详细尺寸、钢筋尺寸、室内地面标高和基础垫层(基础埋深)的标高。

3. 识读基础施工图

图 6-15 为某小区 B 型住宅楼的基础平面布置图,从图中可知,该住宅楼左右对称,采用柱下独立基础,绘图比例 1∶100。图中左半部分标注独立基础,轴线两侧的细实线为基础梁边线,填黑部分为钢筋混凝土柱,细线矩形是基础底边线。

以轴线Ⓐ为例,7 个柱基础都是 ZJ1,长度和宽度均为 1600mm,钢筋混凝土柱的截面尺寸为 400mm×400mm,基础位置由边线和定位轴线所标注的尺寸确定。图中右半部分标注的是基础梁,例如:JKLA-3(180×500)表示基础框架梁 A 型编号为 3,梁宽 180mm,高 500mm。

图 6-16 为独立基础 ZJ1 的平面图和断面图。从断面图可以清晰看到独立基础由垫层、基础、基础柱三部分组成。基础底部尺寸为 1600mm×1600mm,基础高 500mm 并向四边缘逐渐减低到 200mm 形成四棱台。基础下面用 C10 混凝土做垫层,厚度 100mm,每边宽出基础 100mm。

基础上部是柱子,尺寸 400mm×400mm。基础底部配置了 ϕ12@150 双向钢筋,柱内 4 根受力钢筋,钢筋下端直接伸到基础内,上端与柱中的钢筋搭接,箍筋按 ϕ6@200 配置。ZJ1 平面图用局部剖视方法表示出基础内双向钢筋的布置情况。

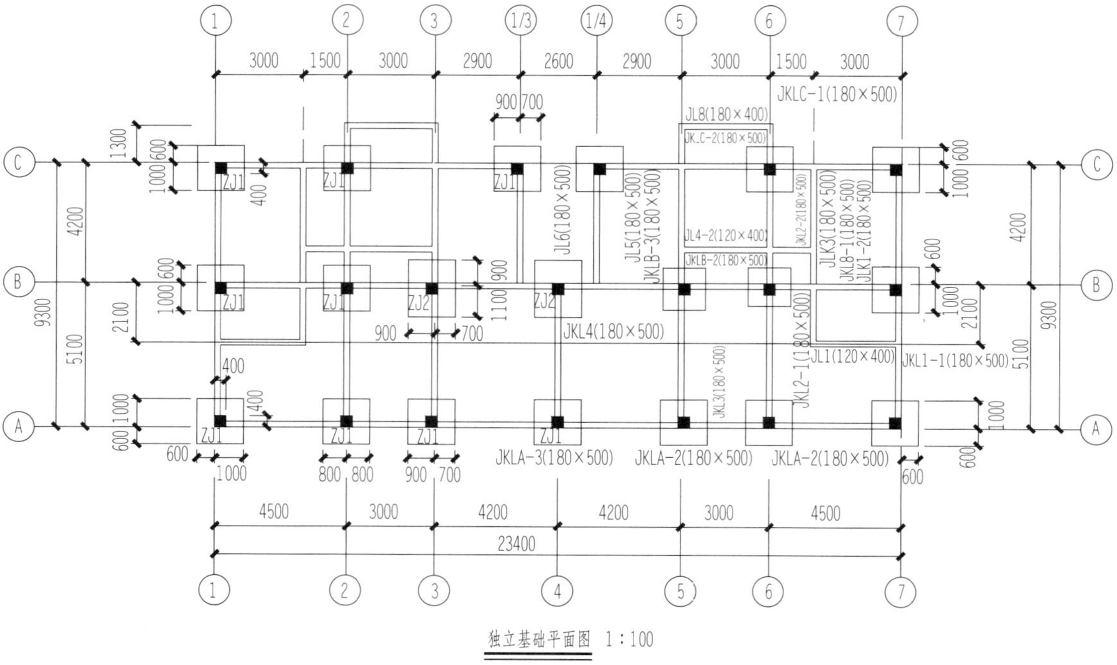

图 6-15　独立基础平面图

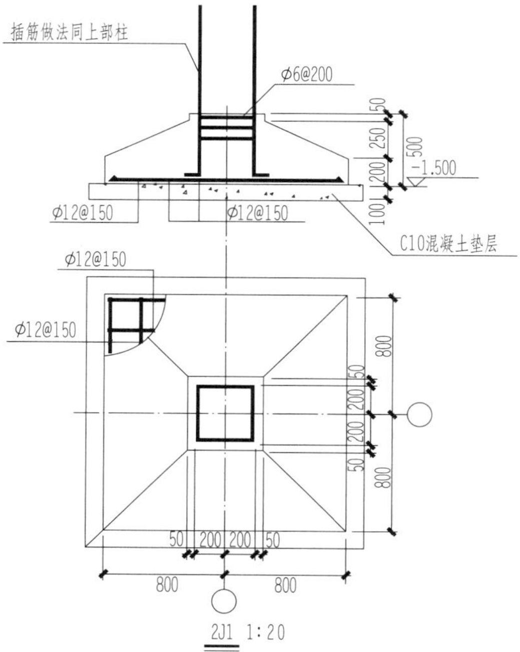

图 6-16　现浇独立基础详图

6.3.3　计算机绘制基础施工图

实例 1:墙下条形基础平面图绘制,如图 6-17 所示。

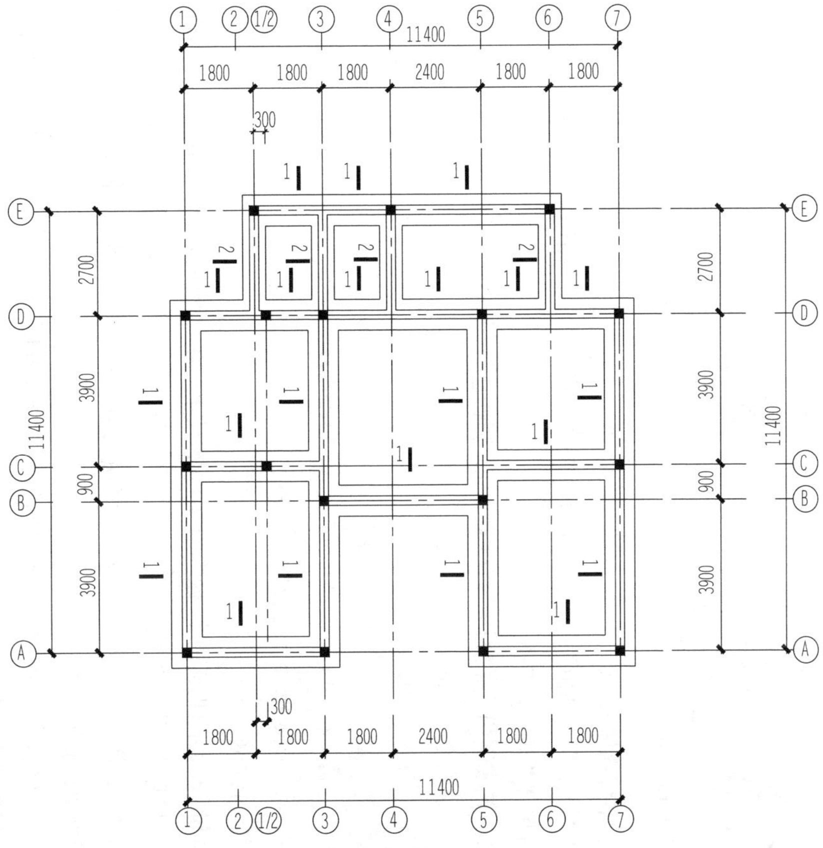

基础平面施工图 1:100

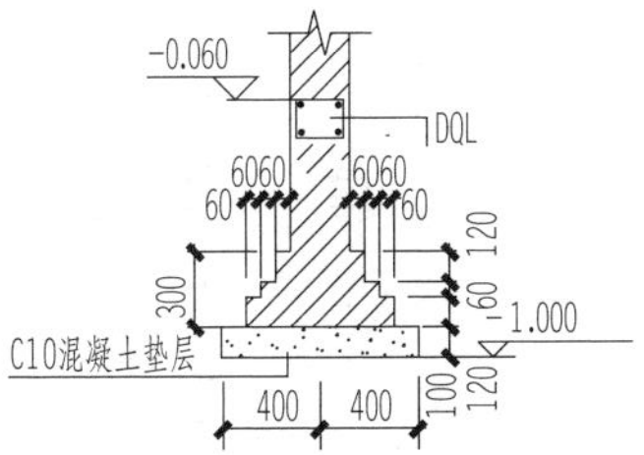

1-1

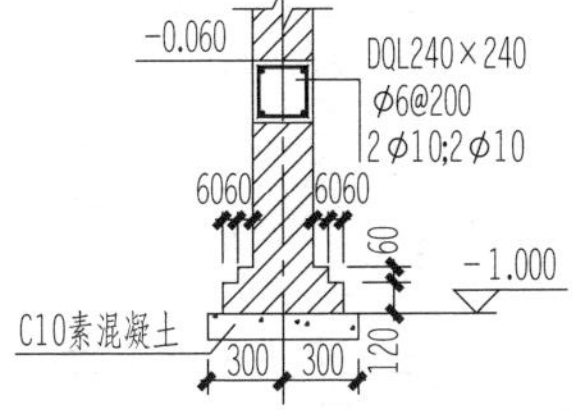

2-2

说明:

1.根据工程地质勘察报告,本工程采用墙下条形基础,持力层为第二层粉细砂层,承载力为120kPa。

2.基础施工注意事项:

(1)开挖基槽时,在基础底设计标高以上预留适当厚度约200mm的土,待基础施工时,再挖至基础底设计标高。

(2)开挖基槽时,如遇坟坑、枯井、人防工事、软弱土层等异常情况,应通知勘察与设计单位处理。

(3)基槽开挖完毕,应会同勘察设计单位验槽。

(4)基槽埋入老土的深度不应少于200mm。

(5)基底超挖部分用C10级素混凝土回填至设计标高,其他超挖部分用黏土分层回填夯实。

3.图中标高以米为单位,尺寸以毫米为单位。

图6-17　条形基础平面图

1. 绘图环境设置

在绘图之前，首先进行绘图环境的设置，包括新建绘图文件、线型设置、图层设置、单位设置及图形界限设置等。

(1)线型设置

基础墙和柱被剖切到的轮廓线，应画成粗实线；未被剖到的基础轮廓线用细实线表示；基础内留有孔、洞的位置用虚线表示，再加上绘制轴线所使用的点画线，因此绘制基础平面图需要用到4种线型。

选择“格式”|“线型”命令，在“线型管理器”对话框添加所需的4种线型，如图6-18所示。单击“加载”按钮，从“加载或重载线型”对话框选择“DASHDOTX2”和“DASHED2”两种线型。

(2)图层设置

选择“格式”|“图层”命令，在“图层特性管理器”对话框，创建如图6-19所示图层。

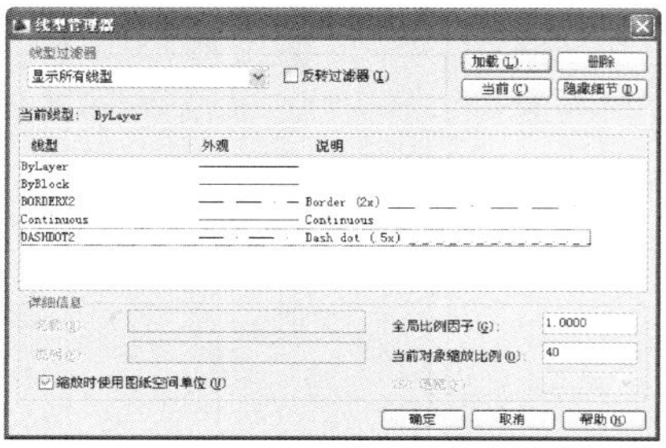

图6-18 “线型管理器”对话框

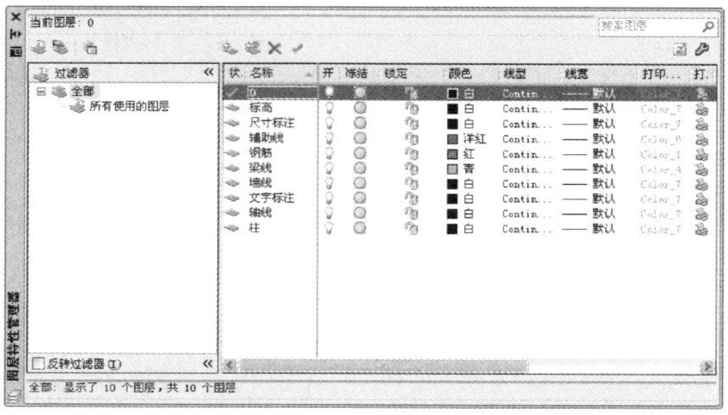

图6-19 设置后的“图层特性管理器”对话框

(3)单位、界限设置

选择“格式”|“单位”命令，在“图形单位”对话框，从“精度”下拉列表中选择“0”选项，设置完成后单击“确定”按钮。

选择“格式”|“图形界限”命令对图形界限进行设置。

命令：Limits

重新设置模型空间界限：

指定左下角点或[开(ON)/关(OFF)]<0,0>：

指定右上角点<420,297>：42000,29700

2. 墙下条形基础平面图绘制过程

(1)绘制轴网

定位轴线表示建筑物主要结构构件的位置，在作图时应先将主要的定位轴线全部绘制出来，将“轴线”层设置为当前层。

①选择“绘图”|“直线”命令绘制纵横向轴线，选择“修改”|“偏移”命令，依据轴线间距偏移完成整个轴网的绘制。

②执行“格式”|“标注样式”命令，选择“结构制图”标注样式，将其置为当前。

③执行“标注”|“线性”命令为轴网标注尺寸。

④按照前述章节的相关知识创建“轴线编号”图块，执行“圆”命令，在绘图区绘制半径为400mm的圆，选择“绘图”|“块”|“定义属性”命令创建图块编号属性，设置参数如图6-20所示。

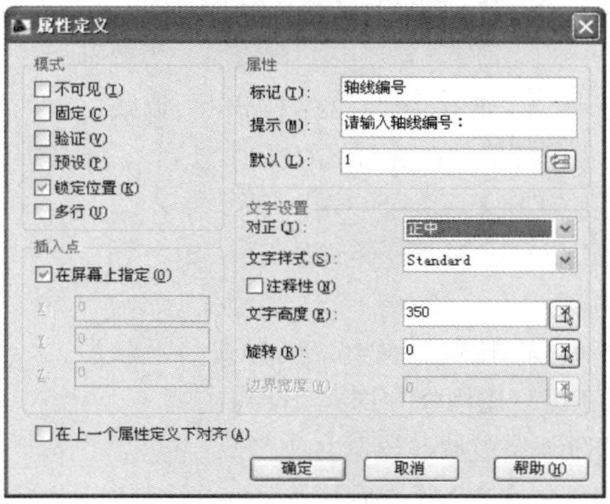

图 6-20　设置“图块属性”对话框

设置完成后单击“确定”按钮，命令行提示“指定起点：”，拾取圆心为起点，经编辑后的效果如图 6-21 所示。

⑤选择“绘图”|“块”|“创建”命令，弹出“块定义”对话框，图 6-21 为块对象，捕捉基点为圆的上象限点，命名图块名称为“竖向轴线编号”，单击“确定”按钮，弹出“编辑属性”对话框，单击“确定”按钮完成“竖向轴线编号”图块的创建。

图 6-21　设置属性后效果图

⑥执行“插入”|“块”命令，在弹出的“插入”对话框中选择“轴线编号”外部块，用鼠标捕捉第一条垂直轴线的下端，在命令行的提示下输入“1”，完成轴线编号。重复上述命令添加所有轴线编号，经编辑后的效果如图 6-22 所示。

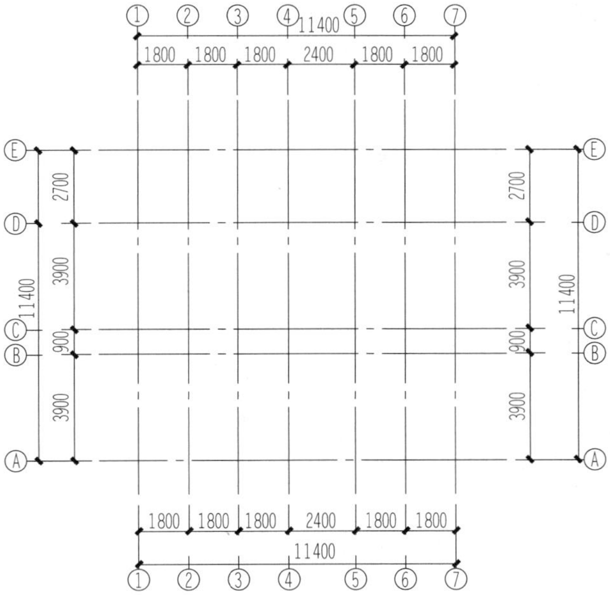

图 6-22　定位轴线及编号编辑后的效果图

(2)绘制墙线

①设置“墙”层为当前层，墙体厚度为 240mm。

②执行“格式”|“多线样式”命令，弹出“新建多线样式”对话框，设置如图 6-23 所示。

③执行“绘图”|“多线”命令，绘制墙线，命令行提示如下。

命令：Mline

当前设置：对正 = 无，比例 = 20.00，样式 = 墙线

指定起点或［对正(J)/比例(S)/样式(ST)］：J

输入对正类型［上(T)/无(Z)/下(B)］<无>：Z

指定起点或［对正(J)/比例(S)/样式(ST)］：S

输入多线比例 <20.00>：240

当前设置：对正 = 无，比例 = 240.00，样式 = 墙线

指定起点或［对正(J)/比例(S)/样式(ST)］：

重复执行“多线”命令完成墙线绘制。

④执行“修改”|“对象”|“多线”命令，弹出“多线编辑工具”对话框，如图 6-24 所示。

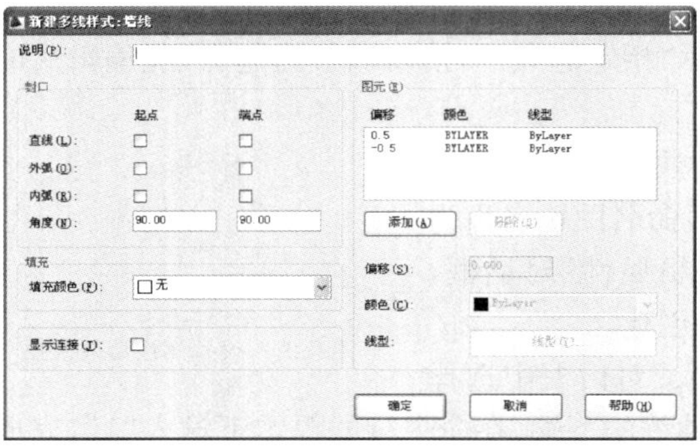

图 6-23 “新建多线样式”对话框

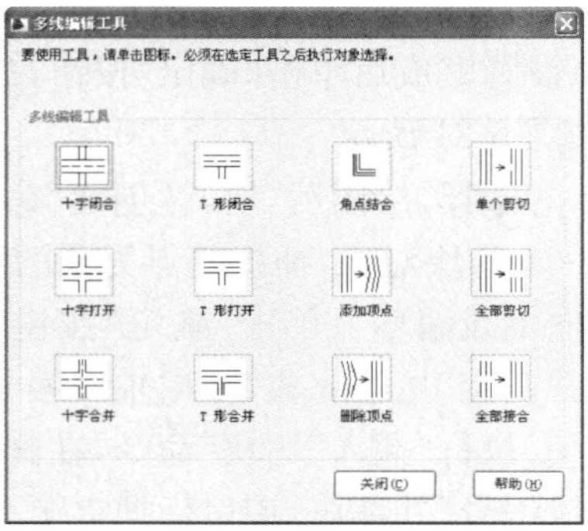

图 6-24 “多线编辑工具”对话框

根据对话框的图例选择需修改的方式“十字合并”、“T 形打开”等，对多线进行编辑处理，重复执行上述命令，经编辑后的效果如图 6-25 所示。

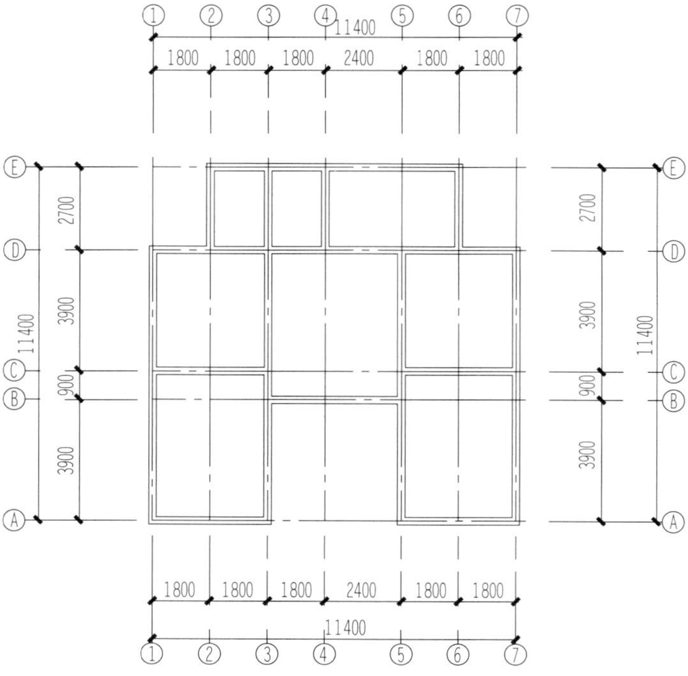

图 6-25 “多线编辑”后墙线效果图

(3)插入构造柱

构造柱的设置应满足抗震设计要求，该例构造柱尺寸为 240mm×240mm，为提高绘图速度，可创建一个“构造柱”图块，步骤如下：

①执行“绘图”|“矩形”命令绘制构造柱轮廓线。

②执行“绘图”|“图案填充”命令，对矩形进行填充，弹出如图 6-26 所示“图案填充和渐变色”对话框，在“类型”中选择“预定义”选项，在“图案”中选择 SOLID，单击“拾取点”按钮，用鼠标单击要填充的区域并确定。

③执行“绘图”|“块”|“创建”命令，创建“构造柱”图块。

④执行“插入”|“块”命令，捕捉各个轴线交点，完成构造柱的绘制，编辑后效果如图 6-27 所示。

图 6-26 “图案填充和渐变色”对话框

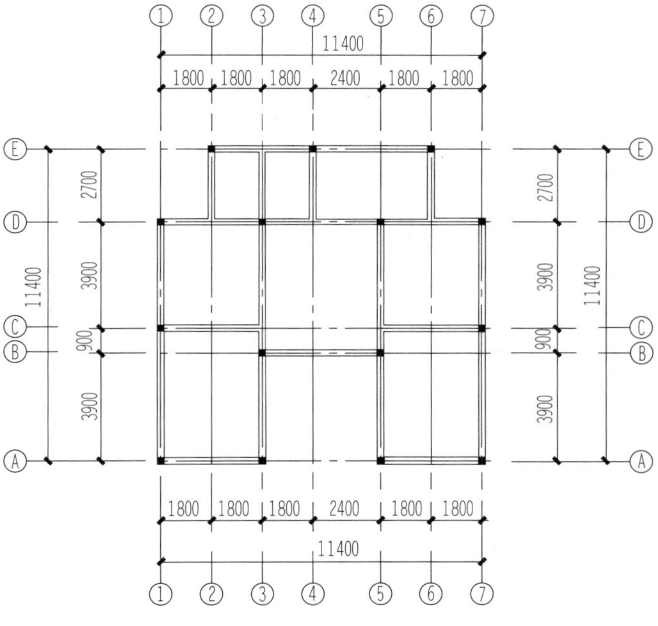

图 6-27 插入构造柱后效果图

(4)绘制基础轮廓线

基础轮廓线通常用实线表示，如果用单实线绘制就必须修剪，这里继续使用“多线”命令绘制基础轮廓线，步骤如下。

①执行“绘图”|“多线”命令，绘制基础轮廓线，步骤如下。

命令：Mline

当前设置：对正 = 无，比例 = 20，样式 = STANDARD

指定起点或[对正(J)/比例(S)/样式(ST)]：J /设置对正方式

输入对正类型[上(T)/无(Z)/下(B)]<无>：Z /选择 Z 即对中
当前设置：对正 ＝ 无，比例 ＝ 20，样式 ＝ STANDARD
指定起点或[对正(J)/比例(S)/样式(ST)]：S /设置比例
输入多线比例<20>：800 /输入 800，即基础轮廓宽 800
当前设置：对正 ＝ 无，比例 ＝ 800，样式 ＝ STANDARD
指定起点或[对正(J)/比例(S)/样式(ST)]：/用鼠标捕捉 A 轴与 1 轴交点
指定下一点：/用鼠标捕捉 D 轴与 1 轴交点
指定下一点或[放弃(u)]：/用鼠标捕捉 D 轴与 7 轴交点
指定下一点或[闭合(c)/放弃(u)]：/用鼠标捕捉 A 轴与 7 轴交点
指定下一点或[闭合(c)/放弃(u)]：/用鼠标捕捉 A 轴与 5 轴交点
指定下一点或[闭合(c)/放弃(u)]：/用鼠标捕捉 B 轴与 5 轴交点
指定下一点或[闭合(c)/放弃(u)]：/用鼠标捕捉 B 轴与 3 轴交点
指定下一点或[闭合(c)/放弃(u)]：/用鼠标捕捉 A 轴与 3 轴交点
指定下一点或[闭合(c)/放弃(u)]：/用鼠标捕捉 A 轴与 l 轴交点
指定下一点或[闭合(c)/放弃(u)]：

命令：Mline
当前设置：对正 ＝ 无，比例 ＝ 800，样式 ＝ STANDARD
指定起点或[对正(J)/比例(S)/样式(ST)]：/用鼠标捕捉 B 轴与 3 轴交点
指定下一点：/用鼠标捕捉 D 轴与 3 轴交点
指定下一点或[放弃(u)]：

命令：Mline
当前设置：对正 ＝ 无，比例 ＝ 800，样式 ＝ STANDARD
指定起点或[对正(J)/比例(S)/样式(ST)]：/用鼠标捕捉 B 轴与 5 轴交点
指定下一点：/用鼠标捕捉 D 轴与 5 轴交点
指定下一点或[放弃(U)]：

命令：Mline
当前设置：对正 ＝ 无，比例 ＝ 800，样式 ＝ STANDARD
指定起点或[对正(J)/比例(S)/样式(ST)]:/用鼠标捕捉 C 轴与 l 轴交点
指定下一点：/用鼠标捕捉 C 轴与 3 轴交点
指定下一点或[放弃(u)]：

命令：Mline
当前设置：对正 ＝ 无，比例 ＝ 800，样式 ＝ STANDARD
指定起点或[对正(J)/比例(S)/样式(ST)]：/用鼠标捕捉 C 轴与 5 轴交点
指定下一点：/用鼠标捕捉 C 轴与 7 轴交点
指定下一点或[放弃(u)]：

命令：Mline
当前设置：对正 ＝ 无，比例 ＝ 800，样式 ＝ STANDARD
指定起点或[对正(J)/比例(S)/样式(ST)]：/用鼠标捕捉 E 轴与 2 轴交点
指定下一点：/用鼠标捕捉 E 轴与 6 轴交点
指定下一点或[放弃(U)]：

②执行“修改”|“对象”|“多线”命令，对基础轮廓线和墙线进行编辑，方法同前，最终效果如图 6-28 所示。

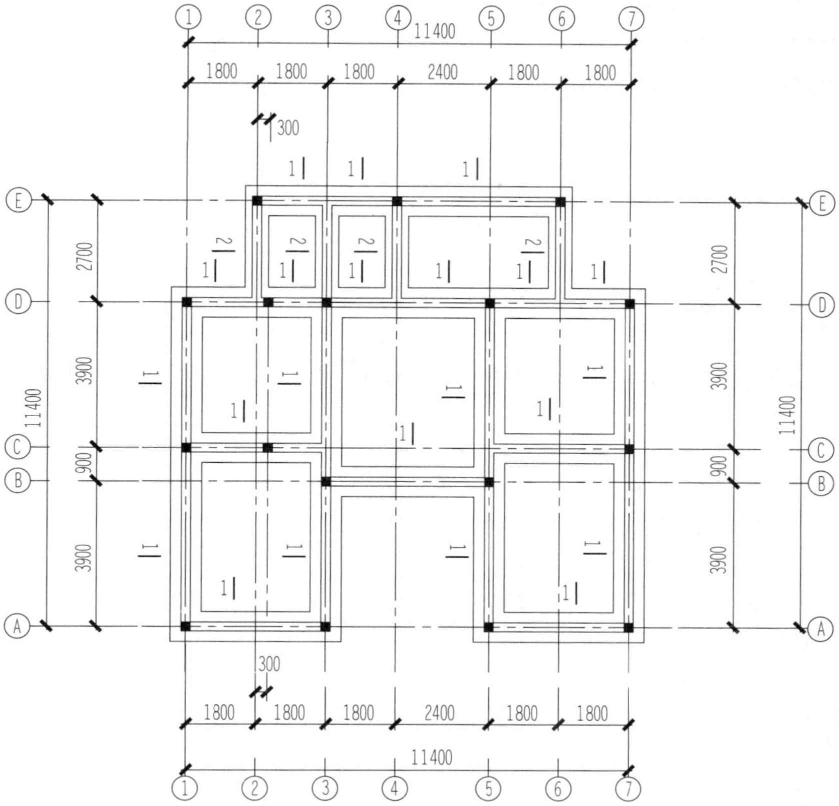

图 6-28　条形基础平面图最终效果图

实例 2:绘制条形基础断面图,如图 6-29 所示。

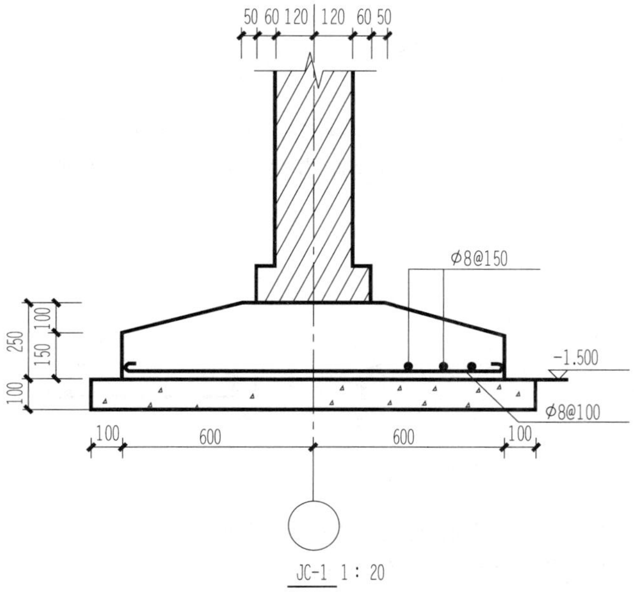

图 6-29　钢筋混凝土条形基础断面图

首先设置图形的绘图环境，设置绘图单位，将单位的精度设置为0；然后设置图形界限和线型；再设置图层，包括“轮廓线”、“轴线”、“钢筋”、“尺寸标注”和“文字”图层。

①执行“矩形”命令绘制基础垫层轮廓线，如图6-30所示。

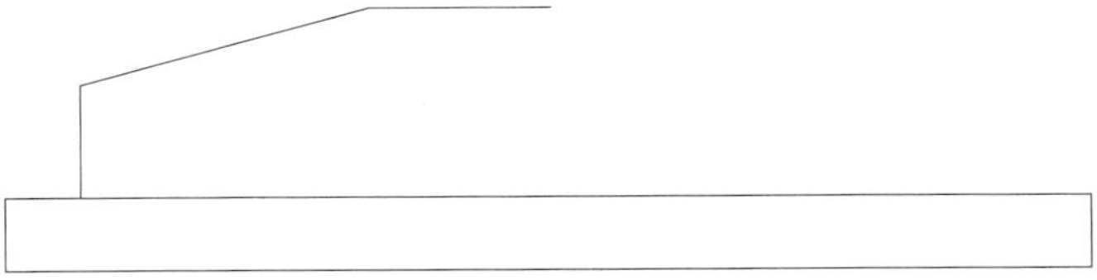

图6-30　绘制轮廓线

②执行“直线”命令绘制基础轮廓线，执行“镜像”命令完成右侧部分轮廓线，命令提示行如下。

命令：Line
指定第一点：* 捕捉基础垫层的左上角点
指定下一点或[放弃(U)]：@100，0
指定下一点或[放弃(U)]：@0，150
指定下一点或[闭合(C)/放弃(U)]：@370，100
指定下一点或[闭合(C)/放弃(U)]：@230，0
指定下一点或[闭合(C)/放弃(U)]：

③选择“格式”|“多线样式”命令设定基础墙参数，执行“多线”命令绘制两段基础墙，如图6-31所示。

命令：Mline
当前设置：对正 = 无，比例 = 20.00，样式 =基础墙
指定起点或[对正(J)/比例(S)/样式(ST)]：S
输入多线比例 <20.00>：360
当前设置：对正 = 无，比例 = 360.00，样式 = 基础墙
指定起点或[对正(J)/比例(S)/样式(ST)]：
指定下一点：

④将“钢筋”层设置为当前图层，执行“多段线”命令绘制受力钢筋，执行“绘图”|“圆环”命令绘制分布钢筋，操作参照梁截面钢筋绘制方法，效果如图6-32所示。

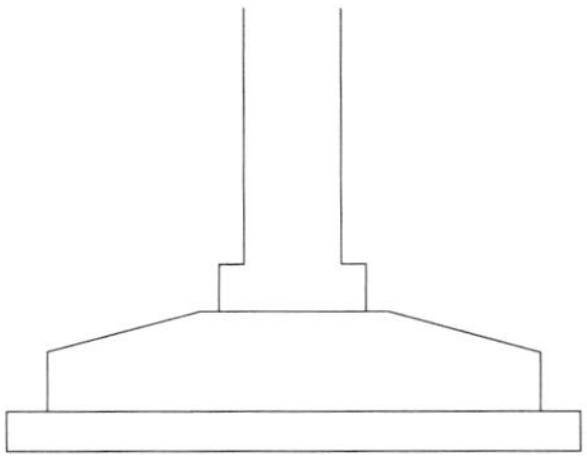

图6-31　绘制基础墙线

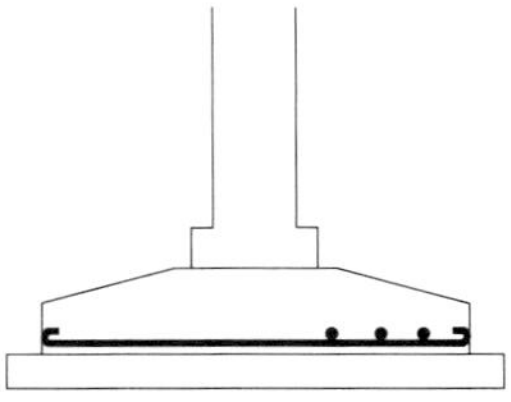

图6-32　绘制基础钢筋

⑤选择“绘图”|“填充图案”命令绘制基础垫层填充，在“图案填充”选项卡中选择AR-CONC图案，设定适当“比例”和“角度”参数如图6-33所示。

重复上述操作绘制基础墙填充，最终填充效果如图6-34所示。

⑥基础的尺寸标注和文字标注将在后续章节中详细讲解。

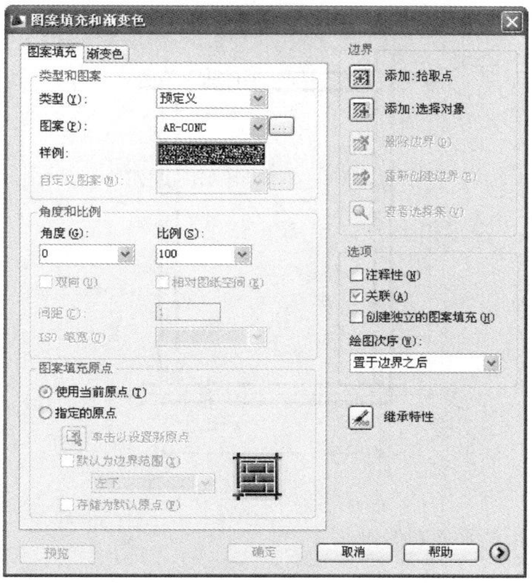

图 6-33　填充图案参数设置对话框

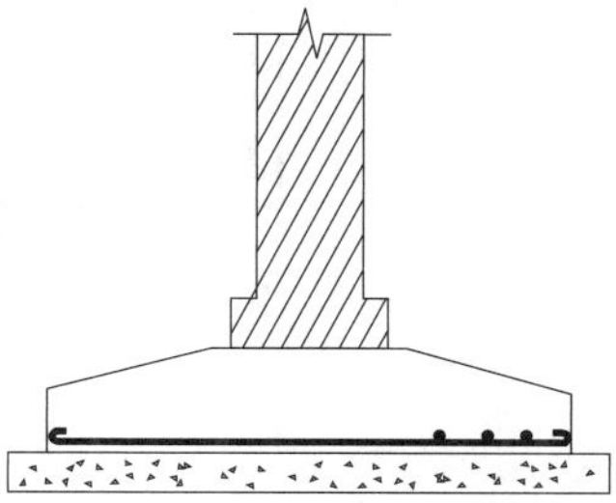

图 6-34　填充效果图

6.4　结构平面布置图

结构平面布置图是表示建筑物室内地面以上各层平面的承重构件布置情况的图样，包括各楼层结构平面图和屋顶结构平面图。本节介绍楼层结构平面图的图示特点、绘制规则以及读图方法。

6.4.1　楼层结构平面图绘制

楼层结构平面图是假想用一个紧贴楼面的水平面剖切后得到的水平剖视图，它主要表示楼板及其下面的墙、梁、柱等承重构件的平面布置以及它们之间的相互关系，是施工时安装构件和制作构件的依据。

1. 图示特点

楼面的承重材料有钢筋混凝土、木材等，钢筋混凝土楼板又分为预制预应力钢筋混凝土空心板和现浇钢筋混凝土板两种，一般分房间按区域表示。现浇构件或局部现浇构件应在图内画出钢筋的布置情况，每一种钢筋只画一根或只画主筋，其他钢筋可从节点详图中查阅。

一般习惯上不把楼板下的墙体和门窗洞位置线等不可见线画成虚线，而改画成细实线。楼层结构平面图上各种梁、板构件都采用国家标准规定的代号和编号标记，只要查看代号、编号和定位轴线就可了解各种构件的位置和数量。

预制楼板通常采用建筑构件厂制作的定型预应力空心板，其结构平面布置有如图6-35所示两种表示方法：①在结构单元范围内（每一开间），按实际投影用细实线分块画出各预制板的实际布置情况，直接表示板的铺设方向，并注明板的数量、代号和编号。②在每一结构单元范围内，用细实线画一对角线，并沿对角线方向注写铺板的数量、代号和编号。

预应力空心板的编号由构件代号和 4 个数字组成，例如：YKB5331，Y 表示预应力，KB 表示空心板代号，5331 前 2 个数字表示板的标志长度（以分米为单位），第三个数字表示板的标志宽度（以分米为单位），最后一位表示板的荷载等级。

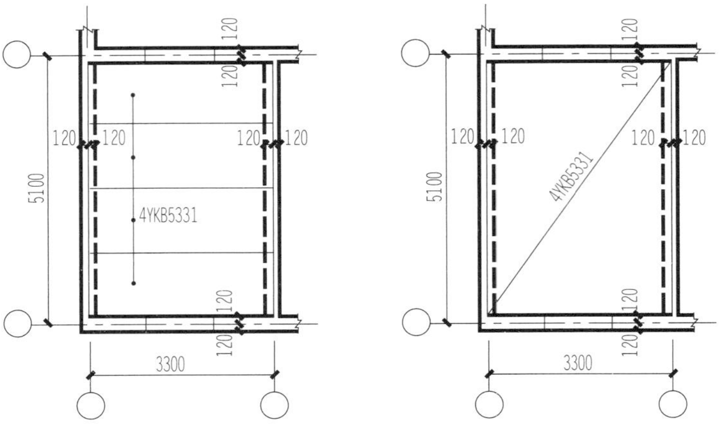

图 6-35　预制楼面板的平面布置画法

在几何尺寸方面，由于施工安装时要预留装配间隙，所以板的实际长度要比标志长度短 20mm 或 80mm，板的实际宽度为标志宽度减去 10mm，表 6-6 为预应力空心板的几何尺寸。

预应力空心板的几何尺寸　　表 6-6

板厚(mm)	标志宽度(mm)	标志长度(m)
120	500	2.4,2.7,3.0
	600	3.3,3.6,3.9
	900	4.0,4.2
180	600	—
	900	4.5,4.8,5.1
	1200	5.4,5.7,6.0

2. 图示内容

★ 图名、比例。

★ 定位轴网，墙、柱、梁等构件位置和编号。

★ 在预制板平面图上，注上板的型号，在现浇板平面图上，画出钢筋配置，并标注预留空洞的大小及位置。

★ 各种梁、板的结构标高。

★ 有关断面图的剖切符号或详图索引符号。

★ 轴线间尺寸及总尺寸。

3. 绘制规定与要求

★ 楼层结构平面图应采用与建筑平面图一致的定位轴网，以便查阅对照。

★ 比例　一般与建筑平面图一致。

★ 图线　参阅表 6-1 结构施工图中图线要求。

★ 尺寸　只需标注纵横定位轴线尺寸、墙厚尺寸，在表示板、梁、墙相互关系的重合断面图上，标注板底的结构标高。

★ 楼梯间或电梯间的结构布置一般在结构平面图中不予表示，这部分内容可在楼梯图中表示，也可在结构平面图上用对角线加注代号表示。

★ 如果各层楼面结构布置情况相同，可只画出一个楼层结构平面图，但应注明合用各层的层数。

★ 当楼层结构平面图完全对称时，可采用对称画法，一半画楼层结构平面图，另一半画屋面结构平面图。

6.4.2 识读楼层结构平面图

图 6-36 为某住宅二层结构平面图，图中轴线①③和Ⓐ Ⓑ之间的房间铺设了预应力钢筋混凝土空心板（YKB）共 6 块，3661 表示该板的标志长度为 3600mm，实际长度 3580mm，板的标志宽度 600mm，实际宽度 590mm，荷载等级为一级（住宅楼面均布荷载标准值查相关标准可知为 1.0kN/m²）。此空心板两端分别搁置在①③墙上，每块板之间预留 60～80mm 的空隙，内放一根直径 10mm 的一级钢筋，再浇 C20 混凝土灌缝，其他房间铺设情况不详述。

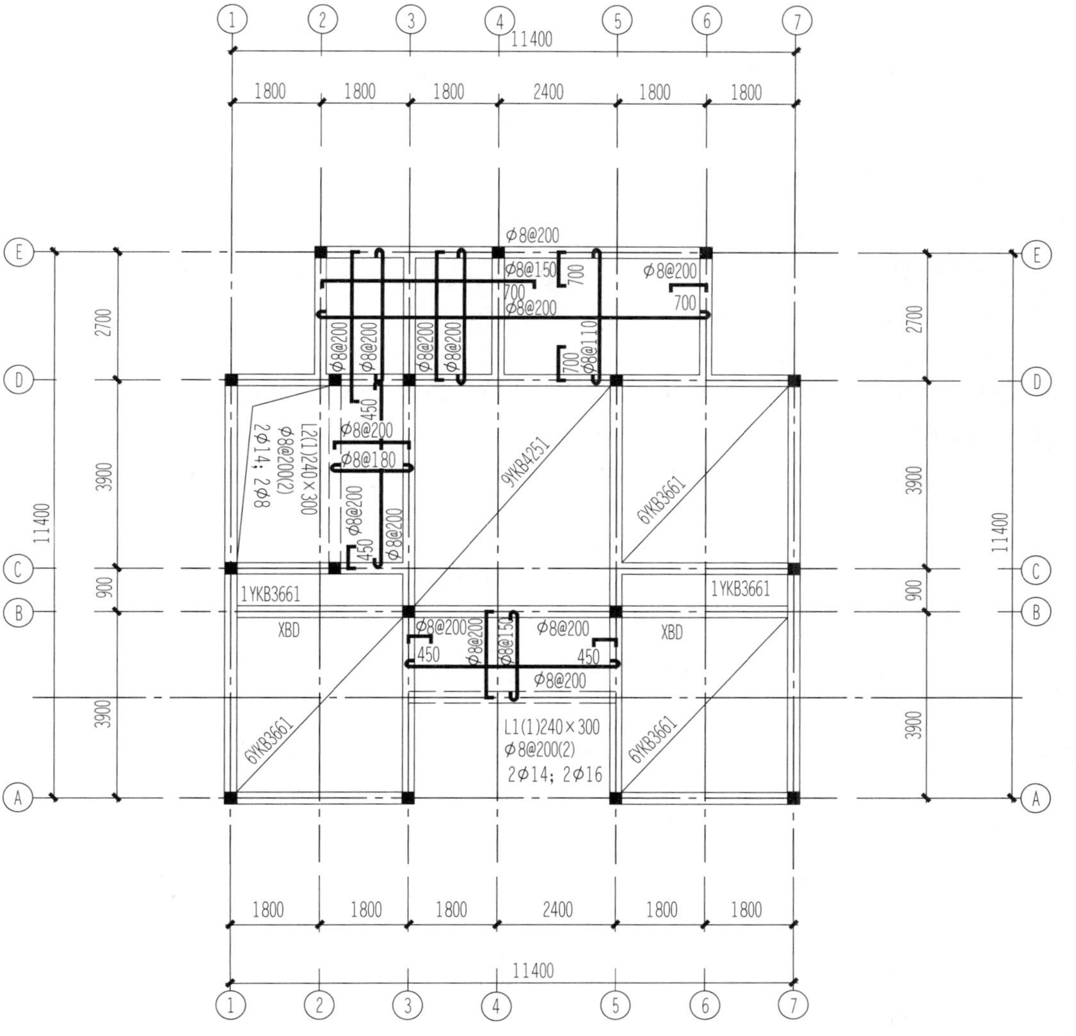

结构平面施工图 1:100

图 6-36　二层结构平面图

图中轴线④⑥和ⒹⒺ之间的房间为现浇钢筋混凝土单向板，纵向配置 ϕ8@110，即每隔 110 放置一根 ϕ8 的钢筋，钢筋弯钩向左，即为板底钢筋。在板边配置横向支座负筋 ϕ8@200，长 700mm，直钩向右，即为板面钢筋。其他板的配筋情况按上述方法阅读即可。图中涂黑部分为钢筋混凝土构造柱，其做法和尺寸另用图表示。

6.4.3 计算机绘制楼层结构平面图

实例 1:结构平面图梁线绘制。

结构平面图中，梁是重要组成部分，梁线的绘制方法通常采用多线法。创建绘制过程中需要用到的多线样式，参数设置如图 6-37 所示。

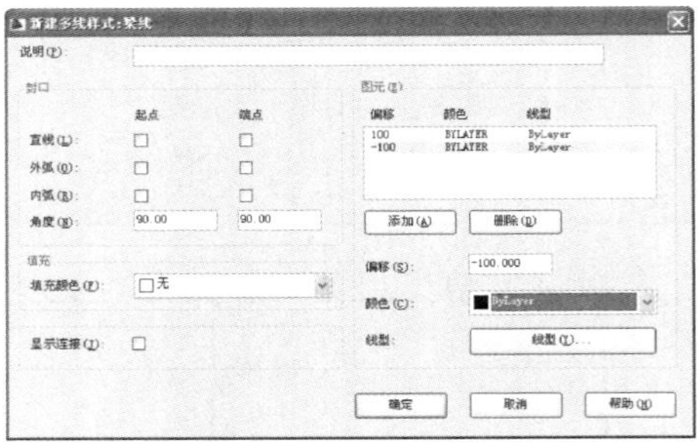

图 6-37 多线样式“梁线”参数设置对话框

执行“绘图”|“多线”命令，打开“对象捕捉”中“交点”捕捉，以轴线交点为起始点，完成结构平面布置图中的梁线绘制。

实例 2:现浇楼板钢筋绘制。

结构施工图中钢筋的常见形式有:无弯钩钢筋、带直钩钢筋、带斜钩钢筋和带半圆弯钩钢筋，均可使用“绘图”|“多段线”命令绘制。

以带半圆弯钩 ϕ18 钢筋的绘制为例(图 6-38)，说明其绘制过程，命令提示行如下。

图 6-38 半圆弯钩钢筋

命令：Pline

指定起点：* 在绘图区内任意指定一点

当前线宽为 18

指定下一个点或 [圆弧(A)/半宽(H)/长度(L)/放弃(U)/宽度(W)]：@－150,0

指定下一个点或 [圆弧(A)/半宽(H)/长度(L)/放弃(U)/宽度(W)]：A

指定圆弧的端点或[角度(A)/圆心(CE)/闭合(CL)/方向(D)/半宽(H)/直线(L)/半径(R)/第二个点(S)/放弃(U)/宽度(W)]：@0,－100

指定圆弧的端点或[角度(A)/圆心(CE)/闭合(CL)/方向(D)/半宽(H)/直线(L)/半径(R)/第二个点(S)/放弃(U)/宽度(W)]：L

指定下一点或 [圆弧(A)/闭合(C)/半宽(H)/长度(L)/放弃(U)/宽度(W)]：@1200,0

指定下一点或 [圆弧(A)/闭合(C)/半宽(H)/长度(L)/放弃(U)/宽度(W)]：A

指定圆弧的端点或[角度(A)/圆心(CE)/闭合(CL)/方向(D)/半宽(H)/直线(L)/半径(R)/第二个点(S)/放弃(U)/宽度(W)]：@0,100

指定圆弧的端点或[角度(A)/圆心(CE)/闭合(CL)/方向(D)/半宽(H)/直线(L)/半径

(R)/第二个点(S)/放弃(U)/宽度(W)]：L

指定下一点或[圆弧(A)/闭合(C)/半宽(H)/长度(L)/放弃(U)/宽度(W)]：@－150,0

实例3：楼层结构平面图绘制。

下面以图6-36为例介绍绘制过程，一般包括以下步骤：设置绘图环境，绘制轴线、墙体、构造柱、梁，标出楼梯间的位置，绘制及标注现浇板带、预制板、现浇板，标注梁配筋、尺寸、添加文字说明等。

1. 绘制定位轴网、墙线和柱子

绘图环境设置、轴线绘制、墙体绘制、构造柱绘制方法都比较简单，同条形基础施工图，这里不再赘述。使用"多线"命令绘制梁线，把"梁层"设为当前层，执行"绘图"|"多线"命令，并后插入柱子，经编辑后编辑效果如图6-39所示。

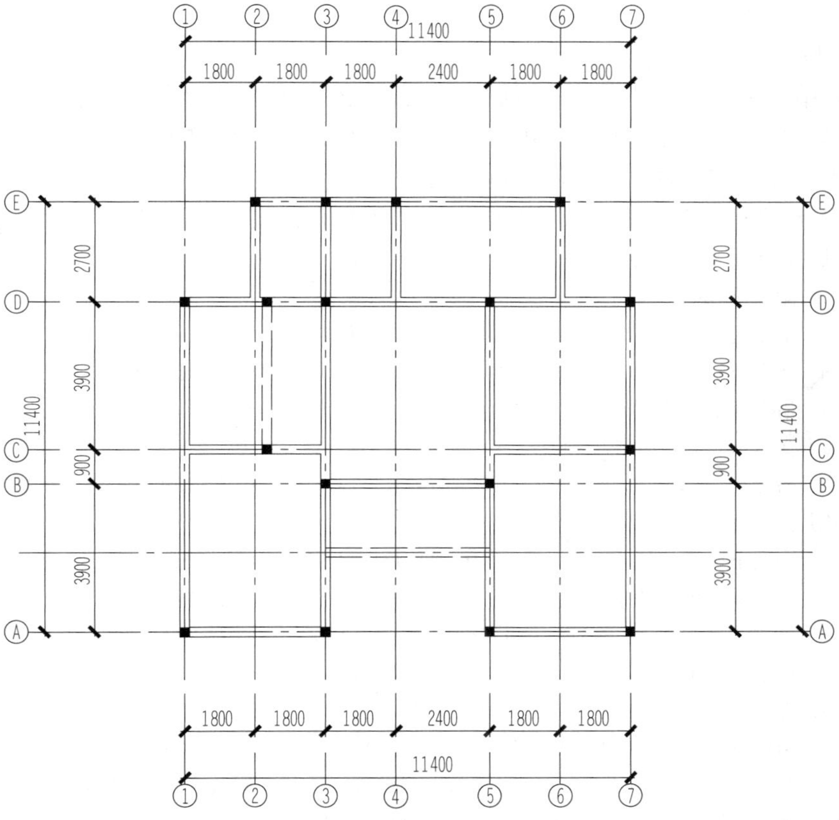

图6-39 插入柱子后效果图

2. 绘制预制空心板

①将"预制板"图层设为当前层，执行"绘图"|"直线"命令，在每一区格单元内画一条对角线。

②执行"绘图"|"文字"|"多行文字"命令标注预制板，沿对角线方向注明预制板的数量、规格和型号。

③选择标注文本后执行"修改"|"旋转"命令，旋转角度指定对角线两端点即可，使标注文字沿对角线方向，经编辑后效果如图6-40所示。

④重复以上步骤完成预制板的标注。

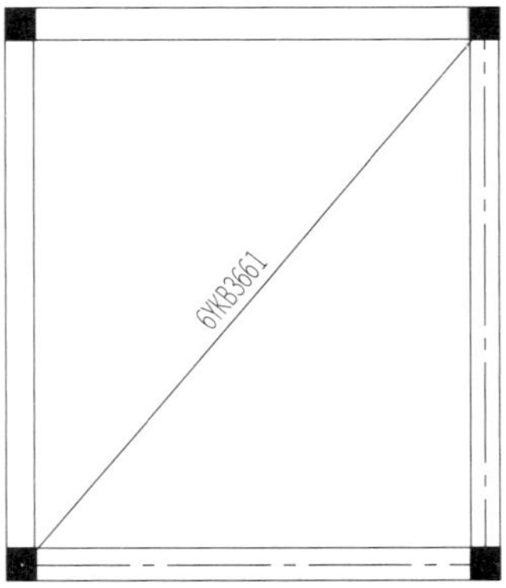

图 6-40　沿对角线方向标注预制板

3. 绘制现浇钢筋混凝土楼板

现浇板结构平面图应清楚表达出板的厚度以及受力筋大小、间距及长度，主要完成钢筋绘制、钢筋标注、板厚参数注写等。配置钢筋的多少是力学计算的结果，任何错误都可能造成严重后果，因此，应认真学习钢筋构造知识。

①执行“绘图”|“多段线”命令，以②⑥轴线和Ⓓ Ⓔ轴线间的区格为例，绘制板底受力钢筋，命令行提示如下：

命令：Pline

指定起点：* 捕捉区格内②轴线梁上任一点

指定下一个点或［圆弧(A)/半宽(H)/长度(L)/放弃(U)/宽度(W)］：W

指定起点宽度 <0.0000>：8

指定端点宽度 <0.0000>：8

指定下一个点或［圆弧(A)/半宽(H)/长度(L)/放弃(U)/宽度(W)］：/ 捕捉区格内⑥轴线梁上任一点

指定下一个点或［圆弧(A)/半宽(H)/长度(L)/放弃(U)/宽度(W)］：A

指定圆弧的端点或［角度(A)/圆心(CE)/闭合(CL)/方向(D)/半宽(H)/直线(L)/半径(R)/第二个点(S)/放弃(U)/宽度(W)］：@0,－100

指定圆弧的端点或［角度(A)/圆心(CE)/闭合(CL)/方向(D)/半宽(H)/直线(L)/半径(R)/第二个点(S)/放弃(U)/宽度(W)］：L

指定下一点或［圆弧(A)/闭合(C)/半宽(H)/长度(L)/放弃(U)/宽度(W)］：@－120,0

指定下一点或［圆弧(A)/闭合(C)/半宽(H)/长度(L)/放弃(U)/宽度(W)］：

②重复“多线”命令绘制钢筋另一端弯钩，利用相同方法绘制其他房间的受力钢筋。

支座处负筋的长度由计算结果和构造要求确定，绘制前应明确其长度，其绘制方法同样执行“多段线”命令完成，编辑后效果如图 6-41 所示。

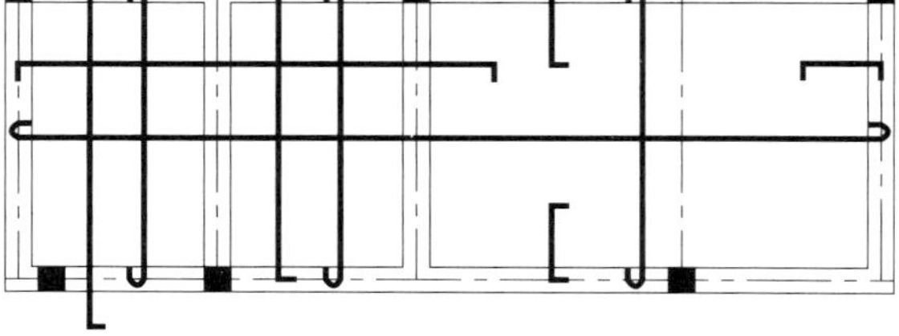

图 6-41　绘制板内钢筋图

③执行“绘图”|“文字”|“多行文字”命令，为板内受力钢筋和支座负筋进行文字标注。

④执行“标注”|“线性”命令，完成各项尺寸标注，并添加其他文字说明，编辑后效果如图 6-42所示。

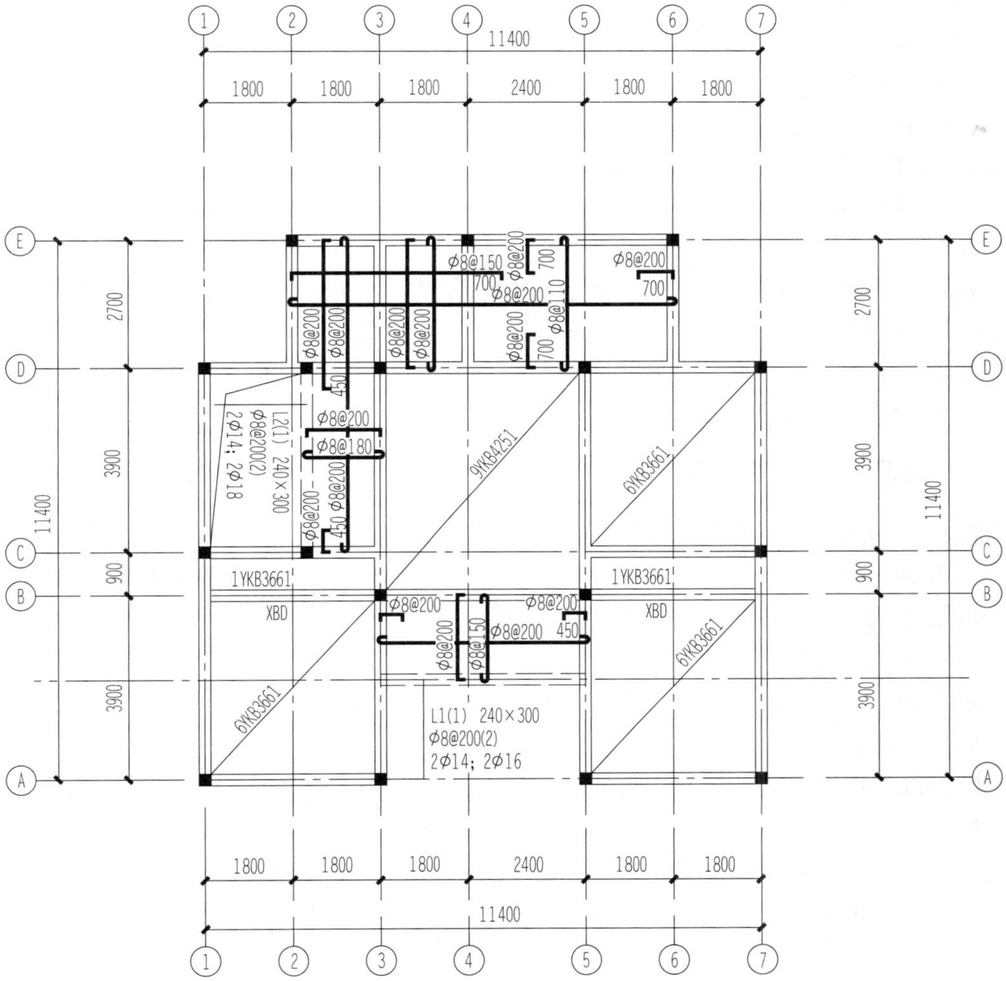

图 6-42 标注文字后效果图

6.5 构件详图

结构平面图表示建筑物各承重构件的布置情况，而各构件的形状、大小、构造和连接情况则需要用构件详图来表达。钢筋混凝土构件有定型构件和非定型构件两种，定型的预制构件或现浇构件可直接引用标准图或本地区的通用图，只需在图样上注明所选图集的名称代号即可查到相应详图。自行设计的非定型预制构件或现浇构件，则必须绘制构件详图。

6.5.1 构件详图的内容和特点

1. 图示内容和作用

钢筋混凝土构件详图包括模板图、配筋图、预埋件详图和钢筋表,配筋图包括配筋立面图、断面图和钢筋大样图。这些图样表示构件长度、断面形状和尺寸,以及钢筋直径、数量、规格、配置情况等,是安装模板、加工和绑扎钢筋、制作构件的施工依据。

2. 构件详图图示特点

配筋图是假想构件为透明体绘制出的,因此在立面图和断面图上能看到钢筋。立面图是构件的纵向剖切投影图,它反映构件立面形状及钢筋上下排列位置。绘图时钢筋用粗实线表示,构件轮廓线用细实线表示,箍筋只反映其侧面,当直径、类型和间距相同时,可以只画一部分。

断面图是构件的横向剖切投影图,它反映钢筋的上下、前后排列关系和箍筋形状及钢筋连接关系。一般在构件断面形状或钢筋数量、位置变化处,需画出一个断面图。通常支座、跨中均应作剖切,并在立面图上画出剖切位置线。立面图、断面图应注明一致的钢筋编号、直径、数量、间距,并留出规定的保护层。

6.5.2 钢筋混凝土梁详图

梁详图包括配筋立面图、断面图、钢筋详图和钢筋表,立面图表示梁的轮廓线、尺寸及钢筋位置,断面图表示梁的断面形状、尺寸、箍筋形式及钢筋位置。钢筋表附在图样旁,表达每一种钢筋的形状、尺寸、规格、数量等。

1. 绘图规定与要求

★ 比例　立面图常用比例为 1∶10、1∶20、1∶50,断面图比例一般比立面图大 1 倍。

★ 剖切位置　断面图的剖切位置应选在钢筋数量和位置有变化的地方。

★ 图线　用细实线画出构件轮廓线,用粗实线和圆点表示钢筋投影。

★ 标注　应将不同直径、等级、形状、长度的钢筋进行编号,用引出线标注钢筋的编号、数量、级别、直径。立面图中,很多钢筋投影都重叠在一起,每一根钢筋形状不易表达,此时宜画出钢筋详图即抽筋图,并列出钢筋表。钢筋详图中,弯起筋要标注每一段尺寸,标注时不画尺寸线和尺寸界线,只把尺寸数字注在钢筋旁,并标注弯筋起弯位置。

2. 钢筋混凝土梁详图的阅读

识读梁详图的一般步骤为:先从立面图了解梁的立面轮廓、长度尺寸以及钢筋在梁内上下和前后的配置情况;然后对照断面图,了解梁的断面形状、断面尺寸和钢筋上下及左右的排列情况;最后阅读钢筋详图和钢筋表,了解钢筋形状、直径、数量、规格、弯起位置等。

如图 6-43 所示为一钢筋混凝土梁的结构详图,该梁编号 L_{42},全长 4200mm,截面形状为矩形,梁宽 200mm,梁高 350mm。在配筋立面图的下方是钢筋详图,图中注明了每种钢筋的编号、数量、直径、各段长度以及弯起点位置等。

梁的跨中和支座处各取了一个断面,结合立面详图就可将钢筋配置了解清楚,在 1-1 断面图中,③号钢筋是架立筋,级别为一级,直径为 8mm,数量 2 根;①②是受力筋,其中①号钢筋为 2 根直径 18mm 的二级钢筋,②号钢筋为 1 根直径 20mm 的二级钢筋。

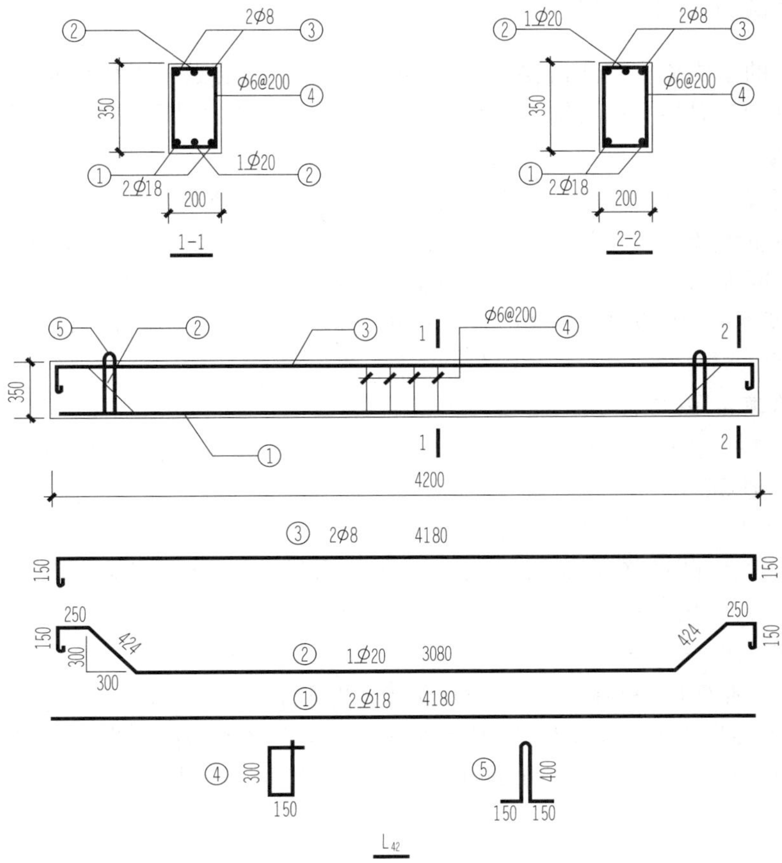

图 6-43　钢筋混凝土梁配筋图

在 2-2 断面图处，梁上部多了 1 根②钢筋，②号钢筋是一根直径 20mm 的弯起钢筋，两端弯起长度为 250mm；④号钢筋是箍筋，直径 6mm，级别为一级，在梁中每隔 200mm 等距离布置一个；⑤号钢筋为预埋件。为了便于编制施工预算和统计用料，还列出了钢筋表，表达钢筋编号、钢筋简图、直径、长度、数量、总长和质量等，如表 6-7 所示。

钢　筋　表　　表 6-7

构件名称	构件数	钢筋编号	钢筋简图	钢筋规格	长度	总根数	总长(m)	备注
L_{42}	1	①	4180	Φ18	4180	2	8.36	
		②	150 250 3080 250 150 300 300	Φ20	4978	1	4.978	
		③	150 4180 150	ϕ8	4580	2	9.16	
		④	300 150	ϕ6	1000	23	23	
		⑤	400 150 150	ϕ16	1400	2	2.8	

6.5.3 钢筋混凝土柱详图

柱是房屋的主要承重构件，其结构详图包括模板图、配筋立面图和断面图。本节以单层工业厂房预制钢筋混凝土柱为例，介绍柱结构详图的图示内容、图示特点和读图方法。

1. 图示内容

柱立面图表示柱高度方向的尺寸、柱内钢筋配置、钢筋搭接区长度、搭接区内箍筋需要加密的具体数量以及与柱有关的梁板结构。柱断面图反映柱截面尺寸、箍筋形状、受力筋的位置和数量。断面图的剖切位置应设在截面尺寸有变化或受力筋数量、位置有变化处。如果柱的外形较复杂，则应增画模板图，表示出柱的外形尺寸、预埋件、预留空洞的大小和位置。

2. 绘图规定与要求

★ 比例　柱立面图一般采用 1∶50、1∶30、1∶20 的比例，断面图采用 1∶20、1∶10 的比例。

★ 图线尺寸　与钢筋混凝土梁相同。

★ 剖切位置　断面图的剖切位置应设在截面尺寸有变化及受力筋数量、位置有变化处。

3. 钢筋混凝土柱详图的阅读

以某单层工业厂房预制钢筋混凝土柱为例。牛腿常用来支承吊车梁，在牛腿之上的柱称为上层柱，主要是用来支承屋架的，其断面较小。牛腿之下的柱称为下层柱，因受力大，故断面较大。为节省材料，下层柱的断面常设计成工字形或矩形，牛腿配筋情况如图 6-44 所示。

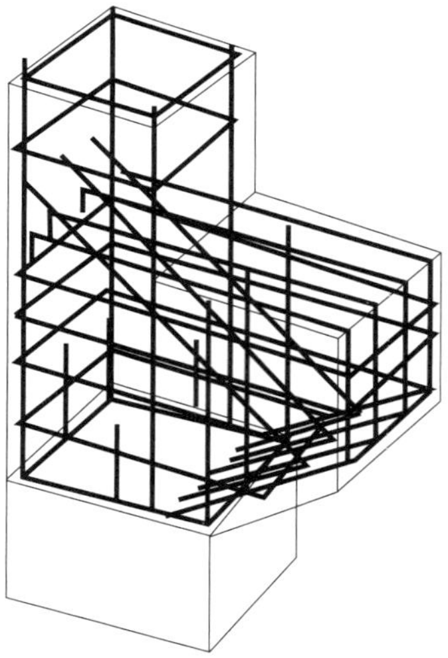

图 6-44　牛腿配筋示意图

图 6-45 是一带有牛腿的钢筋混凝土柱的配筋图、模板图和断面图，从图中可知，该柱总长为 10.5m，柱顶标高 9.4m，牛腿标高 6.22m。上层柱用于支承屋架，断面尺寸为400mm×400mm；下层柱受力较大，断面为 400mm×600mm。柱顶处 M-3 表示编号为 3 的螺杆预埋件，用来与屋架焊接，M-2 与吊车梁焊接，M-1、M-4 与墙板焊接。

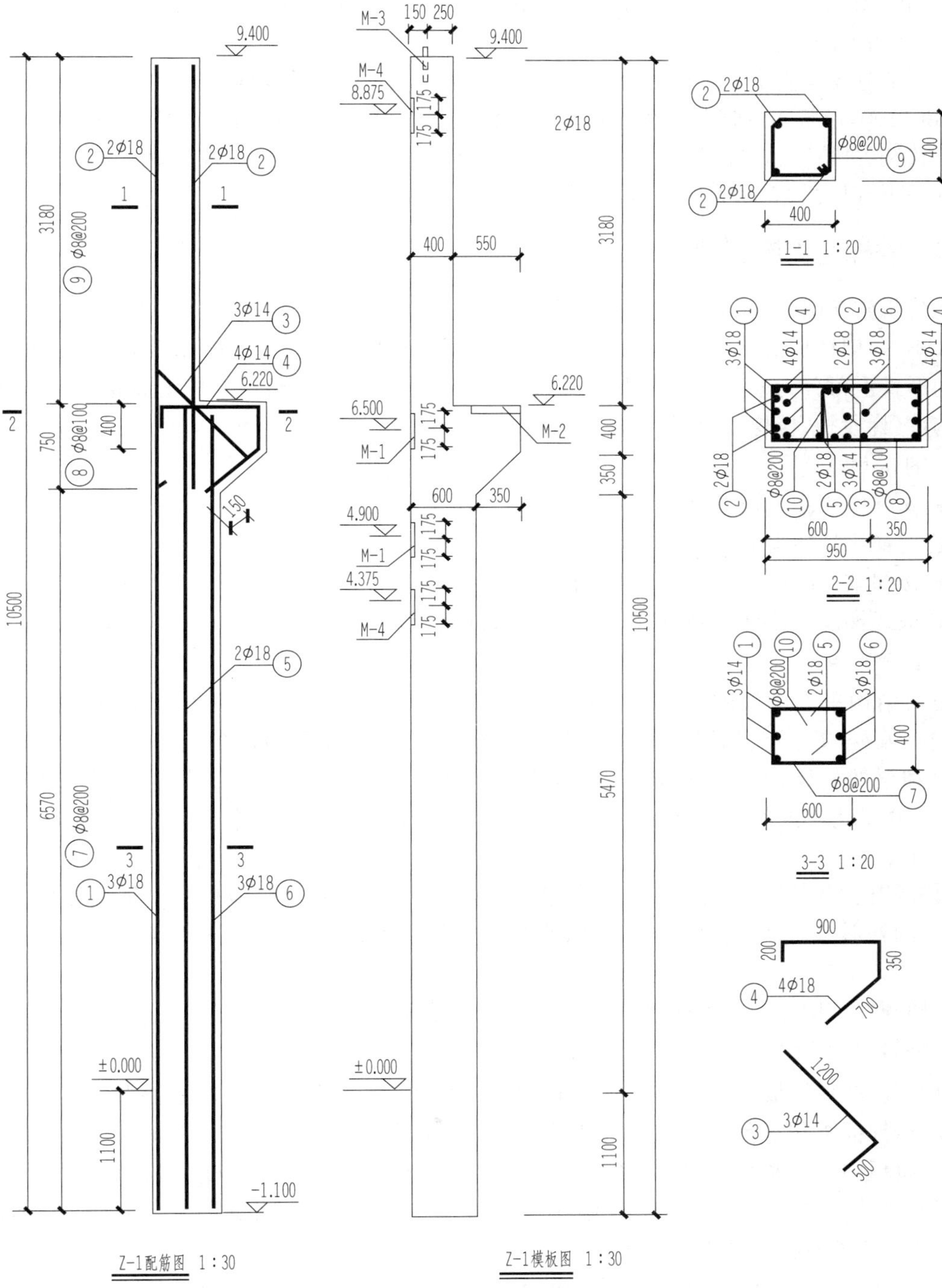

图 6-45 单层厂房钢筋混凝土柱详图

上层柱受力筋 4ϕ18，分布在四角，下层柱受力筋采用 3ϕ18 和 3ϕ14，均匀分布在柱的两边。上、下层柱的受力筋都伸入牛腿，使上下层连成一体。当长短钢筋投影重叠时，在钢筋的端部用 45°粗短画线表示；在两条无弯钩的钢筋搭接处，则在搭接两端各画 45°粗短画线。上、下层柱的箍筋⑦⑨均为 ϕ8@200。

牛腿部分要承受吊车梁荷载，该部分配筋较复杂，有两种弯筋，编号为⑧的箍筋需加密，采用 ϕ8@100，形状随牛腿断面逐步变化，再用③④号弯筋加强牛腿，在立面图中不用分清其弯曲形状和各段长度，在配筋附近画出它们的具体形状并注上其相应编号、根数、直径和各段长度即可，以便与立面图和断面图对照阅读。

6.5.4 楼梯结构施工图

在建筑施工图中，我们已经了解到楼梯构造、楼梯间大小、梯段长度、踏步尺寸、楼梯梁截面大小等，但楼梯的配筋还需在结构施工图中表示出来。楼梯通常采用现浇或预制方式，从结构形式上可分为梁式楼梯和板式楼梯。楼梯结构施工图由楼梯结构平面布置图、剖面图和构件（梯段板、楼梯梁及平台板）详图组成。

1. 图示内容

★ 楼梯结构施工图的组成。

★ 楼梯构件的组成、平面图布置。

★ 楼梯结构剖面图，轴线、尺寸标注、标高标注。

★ 板式梯段、梯梁的钢筋布置情况，施工说明。

2. 图示特点

楼梯结构平面图反映梯段、楼梯横梁及平台板等构件的平面位置。图中要标出墙身轴线号及楼梯开间、梯段长度和平台宽度等主要尺寸，还要写出各构件的代号。楼梯间墙身和梁的轮廓线用中粗实线表示，板轮廓线用细线表示。楼梯结构平面图应分层绘制，当中间几层的结构布置和构件类型完全相同时，可只画一个标准层，一般底层需单独画出。

楼梯结构剖面图表示楼梯间各种构件的竖向布置和构造情况，应标注出轴线编号及尺寸、梯段的外形尺寸、层高尺寸以及室内外地面楼梯平台板上表面和楼梯横梁底面的结构标高等。

楼梯构件结构详图与钢筋混凝土梁、板详图的表示方法基本相同。

3. 楼梯结构施工图的阅读

以双分式、现浇板式钢筋混凝土楼梯为例，介绍楼梯结构施工图的图示特点。板式楼梯由梯段、楼梯横梁和平台板组成。板式楼梯是指梯段的结构形式，一个梯段就是一块梯段板，即梯段板中不设倾斜梯梁，梯段板直接支承在基础或楼梯横梁上，横梁和平台板安放在楼梯间两侧墙上。从图 6-46 可知，楼梯横梁 TL1 支承在楼梯间侧墙上，两块板式梯段 TB-1、TB-2 支承在两端楼梯横梁上。

TB-1 梯段为现浇板，水平长度 3000mm，宽度 1600mm，板厚 120mm，有 11 级踏步，每级踏步宽 300mm，高 145mm。从图 6-47 可知梯段板采用一级钢，其中①号钢筋为受力筋，等距离布置间隔为 100mm，②号钢筋为分布钢筋间距为 200mm，③④号钢筋为架立筋，混凝土保护层厚度均为 15mm。梯段梁 TL-1、TL-2 的配筋情况不再阐述。

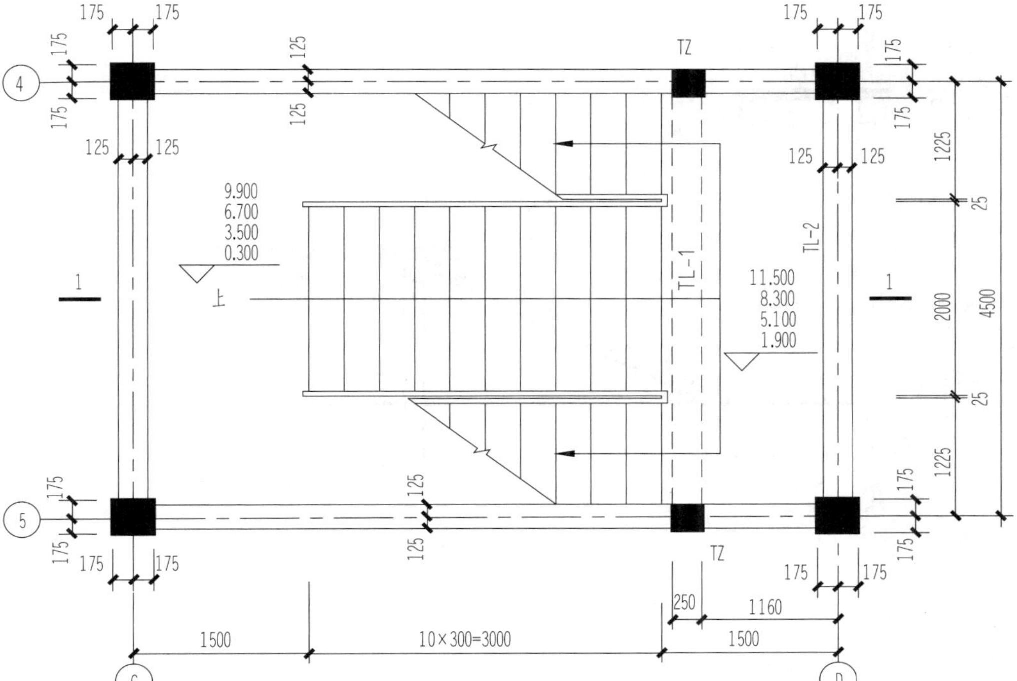

底层平面图 1∶50

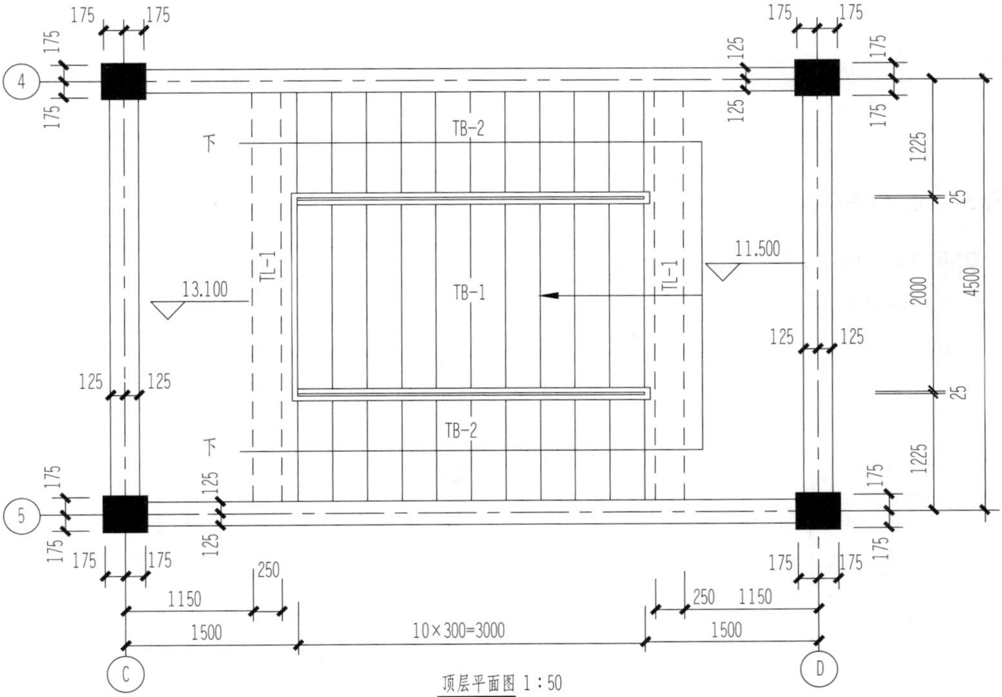

顶层平面图 1∶50

图 6-46　楼梯结构平面图

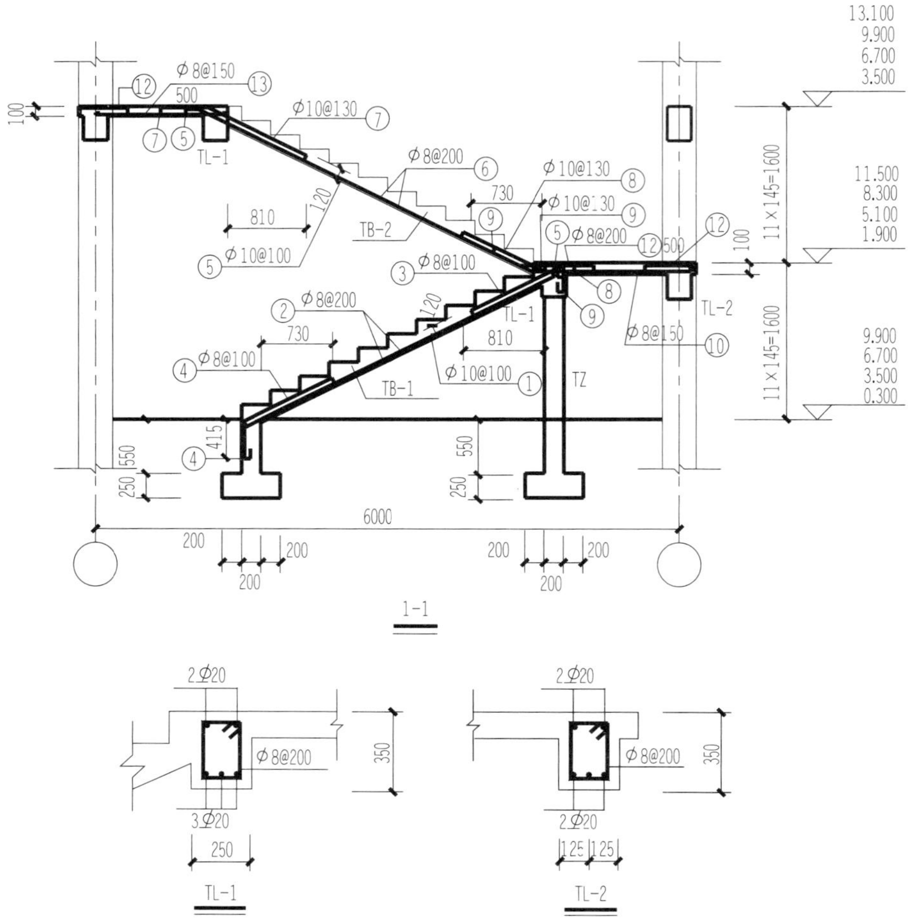

图 6-47　楼梯结构剖面图

6.5.5　计算机绘制构件详图

实例 1:矩形梁配筋断面图绘制。

梁配筋断面图绘制步骤如下：

1. 建立如图 6-48 所示图层

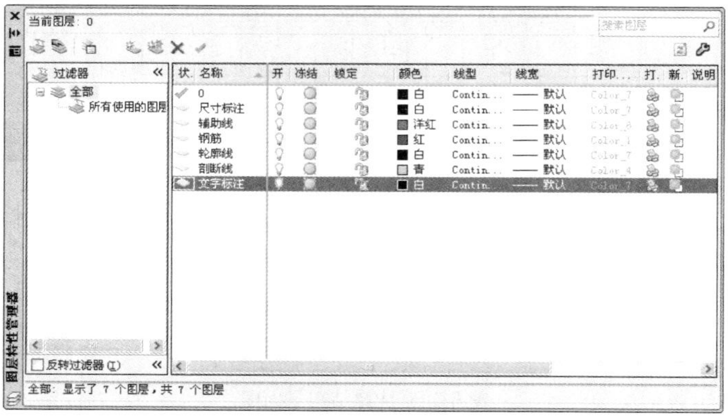

图 6-48　“图层特性管理器”设置对话框

2. 绘制梁断面轮廓线

把“轮廓线”层置为当前，执行“绘图”|“矩形”命令，完成如图 6-49 所示断面图。

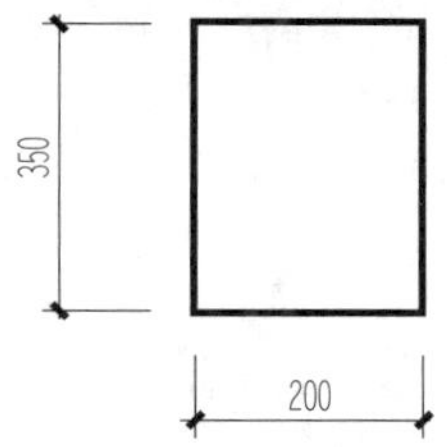

图 6-49 梁断面轮廓线

3. 绘制梁受力钢筋和箍筋

①将“钢筋”图层置为当前，执行“绘图”|“矩形”命令绘制箍筋，该梁保护层厚度为 25mm，命令提示如下。

命令：Rectang

指定第一个角点或[倒角(C)/标高(E)/圆角(F)/厚度(T)/宽度(W)]：From 基点：<偏移>：@25，25(＊单击“对象捕捉”工具栏上的“捕捉自”在“from 基点：”提示下捕捉梁截面轮廓线左下角点，偏移距离为保护层厚度)

指定另一个角点或[面积(A)/尺寸(D)/旋转(R)]：

②执行“绘图”|“圆环”命令，绘制受力筋和架立筋，圆环内径为 0，圆环外径为钢筋直径 20mm，效果如图 6-50 所示。

4. 绘制钢筋标注

将“文字标注”图层置为当前，执行“绘图”|“直线”命令绘制标注引线、文字等内容，梁配筋断面图最后效果如图 6-51 所示。

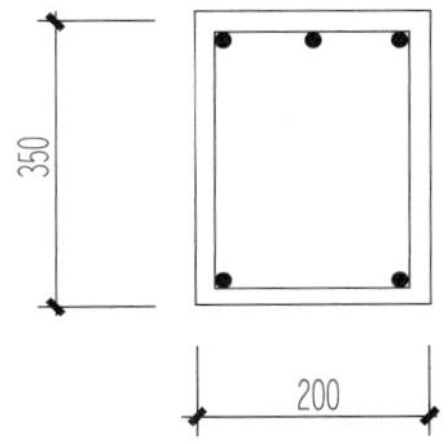

图 6-50 绘制梁内钢筋

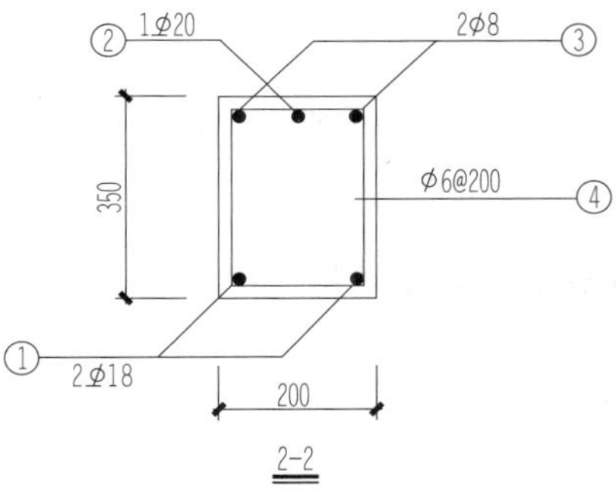

图 6-51 钢筋标注

实例 2：创建现浇板带钢筋表。

①选择“格式”|“表格样式”命令，弹出“表格样式”对话框，单击“新建”按钮，弹出“创建新的表格样式”对话框，如图 6-52 所示，在“新样式名”文本框中输入“现浇板带配筋表”。

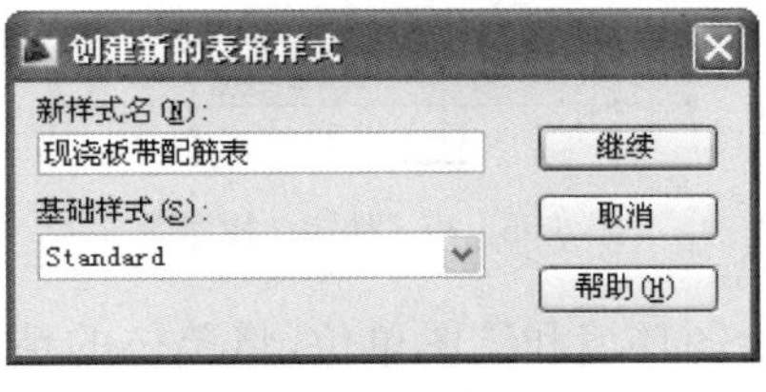

图 6-52 创建现浇板带配筋表样式对话框

②单击“继续”按钮，弹出“新建表格样式”对话框，在“数据”、“列标题”和“标题”选项卡进行相关参数设置，效果如图 6-53 所示。

③选择“绘图”|“表格”命令，弹出“插入表格”对话框，在“表格样式”下拉列表框选择“现浇板带配筋表”样式，设置列为 8，列宽 150，数据行为 3，其他设置如图 6-54 所示。

图 6-53　表格"数据"选项卡对话框

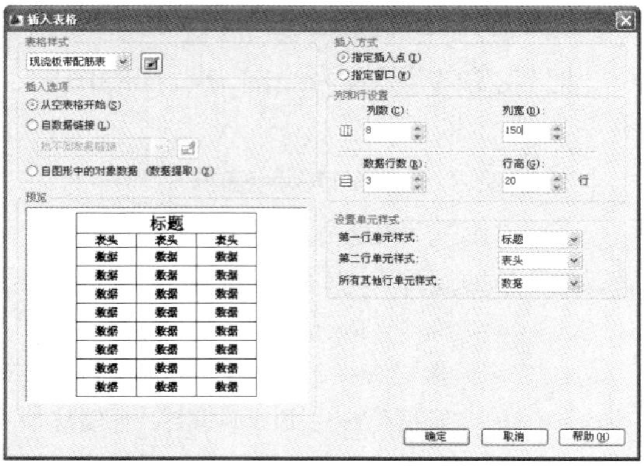

图 6-54　参数设置对话框

④在绘图区任意拾取一点，进入表格编辑状态，与多行文字编辑器类似，完成表格内容输入，绘制后的表格如图 6-55 所示。

现浇板带配筋表							
跨度(m)	2.4	3.0	3.3	3.9	4.5	5.2	5.4
1号钢筋	ϕ8@130	ϕ10@100	ϕ12@150	ϕ12@140	ϕ12@120	ϕ12@110	ϕ12@100
2号钢筋	ϕ8@130	ϕ10@100	ϕ12@150	ϕ12@140	ϕ12@120	ϕ12@110	ϕ12@100

图 6-55　表格绘制效果图

实例 3：板式楼梯结构详图绘制，如图 6-56 所示。

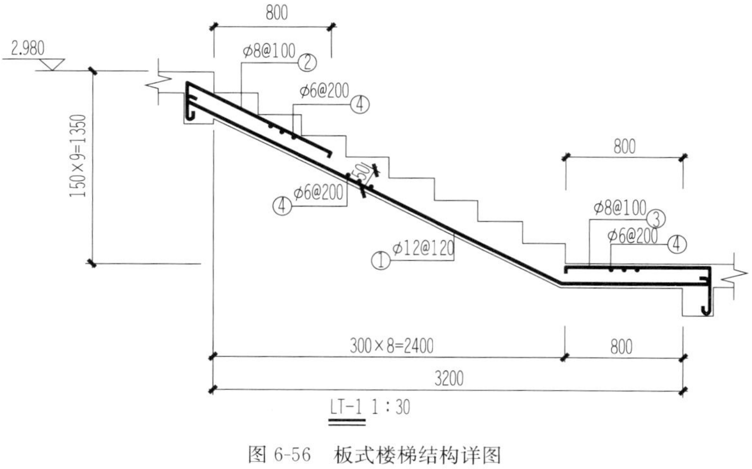

图 6-56　板式楼梯结构详图

首先依据绘图要求设置绘图环境和绘图单位，将单位的精度设置为 0，然后设置图形界限和线型，再设置图层，包括"轮廓线"、"轴线"、"钢筋"、"尺寸标注"和"文字"图层。

1. 绘制平台梁轮廓线

将"轮廓线"层设置为当前图层，绘制平台梁(b=200mm，h=350mm)，命令行提示如下。

命令：Rectang

指定第一个角点或［倒角(C)/标高(E)/圆角(F)/厚度(T)/宽度(W)］：

指定另一个角点或［面积(A)/尺寸(D)/旋转(R)］：@200,350

2. 绘制梯段轮廓线

①绘制梯段踏步(b=300mm,h=150mm),命令提示如下。

命令：Line 指定第一点：　　＊捕捉平台梁右上角点

指定下一点或［放弃(U)］：@300,0

指定下一点或［放弃(U)］：@0,−150

指定下一点或［闭合(C)/放弃(U)］：

②使用阵列命令完成全部踏步的绘制,参数设置如图 6-57 所示。

命令：Array

选择对象：指定对角点：找到 2 个

选择对象：

指定行间距：第二点：　＊捕捉踏面线两端点

指定列间距：第二点：　＊捕捉 A 点和 C 点

指定阵列角度：指定第二点：　＊捕捉 A 点和 C 点

行偏移距离、列偏移距离如图 6-57 所示,使用“拾取偏移”命令获得相应距离值,阵列角度由 A 点和 C 点两点的连线确定。

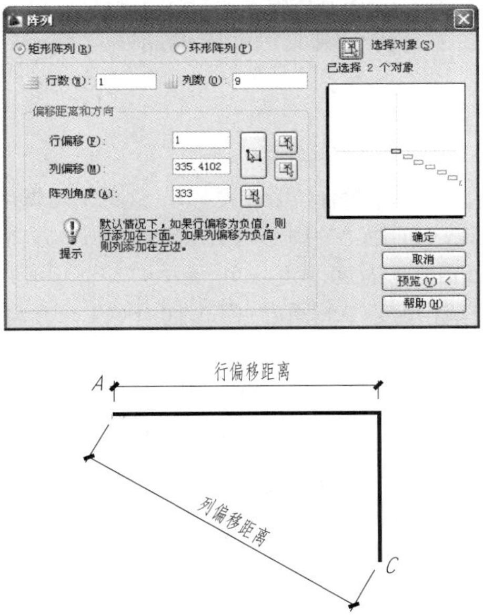

图 6-57　踏步阵列参数设置对话框

③使用“直线”、“偏移”、“修剪”命令,绘制梯段板厚度(h=50mm)、平台板和折断线,此处不再详述,最终轮廓线效果如图 6-58 所示。

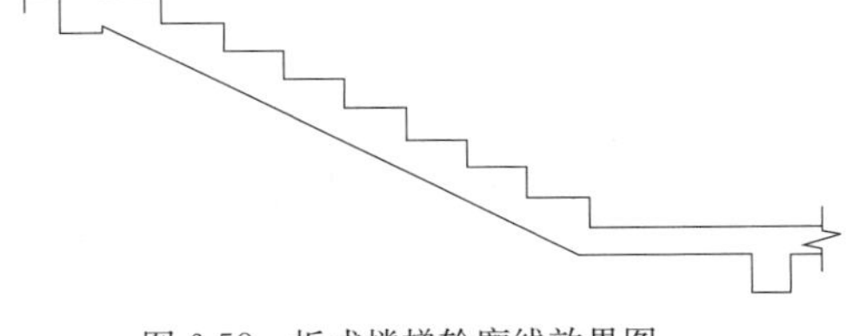

图 6-58　板式楼梯轮廓线效果图

3. 绘制梯段板钢筋

①将图层切换为“钢筋”层，执行“多段线”命令绘制板内受力筋，命令提示行如下。

命令：Pline

指定起点：

当前线宽为 0.0

指定下一个点或［圆弧(A)/半宽(H)/长度(L)/放弃(U)/宽度(W)］：W

指定起点宽度 ＜0.0＞：

指定端点宽度 ＜0.0＞：

指定下一个点或［圆弧(A)/半宽(H)/长度(L)/放弃(U)/宽度(W)］：@－25,35

指定下一点或［圆弧(A)/闭合(C)/半宽(H)/长度(L)/放弃(U)/宽度(W)］：W

指定起点宽度 ＜0.0＞：8

指定端点宽度 ＜8.0＞：8

指定下一点或［圆弧(A)/闭合(C)/半宽(H)/长度(L)/放弃(U)/宽度(W)］：＜正交 开＞ @0,290

指定下一点或［圆弧(A)/闭合(C)/半宽(H)/长度(L)/放弃(U)/宽度(W)］：@－975,0

指定下一点或［圆弧(A)/闭合(C)/半宽(H)/长度(L)/放弃(U)/宽度(W)］：@0,－40

指定下一点或［圆弧(A)/闭合(C)/半宽(H)/长度(L)/放弃(U)/宽度(W)］：

②重复执行“多段线”命令绘制右侧平台梁内钢筋圆弯钩，命令提示如下。

命令：Pline

指定起点：

当前线宽为 8.0　　* 钢筋直径值

指定下一点或［圆弧(A)/闭合(C)/半宽(H)/长度(L)/放弃(U)/宽度(W)］：A

指定圆弧的端点或［角度(A)/圆心(CE)/闭合(CL)/方向(D)/半宽(H)/直线(L)/半径(R)/第二个点(S)/放弃(U)/宽度(W)］：@－40,0

指定圆弧的端点或［角度(A)/圆心(CE)/闭合(CL)/方向(D)/半宽(H)/直线(L)/半径(R)/第二个点(S)/放弃(U)/宽度(W)］：L

指定下一点或［圆弧(A)/闭合(C)/半宽(H)/长度(L)/放弃(U)/宽度(W)］：@0,40

指定下一点或［圆弧(A)/闭合(C)/半宽(H)/长度(L)/放弃(U)/宽度(W)］：

③利用相同方法绘制板内其他钢筋及其弯钩，然后执行“圆环”命令绘制板内剖断钢筋，命令提示如下。该类钢筋应等间距绘制，示意绘制即可。

命令：Donut

指定圆环的内径 ＜0.5＞：0

指定圆环的外径 ＜1.0＞：10

指定圆环的中心点或 ＜退出＞：

以上命令执行后的效果如图 6-59 所示。

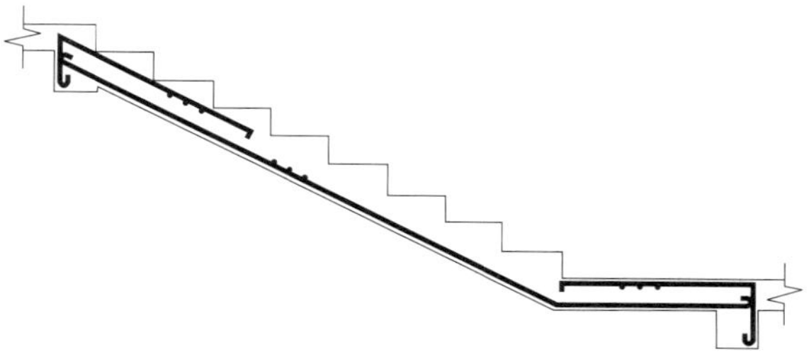

图 6-59　绘制梯段钢筋图

6.6 平面整体表示法

2003年建设部批准建筑标准设计研究所修订和编制了《混凝土结构施工图平面整体表示法制图规则和构造详图(现浇混凝土框架、剪力墙、框架—剪力墙、框支剪力墙结构)》(03G 101—1)图集。混凝土结构施工图平面整体设计法是把结构构件的尺寸和配筋等整体地直接表达在结构平面图上,并与标准构造详图配合,形成一套完整的结构施工图,该方法已被设计单位和施工单位广泛使用。

6.6.1 平面整体表示法

结构平面图上表示各类构件尺寸和配筋的方式主要有三种:平面注写方式(标注梁)、列表注写方式(标注柱和剪力墙)和截面注写方式(标注梁、柱和剪力墙)。应用平法式绘制结构平面图并将所有梁、柱、墙构件进行编号,不同类型的梁、柱构造可以与通用标准图中的各类构造做法建立对应关系。

6.6.2 梁平法施工图表示方法

该方法即在梁平面布置图上采用平面注写方式和截面注写方式。平面注写方式包括集中标注和原位标注,集中标注表达梁的通用数值,是将梁的编号、断面尺寸、箍筋、上部通长筋或架立筋、梁侧面纵向构造钢筋或受扭纵向钢筋以及梁顶面标高、高差等从梁上引出后标注。原位标注表达梁的特殊数值。

(1)平面注写方式

图6-60为一钢筋混凝土梁用平面注写方式、截面注写方式和传统注写方式的标注示例。集中标注的第一排文字注写表示梁编号和断面尺寸,"KL2(2A)"表示框架梁KL编号为2,共有2跨(括号中2),一端有悬挑(A为一端有悬挑,B为两端有悬挑),断面尺寸300×650。

集中标注的第二排文字注写表示箍筋和上部通长筋(或架立筋),"8@100/200(2)"表示箍筋是直径为8mm的一级钢筋,加密区(靠近支座处)间距为100mm,非加密区间距为200mm,均为两肢箍箍筋,加密区与非加密区的间距用斜线"/"分开。"2⌀25"表示梁的上部通长筋为两根直径为25mm的二级钢筋,如有架立筋,用"+"号将通长筋和架立筋相联,架立筋注写在加号后面的括号内,如"2⌀25+(2⌀12)"表示2⌀25通长筋和2⌀12架立筋。如果梁的上部和下部均配有通长筋,且各跨配筋相同,此项可加注下部配筋值。如"3⌀22;3⌀20"表示上部配有3⌀22的通长筋,下部配有3⌀20的通长筋,两者用分号";"分开。

集中标注的第三排文字注写表示梁侧面纵向构造钢筋和受扭钢筋,"G4ϕ10"表示梁的两侧共配置4ϕ10的纵向构造钢筋(每侧各配2ϕ10)。如果配置的是受扭钢筋,钢筋代号为"N"(N4⌀18)。第四排文字注写为选注项,表示梁顶面相对于楼面结构标高的高差值,注写在括号内。梁的顶面高于楼层结构标高时,高差为正值,用"+"表示;反之为负值,用"−"表示。图中(−0.100)表示该梁顶面标高比楼层结构标高低0.1m。

当集中标注中的某项数值不适用于梁的某部位时,将该项数值直接注写在梁上或梁下相应位置,称为原位标注,施工时原位标注取值优先。在原位标注中,当同排筋有两种直径时,用加号"+"相连,并将角部纵筋注写在前面。

图 6-60 中第一跨左支座“2⌀25＋2⌀22”表示梁上部除了有 2 根放在角部的通长筋外，还在中部放置了 2 根直径为 22mm 的端支座钢筋。当梁上部或下部纵筋多于一排时，用斜线“/”将各排筋自上而下分开，中间支座“6⌀25 4/2”表示梁除了有 2 根通长筋外，还放置了 4 根⌀25 的中间支座钢筋，上一排为 4⌀25，下一排为 2⌀25。当梁中间支座两边上部纵筋相同时，可只在支座一边标注配筋值（如中间支座），否则须在支座两边分别标注（如右支座）。当梁下部纵筋不全部伸入支座时，将减少的钢筋数量注写在括号内。第一跨梁的下部纵筋“6⌀25 2/4”表示上一排纵筋为 2⌀25，下一排纵筋为 4⌀25，且全部伸入支座。

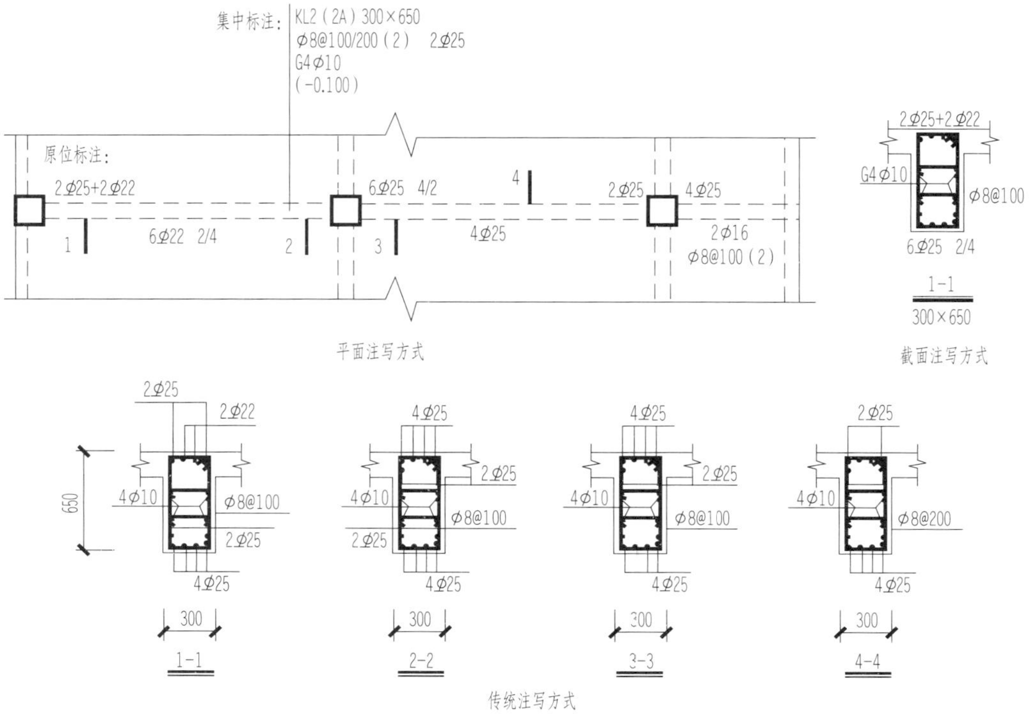

图 6-60 钢筋混凝土梁的平法表示法

（2）截面注写方式

通常将“单边截面号”直接画在平面梁配筋图上，截面配筋详图画在本图或其他图上，并在其上注写截面尺寸和配筋具体数值，如图 6-60 中所示的 1-1 断面。此外，主次梁相交处的附加箍筋或附加吊筋可直接画在平面图主次梁交点的主梁上，并加注总配筋值，附加箍筋的肢数注在括号内。

6.6.3 柱平法施工图表示方法

以柱列表注写方式为例，从表 6-8 可知，该方式在柱表中注写柱号、柱段起止标高、几何尺寸与配筋的具体数值，并配以各种柱截面形状及其箍筋类型。各柱截面在柱所在平面位置经放大后，在两个方向上注明与轴线的关系，将柱配筋值、配筋随高度变化值及截面尺寸、尺寸随高度变化值与相应的柱高范围成组对应在图上列表注明。箍筋加密区与非加密区间距值用斜线“/”分开。当多层框架柱的截面尺寸和配筋值变化不大时，可将截面尺寸和配筋值直接注在断面上。

柱　表　　表 6-8

柱号	纵筋	复合箍筋	$b\times h$	柱　高	类型	$b1$	$b2$	$h1$	$h2$
Z1	24⌀25	ϕ10－100	600×600	－6.470～20.370	A	300	300	120	480
	24⌀22	ϕ10－100	500×500	20.370～38.370	A	250	250		380
	24⌀22	ϕ8－100	400×400	38.370～53.970	C	200	200		280
Z2	24⌀25	ϕ10－100/200	600×600	－6.470～20.370	A	300	300	120	480
	24⌀22	ϕ10－100/200	500×500	20.370～38.370	A	250	250		380
	20⌀22	ϕ8－100/200	400×400	38.370～53.970	C	200	200		280
Z3	24⌀25	ϕ10－100/200	600×600	－6.470～20.370	A	300	300	120	480
	24⌀22	ϕ10－100/200	500×500	20.370～38.370	A	250	250		380
	16⌀22	ϕ8－100/200	400×400	38.370～53.970	B	200	200		280

注：表中 $b1$、$b2$、$h1$、$h2$ 为横向、纵向定位轴线与柱外边的距离。

6.7　钢结构图

6.7.1　钢结构简介

钢结构(简称“S”结构)是由各种型钢(角钢、工字钢、槽钢)和钢板等通过用铆钉、螺栓连接或焊接的方法加工组装起来的承重构件，主要用于桥梁、大跨度建筑、高层建筑、特殊构筑物如电视塔、钢屋架等。钢结构具有强度高、自重轻、抗震性能好、施工速度快、造价低、外形美观等优点。

指导钢结构施工的图样称为钢结构图，包括钢结构系统布置图和构件图，系统布置图与钢筋混凝土结构布置图相仿，而构件图则主要表达型钢的种类、形状、尺寸及连接方式等。除了图形外，多数还要标注各种符号、代号、图例等。

6.7.2　钢结构图示方法

1. 型钢类别及标注方法

钢结构中所使用的钢材是由轧钢厂按标准规格(型号)轧制而成的，称为型钢。常用型钢的种类及标注方法见表 6-9。

2. 钢结构的连接方式

钢结构的连接方式有焊接、铆接(在房屋建筑中较少采用)、螺栓连接等，见图 6-61，其中焊接不削弱杆件截面，构造简单且施工方便，是目前钢结构施工中主要的连接方式。

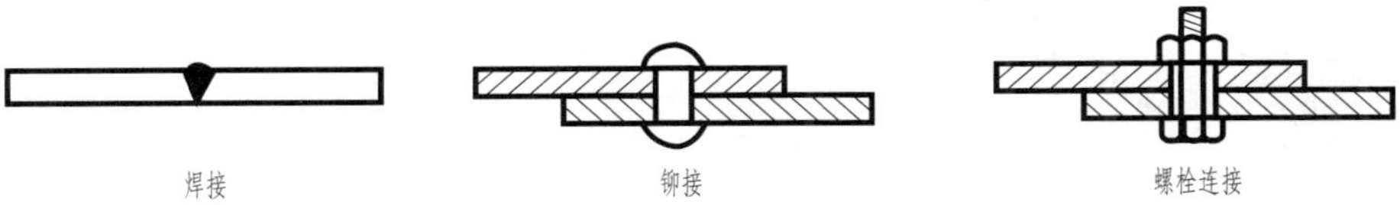

图 6-61　钢结构连接方式

常用型钢类型及其标注方法 表 6-9

名称	截　面	标　注	说　明
等边角钢		∟ $b \times t$	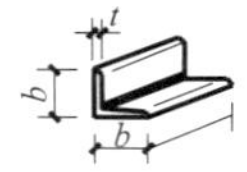 b为肢宽 t为肢厚
不等边角钢		∟ $B \times b \times t$	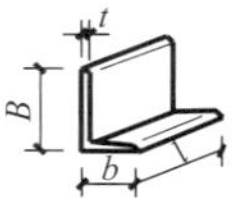 B为长肢宽，b为短肢宽 t为肢厚
工字钢		I N　Q I N	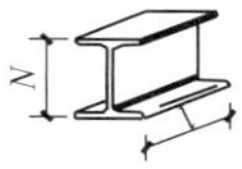 轻型工字钢加注Q字 N为工字钢的型号
槽钢		[N　Q [N	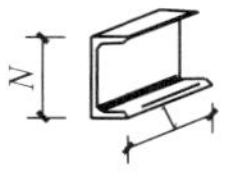
方钢		□b	—
扁钢	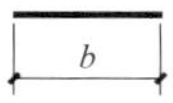	—$b \times t$	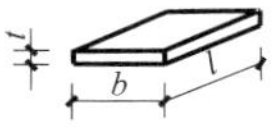
钢板		$\frac{-b \times t}{t}$	$\frac{宽 \times 厚}{板长}$
圆钢		ϕd	d 为直径
钢管		DN×× $d \times t$	内径 外径×壁厚

(1)焊接表示方法

焊接是钢结构最主要的连接方式。在钢结构施工图中必须把焊缝的位置、形式和尺寸标注清楚。焊缝的表示应符合国标《焊缝符号表示法》(GB/T 324—2008)中的规定。图6-62所示为焊缝表示方法，焊缝代号由带箭头的引出线、基本符号、焊缝尺寸和补充符号组成。基本符号表示焊缝断面的基本类型，补充符号表示焊缝某些特征的辅助要求，引出线指引焊缝位置。

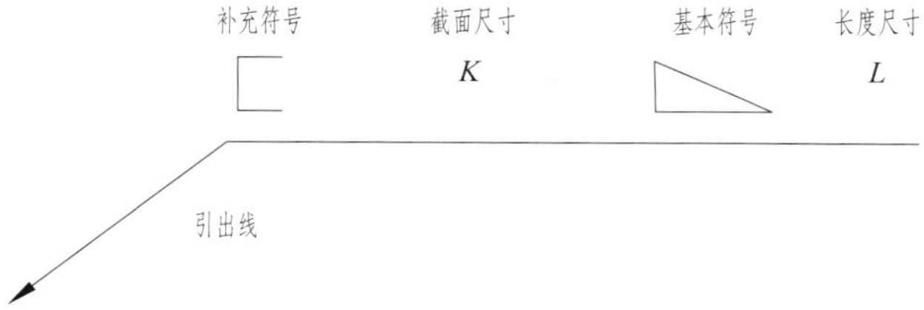

图 6-62　焊缝表示方法

几种常用焊缝的图形符号和补充符号如表 6-10 所示。

图形符号和补充符号　　表 6-10

焊缝名称	示意图	基本符号	序号名称	示意图	补充符号	标注方法
V 形焊缝	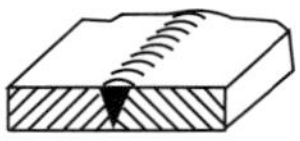		三面焊缝	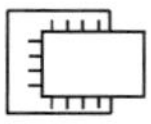		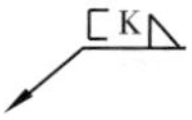
I 形焊缝	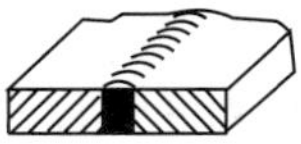		周围焊缝	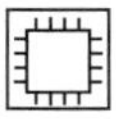		
角焊缝	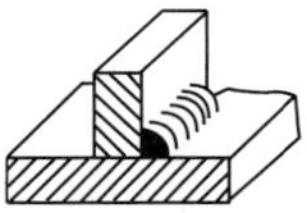		现场焊接			
塞焊缝	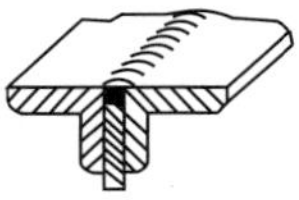		相同焊接			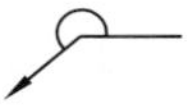

(2)螺栓连接表示方法

螺栓连接是可拆除的,一组螺栓连接包括螺栓杆、螺母和垫圈。螺栓连接需先钻孔,连接时将螺栓杆插入孔内,垫上垫圈、拧紧螺母即可,螺栓连接形式可用简化图例表示。表 6-11为常用螺栓类型及图示方法。

常用螺栓、螺栓孔图例　　表 6-11

序号	名　称	图　例	焊缝名称
1	永久螺栓	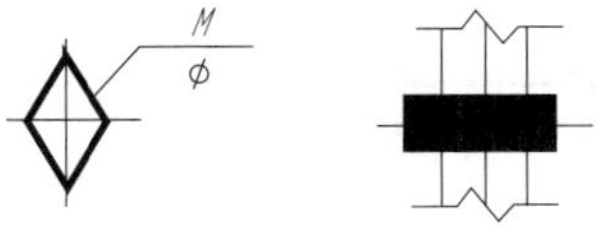	(1)细"+"线表示定位线; (2)M 表示螺栓型号; (3)ϕ 表示螺栓孔直径
2	安装螺栓	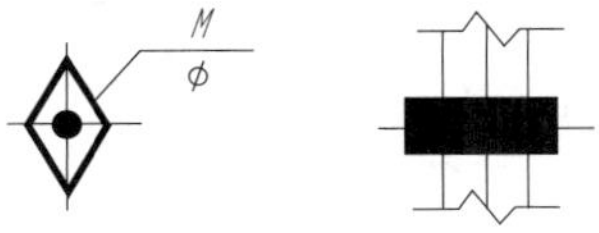	
3	圆形螺栓孔	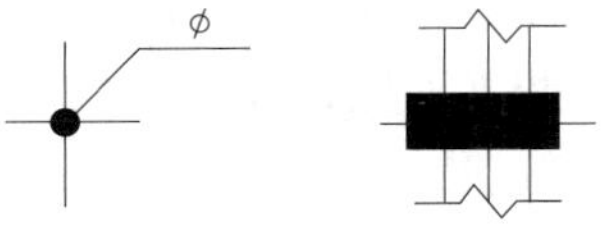	

3. 尺寸标注

钢结构杆件的加工和连接安装要求较高,因此标注尺寸时应达到准确、清晰、完整,并满足以下要求:

(1)两构件的两条很近的重心线,应在交汇处将其各自向外错开。

(2)弯曲构件的尺寸应沿其弧度的曲线标注弧的轴线长度。

(3)切割板材,应注明各线段的长度和位置。

(4)应注明节点板的尺寸和各杆件螺栓孔中心或中心距，以及杆件端部至几何中心线交点的距离。

(5)有双型钢组合断面的构件，应注明连接板的数量及尺寸；不等边角钢构件，必须注出一肢角钢的尺寸。

6.7.3 钢屋架结构详图

钢屋架是用型钢(主要用角钢)通过节点板以焊接或铆接的方法，将各个杆件汇集在一起制作而成的。屋架上面的斜杆件称为上弦杆，下面水平杆件称为下弦杆，中间杆件统称为腹杆，但有竖杆和斜杆之分。各杆件交接的部位称为节点，如支座节点和屋脊节点、上弦节点和下弦节点等。

钢屋架结构详图表示钢屋架的形式、大小、型钢的规格、杆件的组合和连接情况，它包括屋架简图、屋架详图(包括节点详图)、杆件详图、连接板详图、预埋件详图、材料表及其说明等。当屋架为对称结构时，结构详图可只绘制半榀屋架。

1. 图示内容

(1)钢屋架简图

钢屋架简图是屋架设计时杆件内力分析和制作时放样的依据。通常采用较小比例(如1：100)以单线画出杆件轴线，表示屋架的结构形式、跨度、高度和各杆件的几何轴线长度，一般绘制在图纸的左上角或右上角。图中标注屋架的主要外形尺寸，在屋架简图的一半杆件上注出杆件的轴线长度，另一半杆件上注出杆件内力的计算值，如图 6-63 所示。

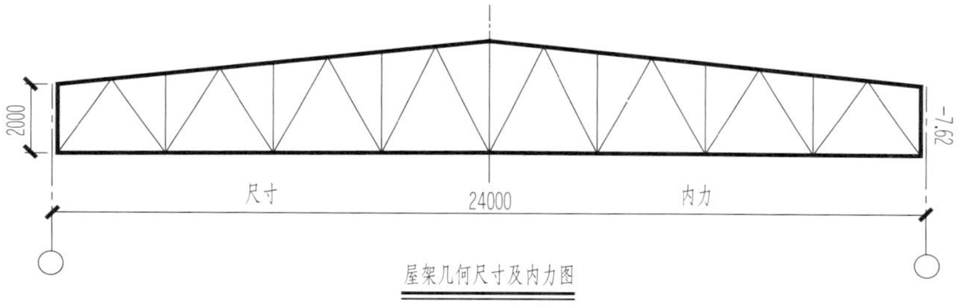

图 6-63　屋架简图

(2)屋架详图

一般应包括屋架立面图、上下弦杆的平面图和必要数量的杆件详图、连接板详图。以立面图为主，围绕立面图分别画出屋架端部侧面的局部视图、屋架跨中侧面的局部视图、屋架上弦的斜视图、假想拆卸后的下弦平面图以及必要的剖面图等。

此外，还要画出节点板、支撑连接板、加劲肋板、垫板等的形状和大小。对构造复杂的上弦杆，还要补充画出各杆件截面实形的辅助投影图。

2. 规定与要求(图 6-64)

★ 图线　钢屋架简图用单线图表示，一般用粗(中粗)实线绘制。钢屋架立面图中杆件或节点板轮廓用粗(中粗)线绘制，其余为细线。

★ 比例　钢屋架简图采用较小比例(如 1：200)，钢屋架立面图及上下弦投影图用 1：50，杆件和节点采用 1：20。钢屋架的跨度和高度尺寸较大，而杆件(型钢)的断面尺寸较小，若采用同一比例必然会出现杆件和节点的图形过小而表达不清楚。通常可在同一个图中采用两种不同比例，即屋架杆件轴线方向采用较小的比例(如 1∶50)，杆件和节点则采用较大的比例(如 1∶20)。

★ 定位轴线　定位轴线表示屋架在建筑物中的位置，其编号应与结构布置平面图一致。

★ 图例符号　各种不同的焊接、螺栓连接形式应采用规定形式。

★ 材料表　把所有杆件和零件的编号、规格尺寸、重量都应填入表中，算出整榀屋架的总重量。

★ 说明　包括所选用的钢号、焊条型号和质量要求、加工精度、有无热处理和施工的要求，以及图中未注明的焊缝和螺孔尺寸、油漆、运输要求和其他内容等。

★ 标注　钢屋架简图除需标注屋架的跨度尺寸外，一般还应标出杆件的几何轴线长度。钢屋架立面图则需要标注杆件的规格、节点板、孔洞等详细尺寸。应特别注意的是需标注所有杆件和零件的定位尺寸。腹杆应注出杆端至节点中心的距离，节点板应注出上、下两边至弦杆轴线的距离以及左右两边至通过节点中心垂线的距离等。焊接构件应标注焊缝代号。钢屋架的各个零件应按一定顺序编号。

复习思考题

1. 结构设计总说明中通常应包括哪些内容？
2. 配置在钢筋混凝土结构中的钢筋有哪几种？作用是什么？
3. 钢筋在结构图中的表示方法有哪些？
4. 什么是钢筋的弯钩？如何表示？
5. 基础平面图的图示内容和特点是什么？
6. 简述 AutoCAD 中绘制基础平面图的一般步骤。
7. 钢筋布置图主要包括哪些内容？它的尺寸标注有哪些特点？
8. 试分别叙述阅读和绘制柱、梁、板基本构件钢筋混凝土结构图的方法和步骤。
9. 型钢有哪几种？其截面代号和标注方法是什么？
10. 钢屋架结构详图的内容和特点包括什么？

习题

一、选择题

1. 为了便于施工和制表，结构施工图对各类构件常采用(　　)表示。

A. 英文单词　　B. 拼音大写首字母

C. 数字　　D. 罗马字母

2. 构件立面图中，构件轮廓线是次要的，因此规定钢筋用(　　)表示。

A. 粗实线　　B. 中实线

C. 点画线　　D. 黑线

3. 钢筋详图上，必须注出钢筋的直径、根数和长度，对于弯起钢筋，应逐段注出钢筋的长度，尺寸数字直接写在各段旁边，不画(　　)。

A. 尺寸线　　B. 尺寸线和尺寸界线

C. 尺寸界线　　D. 标注线

4. 结构平面图中配置双层钢筋时，底层钢筋的弯钩应（　　），顶层钢筋的弯钩则（　　）。

A. 向下或向左；向下或向右　　B. 向下或向右；向上或向左

C. 向上或向左；向上或向右　　D. 向上或向左；向下或向右

5. 现浇板中，由于板内的钢筋系均匀布置，故各种类型的钢筋在一个区格内画一根就行了，但要附上一个间距符号（　　），并注明各种钢筋的编号、级别、直径和间距。

A. *　　B. ￥

C. @　　D. #

6. 混凝土结构施工图平面整体设计法是把结构构件的（　　）和（　　）整体地直接表达在结构平面图上，并与标准构造详图配合形成一套完整的结构施工图。

A. 尺寸；配筋　　B. 尺寸；形状

C. 形状；大小　　D. 形状；配筋

7. 结构施工图中预应力钢筋线用（　　）表示。

A. 单点长画线　　B. 虚线

C. 粗双点长画线　　D. 粗实线

8. 混凝土结构构件图是将混凝土假设为（　　），主要看构件内钢筋的布置情况。

A. 立方体　　B. 投影

C. 平面　　D. 透明体

9. 钢筋混凝土柱模板图主要表示柱的外形、尺寸及（　　）的位置。

A. 大小　　B. 预埋件

C. 配筋　　D. 模板

10. 楼梯构件布置图主要反映梯段、楼梯横梁及平台板等构件的平面位置，其线型要求是楼梯间墙身和梁轮廓线画（　　），板的轮廓线画（　　）。

A. 中粗实线；虚线　　B. 细线；中粗实线

C. 中粗实线；细线　　D. 细线；虚线

二、填空题

1. 结构图中，常用单根的________表示钢筋的立面，用黑圆点表示钢筋的横断面。

2. 结构平面图应采用与____________一致的定位轴线，并标注轴线编号间距。

3. 钢筋混凝土结构主要通过________、________和________表达构件的形状、大小及钢筋配置情况。

4. 构件断面图表示钢筋的上下和前后排列，箍筋的形状及和其他钢筋的连接关系，一般应在________和________有变化的部位画出其断面图。

5. 构件立面图中箍筋反映出其侧面，当________相同时，可只画出其中一部分。

6. 若在断面图中不能清楚表示钢筋布置，应在断面图外增加________。

7. 基础断面图中，基础、墙或柱断面轮廓线都用________画出。

8. 钢筋混凝土现浇板的钢筋布置常采用平面图表示，除了画出板的形状外，还要画出板下________的轮廓线。

9. 预制板结构平面布置有两种方法：一是按实际投影用细实线画出各板布置情况，二是在每一结构单元内，用细实线画________，并标注铺板数量、代号和编号。

10. 平面整体表示法主要有________、________和________三种方式。

第7章　建筑设备施工图

现代建筑是多学科的综合体，其中包括了建筑给水、排水、消防给水、热水供应、供暖、建筑通风、空气调节、燃气供应、建筑供配电、建筑照明、建筑弱电和建筑智能化系统的建筑设备。它们在现代建筑中占有举足轻重的作用。

建筑设备的种类较多，所对应的设备施工图也有多种类型，常见的有给排水工程施工图、供暖通风设备施工图、燃气设备施工图、电气设备施工图。施工图的内容主要包括：设计施工说明、系统平面图、系统轴侧图和详图等内容。本章主要介绍常见设备施工图的内容、绘图特点和要求以及绘图方法和步骤等内容。

7.1　给排水工程施工图

给水排水工程是现代化城市及工矿企业建设必要的设施。它包括给水工程和排水工程两个方面，给水工程包括取水工程、净水工程、输配水工程等；排水工程是指污水或废水的排出、污水处理和污水排放等工程。

给水排水施工图（简称给排水施工图）可分为室内给排水施工图和室外给排水施工图两部分。室内给排水施工图主要表示一幢建筑物中用水房间的卫生器具、给水排水管道及其附件的类型、大小与房屋的相对位置和安装方式的施工图，主要包括管道平面图、系统轴测图、安装详图、图例和施工说明等；室外给排水施工图主要表示一个区域的给水排水管网的布置情况，主要包括室外管网的总平面布置图、流程示意图、纵剖面图和横剖面图、工艺图和详图等。

7.1.1　给水排水专业制图的一般规定

给水排水专业制图，应遵守《建筑给水排水制图标准》（GB/T 50106—2010）标准，其图纸规格、图线、字体、符号、定位轴线及尺寸标注等内容还应符合《房屋建筑制图统一标准》（GB/T 50001—2010）以及国家现行的有关强制性标准的规定。

1. 图线

图线的宽度 b，应根据图纸的类别、比例和复杂程度，从《房屋建筑制图统一标准》（GB/T 50001—2010）的规定线宽 2.0mm、1.4mm、1.0mm、0.7mm、0.5mm、0.35mm 中选用。线宽 b 宜为 0.7mm 或 1.0mm。常用的各种线型宜符合表 7-1 的规定。

2. 比例

给水排水专业制图常用的比例，宜符合表 7-2 的规定。

3. 标高

（1）标高符号及一般标注方法应符合《房屋建筑制图统一标准》（GB/T 50001—2010）中相关规定。

常用线型 表 7-1

名　　称	线　　型	线　　宽	用　　途
粗实线		*b*	新设计的各种排水和其他重力流管线
粗虚线		*b*	新设计的各种给水和其他压力流管线；原有的各种排水和其他重力流管线的不可见轮廓线
中粗实线		0.75*b*	给水排水设备、零(附)件的可见轮廓线；总图中新建的建筑物和构筑物的可见轮廓线；原有的各种给水和其他压力流管线
中粗虚线		0.75*b*	新设计的各种给水和其他压力流管线及原有的各种排水和其他重力流管线的不可见轮廓线
中实线		0.50*b*	给水排水设备、零(附)件的可见轮廓线；总图中新建的建筑物和构筑物的可见轮廓线；原有的各种给水和其他压力流管线
中虚线		0.50*b*	给水排水设备、零(附)件的不可见轮廓线；总图中新建的建筑物和构筑物的不可见轮廓线；原有的各种给水和其他压力流管线的不可见轮廓线
细实线		0.25*b*	建筑的可见轮廓线；总图中原有的建筑物和构筑物的可见轮廓线；制图中的各种标注线
细虚线		0.25*b*	建筑的不可见轮廓线；总图中原有的建筑物和构筑物的不可见轮廓线
单点长画线		0.25*b*	中心线、定位轴线
折断线		0.25*b*	断开界线
波浪线		0.25*b*	平面图中水面线；局部构造层次范围线；保温范围示意线等

常用比例 表 7-2

名　　称	比　　例	备　　注
区域规划图区域位置图	1∶50000、1∶25000、1∶10000、1∶5000、1∶2000	宜与总图专业一致
总平面图	1∶1000、1∶500、1∶300	宜与总图专业一致
管道纵断面图	纵向：1∶200、1∶100、1∶50 横向：1∶1000、1∶500、1∶300	
水处理厂(站)平面图	1∶500、1∶200、1∶100	
水处理构筑物、设备间、卫生间、泵房平、剖面图	1∶100、1∶50、1∶40、1∶30	
建筑给排水平面图	1∶200、1∶150、1∶100	宜与建筑专业一致
建筑给排水轴测图	1∶150、1∶100、1∶50	宜与相应图纸一致
详图	1∶50、1∶30、1∶20、1∶10、1∶5、1∶2、1∶1、2∶1	

(2)室内工程应标注相对标高；室外工程宜标注绝对标高，当无绝对标高资料时可标注相对标高，但应与总图专业一致。

(3)压力管道应标注管中心标高，沟渠和重力流管道宜标注沟(管)内底标高。

(4)在下列部位应标注标高：

★ 沟渠和重力流管道的起讫点、转角点、连接点、变坡点、变尺寸(管径)点及交叉点。

★ 压力流管道中的标高控制点。

★ 管道穿外墙、剪力墙和构筑物的壁及底板等处。

★ 不同水位线处。

★ 构筑物和土建部分的相关标高。

(5)标高的标注方法应符合下列规定：

①平面图中，管道标高、沟渠的标高应分别按照图 7-1 所示的方式进行标注。

a）管道标高　　b）沟渠标高

图 7-1　平面图中，管道和沟渠的标高标注法

②剖面图中管道和水位的标高应按照图 7-2 所示的方式进行标注。

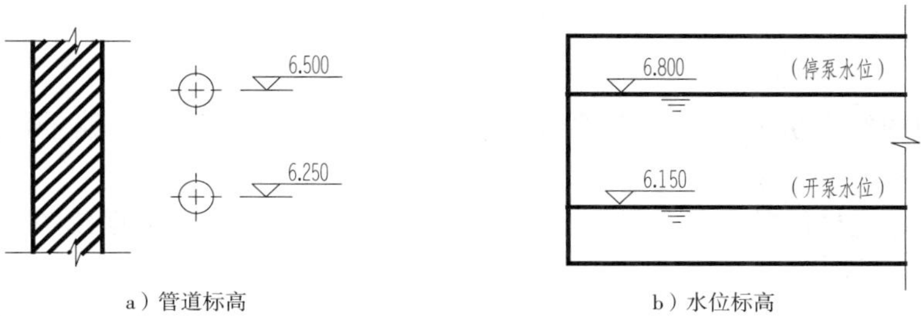

a）管道标高　　b）水位标高

图 7-2　剖面图中管道和水位的标高标注法

③轴测图中，管道标高应按图 7-3 所示的方式标注。

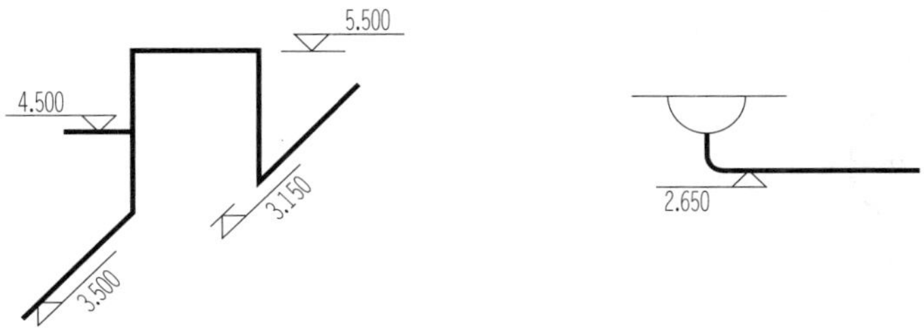

图 7-3　轴测图中管道标高标注法

4. 管径

(1)管径应以毫米为单位。管径的表达方式应符合下列规定：

①水煤气输送钢管(镀锌或非镀锌)、铸铁管等管材，管径宜以公称直径 DN 表示(如 DN15、DN50 等)。

②无缝钢管、焊接钢管(直缝或螺旋缝)、铜管、不锈钢管等管材，管径宜以外径 D×壁厚表示(如 D108×4、D159×4.5 等)。

③钢筋混凝土(或混凝土)管、陶土管、耐酸陶瓷管、缸瓦管等管材，管径宜以内径 d 表示

（如 d230、d380 等）。

④塑料管材，管径宜按产品标准的方法表示。

⑤当设计均用公称直径 DN 表示管径时，应有公称直径 DN 与相应产品规格对照表。

(2)管径的标注方法应符合下列规定：

①单根管道时，管径应按图 7-4 所示的方式标注。

图 7-4　单根管道管径标注

②多根管道时，管径应按图 7-5 所示的方式标注。

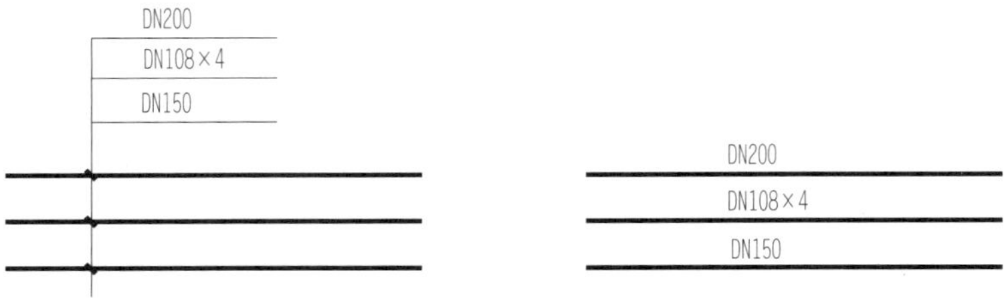

图 7-5　多根管道管径标注

5. 编号

当建筑物的给水引入管或排水排出管的数量超过 1 根时，宜进行编号，编号宜按图 7-6 所示的方法表示。

建筑物内穿越楼层的立管，其数量超过 1 根时宜进行编号，编号宜按图 7-7 所示的方法表示。

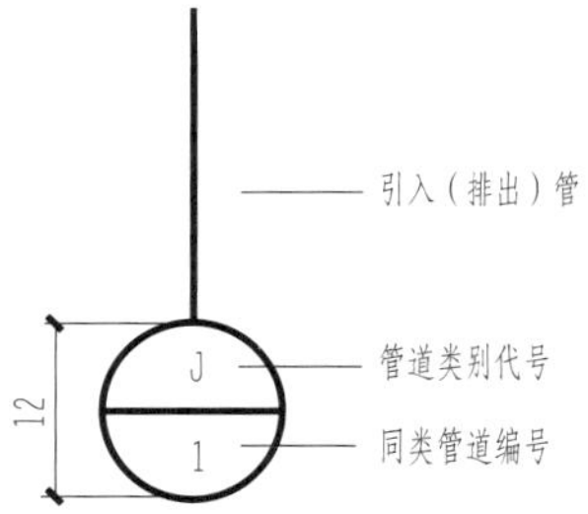

图 7-6　给水引入管编号表示法

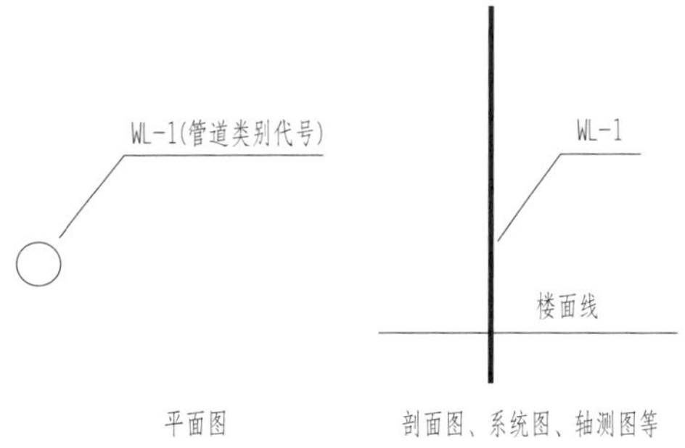

图 7-7　立管编号表示法

7.1.2　室内给排水平面图

室内给排水平面图(即管道平面图)是排水施工图中最基本的图纸，它主要表示卫生器具、给水排水管道及其附件相对房屋的平面位置。

1. 管道平面图的图示内容及要求

★ 建筑物轮廓线、轴线号、房间名称、绘图比例等均应与建筑专业一致，并用细实线绘制。

★ 各类管道、用水器具及设备、消火栓、喷洒头、雨水斗、阀门、附件、立管位置等应按图例以正投影法绘制在平面图上，线型按《建筑给水排水制图标准》(GB/T 50106—

2010)第 2.1.2 节规定执行。

★ 安装在下层空间或埋设在地面下而为本层使用的管道，可绘制于本层平面图上；如有地下层，排出管、引入管、汇集横干管可绘于地下层内。

★ 各类管道应标注管径。生活热水管要示意出伸缩装置及固定支架位置；立管应按管道类别和代号自左至右分别进行编号，且各楼层相一致；消火栓可按需要分层按顺序编号。

★ 引入管、排出管应注明与建筑轴线的定位尺寸、穿建筑外墙标高及防水套管形式。

★ ±0.000 标高层平面图应在右上方绘制指北针。

2. 管道平面图的图示特点

(1)管道平面图的比例

室内给排水平面图一般采用与建筑平面图相同的比例，常采用 1∶100 的比例，必要时也可采用 1∶50、1∶150、1∶200 等。

(2)管道平面图的数量

多层建筑的给排水平面图原则上应分层绘制，管道系统布置相同的楼层可以只绘制一个给排水平面图，但底层管道平面图必须单独画出，一般应绘制完全的底层平面图。屋面上的管道系统和屋面排水应另画屋顶管道平面图。

由于底层管道平面图中的室内管道与户外管道相连，所以必须单独画出一个完整的底层管道平面图(图 7-8)；若各层管道系统的布置相同，可以合并绘制一个楼层管道平面图，如图 7-9 所示。

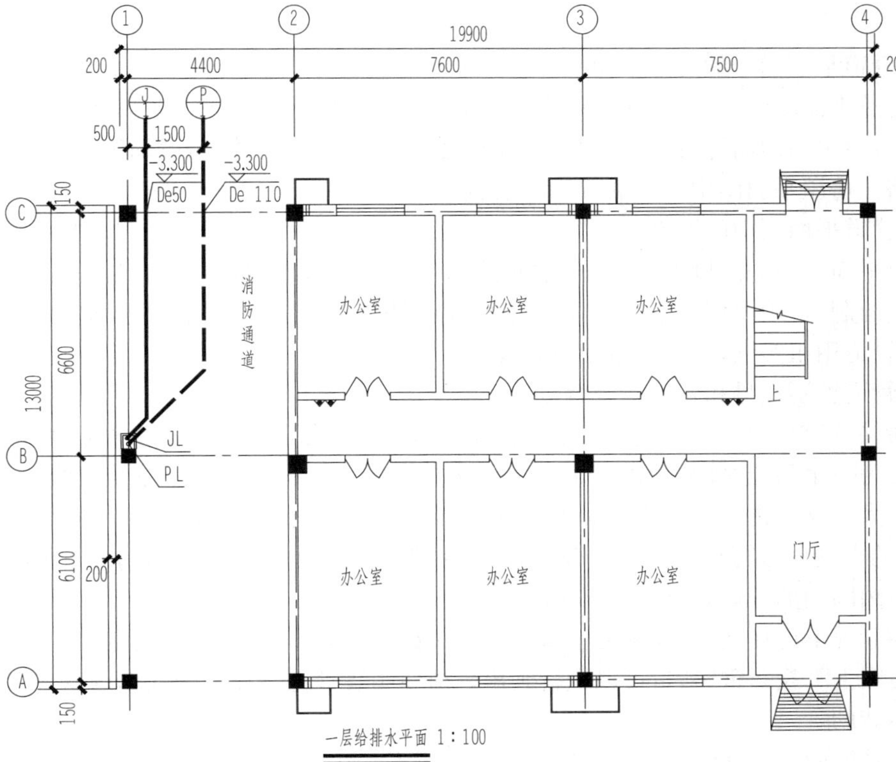

图 7-8　某办公楼一层给水平面布置图

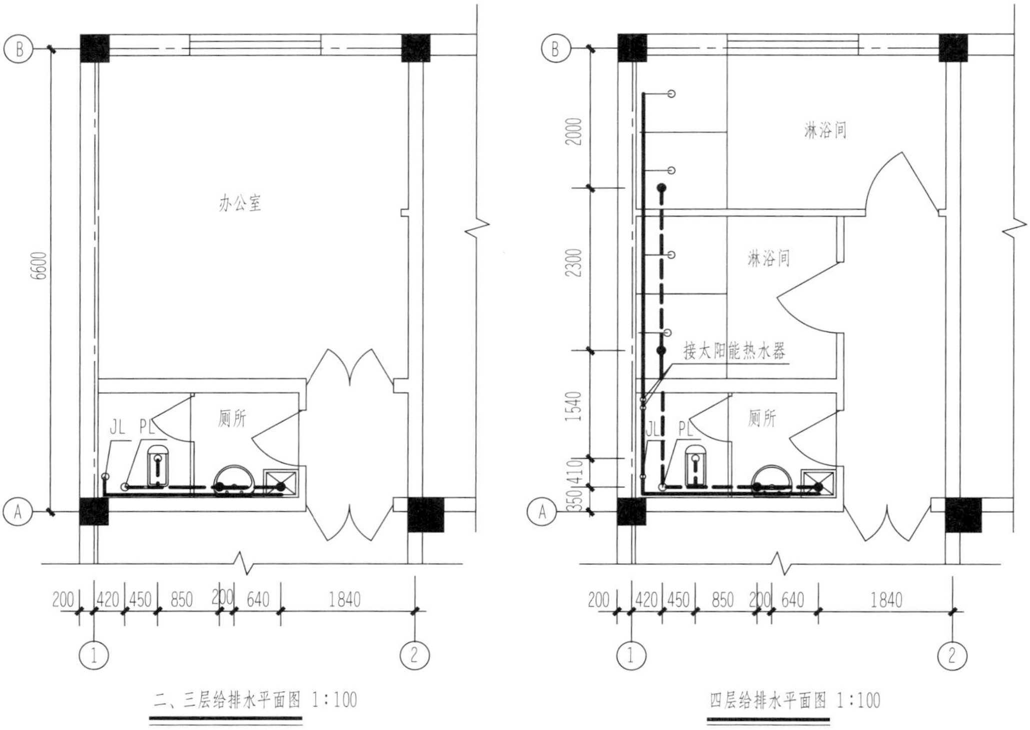

图 7-9 某办公楼二至四层给水平面布置图

(3)管道平面图中的房屋平面图

在管道平面图中,房屋平面图仅作为管道系统各组成部分的水平布局和定位的基准,因此,仅需抄绘房屋的墙身、柱、门窗洞口、楼梯、台阶等主要构配件,房屋的细部和门窗代号等均可省略。房屋平面图中的轮廓线均用细实线绘制。

(4)管道平面图中的图例

管道平面图中的图例均应按照《建筑给水排水制图标准》(GB/T 50106—2010)中所规定的图例绘制,常用图例见表 7-3。其中除管道用粗实线(b)外,其余均用细实线($0.35b$)绘制,给水管道用粗实线,排水管道用粗虚线。

(5)管道类别代号和管道系统编号

在底层管道平面图中各种管道都要按系统编号,系统的划分一般遵循给水管道以每一个引入管为一个系统,排水管道以每一个承接排水管的检查井为一个系统。给水管道的类别代号为大写汉语拼音字母 J,排水管道有污水系统和废水系统,其类别代号分别为 W 和 F。管道的类别代号写在表示系统编号的细实线圆圈(直径为 12mm)内的分子处,管道系统编号写在圆圈内的分母处,如图 7-6 所示。

各种管道不论在楼面、地面之上或之下,均按可见表示,按管道的规定线型画出。当管道在平面图上下投影重影时,可以平行画出。即使明装管道也可以画入墙内,但应说明管道系统是明装的。

给水系统中的引入管和排水系统中的排出管仅需在底层房屋管道平面图中画出,在楼层管道平面图中一律不画。

给水排水常用图例　　表 7-3

名称	图　例	名称	图　例
给水管		地漏	
排水管		浴盆	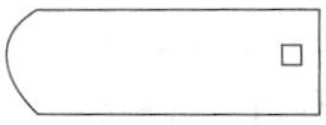
雨水管	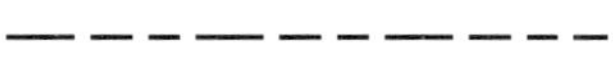	洗脸盆	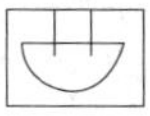
立管		污水池	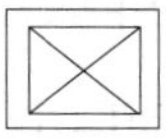
检查井		座式大便器	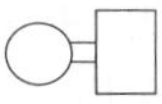
配水龙头		小便槽	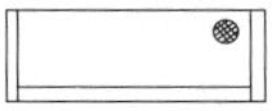
淋浴器		截止阀	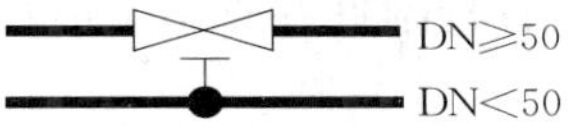
自动冲洗水箱		闸阀	
通气帽		球阀	
存水弯			

(6)管道平面图中的尺寸和标高

在给水排水管道平面图中应该标注墙或者柱的轴线的尺寸，以及室内外地面和楼面的标高。一般不标注卫生器具和管道的定位尺寸，因此卫生器具和管道一般都是沿墙或者靠柱设置的，必要时以墙面或柱面为基准标注尺寸，卫生器具的规格可注在引出线上，或在施工说明中说明。管道的管径、标高和排水管道的坡度均注在管道系统图中。管道的长度用比例从图中量出近似尺寸，在安装时则以实测尺寸为准，所以在管道平面图中也不标注管道的长度尺寸。

3. 室内给水排水管道平面图示例

图 7-8、图 7-9 所示是某办公楼的一至四层给排水平面图。从图中可知，室外供水管自Ⓒ、①轴线相交处的墙角北面进入室内，通过底层水平干管和供水立管向二至四层卫生间中的大便器、洗手池和洗涤池以及四层淋浴间的淋浴喷头供水。大便器、洗手池、洗涤池和淋浴间的排水是通过安设在楼板下的横支管进入排水立管 PL，并汇集到一层的排水干管排出室外的。室外供水管和排水管在同一侧，间距为 1500mm。

4. 管道平面图的绘图步骤

绘制给水排水施工图一般都先绘制管道平面图。管道平面图的绘图步骤一般为：

★ 先绘制底层管道平面图，再绘制各楼层管道平面图。

★ 在绘制每一层管道平面图时，先抄绘房屋平面图和卫生器具平面图（因卫生器具平面图已在建筑平面图上布置好），再画管道布置，最后标注有关尺寸、标高、文字说明等。

★ 管道布置时，先绘制立管，再绘制引入管和排水管，最后按水流方向绘制出横支管和附件。给水管一般画至各设备的放水龙头或冲洗阀的支管接口，排水管一般画至各设备的废、污水的排泄口。

★ 标注尺寸、标高、编号、图例和文字说明。

7.1.3　给排水管道系统图

管道平面图主要表示室内给水排水设备的水平布置，而连接各管路的管道系统因其在空间转折较多，上下交叉重叠，往往在平面图中无法完整且清楚地表达。因此，需要有一个同时能反映空间三个方向的图来表达，这种图被称为管道系统图（或管道轴侧图）。

管道系统图是给水排水施工图中的主要图纸，它分给水管道系统图和排水管道系统图，分别表示给水管道系统和排水管道系统的空间走向，各管段的管径、标高，排水管道的坡度以及各种附件在管道上的位置，一般按正面斜轴测来绘制。如图 7-10 所示。

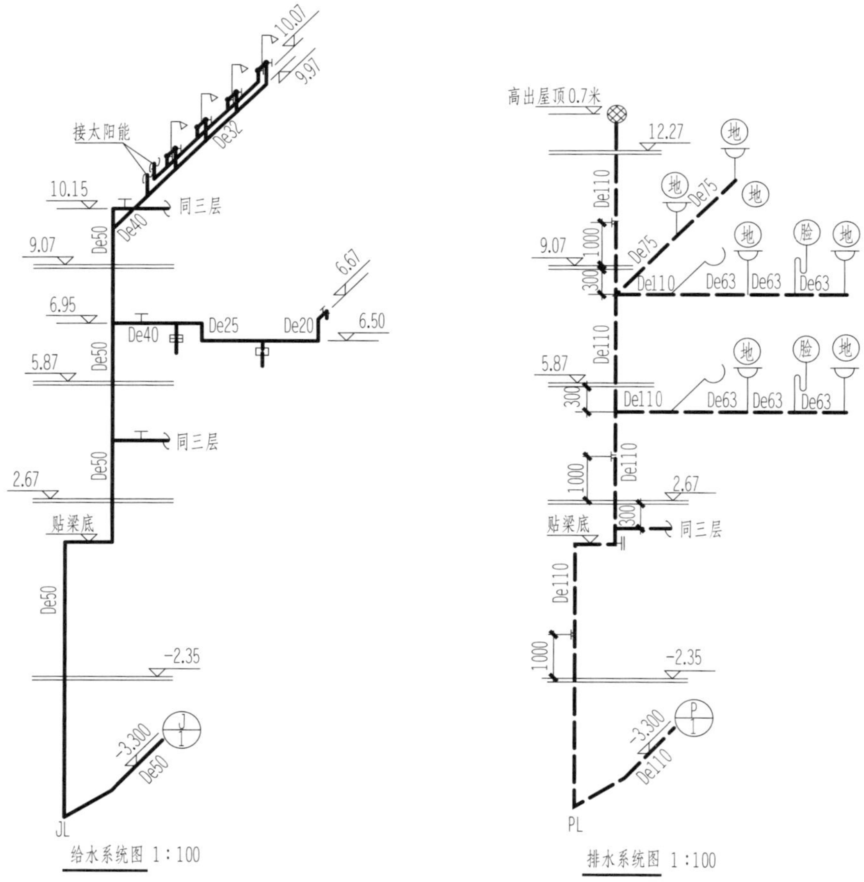

图 7-10　给排水管道系统图

1. 管道系统图的图示特点

(1)管道系统图的比例

管道系统图的比例一般采用与管道平面图相同的比例，当管道系统比较复杂时也可采用放大的比例放大画出，必要时也可不按比例绘制，以能清楚地表达管路情况为佳。

(2)管道系统图的数量和管道系统符号

管道系统图的数量是按给水引入管和排水检查井的数量而定的。每两个管道系统图的符号都应与管道平面图中的系统索引符号相符，注写在直径为 14mm 的粗实线圆圈内，各管道系统图一般应按系统分别绘制。

(3)管道系统图的画法

管道系统图通常采用正面斜轴测图绘制。通常把房屋的高度方向作为 OZ 轴，OX 轴和 OY 轴的选择则以能使图上管道简单明了、避免管道过多地交错为原则。轴测图中 OX 和 OY 方向的尺寸可直接从平面图上量取，OZ 方向尺寸根据房屋的层高和配水龙头的习惯安装高度尺寸决定。如洗手池的水龙头的高度一般为 1.2m，大便器的高位水箱高度为 2.4m，其上球形阀门高度一般为 2.2m，淋浴喷头的高度为 2.4m 等。

在管道系统图中的管道及其附件均需按照《建筑给水排水制图标准》(GB/T 50106—2010)中规定的图例画出，同时需符合轴测图的绘制规定。当空间的交叉管道在图中相交时，应将不可见的管道在相交处断开。当给水管道被遮挡时，应用粗虚线画出，但此虚线的线段比排水管道粗虚线的线段要短一些。当管道比较集中，不易表达清楚时，可将管道断开并沿管道的轴线移开画出，并在管道的断开轴线处用细点画线连接。

(4)管道系统图中墙、地面和楼面的画法

在管道系统图中还应画出被管道穿过的墙、柱、地面、楼面和屋面，图中被管道穿过的墙、地面、楼面和屋面均用细实线画出其断面。

(5)管道系统图中的管径、坡度和标高

★ 各管段的直径可直接标注在该管段旁边或引出线上。管径尺寸应以毫米为单位。

★ 给水系统的管路因为是压力流，当不设置坡度时，可不标注坡度；排水系统的管路一般是重力流，所以在排水横管的旁边都要标注坡度。坡度可注在管段旁边或引出线上，在坡度数字前须加代号"i"，数字下边再以箭头指示坡向(指向下游)。废水管的横管采用标准坡度时，在图中可省略不注，而在施工说明中写明即可。

★ 标高应以米为单位，宜注写到小数点后第 3 位。管道系统图中标注的标高都是相对标高，即以底层室内地面作为标高 0.000。在给水系统图中，标高以管中心为准，一般要求注出横管、阀门、放水龙头、水箱等各部位的标高。在污、废水系统图中，横管的标高以管道的内底为准，一般只标注立管的管顶、检查口和排出管的起点标高，其他污、废水横管的标高一般由卫生器具的安装高度和管件的尺寸所决定，所以不必标注；当有特殊要求时，亦应注出其横管的起点标高。此外，还要标注室内地面、室外地面、各层楼面和屋面等的标高。

(6)图例

管道平面图和管道系统图应统一列出图例，其大小要与图中的图例大小相同。某管道平面图和管道系统图的图例如表 7-4 所示。

管道系统图图例　　表 7-4

名称	图　例	备注	名称	图　例	备注
给水管	————————		排水管	— — — —	
截止阀			地漏		
角阀			感应式冲洗阀	(大便器) (洗手盆)	
蹲便器			清扫口		
洗手盆			检查口		
落地小便器			灭火器		

2. 管道系统图的示例

图 7-10 为某办公楼给排水管道系统图，从图中可以看出，室外引入管（中心标高为－3.300）通过水平干管（管径为 De50，中心标高为－3.300）和管径为 De50 的立管向二至四层卫生间中的大便器、洗手池和洗涤池以及四层淋浴间的淋浴喷头供水。由立管上可以看出，楼板地面的标高分别为－2.35、2.67、5.87、9.07。在标高为 3.75、6.95、9.97、10.15 处通过支管连接到卫生间的卫生器具和淋浴间的淋浴喷头供水。

通过图 7-10 还可以看出，大便器、洗手池和洗涤池的排水是通过带有存水弯的连接管道、安设在楼板下 300mm 的横支管、排水立管 PL 和一层的排水干管排出室外的。淋浴间的排水则通过地漏进入横支管、排水立管、排水干管排出室外。

3. 管道系统图的绘图步骤

★ 先绘制系统的立管，定出各层的楼地面线、屋面线，再画给水引入管及屋面水箱的管路或排水管系中接画的排出横管、窨井及立管上的检查口和网罩等。

★ 从立管上引出各横向的连接管段，并画出给水管系的截止阀、放水龙头、连接支管、冲洗水箱等或排水管系中的承接支管、存水弯等。

★ 注写各管段的公称直径、坡度、标高、冲洗水箱的容积等数据。

7.1.4 详图

给排水详图即安装图。各种卫生器具和管道节点的安装一般都有标准图或通用图，如《全国通用给排水标准图集》、《建筑设备施工安装图册》等，应尽可能选用。如卫生器具的尺寸及其在用水房间的安装位置与标准图不一致时，则需专门绘制详图。详图通常用平面图、立面图和剖面图表示。图 7-11 是低位水箱坐式大便器安装详图，图 7-12 是落地式小便器的安装详图。

7.1.5 施工说明

较大型的工程应编制专门的施工说明，简单的工程只需在施工图中附加施工说明，以补充施工图中未详尽的内容。施工说明一般有以下内容：给水管、排水管所用管材的种类和接头方法；给水管道、排水管道标高所指管道部位；卫生器具安装、消火栓安装采用或参照采用的图集名称以及某些施工要求，如所有给排水管道的防锈要求和检验要求等。

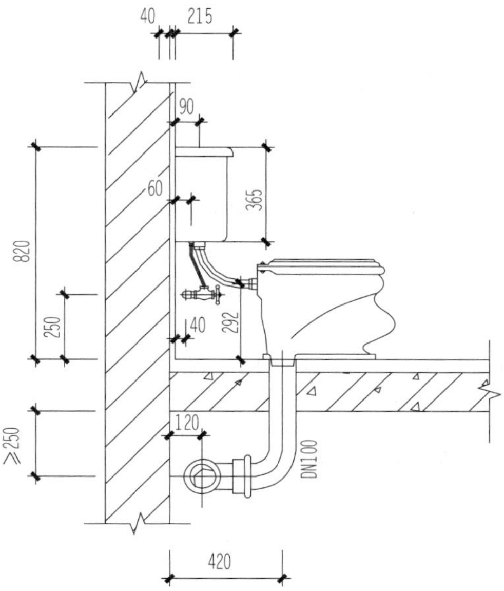

图 7-11 座式大便器(低位水箱)详图

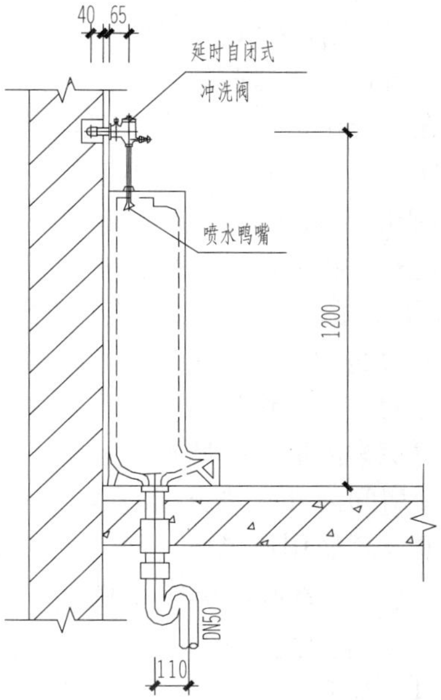

图 7-12 落地式小便器详图

7.2 供暖、通风系统施工图

7.2.1 概述

随着国民经济的发展,人们对居住和工作地点的生产、生活环境要求越来越高,所以建筑物的供暖、通风和通过空调器来调节人居环境,就显得日益重要。

1. 供暖系统

供暖是用人工方法向室内供给热量,以创造适宜的生活条件或工作条件的技术。供暖系统由热媒制备(热源)、热媒输送和热媒利用三个部分组成。根据三个部分的相互位置不同又可分为局部供暖系统和集中供暖系统。局部供暖系统中三个部分在构造上都集中在一起,如烟气供暖(火炉、火坑等)、电热供暖和燃气供暖等;集中供暖系统,是指热源和散热设备分别设置,用热媒管道相连接,由热源向各个建筑物或房间供给热量。根据供暖系统散热的方式不同,可分为对流供暖和辐射供暖。对流供暖主要以对流换热方式供暖;辐射供暖是以辐射传热为主的供暖方式。集中供暖系统按所用热媒不同分为热水供暖系统、蒸汽供暖系统和热风供暖系统。

2. 通风系统

通风就是把室内被污染的空气直接或净化后排至室外,把新鲜空气补充进来,从而保持室内的空气环境符合卫生标准并满足生产工艺的要求。

不同类型的建筑对室内空气环境要求不尽相同,因而通风装置在不同场合的具体任务及结构形式也完全不一样。

一般的民用建筑和一些发热量小而污染轻微的小型工厂的厂房,通常只要求保持室内空气清洁新鲜，并在一定程度上改善室内气象参数——空气的温度、相对湿度和流动速度。为此，一般只需采取一些简单的措施，如通过门窗孔口换气、利用穿堂风降温、利用风扇提高空气的流速。在这些情况下，对进风和排风，都不进行处理。

在工业生产中有许多车间，伴随着工艺过程散发出大量的热、湿、各种工业粉尘以及有害气体。对这些有害物如不采取防护措施，将会污染和恶化车间的空气及大气，危害人们的健康，影响正常生产，损坏机器设备及建筑结构，危及周围的动、植物正常生长。因此，就要对工业有害物采取有效的防护措施，消除其对工人健康和生产的危害，创造良好的劳动条件，并切实做到防止大气污染。这样的通风叫做"工业通风"。

工业通风主要是对生产中出现的粉尘、高温、高湿及有害气体等进行控制，从而保持一个良好的生产工作环境。

建筑物内通风按照通风系统的通风动力不同，可分为自然通风和机械通风。自然通风是利用房间内外冷热空气的密度差异和房间迎风面、背风面的风压高低来进行空气交换的；机械通风是使用通风设备向厂房（房间）内送入或排出一定数量的空气。

3. 供暖、通风施工图组成

供暖、通风施工图一般包括管道平面图、管道系统图（轴测图）、详图、设计施工说明和设备材料明细表。

7.2.2 室内供暖系统施工图

供暖系统施工图主要包括供暖系统平面图、供暖系统轴测图、详图、设计施工说明和设备材料明细表等。供暖系统施工图常用图例如表 7-5 所示。

1. 室内供暖系统平面图

室内供暖系统平面图表示建筑物各层供暖管道与设备的平面布置以及它们之间的相互关系。

（1）图示内容

①总立管、水平干管的位置、走向，立管编号，干管坡度及各管段的管径。

②散热器的安装位置、类型、片数及安装方式。

③干管上的阀门、固定支座的安装位置与型号。

④膨胀水箱、集气罐、排气阀等设备的位置、型号及其与管道的连接情况。

⑤引入口的位置，供回水总管的走向、位置及采用的标准图号（或详图号），回水干管的位置，室内管沟（包括过门地沟）的位置和主要尺寸，管道支座的设置位置。

（2）图示特点和要求

①比例：平面图常用比例有 1∶50、1∶100、1∶200 等。

②平面图的数量：对于多层供暖平面图要求分层绘制，但对于管道和散热设备布置相同的楼层平面图只需绘制一个平面图。一般需绘制底层平面图、标准层平面图和顶层平面图。

③房屋平面图：平面图上本专业所需的建筑物轮廓应与建筑平面图一致。但由于图中的房屋平面图不是用于土建施工，故只需用细实线把建筑物与供暖有关的墙、门窗、平台、柱、楼梯等部分画出。

④尺寸标注：建筑平面图的尺寸一般只需在平面图中标注出轴线间的尺寸，散热器需要标注出规格和数量。

供暖系统施工图常用图例 表 7-5

名　称	图　例	名　称	图　例
供暖供水管		截止阀	
供暖回水管		闸阀	
蒸汽管		碟阀	
凝结水管		止回阀	
膨胀管		平衡阀	
循环管		球阀、转心阀	
泄水管		波纹补偿器	
管道固定支架		矩形补偿器	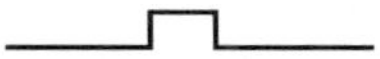
散热器及手动放风阀	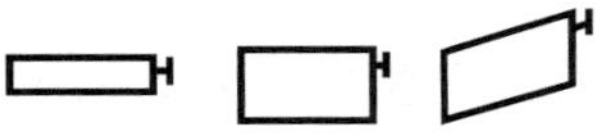	温控阀	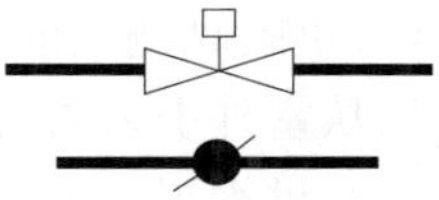
散热器及温控阀	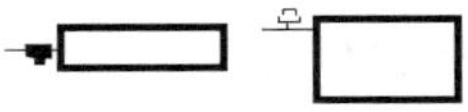	Y 型过滤器	
水泵		自动排气阀	
压力表		温度计	

(3)供暖平面图的绘图步骤

①按比例画出建筑平面图，以表示供暖管道及设备等在房屋中的安装位置。

②画出平面图中各组散热器。

③画出各立管。

④若是顶层供暖平面图或底层供暖平面图，还要画出供水总管、干管或回水总管、干管的位置，并与立管连接。

⑤画出管道上的部件及设备。

⑥按有关规定完成管道相关内容的标注。

⑦填写技术要求与说明等。

2. 室内供暖系统轴测图

室内供暖系统轴测图是表示供暖系统的空间布置情况，散热器与管道的空间连接形式，设备、管道附件等空间关系的立体图。

（1）图示内容

轴测图自入口起，应将干、立支管及散热器、阀门等系统配件全部绘出，包括立管编号、管道标高、各管段管径、水平干管坡度、散热器的片数以及集气罐、膨胀水箱、各种阀件的位置和型号规格等。

（2）图示特点和要求

①比例：轴测图应按 45°或 60°轴测投影绘制，宜采用与相对应的平面图相同比例绘制。

②图线：供暖系统图宜用单线图绘制。

③散热器：供暖系统图中的散热器宜按图7-13所示方法绘制。

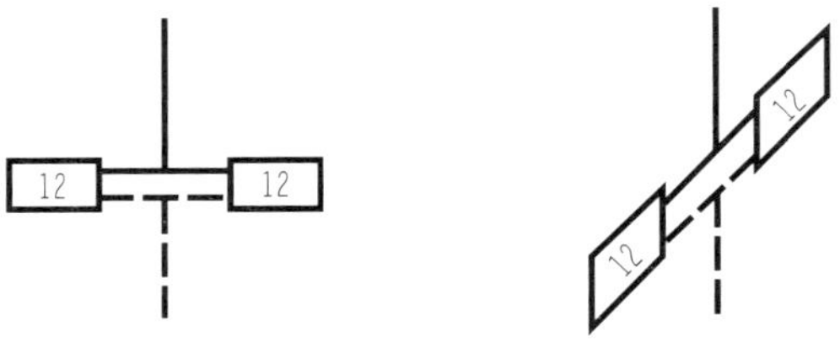

图 7-13　系统图中的散热器画法

（3）供暖轴测图的绘图步骤

①从室外引入管开始，绘制总立管、供暖干管。干管的位置、走向应与平面图一致。

②在供水干管上，按照平面图的立管位置和编号绘制立管，并根据建筑剖面图的楼层地面标高等尺寸确定立管的高度尺寸，并在立管上绘制出楼、地面标高线。

③绘制各楼层的散热器和连接所有散热器的立管和支管。

④绘制回水管道。绘制回水管道时，若为双管系统就从回水支管画起，若为单管系统则从立管末端画起，顺序画出回水干管直到回水总管。

⑤标注尺寸和文字，包括各层楼层地面的标高，管道的标高、管径和坡度，立管的编号及散热器的规格和数量等。

⑥绘制图例，如管道系统上的阀门、排气阀和管道中的固定支点等。

3. 供暖系统详图

供暖系统详图表示供暖系统节点与设备的详细构造及安装尺寸要求。凡国家标准图及施工安装图册中没有且需详细交代的内容，均需另外绘出详图大样，比如引入口位置、膨胀水箱的构造与配管、管沟断面、保温结构等。详图常用的绘图比例是 1∶10～1∶50。

4. 供暖系统设计施工说明

设计施工说明用于说明图样中无法表达的内容，如热源情况，供暖设计热负荷，供回水温度，系统形式，进出口压力差，散热器的种类、形式及安装要求，管道的敷设方式、防腐保温、水压实验要求，施工中需要参照的有关专业施工图号或采用的标准图号等。

5. 供暖系统施工图示例

图 7-14 是某办公楼供暖工程的一至四层平面图，图 7-15 是该供暖系统的轴测图。

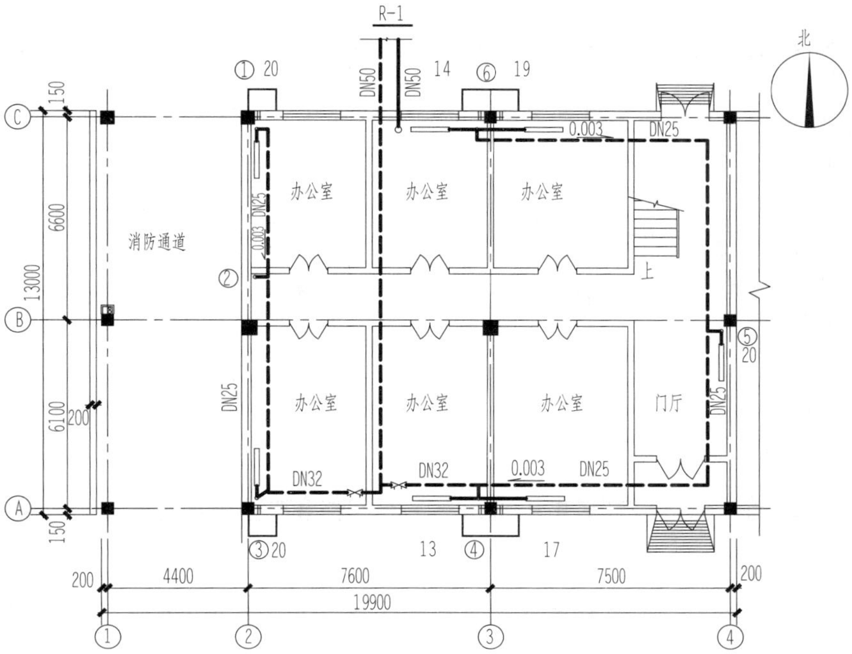

一层采暖平面图 1:100

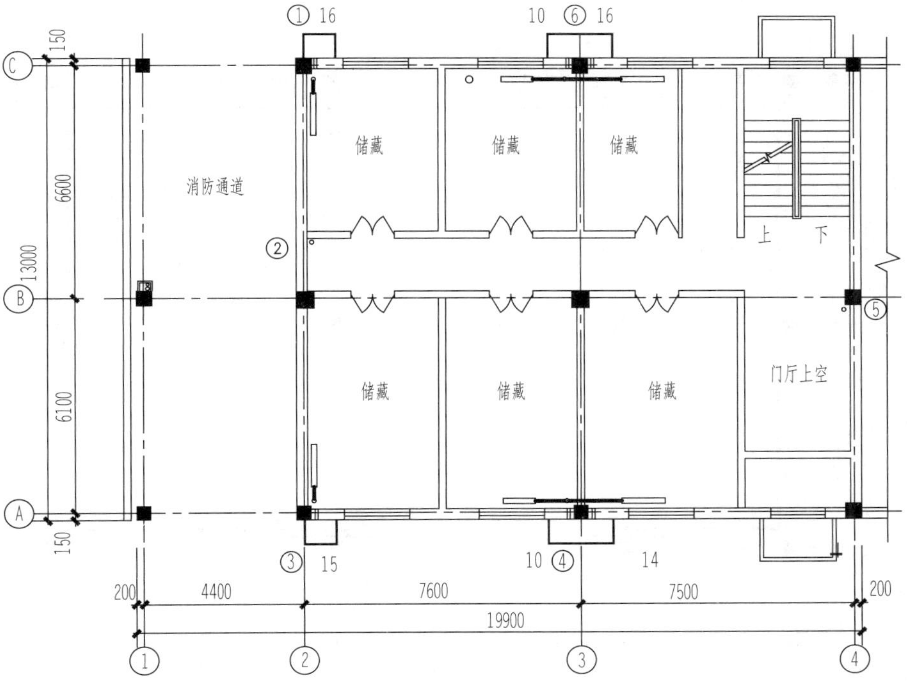

一层夹层采暖平面图 1:100

图 7-14

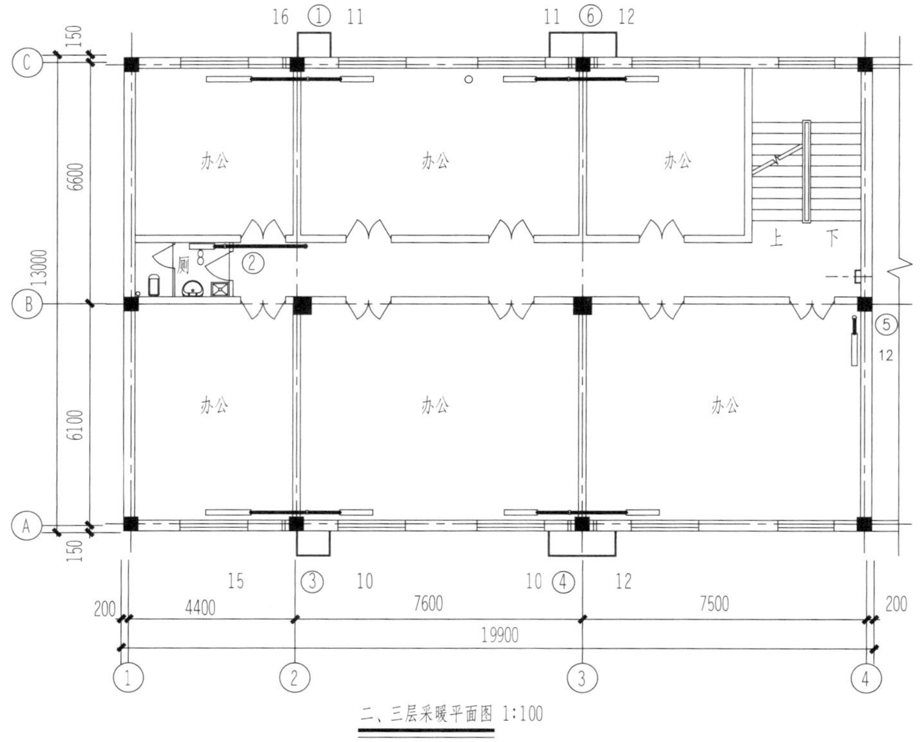

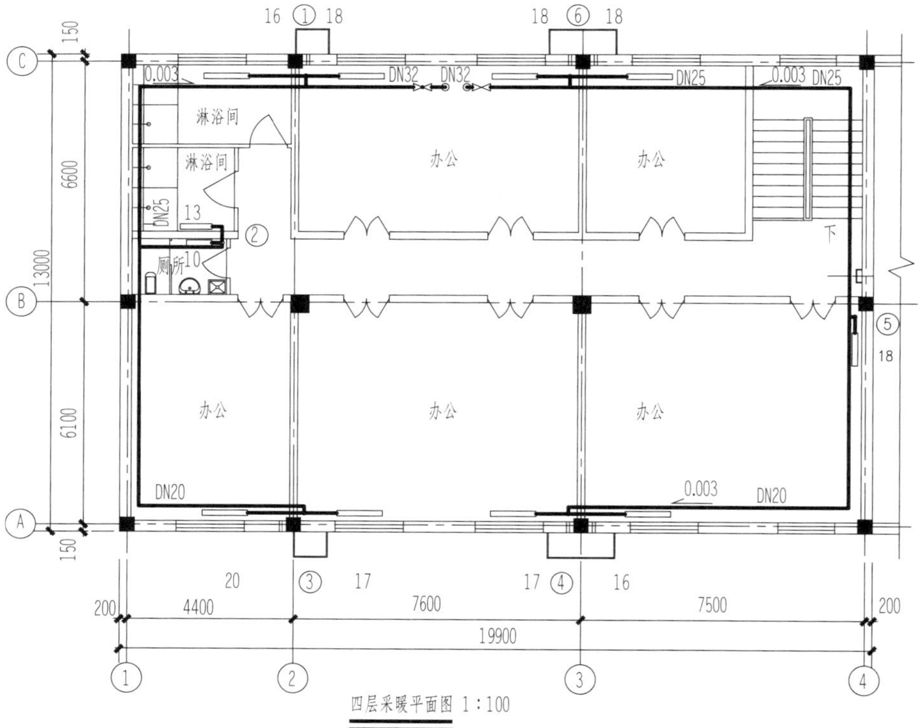

图 7-14　供暖系统平面图

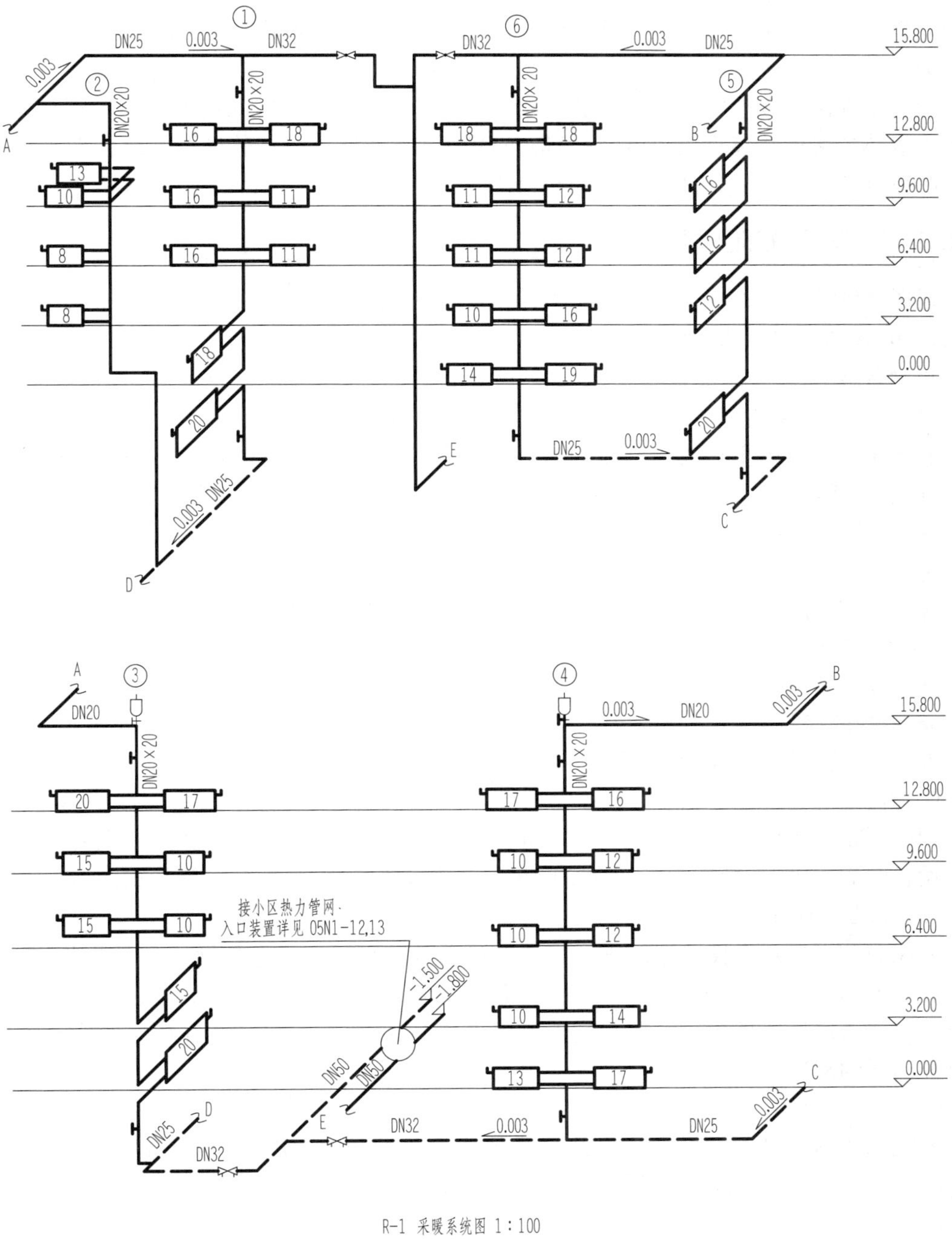

R-1 采暖系统图 1:100

图 7-15　供暖系统轴测图

通过图 7-15 可以看出,该供暖系统为上供下回同程式热水系统。系统的供回水总管设置在②、③轴线的中间,供回水总管的管径均为 DN50,供水总管的标高为－1.500,回水总管的标高为－1.800。在③号和④号立管的顶端装设有自动排气阀。

平面图和系统轴测图上都标注了干管的管径和坡度、立管的位置和编号、散热器的位置和散热器的数量等。本例供暖系统共有 6 根立管,供水立管和回水立管分别设有截止阀,干管的管径都标注在平面图和系统图上，供回立管标注了立管和支管的管径，如“DN20×20”表示立管管径为DN20，散热器支管管径为DN20。从系统轴测图上可以看出，供回干管的坡度为0.003。

通过平面图可以查明该办公楼散热器的平面布置情况。各房间内的散热器都在窗台下明装。散热器采用柱翼型散热器，每组散热器均设手动排气阀。散热器的片数在平面图和系统图里都有标注，如系统图中散热器中数字表示散热器的片数。

7.2.3 通风系统施工图

通风系统施工图由通风系统平面图、剖面图、原理图、系统轴测图、详图、图样目录、设计施工说明、设备及材料表等内容组成。

1.通风系统施工图的图示内容

(1)通风系统平面图

通风系统平面图主要表示建筑物以及设备的平面布局，管路的走向分布及其管径、标高、坡度坡向等数据。它包括系统平面图、冷冻机房平面图、空调机房平面图等。在平面图中，一般风管用双线绘制，水、汽管用单线绘制。主要图示内容有：

★ 通风管道、风口、调节阀和设备的平面位置以及连接形式。

★ 通风设备、风管、风口等与建筑结构的定位尺寸。

★ 各段通风管道风管断面尺寸。

★ 风口空气的流动方向。

★ 系统的编号。

★ 通风设备的形状轮廓及设备型号。

(2)剖面图

剖面图是在平面图中能够反映系统全貌的部位上垂直剖切后得到的，它主要表示建筑物和设备的立面分布，管线垂直方向上的排列和走向以及管线的编号、管径和标高。

(3)通风原理图

通风原理图用示意性的图形表示出所有设备的外形轮廓。它反映系统的工作原理、介质的运行方向、设备的编号、建(构)筑物的名称及系统的仪表控制点(温度、压力、流量等的测点)。另外，通风原理图还可以在施工过程中协调各个环节的进度，安排好各个环节的试运行和调试的程序。

(4)系统轴测图

系统轴测图是以轴测投影绘出的管路系统的单线条立体图。图中反映管线的分布情况，并将管线、部件及附属设备之间的相对位置的空间关系表达出来，此外，图中还注明管线、部件及附属设备的标高和有关尺寸。

(5)详图

详图是为了详细表明平、剖面图中局部管件和部件的制作、安装工艺，将此部分单独放大，用双线绘制成的图。一般在平、剖面图上均标注有详图索引符号，根据详图索引符号可将详图和总图联系起来看。

(6)节点图

节点图是为了清楚地表示某一部分管道的详细结构及尺寸，对平面图及其他施工图中不能表达清楚的某点图形的放大。

(7)设计施工说明

设计施工说明主要表达工程施工中一些技术、质量方面的要求，包括工程的主要技术数据，如建筑概况、设计参数、系统划分及施工、验收、调试、运行等方面的有关事项。

(8)设备及材料表

设备及材料表可明确表示所选用设备的名称、型号、数量、各种性能参数及安装地点等内容，并清楚表达各种材料的材质、规格、强度要求等。

2. 通风系统施工图的图示特点和要求

①图例：通风系统施工图中的常用图例参见《暖通空调制图标准》(GB/T 50114—2010)。

②图线：在平面图中，一般风管用双线绘制，水、汽管用中粗实线绘制。

③风管尺寸：圆形风管的截面定型尺寸应以直径符号“ϕ”后跟以毫米为单位的数值表示。矩形风管(风道)的截面定型尺寸以“$A\times B$”表示。其中，“A”为平行于该视图投影面方向的边长尺寸，“B”为另一边长尺寸，单位为毫米。

④标高：矩形风管所注标高未说明时，表示管底标高。圆形风管所注标高未说明时，表示管中心标高。

⑤系统轴测图一般按正等测或斜等测绘制，其绘制比例与相应的平面图一致。

⑥系统轴测图和原理图的基本要素应与平面图和剖面图及系统轴测图相对应。

3. 通风系统施工图示例

图 7-16、图 7-17 所示为某厂房的通风系统平面图和系统轴测图。它表明了系统管路的空间走向，从中可以看出，风机后的水平总管分成两路水平支管，每路水平支管分别有 10 条 320mm×160mm 的水平支管，并且在垂直方向上连接有 200mm×200mm 的百叶风口。平面图表明了风管、风口和设备的平面布局。

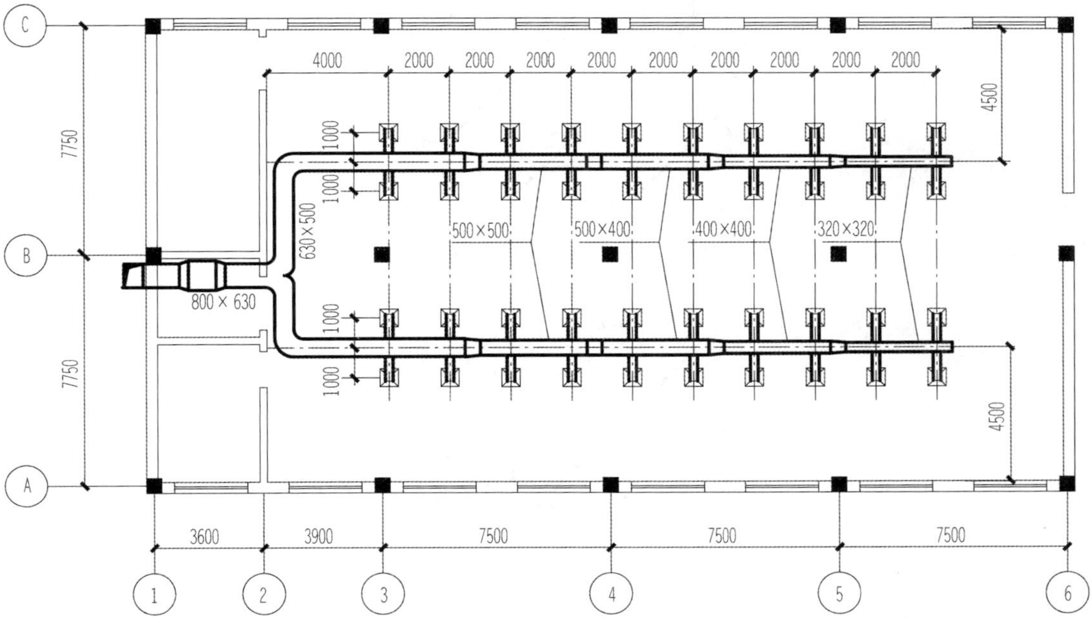

图 7-16　某厂房的通风系统平面图

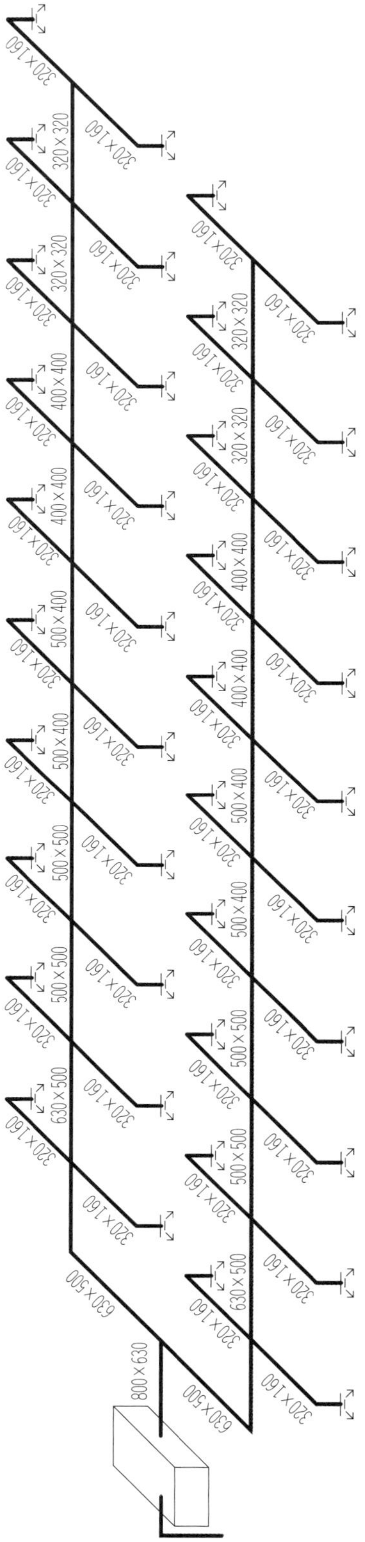

图7-17 某厂房的通风系统轴测图

7.3 建筑电气设备施工图

7.3.1 概述

电力工业是世界各国国民经济发展中的一个基础产业。作为能源的电可以集中生产、长距离输送，而且能够方便地转化为其他形式的能量，因此电能的应用十分广泛。建筑电气是以电能、电气设备和电气技术为手段，创造、维持和改善建筑物室内环境的一门科学。建筑电气系统按照电能的供给、分配、输送和消费，可以分成四类：供配电系统、电气照明系统、建筑弱电系统（包括火灾自动报警自动消防系统、通信电话系统、有线电视和宽带网等）和建筑智能化系统。

电气系统设备施工图主要是用来表达建筑中电气设备的布局、安装方式、连接关系和配电情况的图样。电气施工图按照其在工程中的作用不同可分为：变配电施工图、配电线路施工图、动力及照明施工图、火灾自动报警自动消防施工图、有线电视系统施工图、通信电话系统施工图、宽带网施工图、有线广播施工图和建筑防雷接地施工图等。

一套完整的电气施工图主要包括以下内容：目录、电气设计说明、电气系统图、电气平面图、设备控制图、设备安装大样图（详图）、安装接线图、设备材料表等。本节主要介绍室内照明施工图的有关内容和表达方法以及弱电系统。

7.3.2 室内电气照明系统施工图

1. 室内电气照明系统的组成

室内电气照明系统由灯具、开关、插座、配电箱和配电线路组成。

★ 灯具：由电光源和控照器组合而成。电光源有白炽灯泡、荧光灯臂等。控照器俗称灯罩，是光源的配套设备，用于控制和改变光源的光学性能，并起到美化、装饰和安全的作用。

★ 开关：用于控制电气照明。

★ 插座：主要用于插接移动电气设备和家用电气设备。

★ 配电箱：主要用于非频繁地操作控制电气照明线路，并能对线路提供短路保护和过载保护。

★ 配电线路：在照明系统中配电线路所用的导线一般是塑料绝缘电线，按敷设方式分为明线和暗线，现代建筑室内最常用的是线管配线和桥架配线。

2. 室内电气照明器材及安装方法

(1)导线：导线的种类、规格、型号很多，用途也不尽相同。常用导线型号和应用范围见表 7-6。

导线的敷设方法有两种，一种是明敷，可采用瓷夹、槽板、铝卡片、塑料卡片等固定，它具有造价小、施工方便、便于维修等特点，但不够美观；另一种是暗敷，即导线穿入电管、焊接管、塑料管等预埋管材内（管内穿线总面积不超过管子面积 40%，且不超过 10 根），在接线盒内并头，它具有美观、安全等优点，但施工维修不够方便、价格高。

常用导线型号和应用范围 表 7-6

型　号	名　称	应　用　范　围
BIX	纱编织的铝芯橡皮线	500V，户内和户外固定敷设用
BX	纱编织的铜芯橡皮线	500V，户内和户外固定敷设用
BBLX	丝编织的铝芯橡皮线	500V，户内和户外固定敷设用
BBX	丝编织的铜芯橡皮线	500V，户内和户外固定敷设用
BLV	铝芯塑料线	500V，户内固定敷设用
BV	铜芯塑料线	500V，户内固定敷设用
BLVV	铝芯塑料护套线	500V，户内固定敷设用
BVV	铜芯塑料护套线	500V，户内固定敷设用
BVB	铜芯塑料软线	500V，要求导线比较柔软时用

(2)开关：开关的种类很多，一般有空气开关、闸刀开关、灯具开关等。它主要用于切断或接通电源，也兼有过流保护作用。开关的安装方法有两种，一种是暗装式，即将开关装在开关箱内或嵌在墙内；另一种为明装式，开关明装配于木基座上。

(3)电表：它串联在线路中，用于记录用电量。

(4)熔断器：它串联于线路中，起到过流保护作用。

3. 室内电气照明施工图图示特点

电气施工图的图示特点是采用正投影法绘制。在画图时要选取合适的比例，细部构造配以较大比例详图并加以文字说明。由于电气构配件和材料种类繁多，常采用国标中的有关规定和图例来表示。电气施工图和其他图样一样，要遵守统一性、正确性和完整性的原则。统一性，是指各类工程图样的符号、文字和名称要前后一致；正确性，是指图样的绘制要正确无误，符合国家标准，并能正确指导施工；完整性，是指各类技术文件齐全。

(1)图例和文字标志

在电气系统设备施工图中，各种电气设备、元件和线路都是用统一的图形符号和文字符号表示的。应按照国家标准规定的符号绘制，如《工业机械电气图用图形符号》(GB/T 24340—2009)、《建筑电气工程设计常用图形和文字符号》(09DX001)等。表 7-7 所示为一些室内电气照明系统中常用的文字符号及其含义，表 7-8 所示为部分室内电气照明系统中常用的图例。

室内电气照明系统中常用的文字标志的含义 表 7-7

电力或照明配电设备	文字标志	照明灯具安装	文字标志
一般标注方法 说明： a—设备标号； b—型号； c—设备容量(kW)； d—导线牌号； e—导线根数； f—导线截面(mm²)； g—导线的敷设方式	ab/c 或 $a-b-c$ 或 $a\dfrac{b-c}{d(e\times f)-g}$	一般标注方法 说明： a—灯数； b—型号； c—每盏灯的灯泡数； d—灯泡容量(kW)； e—安装高度(mm)； f—安装方式	$a-b\dfrac{c\times d}{e}f$

室内电气照明系统中常用的图例　　表 7-8

名　　称	图　　例	名　　称	图　　例
单极开关		灯的通用符号	
单极开关(暗装)		单相插座	
双极开关		单相插座(暗装)	
双极开关(暗装)		带接地插孔的单相插座	
三极开关		带接地插孔的单相插座(暗装)	
三极开关(暗装)		带接地插孔的三相插座	
延时开关		带接地插孔的三相插座(暗装)	
单极双控开关		熔断丝	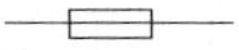
双极双控开关		配电箱	
天棚灯			

(2)安装标高

在电气系统设备施工图中,线路和电气设备的安装高度需要以标高的形式标注,通常采用与建筑施工图相统一的相对标高。

(3)标注方式

在室内电气照明施工图中,设备、元件和线路除采用图形符号绘制外,还必须在图形符号旁加文字标注,用以说明其功能和特点,如型号、规格、数量、安装方式、安装位置等。不同的设备和线路有不同的标注方式。

(4)多线表示法和单线表示法

电气系统设备施工图按电路的表示方法可以分为多线表示法和单线表示法。多线表示法是指每根导线在图样中用一条线表示;单线表示法是指并在一起的两根或两根以上的导线,在图样中只用一条线表示。在同一图样中,必要时可以将多线表示法和单线表示法组合起来使用,在需要表达复杂连接的地方使用多线表示法,在比较简单的地方使用单线表示法。在用单线表示法绘制的电气施工平面图上,一根线条表示多条走向相同的线路,而在线条上划上若干短斜线表示导线根数(一般用于 3 根导线),或者在一根短斜线旁标注数字表示导线根数(一般用于 3 根以上的导线),对于 2 根相同走向的导线则通常不必标注根数。

4. 室内电气照明施工图的内容

室内电气照明施工图是以建筑施工图为基础(建筑平面图用细线绘制),并结合电气接线原理而绘制的,主要表明建筑物室内相应配套电气照明设施的技术要求,一般由下列内容组成。

(1)图样目录及设计说明

图样目录表明电气照明施工图的编制顺序及每张图的图名,便于查阅。设计说明中主要说明电源来路、线路材料及敷设方法,材料及设备规格、数量、技术参数、供货厂家、施工中的有关技术要求等。

(2)电气原理图

电气照明施工图具有很强的原理性,其接线原理应按电工学的有关规定执行。电气原理图主要表明下列内容：

★ 建筑物内的配电系统的组成和连接原理。

★ 各回路配电装置的组成，用电容量值。

★ 导线和器材的型号、规格、根数、敷设方法，穿线管的名称、管径。

★ 各回路的去向。

★ 线路中设备、器材的接地方式。

图 7-18 所示为某住宅电气接线原理图。它表达了电气照明系统的电气器件的类型、型号、安装要求、线路和配线要求。该照明系统图采用单线图表示，设备安装功率为 6.0kW，计算负荷为 6.0kW，计算电流为 34A。电源进线 3 根截面积为 $10mm^2$ 的塑料铜芯导线。配电箱总开关为 C65N－40A/2P＋VigiC65/2P 型空气开关，配电箱总开关后分成 5 条回路，其中 3 条为插座回路（2 个空调插座和 1 个厨房插座），采用 3 根截面积为 $4mm^2$ 的塑料铜芯导线穿管径为 20mm 的 PVC 塑料管在地板和墙内敷设；其余 2 条插座和照明回路，采用 2 根截面积为 $2.5mm^2$ 的塑料铜芯导线穿管径为 20mm 的 PVC 塑料管分别在地板和墙内敷设。

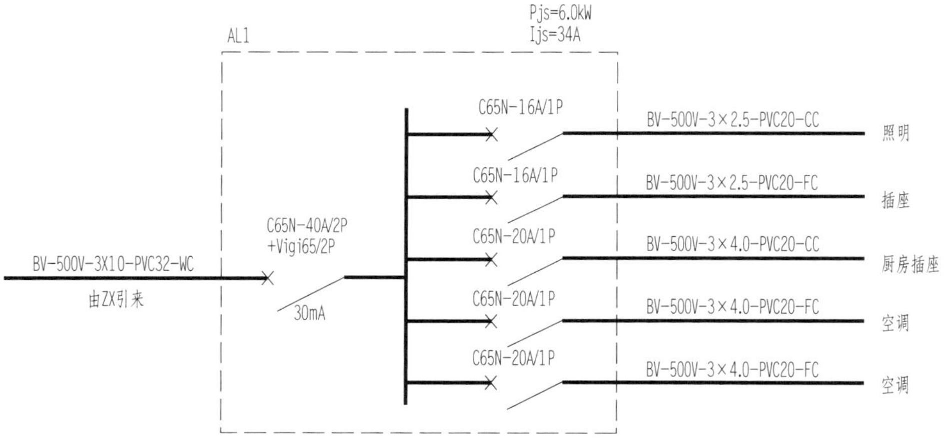

图 7-18　某住宅电气接线原理图

（3）电气照明施工平面图

电气照明施工平面图是在建筑平面图的基础上绘制而成的，其主要表明下列内容：

★ 电源进户线的位置，导线规格、型号、根数和引入方法（架空引入时注明架空高度，从地下敷设引入时注明穿管材料、名称、管径等）。

★ 配电箱的位置（包括主配电箱、分配电箱等）。

★ 照明线路中导线的根数、型号、规格、线路走向、敷设位置、配线方式、导线的连接方式等，穿线器材的名称、管径。

★ 各用电器材、设备的平面位置、安装高度、安装方法和用电功率。

★ 从各配电箱引出回路的编号。

图 7-19 所示为某住宅楼的首层电气照明平面图。

（4）电气安装大样图

电气安装大样图是表明电气工程中某一部位的具体安装节点详图或安装要求的图样，通常参见现有的电气安装手册，除特殊情况外，图样中一般不予画出。

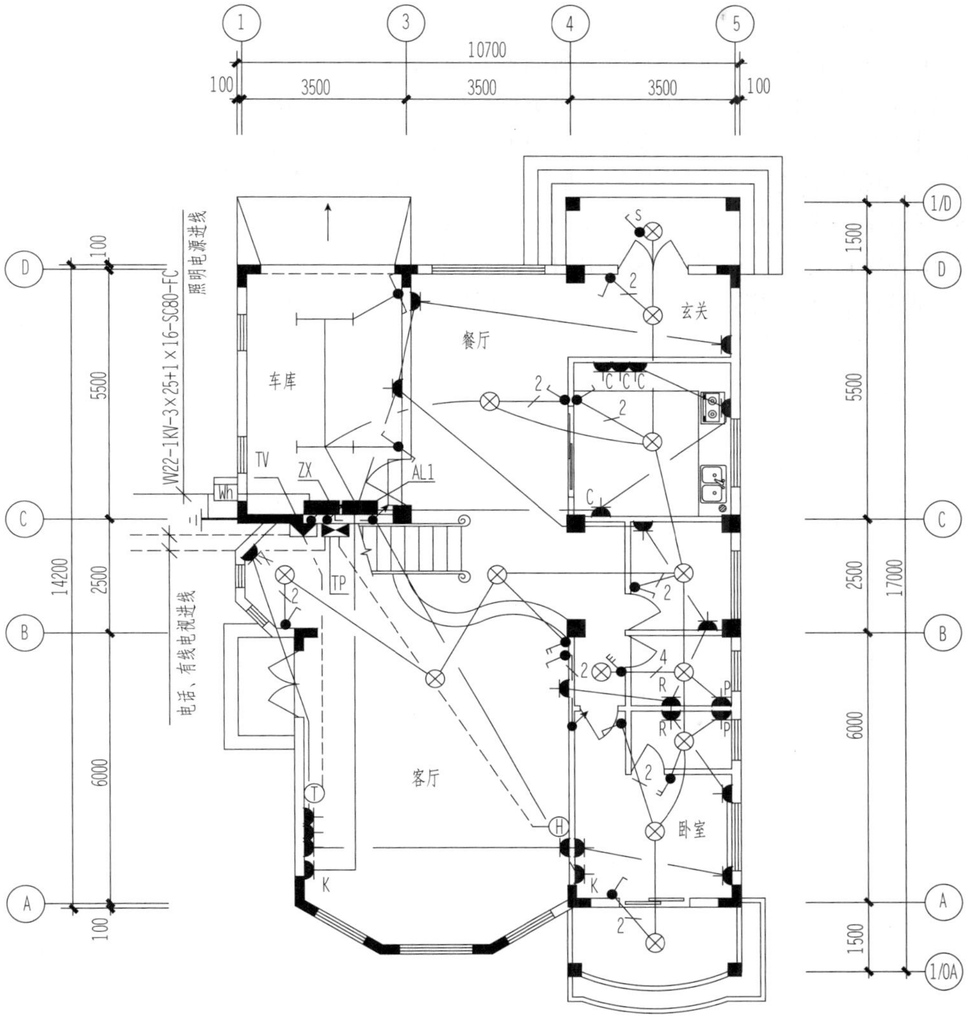

图 7-19　某住宅电气照明平面图

本章小结

建筑给排水、供暖、建筑通风、空气调节、燃气供应、建筑供配电、建筑照明、建筑弱电和建筑智能化系统等建筑设备是现代建筑的重要内容。本章主要介绍了常见给排水工程施工图、供暖通风设备施工图、电气设备施工图图纸所包括的内容，施工图的图示特点、要求以及绘图方法和步骤，并给出了具体的实例介绍。通过本章的学习，读者可以掌握建筑设备施工图绘图方法，并为识读建筑设备施工图打好基础。

习题

1. 建筑设备施工图包含哪些内容？
2. 试述室内给排水平面图和系统图的图示内容、特点及要求。

3. 供暖施工图图纸由哪些内容组成?

4. 试述室内供暖系统平面图和轴测图的图示内容和特点。

5. 识读课本中的图 7-14、图 7-15 所示的供暖系统平面图和轴测图。

6. 通风系统施工图纸包括哪些主要内容?试述通风系统施工图的图示特点和要求。

7. 识读课本中的图 7-16、图 7-17 某厂房的通风系统平面图和轴测图。

8. 试述室内电气照明系统的组成和室内电气照明施工图包括的内容。

9. 试述室内电气照明施工图图示内容和特点。

10. 识读课本中的图 7-19 所示的某住宅楼电气照明平面图。

参考答案

第 1 章　建筑制图基本知识

一、选择题

1. C　2. C　3. D　4. D　5. C　6. B　7. D　8. C　9. C　10. B

二、填空题

1. 5

2. 横式;竖式

3. 实际

4. 4∶2∶1

5. 尺寸界线;尺寸线;尺寸起止符号;尺寸数字

第 2 章　建筑形体

略

第 3 章　建筑施工图

一、选择题

1. A　2. D　3. D　4. C　5. D　6. D　7. B　8. A　9. D　10. D

二、填空题

1. 建筑;结构;设备

2. 米;2;毫米;米

3. 门窗洞口;建筑物的平面形状、大小和房间的布置,以及墙、柱、门窗等构配件的位置、尺寸、材料和做法;四层;标准层

4. 细部尺寸;开间;进深;轴线尺寸

5. 10mm;详图编号;详图所在的图纸号;下半圆

6. 粗实线;14mm

7. 楼梯平面;楼梯剖面;栏杆或栏板、扶手、踏步

8. 外部造型;构、配件的位置、形式、装修、材料和作法等

9. 正立面;背立面;左侧立面图、右侧立面;东立面图、西立面图、南立面图、北;定位轴线号

10. 1∶50、1∶100、1∶200

11. 高度、楼层分层、垂直空间的利用;房屋的主要出入口、门厅和楼梯;底

12. 1∶100

13. 竖直;标高;总高;层高;细部

14. 3

三、识图题

1. 1∶500、1∶1000、1∶2000;建筑物的平面形状、位置、朝向和与周围环境的关系

2. 右上角;2;计划扩建;拆除;朝阳路

3. 48.30;48.00

4. 等高线;小区的地形

5. 略

第4章 计算机绘图基础

一、单项选择题

1. A 2. B 3. D 4. C 5. C 6. A 7. A 8. D 9. B 10. D

11. B 12. B 13. D 14. B 15. A 16. B 17. A 18. D 19. D 20. A

21. C 22. B 23. C 24. A 25. A 26. B 27. B 28. C 29. C 30. B

二、多项选择题

1. AD 2. ABC 3. ABD 4. ABC 5. BCD 6. BD 7. BCD 8. CD 9. ABD 10. ABC

11. AC 12. ABC 13. ABCD 14. ACD 15. ABD 16. BCD 17. ABCD 18. ABCD

19. ABCD 20. ABC

第5章 绘制建筑施工图

略

第6章 结构施工图

一、选择题

1. B 2. A 3. B 4. D 5. C 6. A 7. C 8. D 9. B 10. C

二、填空题

1. 粗实线

2. 建筑平面图

3. 立面图;断面图;钢筋大样图

4. 断面形状;钢筋数量

5. 直径、类型和间距

6. 钢筋大样图

7. 细实线

8. 墙、梁

9. 对角线

10. 平面注写方式;列表注写方式;截面注写方式

第7章 建筑设备施工图

略

参 考 文 献

[1] 王永智,齐明超,李学京. 建筑制图手册[M]. 北京:机械工业出版社,2006.

[2] 中华人民共和国国家标准. 建筑制图标准汇编[M]. 北京:中国建筑工业出版社,2003.

[3] 中华人民共和国国家标准. GB/T 50103—2010 总图制图标准[S]. 北京:中国建筑工业出版社,2002.

[4] 中华人民共和国国家标准. GB/T 50104—2010 建筑制图标准[S]. 北京:中国建筑工业出版社,2002.

[5] 中华人民共和国国家标准. GB/T 50105—2010 建筑结构制图标准[S]. 北京:中国建筑工业出版社,2002.

[6] 中华人民共和国国家标准. GB/T 50106—2010 建筑给水排水制图标准[S]. 北京:中国建筑工业出版社,2002.

[7] 中华人民共和国国家标准. GB/T 50114—2010 暖通空调制图标准[S]. 北京:中国建筑工业出版社,2002.

[8] 叶晓芹,朱建国. 建筑工程制图[M]. 重庆:重庆大学出版社.

[9] 张英,郭树荣. 建筑工程制图[M]. 北京:中国建筑工业出版社,2005.

[10] 张英,谭海洋. 土木工程制图[M]. 北京:人民交通出版社,2007.

[11] 郭全花,张英. 土木工程制图习题集[M]. 北京:人民交通出版社,2007.

[12] 冯小平,邹昀. AutoCAD 2004 中文版建筑绘图实例教程[M]. 北京:机械工业出版社,2004.

[13] 陈文斌. 建筑工程制图[M]. 上海:同济大学出版社,2003.

[14] 于春艳,张国兴. 工程制图. 3 版. [M]. 北京:中国电力出版社,2004.

[15] 何斌,陈锦昌. 建筑制图. 5 版. [M]. 北京:高等教育出版社,2005.

[16] 冯小平,郭全花. 建筑工程 CAD[M]. 北京:人民交通出版社,2007.